“十三五”江苏省高等学校重点教材

DSP 技术原理与应用系统设计

主　编　胡剑凌

副主编　曹洪龙　邵　雷　耿相铭

科学出版社

北　京

内 容 简 介

本书为“十三五”江苏省高等学校重点教材（编号：2017-2-047）。

本书主要介绍数字信号处理器(DSP)基本结构和数字信号处理系统应用、设计与优化方法。本书在介绍数字信号处理系统基本概念后，基于美国德州仪器(TI)公司 KeyStone 架构 C66x DSP 介绍 DSP 的 CPU 架构与指令、DSP 片上外设及其使用；以智能视频处理系统为例，介绍 C66x DSP 系统硬件平台设计技术，并重点对 C66x DSP 的应用系统开发进行详细介绍，包括基于 CCS 的软件开发初步、DSP 程序优化，基于 SYS/BIOS 的 DSP 软件开发、多核 DSP 软件开发，并结合实例给出 DSP 软件设计的基本要素和不同应用系统的软件框架。

本书可作为各类高等院校电子信息类、电气类、自动化类、生物医学工程类等专业高年级本科生教材，也可作为相关专业的研究生教材，同时可供数字信号处理等工程领域的工程技术人员参考。

图书在版编目(CIP)数据

DSP 技术原理与应用系统设计/胡剑凌主编. —北京：科学出版社，2018.8

“十三五”江苏省高等学校重点教材

ISBN 978-7-03-058227-0

Ⅰ. ①D…　Ⅱ. ①胡…　Ⅲ. ①数字信号处理-高等学校-教材

Ⅳ. ①TN911.72

中国版本图书馆 CIP 数据核字(2018)第 153599 号

责任编辑：陈　琪　张丽花 / 责任校对：郭瑞芝

责任印制：张　伟 / 封面设计：迷底书装

科学出版社 出版

北京东黄城根北街 16 号

邮政编码：100717

http://www.sciencep.com

北京厚诚则铭印刷科技有限公司印刷

科学出版社发行　各地新华书店经销

*

2018 年 8 月第　一　版　开本：787×1092　1/16

2025 年12月第六次印刷　印张：20 1/2

字数：499 000

定价：79.00 元

（如有印装质量问题，我社负责调换）

前　言

自 2003 年出版关于 DSP 的《数字信号处理系统的应用和设计》教材以来，转眼已经过去了 15 年。这期间曾不断地想要重写一本有关 DSP 系统应用与设计方面的教材，但一直未能付诸实施。这其中既有信息技术发展太快的原因，又有近些年 DSP 遇到 ARM、FPGA 等挑战的考虑，但主要还是因为个人的懈怠，总是以工作忙、没有时间为借口而一拖再拖。这次在梳理自己从事 DSP 相关教学、科研工作的基础上，在同行和业界朋友的支持与鼓励下，决定结合美国德州仪器(Texas Instruments，TI)公司最新的 KeyStone 架构 DSP 技术编写本书，希望本书能服务相关专业的 DSP 教学并给相关领域的工程技术人员一点参考。

进入 21 世纪以来，随着信息通信、传感技术、智能设备以及移动互联技术的不断进步，现代社会进入了大数据和人工智能时代，对数据有效挖掘和高效利用的需求不断推动着数字信号处理技术的更新和发展。在当今的数字化时代，数字信号处理技术涉及人们生活和工业生产的方方面面，包括数学、电子、通信、商务、航天、海洋、军事等领域，而且与计算机系统、网络系统、故障诊断系统、医疗处理系统等互相关联。为了解决各领域越来越复杂的技术问题，数字信号处理技术的复杂性及实现难度与日俱增，从而对数字信号处理系统的实时性、计算能力、吞吐能力等也提出了更高的要求。

数字信号处理系统的解决方案一般基于 ASIC、DSP、MCU 以及 FPGA 等，DSP 和 MCU 由于其实现的灵活性和较高的性价比而成为诸多系统的首选。进入 21 世纪以来，随着以 ARM 为代表的 MCU 的高速发展，学术界一度出现 DSP 作为专用的数字信号处理器件是否需要继续发展和开展教学的争论。然而根据作者自身的科研经历以及所了解到的业界需求，在高计算需求的应用系统中，如智能视频处理、高速通信信号处理、雷达信号处理等，DSP 依然具有不可替代的作用，因此高校依然很有必要培养 DSP 应用和开发的相关人才。

自 1982 年世界上第一款真正意义上的 DSP 芯片诞生以来，DSP 技术在架构、计算能力、工艺等各方面取得了长足的进展。TI 公司于 2010 年推出了基于 KeyStone 多核架构的 C66x DSP，单核计算能力达到 40GMAC，支持定、浮点一体化，成为现在高性能 DSP 的典型代表，并且其架构在近几年发展平稳，在业界获得越来越多的认可，因此本书选择以 TI 公司 KeyStone 架构的 C66x DSP 为例介绍 DSP 技术原理和应用系统设计。

本书第 1 章为绪论，主要介绍数字信号处理系统的构成和 DSP 的特点，并简要介绍 DSP 的发展历程及 DSP 的应用。第 2 章重点介绍 C66x CPU 架构和指令，包括 C66x 的 CorePac、CPU 数据通道、流水线结构和中断与异常管理，同时对 C66x 的指令集系统进行简单介绍。第 3 章介绍基于 CCS 的软件开发初步，从 CCS 的特点和安装开始，给出 CCS 软件开发流程及 CCS 软件调试的基本技术，并以两个 UART 通信程序为例介绍应用程序的开发流程。第 4 章在第 3 章的基础上介绍 C66x DSP 程序优化技术。本书选择 C 程序设计语言，介绍 DSP 程序优化的关键概念和优化流程，介绍 CCS 编译选项及编译器反馈信息在程序优化中的应用，重点对信号处理中广泛涉及的循环结构优化进行阐述。第 5 章重点介绍 C66x DSP，包括时钟产生逻辑、外部存储器接口、定时器、I^2C、SPI、UART 和 McBSP 等嵌入式 CPU 常见的外设，也包括如 SRIO、HyperLink、PCIe 等高速外设，最后对 DSP 的高速数据引擎 EDMA 进行介绍。第 6 章以智能视频处理系统为例，介绍 C66x DSP 系统硬件平台设计的基本技术，包括电源设计、时钟设计、配置电路、外设电路设计以及布局、布线等。第 7 章介绍基于 SYS/BIOS 的 DSP 软件开发技术。SYS/BIOS 作为高端 DSP 软件编程的主要模式，介绍其基本概念、工程的配置和构建方法，重点对 SYS/BIOS 的多线程编程进行介绍，最后以多任务系统、网络通信系统、音频通信系统和视频通信系统为例给出基于 SYS/BIOS 应用系统设计的理念和软件框架。第 8 章介绍 C66x 多核 DSP 应用系统的开发技术，重点介绍核间通信、数据传输、共享资源管理和存储器管理等内容，并以信号滤波和图像处理两个例子给出基于 OpenMP 的多核 DSP 软件移植和设计方法。

本书的主要特点如下。

(1) 注重 DSP 系统架构知识，既体现宏观与微观的整体性，又以宏观为主，强调 DSP 系统的资源配置和功能使用。作为全书的有机构成，对 DSP 架构和指令系统仅进行简要介绍。同时根据当前 DSP 软件开发的趋势，全书有关软件设计的介绍均采用 C 语言。

(2) 注重 DSP 原理、应用和设计的融合，体现了 DSP 系统的学以致用。本书的重点为 DSP 系统的开发应用，因此本书花了四章篇幅介绍 DSP 软件的设计与优化，同时为了兼顾不同的开发需求，介绍了 DSP 硬件系统的设计技术。

(3) 注重原理和实践相结合，围绕智能视频处理系统的设计需求，从基本软件设计、软件优化、硬件设计、基于 SYS/BIOS 的多线程设计、多核 DSP 软件设计几个方面结合实例层层推进 DSP 应用系统设计与开发的理念和技术。

作者希望通过本书反映出数字信号处理系统设计和应用开发的关键环节以及实践中的常用方法和调试手段，它不仅可以作为相关专业高年级本科生和研究生的教材，也同样适用于相关专业领域的研究人员和工程技术人员。根据作者的经验，本书内容的授课需要约 54 学时(包括实验)，同时作者鼓励学生利用课外时间在实验的基础上完成一个关于信号处理方面的课程设计。

本书获江苏省 2017 年高等学校重点教材立项建设，同时本书的出版获 2017 年教育部-TI 产学合作协同育人项目(编号：201701008018)、苏州大学“十三五”省品牌专业培育资助项目、苏州大学 2017 年高等教育教学改革研究课题重点招标项目资助。

苏州大学曹洪龙博士编写了本书的第 4、8 章；邵雷博士编写了本书第 5 章的 5.1～5.4 节和第 6 章；上海交通大学耿相铭老师编写了本书第 5 章的 5.5～5.8 节；本书其他章节的编写及全书的统稿由苏州大学胡剑凌博士完成。北京交通大学陈后金教授、东南大学孟桥教授对本书的编写提出了非常宝贵的框架性建议；德州仪器(上海)有限公司的王承宁博士、潘亚涛先生和王沁女士以及上海德研电子科技有限公司的陈宫先生提出了非常中肯的建议；张强庆、陈建荣、方健、李杨、施立鑫、李瑶天、王必成、伏斌、汤剑等在本书的绘图、示例程序编写、资料搜集和整理等各个方面都做了大量的工作，在此一并表示感谢。

限于作者的水平，不足之处在所难免，恳切希望读者给予批评指正。

胡剑凌

2018 年 5 月于苏州大学

E-mail：jlhu@suda.edu.cn

目　录

第1章 绪 论

进入21世纪以来，学科交叉融合加速，新兴学科不断涌现，前沿领域不断延伸，同时，信息通信、传感技术、智能设备等信息的发展，以及移动互联网络的不断进步，推动现代社会进入了工业4.0时代和大数据时代。大数据时代下，数据的有效利用已成为全球关注的重点，而其中数字信号处理技术作为数据有效利用的主要和关键技术也在不断更新和发展。在当今的数字化时代，数字信号处理技术涉及人们生活和社会生产的方方面面，包括数学、电子、通信、商务、航天、海洋、军事等领域，而且与计算机系统、网络系统、故障诊断、医疗处理等互相关联。为了解决各领域越来越复杂的技术问题，数字信号处理技术的复杂性及实现难度也与日俱增，对数字信号处理系统(Digital Signal Processing system，DSPs)提出了更高的要求，进而在微电子技术的支撑下推动了数字信号处理系统的核心器件——数字信号处理器(Digital Signal Processor，DSP)的飞速发展。

1.1 数字信号处理系统的构成

1.1.1 大数据时代下的信号处理

21世纪以来，经济飞速增长，计算机技术的迅猛发展使人类进入了数字化时代。所谓数字化就是许多复杂多变的信息转变为可以度量的数字、数据，再以这些数字、数据建立适当的数字化模型，最后把它们转变为一系列二进制代码，由处理器进行统一处理。数字化技术具有高灵活性、高集成度、高精度、抗干扰能力强、保密性强、通用性强等诸多模拟技术所不具备的优点，同时带来了数据量的爆炸式增长，并随着通信技术和传感技术的发展，引领人类进入了大数据时代。

在现代社会，每一天全世界会上传超过5亿张图片，每分钟有超过20h的视频被分享，还有各类语音、电子邮件以及关于人们自身数字信息的海量数据产生，这些数据的规模已远远超过 GB($1GB=1\times10^9B$)或者 TB(1TB=1024GB)，而跃升到 PB(1PB=1024TB)、EB(1EB=1024PB)乃至 ZB(1ZB=1024EB)级别。图1.1给出了全球数据总量的发展趋势。国际数据公司(IDC)的研究结果表明，2008年全球产生的数据量约为0.5ZB，2009年的数据量为0.8ZB，2010年增长到1.2ZB，2015年的数据量高达7.9ZB，相当于全球每人产生900GB以上的数据，而到2020年，全世界所产生的数据规模将达到35ZB。全球知名咨询公司麦肯锡称："数据，已经渗透到当今每一个行业和业务职能领域，成为重要的因素。人们对于海量数据的挖掘和运用，预示着新一波生成率增长和消费者盈余浪潮的到来。"

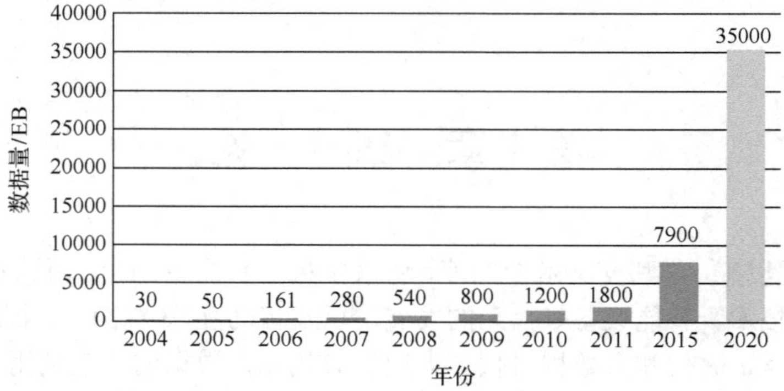

图 1.1　全球数据总量变化图

维克托·迈尔·舍恩伯格指出，大数据不用随机分析法这样的捷径，而采用所有数据进行分析处理。IBM公司给出了大数据的5V特点，包括：volume(数据量大)、velocity(数据处理速度快)、variety(数据类型繁多)、value(数据价值密度低)、veracity(数据真实性高)。因而大数据的战略意义不在于掌握庞大的数据信息，而在于对这些含有意义的数据进行专业化处理。为此，数字化时代的核心为

(1)数据的采集；

(2)数据的传输；

(3)数据的存储；

(4)数据的处理。

其中数据的处理更是核心中的核心，其内容包括如数据分析与挖掘、数据展现与应用等方面；体现在信号领域，数字化时代的核心即为数字信号处理，包括数字信号处理理论研究和数字信号处理系统设计。

1.1.2　数字信号处理系统基本框架

数字信号处理研究是用数字方法对数字信号进行分析、变换、滤波、检测、调制、解调以及快速算法的一门技术学科，并已渗透到所有现代自然科学和社会科学领域。数字信号处理系统以数字信号处理理论为基础，结合各种电路技术实现对信号的加工和处理。一个数字信号处理系统的基本框架如图1.2所示。

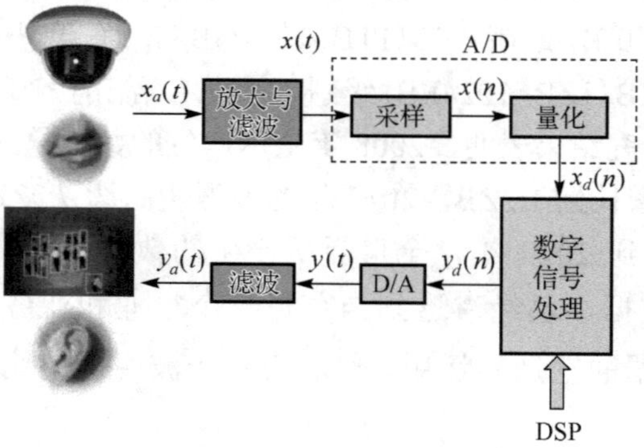

图 1.2　数字信号处理系统基本框架

自然世界中的很多原始信号为模拟信号，如图 1.3 所示的语音、视频信号等，为此，在进行数字信号处理之前首先需对模拟信号进行数字化，即模拟-数字转换(A/D 转换)。为保证 A/D 转换的可靠进行，在此之前一般需经过放大和滤波模块，其中放大电路的作用是适配输入信号和 A/D 转换模块的动态范围，而滤波的作用是滤除模拟信号中不需要的频率分量，保证后续的 A/D 转换满足奈奎斯特采样定理，以免产生频谱混叠，该滤波器一般称为抗混叠滤波器。抗混叠滤波器可以是低通滤波器，也可以是带通滤波器。A/D 转换包含两个步骤：采样和量化，采样过程实现信号在时间/空间上的离散化，而量化过程实现幅值的离散化。经过 A/D 转换后，原来具有无限时间/空间分辨率、无限精度的模拟信号变成了数字设备可以处理的有限时间/空间分辨率、有限精度的数字信号。数字信号处理(DSP)的任务是将 A/D 转换器送来的数字信号按照一定的算法进行处理，如滤波、傅里叶变换、模型参数提取、频谱分析等。根据处理任务的要求，DSP 可以由一个或多个数字信号处理器件构成。信号经 DSP 处理后，可以数字方式输出。如果期望输出数字信号，则数字信号处理系统可以不包括图 1.3 中的最后两个模块；如果系统最后需要模拟输出，则 DSP 将处理后的数字信号送给其后的数字-模拟转换(D/A 转换)模块。经 D/A 转换后的信号往往含有各种高频成分，为此需在其后接一个重建滤波器以对信号进行平滑。

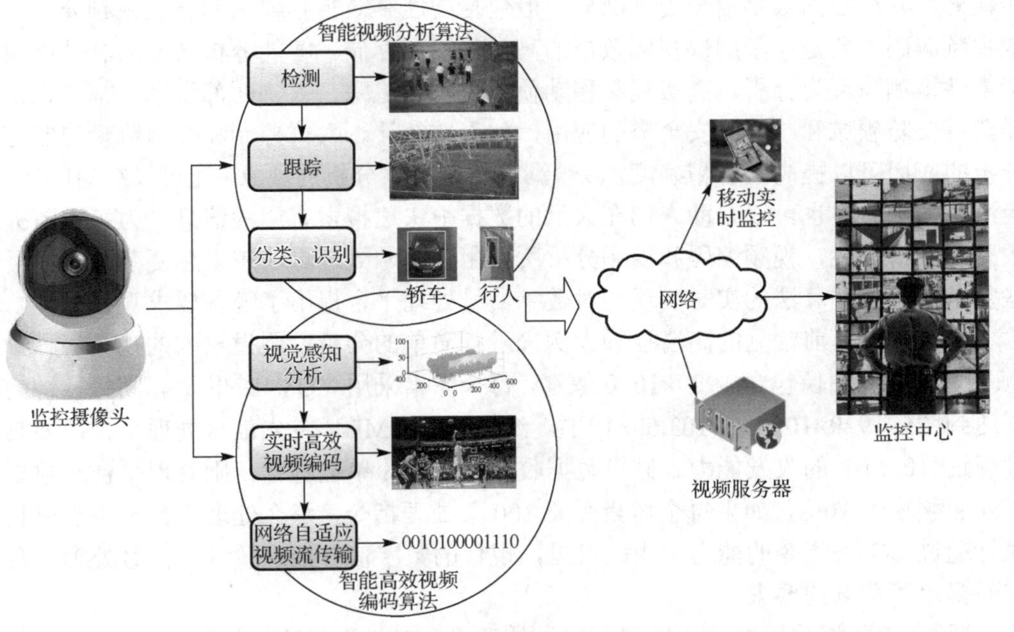

图 1.3 智能视频监控系统结构框图

图 1.3 所示的数字信号处理系统仅包含了一些最基本的模块。在实际的信号处理中，往往还需要附加其他的功能模块，如电源管理、存储器、人机界面、时序逻辑控制模块、通信模块等。

由图 1.3 可知，数字信号处理系统的核心是数字信号处理，根据数字信号处理实现平台的不同，数字信号处理系统可分为三大类。

(1)指令集结构(ISA)系统。在由各种微处理器、数字信号处理器、单片机或其他专用指令集处理器等组成的信号处理系统中，都需要通过系统中的处理器所提供的指令系统（或微代码）来描述各种算法，并在指令部件的控制下完成对各种可计算问题的求解。

(2) 硬连线结构系统。主要是指由专用集成电路（ASIC）构成的系统，其基本特征是功能固定，通常用于完成特定的算法，这种系统适合实现功能固定和数据结构明确的计算问题。不足之处主要在于：设计周期长、成本高，且没有可编程性，可扩展性差。

(3) 可重构系统。基本特征是系统中有一个或多个可重构器件（如 FPGA），可重构处理器之间或可重构处理器与 ISA 结构处理器之间通过互连结构构成一个完整的计算系统。可重构系统可实现高度的并行性，但开发难度较大、成本较高。

本书将要介绍的数字信号处理系统主要是以数字信号处理器为核心处理器件的指令集结构系统。

1.1.3 数字信号处理平台的要求

不同的应用需要不同的信号处理，从而需要设计不同的数字信号处理系统来完成相应的功能。图 1.3 给出了一个智能视频监控系统结构框图，这类系统大量地应用于智慧城市、安防等系统中。从图 1.3 可见，一个智能视频监控系统除包括前端的图像采集和后端的图像传输外，其核心的数字信号处理部分一般包括智能高效视频编码和智能视频分析。智能高效视频编码主要是为了解决视频数据的高效传输和存储。智能分析技术的具体应用主要包括事件检测与行为分析、高级视频移动侦测、物体追踪、人物面部识别、车辆识别和非法滞留等安防领域和一些非安全类的应用，如人数统计、人群控制和交通流量控制等。智能分析的应用可以提高报警精确度，减少漏分析或者误分析的现象，还可以缩短响应时间，防止潜在的威胁，也可以帮助人们在大量的数据中快速搜索有用的信息。为了不断提升编码效率和分析性能，视频编码和视频分析所采用的信号处理算法越来越复杂，而为了保证这些复杂信号处理算法的实时实现，对数字信号处理平台提出了哪些要求呢？

本文以一个目前常见的高清视频为例来进行简单的分析。假设输入的视频每秒钟产生 25 帧图像，每帧图像包含 1920×1080 像素，每个像素采用 YUV422 格式，则每秒钟的视频数据达到 $25\times1920\times1080\times2=103.68\times10^6$B，约等于 100MB。首先信号处理平台需要具有每秒钟超过 100MB 的收发能力。假设数据收发以字节为单位进行，则处理平台对数据的响应时间必须小于 10ns，如果每个像素需要 100 条处理指令，那么处理平台至少需要具备每秒执行超过 5G 条指令的能力，由此可见，现代的数字信号处理技术对信号处理平台在以下方面提出了苛刻的要求。

(1) 强大的数据收发能力：以保证信号处理平台对大容量数据的可靠收发。

(2) 强大的数据吞吐能力：以保证信号处理平台内部各模块间数据的高速传输。

(3) 强大的数据计算能力：以满足日益复杂的信号处理算法。

(4) 高速的实时响应能力：以满足对外部各种请求的及时响应。

如 1.1.2 节中所述，可选的数字信号处理平台包括 ISA 系统、ASIC 系统和可重构系统，而其中的 ISA 系统因为其较高的灵活性、较低的开发难度、较好的性价比而在当前的信号处理系统中被广泛采用。其中的 ISA 系统包括各种微处理器、数字信号处理器、单片机等，而数字信号处理器因为其软硬件方面所具的适合信号处理的特点而成为大量数字信号处理系统首选的平台。当然，在实际的应用系统设计中，开发人员应根据具体的需求选择合适的信号处理平台，同时，各大 DSP 厂家也提供了各系列、各型号的 DSP 器件以满足不同应用的需要。

1.2 DSP 的特点

在数字信号处理运算中，常见的相关函数计算、卷积运算、信号滤波和各种变换算法大多包含式(1.1)所示的乘加运算。通过分析可知，该计算过程包括以下操作：两个操作数的读取、1 次乘法运算、1 次加法运算、为下一次运算做准备的操作数存储地址的修改以及循环管理。为此，一个适合进行数字信号处理的信号处理平台或处理器应该从硬件结构和软件指令等方面提供对上述操作的高效、并行支持。

$$y=\sum_{i} a_i x_i \tag{1.1}$$

DSP 从设计之初就以优化式(1.1)的运算为目标展开，在总线结构、硬件单元、指令设计、指令执行等方面具有其自身的特点。

1.2.1 多总线哈佛结构

在大多数微处理器以及单片机中，一般采用传统的冯·诺依曼(John von Neumann)结构，图 1.4(a)给出了冯·诺依曼总线结构的示意图。如图 1.4(a)所示，冯·诺依曼结构包含地址和数据两组总线，这两组总线是由程序空间和数据空间共享的，因而程序取指和数据读写只能分时进行，从而在高速数据运算时容易造成瓶颈效应。与冯·诺依曼结构相区别的另一种总线结构为哈佛(Harvard)结构，如图 1.4(b)所示。在哈佛总线结构中，程序空间和数据空间相对独立，并且分别拥有各自的地址总线和数据总线，因而 CPU 可以在程序取指的同时，进行数据读写操作，从而加强了 CPU 并行工作的能力。因此，哈佛结构是现代 DSP 及各类高级处理器总线结构的一种基本形式。

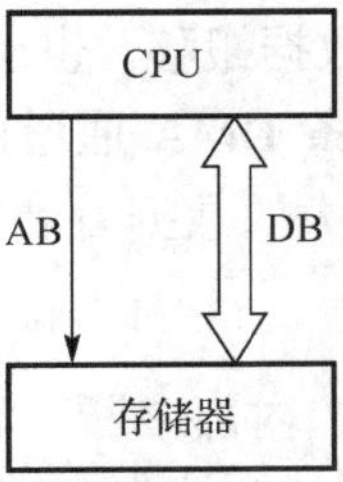

(a) 冯·诺依曼结构

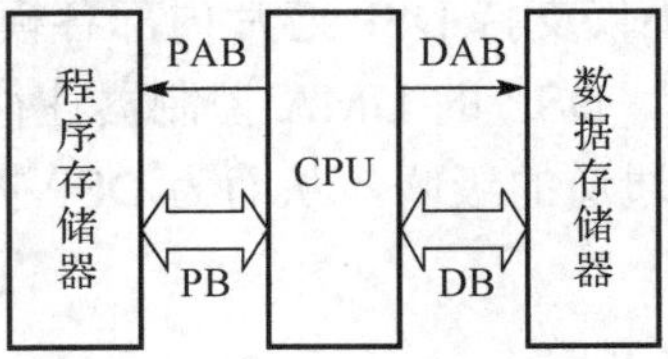

(b) 哈佛结构

图 1.4 总线结构

从式(1.1)中可以看出，每次乘加运算 CPU 至少需读取两个操作数，为了保证在程序取指的同时，能同时获得多个操作数，DSP 在总线结构设计中往往采用多套数据总线结构或超宽总线结构，以极大地提高 DSP 的数据吞吐能力。

在图 1.4(b)所示的哈佛结构中，数据空间和程序空间相对独立，两者之间只能通过 CPU 进行通信，但是在一些应用中，实际可能需要数据空间和程序空间有相互访问的能力，例如，在 DSP 的一些循环指令运行时，程序总线处于空闲状态，为了提高 DSP 的访问能力，此时希望能用程序总线来访问数据空间，为此提出了一种改进的哈佛结构，如图 1.5 所示。在改进的哈佛结构中，数据总线和程序总线之间增加了一个交互的桥，因此 DSP 可以在不需要读取程序时，利用程序总线来访问数据以提高效率。

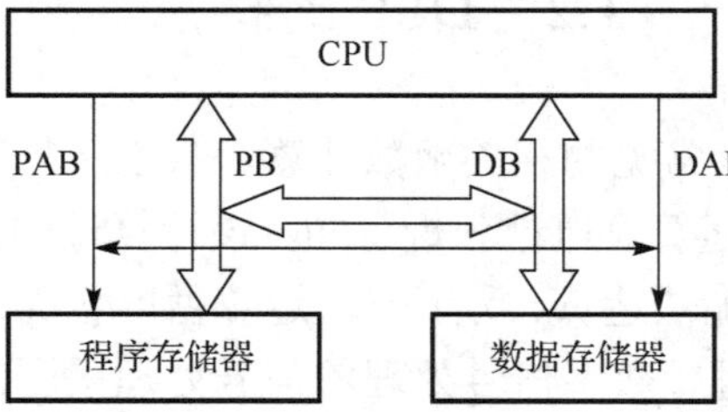

图 1.5 改进的哈佛结构

1.2.2 专用的硬件单元

1)硬件乘法器

一个处理器能称为 DSP 的最基本条件之一是具有硬件乘法器以支持单周期乘法运算。早期定点 DSP 的硬件乘法器支持每周期 1 次 16 位×16 位定点乘法，浮点 DSP 的乘法器支持每周期 1 次单精度浮点乘法。随着 DSP 的发展，现在的定点 DSP 往往支持每周期多次 16 位×16 位定点乘法、32 位×32 位乘法，甚至 64 位×64 位乘法，浮点 DSP 支持双精度浮点乘法，也有 DSP 的乘法器可同时支持定点和浮点乘法，以方便信号处理算法的实现。

另外，针对信号处理中常见的乘加运算，一般 DSP 中的乘法器会和加法器结合，构成乘加器(MAC)，极大地提升了 DSP 的信号处理能力，而一款 DSP 所支持的每秒 MAC 次数也成为 DSP 性能评估中的重要参数之一。

2)DMA 控制器

DSP 一般配置有独立的 DMA 控制逻辑电路，无须 CPU 介入就可以实现对存储器的快速直接访问。DMA 不仅支持 DSP 芯片内部各模块间的数据搬移，也支持 DSP 芯片内部和外部之间的数据搬移。DSP 的 DMA 控制器往往提供多条 DMA 通道，支持灵活的地址修改方式，支持 DMA 通道的级联，从而为 DSP 提供了强大的数据吞吐能力。

3)中断控制器

DSP 的中断控制器支持复位中断、NMI、外部中断、内部中断、软件中断及异常中断等多种模式，支持用户对中断矢量表存储位置的灵活修改，支持中断源的选择和组合。DSP 中断控制器最显著的特点在于其响应速度，中断控制器一般在中断源的有效跳变沿即可检测到中断产生，并在之后的几个 CPU 时钟周期后即可进行中断响应，从而确保了 DSP 的高速实时响应能力。

4)数据收发外设

DSP 往往提供丰富的片上外设以实现对各种外部设备的无缝连接，除具有常规的用于连接 A/D 和 D/A 转换器的支持 I^2S 通信协议的 McBSP，支持与外部主机连接的 HPI、UART、SPI 等接口外，根据 DSP 的定位不同，不同系列和不同型号的 DSP 一般会提供不同的片上外设组合，如面向多媒体信号处理的 DSP 往往会提供视频输入/输出接口、网络接口 MAC，面向通信信号处理的 DSP 一般会提供高速数据接口，面向控制的 DSP 会提供 PWM、CAN 等接口，从而保证了 DSP 强大的数据收发能力。

1.2.3 面向信号处理的指令结构

1) 数字信号处理指令

为配合 DSP 硬件单元的高效使用，DSP 同时提供诸多定制的信号处理指令，除前面提到的乘法指令、乘加指令外，往往还支持条件操作指令、归一化操作指令、丰富的位操作指令，某些 DSP 还支持滤波指令、多项式计算指令、LMS 指令、Viterbi 译码指令，一些面向通信信号处理的 DSP 往往提供伽罗瓦(Galois)域操作指令以支持 Reed-Solomn 信道编解码算法、矩阵运算指令、复数运算指令等，从而有效提升 DSP 的信号处理能力。

2) 灵活的寻址方式

DSP 一般设计有一套或多套专用的地址计算单元以支持灵活的数据空间寻址方式，除支持常规的前自增(如*++pt)、后自增(如*pt++)、前自减(如*--pt)、后自减(如*pt--)、任意值的线性修改外，还支持循环缓冲区地址修改、位翻转地址修改等模式，极大地方便了操作数的读取。

3) VLIW 结构

随着 DSP 的发展，DSP 的结构越来越复杂，内部所包含的资源也越来越丰富，单条指令往往仅使用 DSP 内部的少数资源，为了提高 DSP 内部资源的利用率，现在的一些 DSP 采用了超长指令字结构(VLIW)，通过一次取指操作读取多条指令，并依据编译时确定的并行方式同时执行多条指令，实现指令级并行。

4) SIMD 结构

当前的 DSP 以 32 位处理器为主流，其内部的寄存器、ALU 等计算单元以 32 位数据为基本计算单元，但在某些应用，如图像处理中，数据宽度仅为 8 比特，如果在 32 位寄存器中存放 8 位数据、在 32 位 ALU 中进行 8 位数据计算，很显然极大地浪费了处理器内部的吞吐能力和计算能力，单指令多数据(SIMD)结构通过将多个操作数打包到大型寄存器中进行并行操作有效解决了上述问题。

1.2.4 高效的指令执行

1) 流水线操作

为减少指令独立运行的时间，DSP 的 CPU 往往采用流水线技术。所谓流水线是指将指令运行分成几个不同的阶段，然后 CPU 在不同指令周期完成同一指令的不同阶段，而在一个指令周期内，CPU 执行不同指令的不同阶段，从而使每条指令真正独立运行的时间减少到最低。图 1.6 给出了流水线技术的一个示例。图 1.6 中假设一条指令分为取指、译码、取数、执行四个阶段，即流水线为四级。由图 1.6 可知第 1 条指令的执行时间为指令周期 1～指令周期 4，而在指令周期 4，第 1 条指令运行于执行阶段、第 2 条指令运行于取数阶段、第 3 条指令运行于译码阶段、第 4 条指令运行于取指阶段。第 1 条指令在指令周期 4

执行完成，第2条指令在周期5执行完成，因此当流水线填充完整后，每个指令周期都将执行完一条指令，即从流水线角度实现了指令的单周期运行。

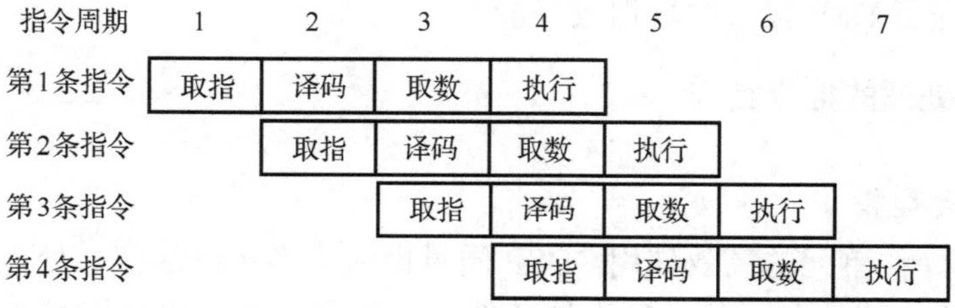

图1.6　流水线示意图

2)并行运行

DSP除支持1.2.3节中介绍的VLIW和SIMD指令级并行外，还支持软件流水的循环(SPLOOP)并行操作。类似于指令的流水线操作，SPLOOP通过将循环体分成若干段，实现在一个时钟周期内不同循环次序的不同段的并行执行。

3)循环控制

一个循环的正常工作，除了循环体的运行，还涉及循环的控制，包括循环计数器修改、循环结束条件判断、指令返回等，为提高循环运行效率，DSP设计有专用的循环控制逻辑，CPU仅需负责循环体的运算，所有的循环控制由专用的循环控制逻辑管理。

1.3　DSP的发展历程

自美国德州仪器公司于1982年推出世界上第一款真正意义上的DSP芯片以来，已经走过了30多年的发展历史。DSP的计算能力也从最初的2.5MIPS(兆周期每秒)或2.5MMAC(兆乘加运算)发展到了320GMAC(千兆乘加运算)，DSP的工艺也从微米级的NMOS工艺发展到了28纳米级的CMOS工艺，并且还在不断发展。

1.3.1　DSP发展历史

DSP的发展历史大致可以分成五个时期：萌芽期、成长期、成熟期、突破期和辉煌期。

萌芽期指1982年以前的一段时期，在这段时期里为解决冯·诺依曼结构在进行数字信号处理时总线和存储器之间的瓶颈效应，许多公司投入大量人力和物力开展了很多探索工作，并推出了一些产品，但这些产品的运算速度都太慢，而且开发工具严重不足，无法进行大规模的开发工作，不是真正意义上的DSP。

第一片DSP芯片是1982年TI公司出品的TMS32010，它是一个16位的定点DSP芯片，采用了哈佛结构，有一个乘加器和一个累加器。TMS32010完成一次乘加操作需要390ns，即在一秒钟的时间内可以完成250万次左右的乘加运算。或许正是因为生产出了第一个DSP芯片，TI公司在此后的三十几年中一直是DSP界的领军人物。

成长期指1982～1987年，这段时间内各公司相继研制出了自己的DSP芯片，并不断地改进，具备了一个雏形。1985年，TI推出了TMS32020，它具备单指令循环的硬件支持，寻址空间达到64K字(TMS32020一个字的宽度为16bit)，有专门的地址寄存器，一次乘加运算只需耗时200ns。1987年，Motorola公司推出了DSP56001，采用24位的数据和指令，有专门的地址寄存器，可以循环寻址，累加器有保护位，一次乘加运算只需耗时75ns。此外，在成长期中还有一些代表产品，如AT&T的DSP16A、AD的ADSP-2100、TI的TMS320C50。

成熟期指1987～1997年，这段时间里各公司不断借鉴相互的优点，并完善自身的设计，推出了特点分明的产品，如TI的TMS320C54系列(简写为C54x或C5400)、AD的ADSP2100系列、Lucent(前身为AT&T)的DSP1600系列和Motorola的DSP56000系列。它们在供电上都支持3.3V，片上的存储器也较大，都有JTAG模块支持用户在线调试。在这段时间，首次出现了多处理器的DSP，如TI的TMS320C80和Motorola的MC68356等，虽然它们的推出在商业上并不算成功，却指明了一个有潜力的发展方向。

突破期指1997年以后到2010年左右，这段时间里DSP的发展非常迅速，各公司相继建立了自己从定点到浮点、从低端到高端、从通用到专用完整的产品系列，并且在DSP设计上有了大的飞跃，推出了一些性能突出的产品。很多公司相继采用先进技术研制了计算性能很高的DSP，如AD的Blackfin系列、TI的TMS320C6000系列和Agere(前身为Lucent微电子)的StarPro等，它们每秒钟可以完成1G条以上的指令，计算速度惊人。TI公司还研制出功耗最小的DSP TMS320C55系列，为便携式设备提供了一个明智的选择。

辉煌期指2010年之后，以TI公司推出基于KeyStone架构的TMS320C66x处理器为代表。TI KeyStone多内核架构拥有高度的灵活性，可同时集成定点与浮点运算、定向协处理与硬件加速，以及优化的内核间/组件间通信，能够支持高达320GMAC的定点运算性能以及160GFLOPS的浮点运算性能。另外，此架构还包括综合而全面的连接功能层：TeraNet能够与各种处理组件无缝互连；多内核共享内存控制器能直接接入片上共享存储器及外部第三代双倍数据速率(DDR3)存储器；多内核导航器可用于管理整个SoC架构的通信；HyperLink可与额外的协处理器或其他TI SoC等同伴器件实现互通互连。本书将要介绍的TMS320C66x正是基于KeyStone架构的新一代DSP。

1.3.2 DSP发展趋势

在DSP的各个应用领域，密集的数据处理器需求不断给处理器设计团队带来新的挑战。随着更多新应用的更高要求，未来的DSP发展将呈现哪些趋势？这是个非常难以回答的问题，从已经收集的资料来看，它的趋势有四种。

(1)单核DSP发展。通过工艺的改进进一步提高运输速度和降低功耗，同时通过SIMD和VLIW的进一步发展与高效利用提升DSP的数据并行处理能力和指令并行能力，通过同时支持定点和浮点运算以提升处理器的通用性和开发的灵活性。

(2)多核DSP发展。得益于半导体制造工艺的发展，单颗芯片上可以集成越来越多的晶体管，也符合处理器整体多核化的趋势，因为考虑到功耗的原因，单一内核通过提高主频的方式已经难以为继。依靠多核并行处理提高性能，已经成为整个行业的选择。

(3)DSP+硬件引擎的SoC发展。通过先进技术集成更多功能和接口来降低整体板级成本、功耗和大小，包括各种模拟数字片上外设、硬件加速、通用处理内核。

(4)混合核发展。通过DSP和MCU的融合，利用MCU执行智能定向控制任务，DSP执行信号处理任务，从而使用单一芯片实现控制和信号处理两种功能，大大加速个人通信产品、智能电话、无线网络产品的开发，从而简化设计、减小 PCB 体积、减小功耗并降低整个系统成本。

1.4　DSP 的应用

自从美国德州仪器公司 1982 年推出通用可编程 DSP 芯片以来，DSP 技术获得了突破性的发展，它的应用范围也变得越来越广泛。从最初 DSP 只用于实时大数据量处理，到现在应用于网络与互联网、高速调制解调器、无线通信、语音信号处理、多媒体产品、机顶盒、汽车、工业控制、军事、生物医学工程、机械、遥感遥测、航空航天自动化等，DSP 技术的应用已覆盖全球各行各业。表 1.1 中大致归纳出了 DSP 技术的一些应用。

表 1.1　DSP 的典型应用

一般应用	自适应滤波器、卷积计算、相关计算、数字滤波、快速傅里叶变换、希尔伯特变换、信号产生
通信	高速调制解调器、编/解码器、自适应均衡器、传真、无线移动电话、数字留言机、语音信箱、回音抵消、电视会议、扩频通信、网络数据设备
多媒体信号处理	语言识别、语音合成、音频编码、语音增强、TTS、图像编码、三维图形处理、模式识别、图像增强、动画、电子地图、桌面出版系统
自动控制	磁盘/光盘伺服控制、激光打印机伺服控制、机器人控制、发动机控制、电机调速、无刷直流电机、卡尔曼滤波
仪器设备	谱分析、函数发生、数据采集、模态分析、石油/地质勘探、飞行器风洞试验
医学	助听器、X 射线 CT、超声设备、心电图机、脑电图机、磁共振监护仪器、假肢控制、助残装置、康复应用
军事	雷达与声呐信号处理、导航、制导、保密通信、全球定位、航空/航海应用
消费类电子	数字音频、数字电视、教育玩具、音乐合成器、数字应答/留言机
计算机	阵列处理器、图形加速器、工作站、神经网络、多媒体计算机
人工智能	机器视觉、虚拟现实、增强现实

不同公司生产的不同系列、不同型号的 DSP 由于其定位不同，具有不同的处理能力、外设接口，从而面向不同的应用场景，用户在进行数字信号处理系统设计时，需根据具体的应用，经过需求分析，选择合适的 DSP 型号。

本书将要介绍的 TMS320C66x DSP 具有强大的信号处理能力和丰富的外设接口，适用于高计算复杂度的智能视频分析、医学图像、机器视觉、数字通信、航空和国防等各种嵌入式系统。

1.5　本 章 小 结

本章从大数据时代下信号处理特点出发，指出了数字化时代的核心任务，在此基础上给出了数字信号处理的基本构成，并以智能视频监控系统为例引出了数字信号处理平台的要求。本章随后从总线结构、硬件单元、指令结构和指令执行等方面介绍了 DSP 的特点，指出了 DSP 适合进行大容量、高复杂度信号处理的缘由。然后对 30 多年来 DSP 的发展历程进行了简单回顾，并就 DSP 的后续发展趋势进行了粗略的展望，最后对 DSP 技术的应用进行了大致的归纳。本书随后的章节将围绕 TI 的新一代 DSP——TMS320C66x 的原理和应用系统设计展开讨论。

思　考　题

1．数字化时代的核心是什么？

2．数字信号处理系统的基本框架包括哪些模块？各模块的作用是什么？

3. 根据数字信号处理实现平台的不同，数字信号处理系统可分为哪几类？各自的特点是什么？

4．现在数字信号处理技术对信号处理平台提出了哪些要求？

5．DSP 具有哪些特点？为何说 DSP 特别适合用于数字信号处理？

6．DSP 的发展经过了哪几个阶段？它的发展趋势如何？

7．DSP 的应用领域有哪些？

第 2 章　C66x CPU 架构和指令

TMS320C66x 是 TI 公司推出的基于 KeyStone 架构的新一代 DSP，同时支持定点和浮点运算，融合了 TMS320C67x+浮点指令架构和 TMS320C64x+定点指令架构，能提供最高达 320GMAC 和 160FGLOPS 的运算能力，适用于高计算复杂度的智能视频分析、医学图像、机器视觉、数字通信、航空和国防等各种嵌入式系统。本章主要介绍 TMS320C66x DSP 的 CPU 架构、指令集系统、流水线结构和中断系统等。

2.1　TMS320C66x DSP 介绍

TI 公司于 20 世纪末 21 世纪初推出了新一代高性能 TMS320C6000 系列 DSP，简称 C6000 系列 DSP。C6000 基于 VLIW 架构，采用仿 RISC 32 位指令集，程序总线扩展到 256 位，每次取指即一个取指包包含 8 条指令。C6000 内部包含两套寄存器文件，每套寄存器文件包含 16 个 32 位通用寄存器。C6000 具有 8 个功能单元，其中两个为乘法器，因此在理想情况下，每周期可并行执行 8 条指令，极大地提升了 C6000 的计算能力。同时仿 RISC 指令的使用提升了编译器的性能，提高了优化器的效率，从而极大地方便了 DSP 的编程。

初期的 C6000 包括 C62x 和 C67x 两种系列，其中 C62x 为定点 DSP，C67x 为浮点 DSP。C62x 后来发展为 C64x 及 C64x+，C6700 也发展为 C67x+，处理器的资源、性能及指令系统也不断获得增强。2010 年左右，TI 融合 C64x+和 C67x+处理器指令架构，推出了最新的基于 KeyStone 架构的 C66x DSP，同时支持定点和浮点计算，扩展了内部总线，计算能力、吞吐能力都获得了成倍的增强，成为各种高性能嵌入式计算的首选处理器。

2.1.1　TMS320C66x DSP 特点

作为 C6000 家族最新一代的 DSP，TMS320C66x ISA 架构基于增强 VLIW 架构，具有 8 个可并行执行的功能单元(2 个乘法器，6 个算术运算单元(ALU))，包含 64 个 32 位通用寄存器，具有如下主要特点。

(1) 增强的 VLIW CPU，带有 2 个乘法器、6 个算术单元共 8 个功能单元，每个时钟周期最多可执行 8 条指令，高效的仿 RISC 指令可有效加速开发时间。

(2) 指令包取指形式：一次读取 256 比特的指令。

(3) 大部分指令支持条件执行。

(4) 支持 8 比特/16 比特/32 比特/40 比特/64 比特/128 比特数据类型。

(5) 支持 40 位算术操作，可为声码器和其他计算敏感的应用提供额外的精度。

(6) 支持饱和、归一化操作。

(7) 支持比特域操作，包括提取、置位、清零和比特计数等。

(8) 支持非对齐的 32 位和 64 位存储器访问。

(9) 支持用于纠错编码的特定指令。

(10)支持比特级运算的比特计数和循环移位硬件。

(11)支持 16 位的紧凑指令集扩展。

(12)支持两级权限运行模式：管理模式和用户模式。

(13)支持异常处理。

(14)支持模调度循环操作的硬件单元。

(15)每个乘法器支持 32 位×32 位定点乘法、单精度浮点乘法和双精度浮点乘法。

(16)支持定点或浮点的向量运算，将 SIMD 指令操作扩展到 128 比特。

(17)支持复数和矩阵运算。

相比于前代产品 C67x+，C66x 的乘法运算能力提升了 4 倍，单核单周期最多可执行 32 次 16 位×16 位定点乘法或 8 次单精度浮点乘法，在 1.25GHz 主频下，单核乘法能力可达到 40GMAC。

C66x ISA 支持 IEEE 754 单精度和双精度浮点运算，支持浮点运算的 SIMD 操作，单核在单周期内除了能完成 8 次单精度浮点乘法，还能完成 8 次单精度算术操作，从而使 C66x 单核单周期能完成 16 次浮点操作，在 1.25GHz 主频下，单核单精度浮点运算能力达到 20GFLOP。

2.1.2 TMS320C66x 系列比较

C66x 系列可分为两大类：纯 DSP 内核系列和混合核系列，两种系列都可以包括多个内核。

纯 DSP 内核系列又可分为 C665x 系列和 C667x 系列，两者使用相同的 C66x 内核，都包括单核和多核型号，两者的主要区别在于外部数据传输接口和内部协处理器的配置。C665x 往往配置有视频协处理器、Viterbi 和 Turbo 码协处理器，较适用于音视频信号处理。C667x 支持 64 位 DDR3 数据接口，往往配置有网络协处理器，更适用于媒体基础设施和通信信号处理。

包含 C66x 内核的混合核基于 KetStone Ⅱ架构，内部同时包含 Cortex-A15 处理器和 C66x DSP，根据所包含的 C66x DSP 个数及外设配置可分为 66AK2Hx 系列和 66AK2Ex 系列。66AK2Hx 系列包含 2～4 个 ARM Cortex-A15 处理器和 4～8 个 C66x DSP，配置有安全加速器、包处理加速器、以太网交换机，适用于如云计算、高性能计算、转换译码等嵌入式基础设施应用。66AK2Ex 系列包含 2～4 个 ARM Cortex-A15 处理器和 1 个 C66x DSP，适用于企业级网络终端设备、数据中心、航空电子和国防等领域。

本书主要介绍纯 DSP 内核的 C66x DSP 原理、应用和开发，表 2.1 给出了 C665x 系列和 C667x 系列的简单比较，在涉及具体实例时，本书一般以 TMS320C6655/57 DSP 为参考。

表 2.1 TMS320C66x DSP 系列比较

C66x DSP 系列		TMS320C6678 TMS320C6674 TMS320C6672 TMS320C6671		TMS320C6657 TMS320C6655 TMS320C6654 TMS320C6652
内核	1～8 个 C66x DSP≤1.25GHz		1～2 个 C66x DSP≤1.25GHz	
FLOPS	高达 160GFLOPS		高达 40GFLOPS	
存储接口	64 位 DDR3-1600MHz		32 位 DDR3-1333MHz	

续表

OS	BIOS/Multicore SDK	BIOS/Multicore SDK
关键特性	50Gbit/s HyperLink 接口，两个 PCIe Gen2，SRIO，两个千兆网接口，网络协处理器，高达 8MB 内部 SRAM	50Gbit/s HyperLink 接口，两个 PCIe Gen2，SRIO，1 个千兆网接口，16 位并口，Viterbi 和 Turbo 码协处理器，高达 3MB 内部 SRAM
典型应用	媒体基础设施、自动控制、通信、成像、雷达、关键任务	机器视觉、专业音频、航空电子、监控与分析
价格(购买数量为 10k 的价格)	132～197 美元	27.25～66.70 美元

2.1.3　TMS320C6655/57 DSP 功能框图

本章主要介绍 TMS320C66x DSP 的原理、应用及相关系统的开发，介绍中主要以 C6655/57 DSP 为例。图 2.1 给出了 C6655/57 DSP 的功能框图，具体可参考 *TMS320C6655 and TMS320C6657 Fixed and Floating-Point Digital Signal Processor*。

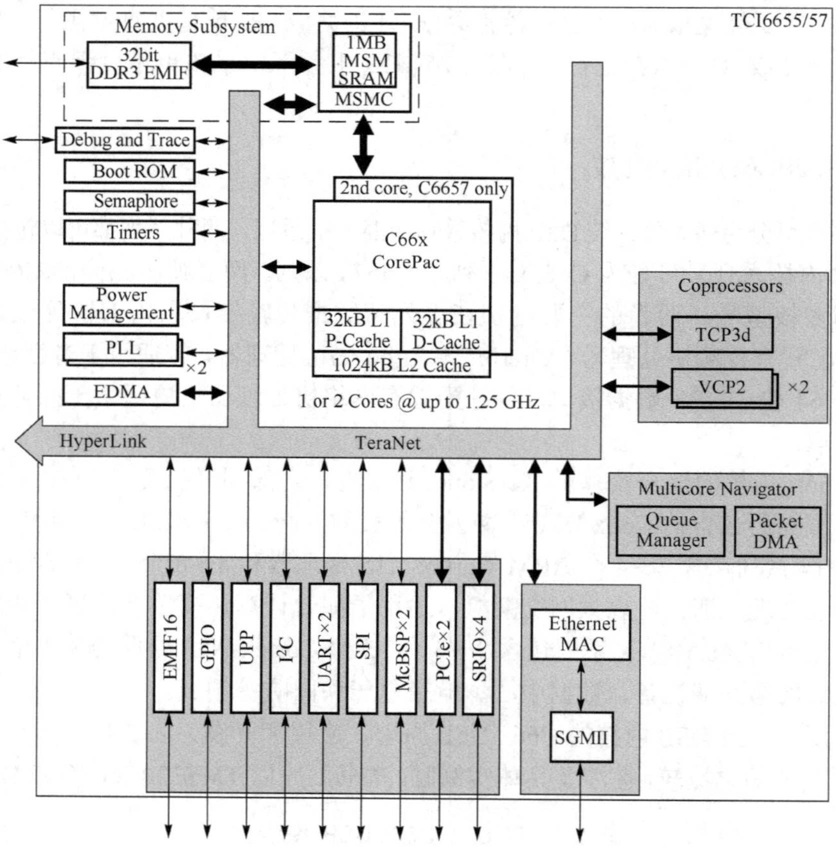

图 2.1　TMS320C6655/57 DSP 功能框图

从图 2.1 可知，C6655/57 DSP 主要包括以下部分。

(1) C66x DSP 内核，C6655 包含 1 个 CorePac，C6657 包含两个 CorePac。

(2) 用于 Turbo 码解码的协处理 TCP3d，用于图像处理的视频协处理 VCP2。

(3) 多核导航器。

(4) 内部自举 ROM、信号灯、定时器、功率管理器、PLL、EDMA。

(5) 提供千兆以太网 MAC 的 SGMII。

(6) 提供调试与跟踪接口 JTAG。

(7) 提供外部 32 位 DDR3 存储器接口。

(8) 提供高速的处理器间通信接口 HyperLink。

(9) 提供丰富的片上外设，包括 16 位外部存储器接口 (EMIF16)、GPIO、通用并行端口 (UPP)、I^2C、UART、SPI、多通道缓冲串行口 (McBSP)、PCIe、串行快速输入输出接口 (SRIO)。

2.2　TMS320C66x CorePac

C66x DSP 可包含 1～8 个 CorePac。TI 公司将包含 C66x DSP 核、一级程序 (L1P) 缓存控制器、一级数据 (L1D) 缓存控制器、二级 (L2) 缓存控制器、内部 DMA (IDMA)、外部存储器控制器 (EMC)、扩展存储器控制器 (XMC)、带宽管理器 (BWM)、中断控制器 (INTC) 和低功耗控制器 (PDC) 的硬件称为 CorePac，其构成和相互连接如图 2.2 所示，图中同时给出了各硬件模块间连接的数据总线位宽。

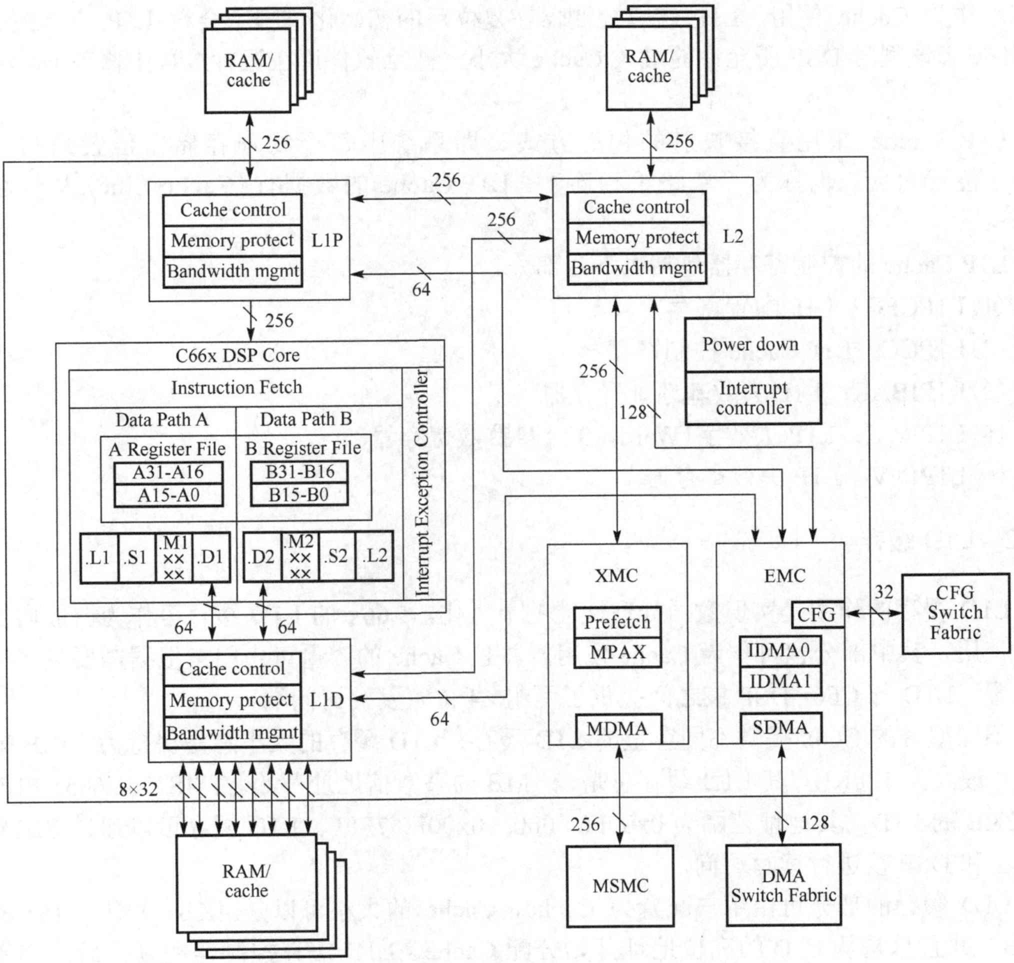

图 2.2　C66x CorePac 结构框图

2.2.1 L1P 缓存

L1P 缓存的作用是实现代码执行性能的最大化，C66x 的 L1P 缓存可作为一般内部存储器使用，其中部分也可作为高速缓存(Cache)使用，并且 Cache 的大小可由用户根据需要灵活地进行配置，L1P 与 C66x DSP 核之间提供了 256 位宽度的访问端口。

不同型号的 C66x 提供不同容量的 L1P 缓存。L1P 缓存的大小总是保持为 16KB 的整数倍，最大为 128KB，其 L1P 缓存总是从 1MB 的整数倍地址开始。L1P 缓存可以通过 EDMA 和 IDMA 进行读写访问，可以由 DSP 的加载指令进行读访问，但不能用 DSP 的存储指令进行写访问。L1P 一般支持 0 等待态的高速访问，最多不超过 3 个等待态。

L1P 缓存的部分可由用户配置为 Cache，Cache 的大小可以是 4KB、8KB、16KB 或 32KB，并且总是从 L1P 的高位地址开始分配 Cache。以 TMS320C6655 为例，C6655 内部具有 32KB 的 L1P，起始地址为 0x00E0 0000，所以 L1P 的范围为 0x00E0 0000～0x00E0 7FFF。如果现在将 C6655 L1P 中的 4KB 配置为 Cache，则位于 0x00E0 7000～0x00E0 7FFF 的 4KB L1P 缓存将作为 Cache 使用。L1P 缓存控制器在复位后的初始化过程中会将 L1P 全部配置成 RAM 或者该型号 DSP 所允许的最大 Cache 大小，并且软件可在运行过程中修改 Cache 的大小。

L1P Cache 采用直接映射的相连方式，即系统中每个物理存储器位置只与一个 Cache 位置对应，也称为“单路组相连”。L1P Cache 的数据行(Cache Line)大小为 32 字节。

L1P Cache 的控制寄存器包括以下几部分。

(1) L1PCFG：L1P 配置寄存器。

(2) L1PCC：L1P Cache 控制寄存器。

(3) L1PIBAR：L1P 失效基地址寄存器。

(4) L1PIWC：L1P 失效字(Word，32 比特)数寄存器。

(5) L1PINV：L1P 失效寄存器。

2.2.2 L1D 缓存

L1D 缓存的作用是实现数据处理性能的最大化，C66x 的 L1D 缓存可作为一般内部存储器使用，其中部分也可作为 Cache 使用，并且 Cache 的容量可由用户根据需要灵活地进行配置，L1D 与 C66x DSP 核之间提供了两组 64 位宽度的访问端口。

不同型号的 C66x 提供不同容量的 L1D 缓存，L1D 缓存的大小总是保持为 16KB 的整数倍，最大为 128KB，其 L1D 缓存总是以 1MB 的整数倍地址开始。TMS320C6655 内部具有 32KB 的 L1D，其地址范围为 0x00F0 0000～0x00F0 7FFF。L1D 缓存可以通过 EDMA、IDMA 和 DSP 核进行读写访问。

L1D 缓存的部分可由用户配置为 Cache，Cache 的大小可以是 4KB、8KB、16KB 或 32KB，并且总是从 L1D 的高位地址开始分配 Cache。L1D 缓存控制器在复位后的初始化过程中会将 L1D 全部配置成 RAM 或者该型号 DSP 所允许的最大 Cache 大小，并且软件可在运行过程中修改 Cache 的大小。

L1D Cache 采用 2 路组(Two-Way set)相连方式，即系统中每个物理存储器位置可以与两个 Cache 位置对应。L1D Cache 的数据行大小为 64B。

L1D Cache 的控制寄存器包括以下部分。

(1) L1DCFG：L1D Cache 配置寄存器。

(2) L1DCC：L1D Cache 控制寄存器。

(3) L1DINV：L1D 失效寄存器。

(4) L1DWB：L1D 写回寄存器。

(5) L1DWBINV：L1D 写回失效寄存器。

(6) L1DIBAR：L1D 失效基地址寄存器。

(7) L1DIWC：L1D 失效字数寄存器。

(8) L1DWBAR：L1D 写回基地址寄存器。

(9) L1DWWC：L1D 写回字数寄存器。

(10) L1DWIBAR：L1D 写回失效基地址寄存器。

(11) L1DWIWC：L1D 写回失效字数寄存器。

2.2.3　L2 缓存

L2 缓存控制器为快速 L1 缓存和低速外部存储器之间提供了桥梁。相比于 L1 缓存，L2 缓存控制器支持更大的存储器容量，与 L1 缓存一样，L2 缓存可作为一般存储器使用，其中部分也可作为 Cache 使用。

L2 缓存控制器提供一个 256 位宽度的访问端口，支持 64～4096KB 的存储器大小。L2 缓存分成两个 128 位宽度的存储器组(Bank)，每个存储器组包括 4 个子组(Sub-Bank)，其地址交叉排列，每个存储器组在空闲时每个时钟周期可接受一个新的访问请求。

L2 缓存的部分可由用户配置为 Cache，Cache 的大小可以是 32KB、64KB、128KB、256KB、512KB 或 1MB，并且总是从 L2 的高位地址开始分配 Cache。默认情况下，L2 缓存全部配置为 RAM，用户可通过软件的方式对 L2 的配置进行调整。

L2 Cache 采用 4 路组(Four-Way Set)相连方式，即系统中每个物理存储器位置可以与 4 个 Cache 位置对应。L2 Cache 的数据行大小为 128B。

L2 Cache 的控制寄存器包括以上几部分。

(1) L2CFG：L2 Cache 配置寄存器。

(2) L2WBAR：L2 写回基地址寄存器。

(3) L2WWC：L2 写回字数寄存器。

(4) L2WIBAR：L2 写回失效基地址寄存器。

(5) L2WIWC：L2 写回失效字数寄存器。

(6) L2IBAR：L2 失效基地址寄存器。

(7) L2IWC：L2 失效字数寄存器。

(8) L2WB：L2 写回寄存器。

(9) L2WBINV：L2 写回失效寄存器。

(10) L2INV：L2 失效寄存器。

(11) MARn：存储器属性寄存器。

2.2.4 IDMA 控制器

IDMA 控制器用来实现 C66x CorePac 内部任意两个本地存储器之间的快速数据搬移。本地存储器包括 L1P 缓存、L1D 缓存和 L2 缓存，以及外部设备配置存储器。IDMA 不支持内部存储器映射寄存器(MMR)空间的访问。

IDMA 控制器的核心优势是允许较低速存储器(如 L2)和高速存储器(如 L1D 和 L1P)之间的数据传输。另外，由于 IDMA 支持对外部配置空间的访问，从而可以实现对外设配置寄存器的快速编程。IDMA 控制器将外部配置空间视作包含 32 字的空间，因此可以对 32 字块内的任意一个寄存器进行独立访问。IDMA 还支持对存储器的块填充功能。

IDMA 控制器包含两个通道：通道 0 和通道 1，这两个通道完全正交，从而支持两个通道并行运行。IDMA 的运行由相应的寄存器控制，寄存器的具体信息可参考文献 *TMS320C66x DSP CorePac User Guide*。

IDMA 通道 0 用来实现对外部配置空间的快速编程，即实现数据从本地存储器(L1P、L1D、L2)到外部配置空间的搬移。外部配置空间包括位于 C66x CorePac 外部的外设寄存器，位于 C66x CorePac 内部的寄存器称为内部配置空间，如 L1D 的控制寄存器即属于内部配置空间。IDMA 通道 0 仅可访问外部配置空间，且每次访问 32 个连续寄存器块。IDMA 通道 0 的运行过程由 5 个寄存器控制，即状态寄存器、屏蔽寄存器、源地址寄存器、目的地址寄存器和传输块数目寄存器。

IDMA 通道 1 实现本地存储器间的数据搬移，其运行过程由状态寄存器、源地址寄存器、目的地址寄存器、传输块数目寄存器控制。在数据搬移过程中，源地址和目的地址都以线性方式增加，数目寄存器存放所需搬移数据的字节数。

2.2.5 CorePac 其他硬件单元

1. 外部存储器控制器

外部存储器控制器(EMC)提供了 CorePac 和处理器其他部分的桥梁。EMC 包括两个端口。

(1) 配置寄存器：这个端口提供了对控制片上外设和资源的存储器映射寄存器的访问。

(2) 从 DMA(SDMA)：这个端口为 CorePac 外部的系统主控单元访问 CorePac 内部的资源提供了接口，在这类访问中，CorePac 外部的主控单元如 DMA 控制器、SRIO 等作为主设备，CorePac 作为从设备。

2. 扩展存储器控制器

扩展存储器控制器（XMC）充当 L2 缓存控制器访问多核共享存储器控制器（MSMC）的主 DMA（MDMA）通道，同时实现对 CorePac 外部地址的存储保护、地址扩展或转换以及数据预取。

存储保护和地址扩展由 MPAX 单元完成。MPAX 定义了 16 个运行时可选择尺寸的存储段，从而将 C66x CorePac 的 32 位地址空间映射到一个更大的 36 位地址空间，另外，每个存储段有一套对应的访问控制字。MPAX 为多核访问大容量的共享存储器提供了方便的解决方案。

数据预取是为了降低进入 CorePac 的数据流读取未命中的概率，即减小 CPU 的阻塞时间、提高对 MSMC RAM 和 EMIF 的读取性能。XMC 包含用于数据流预取的 8 个 128 字节的缓冲区和用于程序预取的 4 个 32 字节的缓冲区。

3. 带宽管理器

带宽管理器（BWM）用来保证一些总线请求不阻塞 CorePac 内部的资源。BWM 管理的资源包括 L1 程序缓存、L1 数据缓存、L2 缓存和 MMR 配置总线。BWM 管理的总线请求包括 DSP 核发起的访问、可编程的 Cache 一致性操作、IDMA 发起的访问和外部发起的 SDMA 访问。

4. 中断控制器

中断控制器（INTC）提供了系统事件到 C66x DSP 内核中断和异常输入之间的接口。INTC 可接收 128 个系统事件，这些系统事件可以由 CorePac 内部和外部产生。INTC 同时可接收不可屏蔽和复位事件。

根据不同的输入，INTC 输出 4 种不同的信号给 C66x DSP 内核：1 个可屏蔽的硬件异常（EXCEP）、12 个可屏蔽硬件中断（INT4～INT15）、1 个不可屏蔽信号（NMI）、1 个复位信号（RESET）。

关于中断和异常管理的详细内容将于 2.5.4 节介绍。

5. 存储保护

存储保护的作用包括：保护操作系统数据结构免遭不良代码的破坏；为程序调试提供非法存储器访问信息；允许操作系统实施明确的管理模式和用户模式的访问边界。通过 DSP 权限分级并结合存储器系统权限结构实现 C66x 的存储保护。

6. 省电模式控制器

省电模式控制器（PDC）实现对 CorePac 内部不同部分的省电模式管理，包括：当从 SPLOOP 缓冲区执行指令时，L1P 缓存将动态地进入省电模式；L2 缓存不支持用户控制的动态省电模式；在 Cache 禁止时，Cache 控制硬件进入省电模式；利用 IDLE 指令可使 C66x DSP 核进入省电模式；整个 CorePac 进入省电模式。

2.3 CPU 数据通道和控制

C66x DSP 核中 CPU 的数据通路如图 2.3 所示，具体包含如下几个部分。

(1) 两组通用目的寄存器文件(A 和 B)。

(2) 8 个功能单元(.L1，.L2，.S1，.S2，.M1，.M2，.D1 和.D2)。

(3) 两个从存储器加载数据的通道(LD1 和 LD2)。

(4) 两个将数据写入存储器的通道(ST1 和 ST2)。

(5) 两个数据地址通道(DA1 和 DA2)。

(6) 两个寄存器文件数据交叉通道(1X 和 2X)。

2.3.1 通用目的寄存器文件

作为 TMS320C6000 DSP 的一员，C66x 使用仿 RISC 指令集，所有的运算只能在寄存器之间进行，即所有指令的源操作数和目的操作数只能是寄存器或寄存器组，为此 RISC 处理器或者仿 RISC 处理器需要提供较多的寄存器以便于编程和提高编译器性能。C66x 的 CPU 共有 64 个 32 位通用目的寄存器，分成两组，称为寄存器文件 A 和寄存器文件 B，每组各包含 32 个寄存器，A、B 两组寄存器分别命名为 A0～A31 和 B0～B31。

C66x 的通用目的寄存器支持从打包 8 比特到 128 比特定点的数据格式。当数据超过 32 比特时(如 40 比特或者 64 比特)，将被存放在一个寄存器对中，表 2.2 给出了 64 比特寄存器对的组合形式。当数据超过 64 比特时(如 128 比特定点数据)，将被存放在两个寄存器对中(四个寄存器)，表 2.3 给出了 128 比特四寄存器组的组合形式。

表 2.2 64 比特寄存器对的组合形式

寄存器文件 A		寄存器文件 B	
A1:A0	A17:A16	B1:B0	B17:B16
A3:A2	A19:A18	B3:B2	B19:B18
A5:A4	A21:A20	B5:B4	B21:B20
A7:A6	A23:A22	B7:B6	B23:B22
A9:A8	A25:A24	B9:B8	B25:B24
A11:A10	A27:A26	B11:B10	B27:B26
A13:A12	A29:A28	B13:B12	B29:B28
A15:A14	A31:A30	B15:B14	B31:B30

打包数据类型的存储方式包括：一个 32 比特的寄存器可以存放 4 个 8 比特数据或者 2 个 16 比特数据；一个寄存器对可以存放 8 个 8 比特数据、4 个 16 比特数据或者 2 个 32 比特数据；两个寄存器对(四寄存器组)可以存放 8 个 16 比特数据、4 个 32 比特数据或者 2 个 64 比特数据。

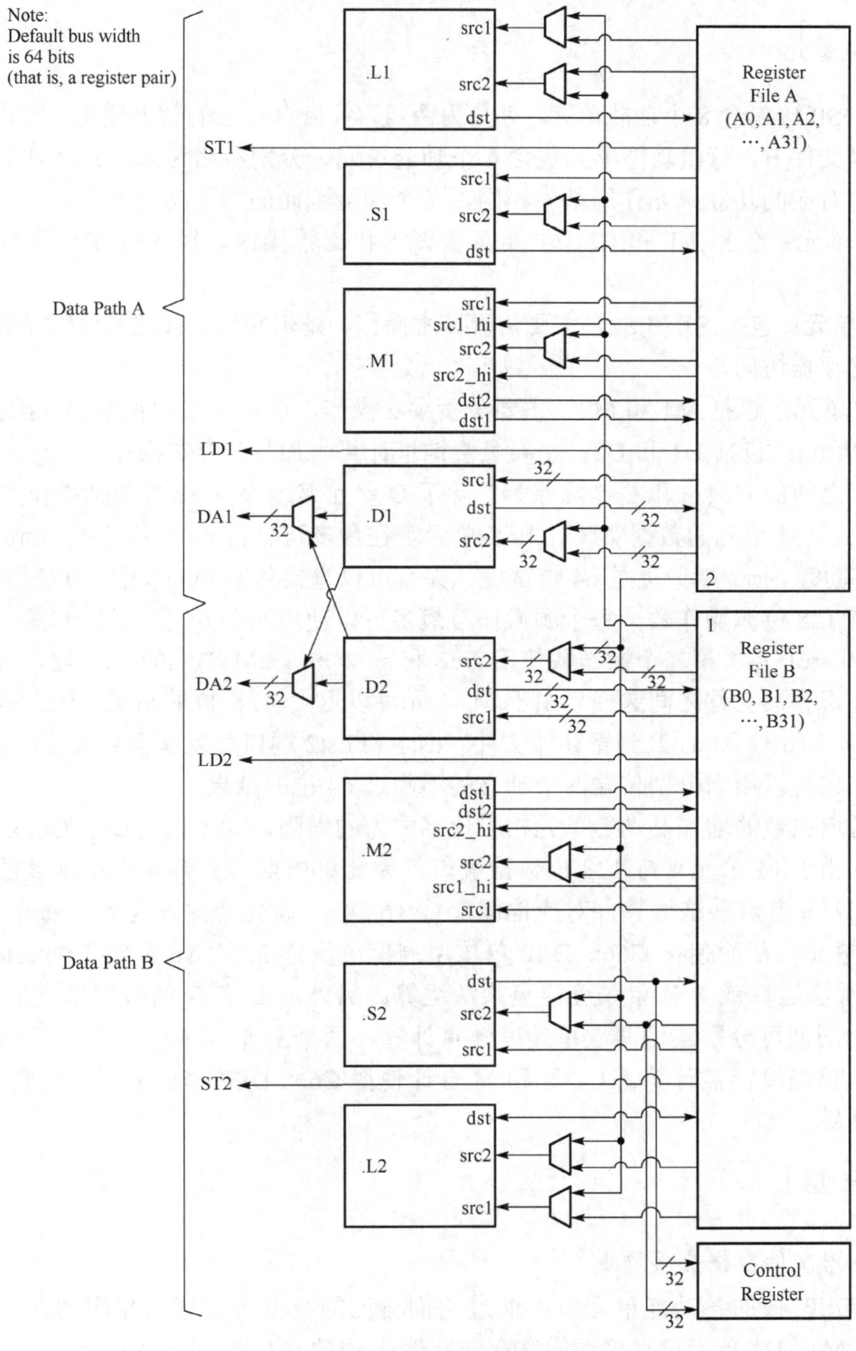

图 2.3　C66x CPU 数据通道

表 2.3　128 比特四寄存器组的组合形式

寄存器文件 A	寄存器文件 B	寄存器文件 A	寄存器文件 B
A3:A2:A1:A0	B3:B2:B1:B0	A19:A18:A17:A16	B19:B18:B17:B16
A7:A6:A5:A4	B7:B6:B5:B4	A23:A22:A21:A20	B23:B22:B21:B20
A11:A10:A9:A8	B11:B10:B9:B8	A27:A26:A25:A24	B27:B26:B25:B24
A15:A14:A13:A12	B15:B14:B13:B12	A31:A30:A29:A28	B31:B30:B29:B28

2.3.2 功能单元

C66x DSP 核包含 8 个功能单元，划分为两组，各自有对应的数据通道，即寄存器文件 A 和寄存器文件 B。每组功能单元包含 4 个功能单元，分别命名为.L、.S、.M 和.D，两组功能单元中对应的功能单元作用基本相同，各个功能单元的主要功能如下。

(1) .L 单元：包括.L1 和.L2，主要负责算术和比较操作、逻辑操作以及数据归一化操作。

(2) .S 单元：包括.S1 和.S2，主要负责算术操作、逻辑操作、移位和比特域操作、跳转以及控制寄存器访问。

(3) .M 单元：包括.M1 和.M2，主要负责乘法操作、旋转和伽罗瓦域乘法操作。

(4) .D 单元：包括.D1 和.D2，主要负责地址计算、加载和存储操作。

相比于之前的 C64x+和 C674x 系列，除了.D 单元继续保持 32 位数据操作，C66x DSP 核增加了.L/.S/.M 单元的数据宽度。.L/.S 单元现在最多可支持 64 位操作数，src1 和 dst 端口为 64 位宽度，scr2 端口也是 64 位宽度，并且可以直接传输 long 型的 40 位数据。.M 单元现在支持 128 位源操作数，每个源操作数最多可以使用两个 64 位读端口(第一个操作数使用 src1 和 src1_hi，第二个操作数使用 src2 和 src2_hi)。.M 单元的 src2 输入可以在交叉通道和同侧寄存器文件之间选择。由于.M 单元可以返回 128 位的结果，因此提供了两个 64 位的写端口(dst1 和 dst2)到寄存器文件。dst1 和 dst2 端口可以联合起来使用以传输 128 位的结果，也可以用来分别传输两个独立的不超过 64 位的结果。

数据通道位数的增加及功能单元相应计算能力的增强，大大地增加了 C66x DSP 核的计算能力。由于.M 单元支持 128 位数据端口，因此单周期可支持 4 次单精度浮点乘法运算或 4 次 32 位定点乘法运算，对应地即支持 16 次 16 位定点乘法运算，每个 DSP 核包含两个.M 单元，从而使得 C66x DSP 单核单周期可支持 32 次 16 位定点乘法运算、8 次 32 位定点乘法运算或 8 次单精度浮点乘法运算。另外，.L 和.S 的数据通道增加到了 64 位，因此单周期可分别实现两次单精度浮点计算，两个.L 单元和两个.S 单元合计单周期可实现 8 次单精度浮点计算。.L、.S 和.M 合计使得 C66x DSP 单核单周期可实现 16 次单精度浮点计算。

2.3.3 数据通道

1) 寄存器文件数据交叉通道

C66x DSP 核的各功能单元可以通过它们自己的数据通道读写相应的寄存器文件，即.L1、.S1、.M1、.D1 单元可直接访问寄存器文件 A 中的寄存器 A0～A31，.L2、.S2、.M2、.D2 单元可直接访问寄存器文件 B 中的寄存器 B0～B31。为了提高数据访问的灵活性，同时提高寄存器的利用效率，C66x DSP 核同时提供了两个 64 位的数据交叉通道 1X 和 2X，从而使得各功能单元可以通过交叉通道访问另一个寄存器文件中的寄存器。

2) 存储器加载存储通道

C66x 支持双字加载与存储。C66x DSP 核提供了四个 32 位通道实现数据从存储器到寄存器文件的加载，即寄存器文件 A 侧的 LD1a 和 LD1b、寄存器文件 B 侧的 LD2a 和 LD2b。

同时提供了四个 32 位通道实现数据从寄存器文件到存储器的存储，即寄存器文件 A 侧的 ST1a 和 ST1b、寄存器文件 B 侧的 ST2a 和 ST2b。

3) 数据地址通道

数据地址通道 DA1 和 DA2 同时连接到两个数据通道的.D 单元，因此任一通道产生的数据地址可用来实现任一寄存器文件中的数据读写。

DA1 和 DA2 资源以及它们相关的数据通道分别称为 T1 和 T2。T1 由 DA1 的地址通道和 LD1 及 ST1 的数据通道组成，LD1 支持 64 位数据加载，ST1 支持 64 位数据存储。类似地，T2 由 DA2 地址通道和 LD2 及 ST2 数据通道组成，LD2 支持 64 位数据加载，ST2 支持 64 位数据存储。

2.3.4 控制寄存器文件

C66x DSP 除包含 64 个通用目的寄存器外，还包含了大量控制处理器运行及反映处理器运行状态的控制寄存器，这些控制寄存器以存储器映射寄存器的形式组织，即每个控制寄存器占据存储器空间的一个地址，CPU 使用 MVC 指令通过.S2 单元实现控制寄存器的访问。

C66x DSP 的控制寄存器文件包括三部分，即控制寄存器、扩展控制寄存器和浮点操作控制寄存器。表 2.4 给出了 C66x DSP 的控制寄存器名称及主要功能，有关扩展控制寄存器和浮点操作控制寄存器的详细内容可参考 *TMS320C66x DSP CPU and Instruction Set Reference Guide*。

表 2.4 控制寄存器

缩写	寄存器名字	主要功能
AMR	寻址模式寄存器	设置数据寻址模式
CSR	控制状态寄存器	设置省电模式、大小端模式、Cache 模式、全局中断使能等
GFPGFR	伽罗瓦域乘法控制寄存器	控制伽罗瓦域大小及其生成多项式
ICR	中断清除寄存器	用于手动清除可屏蔽中断
IER	中断使能寄存器	允许使能/禁止某个中断
IFR	中断标志寄存器	显示中断状态
IRP	中断返回地址寄存器	保存可屏蔽中断的返回地址
ISR	中断设置寄存器	用于手动设置可屏蔽中断
ISTP	中断服务表地址寄存器	用于指定中断服务程序的地址
NRP	不可屏蔽中断返回地址寄存器	保存不可屏蔽中断的返回地址
ITSR	中断任务状态寄存器	中断产生时保存 TSR 的值
NTSR	NMI/异常任务状态寄存器	NMI 中断或异常发生时保存 TSR 的值
TSR	任务状态寄存器	决定或指示当前执行环境

里德-所罗门(Reed-Solomon)码是数字通信系统中常用的前向纠错编码算法，其涉及的一个重要运算为伽罗瓦域乘法，伽罗瓦域乘法运算由域的大小及相应的生成多项式决定。C66x DSP 提供了对伽罗瓦域乘法的硬件支持，并提供了 GFPGFR 控制寄存器对伽罗瓦域

运算进行设置，表 2.5 给出了 GFPGFR 的比特构成和各字段说明，具体可参考 C66x DSP CPU 和指令参考手册 *TMS320C66x DSP CPU and Instruction Set Reference Guide*。

表 2.5　GFPGFR 字段说明

比特	字段名	取值	描述
31：27	保留	0	保留位，读取时为 0，写入无效
26：24	SIZE	0～7h	域大小
23：8	保留	0	保留位，读取时为 0，写入无效
7：0	POLY	0～FFh	生成多项式

表 2.4 中关于 AMR 的相关内容将在 2.4.2 节中介绍，和中断相关的各个寄存器将在 2.5.4 节中介绍。此处仅对控制状态寄存器(CSR)和任务状态寄存器(TSR)进行简单介绍。

CSR 包括控制位和状态位，其比特构成和各字段的说明见表 2.6。对于 PWRD、EN、PCC 以及 DCC 字段，不同型号的 C66x DSP 会存在差异，在使用时可查阅相应的数据手册。

表 2.6　CSR 字段说明

<table>
<tr><th>比特</th><th>字段名</th><th>取值</th><th>描述</th></tr>
<tr><td>31～24</td><td>CPU ID</td><td>0～FFh</td><td>指示设备的 CPU 型号，MVC 指令不可写</td></tr>
<tr><td>23～16</td><td>REVISION ID</td><td>0～FFh</td><td>指示设备的 CPU 版本，MVC 指令不可写</td></tr>
<tr><td rowspan="7">15～10</td><td rowspan="7">PWRD</td><td>0～3Fh</td><td>省电模式字段，管理员模式下 MVC 指令可写</td></tr>
<tr><td>0</td><td>非省电模式</td></tr>
<tr><td>9h</td><td>省电模式 PD1；可由使能的中断唤醒</td></tr>
<tr><td>11h</td><td>省电模式 PD1；可由使能的或禁止的中断唤醒</td></tr>
<tr><td>1Ah</td><td>省电模式 PD2；可由设备复位唤醒</td></tr>
<tr><td>1Ch</td><td>省电模式 PD3；可由设备复位唤醒</td></tr>
<tr><td>其他</td><td>保留使用</td></tr>
<tr><td rowspan="3">9</td><td rowspan="3">SAT</td><td colspan="2">饱和位。只能被 MVC 指令清零和被功能单元设置</td></tr>
<tr><td>0</td><td>无功能单元产生饱和结果</td></tr>
<tr><td>1</td><td>一个或多个功能单元在算术运算时产生饱和结果</td></tr>
<tr><td rowspan="3">8</td><td rowspan="3">EN</td><td colspan="2">端点模式位，MVC 指令不可写</td></tr>
<tr><td>0</td><td>大端模式</td></tr>
<tr><td>1</td><td>小端模式</td></tr>
<tr><td>7～5</td><td>PCC</td><td>0～7h</td><td>程序缓存控制模式</td></tr>
<tr><td>4～2</td><td>DCC</td><td>0～7h</td><td>数据缓存控制模式</td></tr>
<tr><td rowspan="3">1</td><td rowspan="3">PGIE</td><td colspan="2">先前的 GIE，当中断发生时保存先前的 GIE 值</td></tr>
<tr><td>0</td><td>当从中断返回后中断禁用</td></tr>
<tr><td>1</td><td>当从中断返回后中断使能</td></tr>
<tr><td rowspan="3">0</td><td rowspan="3">GIE</td><td colspan="2">全局中断使能。管理和用户模式下 MVC 指令可写</td></tr>
<tr><td>0</td><td>禁止除复位和不可屏蔽中断外的所有中断</td></tr>
<tr><td>1</td><td>使能所有中断</td></tr>
</table>

TSR 包含了决定或者指示当前执行环境的信息，在中断或异常响应时，其值保存在中断任务状态寄存器(ITSR)或 NMI/异常任务状态寄存器(NTSR)中。TSR 的比特构成和各字

段的说明见表 2.7。其中的 SGIE 比特用于 DINT 和 RINT 指令全局禁止或重新使能中断，GIE 比特和 CSR 中的 GIE 比特完全相同。

表 2.7　TSR 字段说明

比特	字段名	取值	描述
31～16	保留	0	保留位，读取时值为 0
15	IB	0～FFh	中断阻塞。MVC 指令不可写，只能由硬件置位
		0	中断未阻塞
		1	中断阻塞
14	SPLX		SPLOOP 执行。MVC 指令不可写，只能由硬件置位
		0	当前未执行 SPLOOP
		1	当前执行 SPLOOP
13～11	保留	0	保留位，读取时值为 0
10	EXC		异常处理。在管理模式可由 MVC 指令清零
		0	当前不在异常处理过程
		1	当前正在异常处理过程
9	INT		中断处理。MVC 指令不可写
		0	当前不在中断处理过程
		1	当前正在中断处理过程
8	保留	0	保留位，读取时值为 0
7～6	CXM		当前执行模式。不可由 MVC 写
		0	当前运行于管理模式
		1	当前运行于用户模式
		2h～3h	保留
5～4	保留		保留位，读取时值为 0
3	XEN		可屏蔽异常使能。仅在管理模式下可写
		0	禁止所有可屏蔽异常
		1	使能所有可屏蔽异常
2	GEE		全局异常使能。可在管理模式下置位，只能由复位清零
		0	禁止除复位外所有异常
		1	使能所有异常
1	SGIE		全局中断使能保存。执行 DINT 指令后保存之前的 GIE 位
		0	执行 RINT 后全局中断保持禁止
		1	执行 RINT 后全局中断使能
0	GIE		全局中断使能。和 CSR 的 GIE 相同
		0	禁止除复位和不可屏蔽中断外的所有中断
		1	使能所有中断

2.4　指令集系统

C66x DSP 采用仿 RISC 指令系统，其标准指令为 32 位指令，同时支持 16 位的紧凑指令以提高代码密度，减小代码量，并由编译器在编译过程中自动确定采用 32 位还是 16 位指令。C66x 指令集提供了强大的信号处理能力，包含定点运算指令和浮点运算指令，支持

SIMD、支持指令并行、支持指令条件执行、支持灵活的寻址方式、支持复数运算、支持矩阵运算、支持数据打包和解包、支持非对齐的字加载和存储，同时兼容 TMS320C62x、TMS320C64x、TMS320C64x+和 TMS320C674x+的所有指令。

需要说明的是，随着处理器计算能力以及编译器优化性能的不断提升，目前在很多应用程序开发中广泛使用高级语言，如 C 语言，但对于一些高计算复杂度的模块，为了满足实时性的要求，往往还需要采用汇编代码。另外，对于任何一款处理器，了解其汇编指令集对于加深理解处理器结构、优化代码编写等具有重要的指导作用。为此本节将对 C66x DSP 的汇编指令集进行简单介绍，同时对 C66x 汇编指令的并行执行、寻址模式和约束条件等进行简单描述。

2.4.1 汇编指令语法

大部分 C66x DSP 汇编指令采用三操作数指令形式，同时部分指令采用两操作数或单操作数形式，在多操作数形式下，总是源操作数在前，目的操作数在后，本节以三操作数为例介绍 C66x DSP 汇编指令语法。

C66x DSP 汇编指令包含条件码、指令、功能单元指示、操作数四个部分，一个三操作数的汇编指令语法可表示为

```
[cond]  Instruction  (.unit)  src1, src2, dst
```

1) 条件码

[cond]为条件码。C66x DSP 汇编指令中的条件码为可选项，当条件码没有给出时，即表示该条指令无条件执行。

大多数的 C66x 指令支持条件执行，16 位紧凑指令不支持条件执行。C66x DSP 使用寄存器 A0、A1、A2、B0、B1、B2 作为条件寄存器，条件包括两种情况，即寄存器值为 0 或不为 0。条件码的例子如：

[A0]：表示当 A0≠0 时，条件成立。

[!A0]：表示当 A0=0 时，条件成立。

2) 助记符

Instruction 为汇编指令助记符，包括算术指令、逻辑指令、移位、加载、存储、程序控制等各类指令。C66x DSP 汇编指令助记符一般采用核心词+后缀的形式，其中核心词给出了指令的类型和功能，后缀给出该条指令的特定使用对象。例如：

MPY：乘法指令，实现两个 16 位有符号整数相乘；

MPYU：乘法指令，实现两个 16 位无符号整数相乘，其中后缀“U”表示无符号数；

MPYI：乘法指令，实现两个 32 位整数相乘，其中后缀“I”表示整数型。

3) 功能单元

(.unit)用来指定指令运行的功能单元及数据通道使用情况，除一些特殊指令外，一般都需要给出.unit。同一个指令可以在不同的功能单元中运行。.unit 可分为三种形式。

(1)基本形式：.unit 为.L1、.S1、.M1、.D1、.L2、.S2、.M2、.D2 中的某一个，此时功能单元仅使用同侧的寄存器文件。

(2) 交叉形式：.unit 为.L1x、.S1x、.M1x、.D1x、.L2x、.S2x、.M2x、.D2x 中的某一个，此时功能单元的一个操作数来自于另一侧的寄存器文件。例如，.L1x：表示计算在.L1 单元中进行，但其中的一个操作数来自于寄存器文件 B。

(3) 数据地址通道形式：仅在加载和存储指令中使用，.unit 为.D1T1、.D1T2、.D2T1、.D2T2 中的某一个，.unit 中的 D1 或 D2 表明所使用的地址产生单元，T1 或 T2 表示所使用的数据加载或存储通道。例如，.D1T2：表示要访问的存储器地址由.D1 单元产生，但使用数据地址通道 DA2 的加载或存储通道。

4) 操作数

src1 和 src2 为源操作数，dst 为目的操作数。源操作数一般有三种形式。

(1) 寄存器：可以为单寄存器、寄存器对或四寄存器组，如 A1、A1:A0、A3:A2:A1:A0。

(2) 立即数：根据指令的不同，可以有不同的位数。

(3) 指针：在加载指令中，源操作数一般采用间接寻址方式，此时源操作数使用寄存器指向要访问的存储器地址，如*A1，关于寻址模式将在 2.4.2 节中具体介绍。

目的操作数一般有两种形式。

(1) 寄存器：可以为单寄存器、寄存器对或四寄存器组。

(2) 指针：在存储指令中，源操作数一般采用间接寻址方式，此时源操作数使用寄存器指向要访问的存储器地址。

5) 汇编指令例子

表 2.8 给出了汇编指令语法的例子，对其中的条件码、功能单元、操作数等进行解释。

表 2.8　汇编指令语法示例

指令例子	解释
[B0]　ADD .L2X　A1, B1, B2	加法指令。当 B0≠0 时，在.L2 单元中执行 A1+B1，结果保存到 B2。指令中使用了条件码[B0]，功能单元.L2 使用了寄存器 A1，所以.unit 为.L2X
SHL　.S1　A0, 4, A1	移位指令。在.S1 单元中将 A0 的值左移 4 位，结果保存到 A1。指令中的第二个操作数为立即数
MPYID .M1　A1, A2, A5:A4	乘法指令。在.M1 单元中执行 A1×A2，32 位数乘以 32 位数结果为 64 位数，结果保存到寄存器对(A5:A4)。目的操作数为寄存器对
LDW .D1T2　*+A0[3], B1	加载指令，两操作数指令。将地址(A0+3)中的 32 位数加载到寄存器 B1。指令使用.D1 单元计算访问地址(A0+3)，将读取到的数据通过 DA2 的 LD2 通道写入寄存器 B1，所以.unit 为.D1T2。源操作数采用指针形式
NOP　5	空操作指令，单操作数指令。执行 5 个周期的空操作。本条指令无功能单元，所以.unit 为空

2.4.2　指令与功能单元的映射

C66x DSP 汇编指令一般需指定运行的功能单元，同一个指令可以在不同的功能单元中运行，表 2.9～表 2.13 给出了 C66x DSP 各功能单元所支持的指令，表中对指令进行了功能分类，具体指令的含义可参考手册。

1) .D 单元的指令

.D 功能单元主要负责存储器访问地址计算、数据加载和存储操作，因此可在.D 单元上运行的指令包括算术加、减、逻辑运算指令，数据加载、存储和搬移指令等，表 2.9 给出了所有可以在.D 功能单元中执行的指令。

表 2.9　.D 单元可执行的指令

加法指令	减法指令	加载指令	存储指令	其他
ADD	SUB	LDB 、LDBU	STB	AND
ADDAB	SUBAB	LDDW	STDW	ANDN
ADDAD	SUBAH	LDH、LDHU	STH	OR
ADDAH	SUBAW	LDNDW	STNDW	XOR
ADDAW	SUB2	LDNW	STNW	MV
ADD2	—	LDW	STW	MVK
—	—	—	—	ZERO

2).L 单元的指令

.L 功能单元主要负责算术和比较操作、逻辑操作以及数据类型转换等操作，因此在.L 单元上运行的指令包括算术加、减指令，逻辑运算与比较指令，数据类型转换和数据归一化操作指令，数据打包、解包、字节交换指令，绝对值计算、最大值计算、最小值计算等，表 2.10 给出了所有可以在.L 功能单元中执行的指令。

表 2.10　.L 单元可执行的指令

加法指令	减法指令	逻辑与比较指令	类型转换与归一化	字节重组指令	其他
ADD	SUB	AND	DPINT	PACK2	ABS
ADDDP	SUBABS4	ANDN	DPSP	PACKH2	ABS2
ADDSP	SUBC	NOT	DPTRUNC	PACKH4	MAX2
ADDSUB	SUBDP	OR	INTDP	PACKHL2	MAXU4
ADDSUB2	SUBSP	XOR	INTDPU	PACKLH2	MIN2
ADDU	SUBU	CMPEQ	INTSP	PACKL4	MINU4
ADD2	SUB2	CMPGT	INTSPU	UNPKHU4	MV
ADD4	SUB4	CMPGTU	SPINT	UNPKLU4	MVK
SADD	SSUB	CMPLT	SPTRUNC	DPACK2	SAT
SADDSUB	SSUB2	CMPLTU	—	DPACKX2	SHFL3
SADDSUB2	ZERO	—	LMBD	SWAP2	SHLMB
—	NEG	—	NORM	SWAP4	SHRMB

3).S 单元的指令

.S 功能单元主要负责算术操作、逻辑操作、移位和比特域操作、跳转以及控制寄存器访问，因此在.S 单元上运行的指令包括算术加、减指令，比较指令，逻辑运算与移位指令，数据打包、解包、字节交换指令，绝对值计算、倒数近似，数据搬移指令，程序控制指令等，表 2.11 给出了所有可以在.S 功能单元中执行的指令。需要强调的是 ADDKPC 指令和 MVC 指令只能在.S2 中运行。

表 2.11　.S 单元可执行的指令

加法指令	减法指令	比较指令	逻辑移位	字节重组	其他
ADD	SUB	CMPEQ2	AND	PACK2	ABSDP
ADDDP	SUBDP	CMPEQ4	ANDN	PACKH2	ABSSP
ADDK	SUBSP	CMPEQDP	NOT	PACKHL2	RCPDP
ADDKPC	SUB2	CMPEQSP	OR	PACKLH2	RCPSP
ADDSP	NEG	CMPGT2	XOR	RPACK2	RSQRDP
ADD2	ZERO	CMPGTDP	SHL	SPACK2	RSQRSP
SADD	—	CMPGTSP	SHLMB	SPACKU4	—
SADD2	—	CMPGTU4	SHR	UNPKHU4	数据搬移
SADDSU2	程序控制	CMPLT2	SHR2	UNPKLU4	MV
SADDUS2	B	CMPLTDP	SHRMB	SWAP2	MVC1
SADDU4	BDEC	CMPLTSP	SHRU	EXT	MVK
	BNOP	CMPLTU4	SHRU2	EXTU	MVKH
类型转换	BPOS	MAX2	SSHL	CLR	MVKLH
SPDP	CALLP	MIN2	—	SET	MVKL

4).M 单元的指令

.M 功能单元主要负责乘法操作、旋转和伽罗瓦域乘法操作，因此在.M 单元上运行的指令包括各类整数乘法、浮点乘法、复数乘法指令，点乘指令，伽罗瓦域乘法，平均计算，比特操作等指令，表 2.12 给出了所有可以在.M 功能单元中执行的指令。

表 2.12　.M 单元可执行的指令

乘法指令					其他
CMPY	DOTPRUS2	MPYHSLU	MPYLI	MPY2	AVG2
CMPYR	DOTPSU4	MPYHSU	MPYLIR	MPY2IR	AVGU4
CMPYR1	DOTPUS4	MPYHU	MPYLSHU	MPY32	BITC4
DDOTP4	DOTPU4	MPYHULS	MPYLUHS	MPY32SU	BITR
DDOTPH2	GMPY	MPYHUS	MPYSP	MPY32US	DEAL
DDOTPH2R	GMPY4	MPYI	MPYSPDP	MPY32US	MVD
DDOTPL2	MPY	MPYID	MPYSP2DP	SMPY	ROTL
DDOTPL2R	MPYDP	MPYIH	MPYSU	SMPYHL	SHFL
DOTP2	MPYH	MPYIHR	MPYSU4	SMPYHL	SSHVL
DOTPN2	MPYHI	MPYIL	MPYU	SMPYLH	SSHVR
DOTPNRSU2	MPYHIR	MPYILR	MPYU4	SMPY2	XPND2
DOTPNRUS2	MPYHL	MPYLH	MPYU5	SMPY32	XPND4
DOTPRSU2	MPYHLU	MPYLHU	MPYUS4	XORMPY	—

5) 无须指定功能单元的指令

绝大部分的 C66x 指令需要指定运行的功能单元，但也有一小部分控制类的指令无须指定功能单元，如表 2.13 所示，这类指令包括中断控制指令、异常处理指令、软件流水控制指令、进入省电模式指令和空操作指令。

表 2.13 无须指定功能单元的指令

中断控制	异常处理	软件流水控制指令			其他
DINT	SWE	SPKERNEL	SPMASK	SPLOOP	IDLE
RINT	SWENR	SPKERNELR	SPMASKR	SPLOOPD	NOP
—	—	—	—	SPLOOPW	—

2.4.3 寻址模式

处理器的寻址模式是指处理器产生存储器访问地址的方式，C66x DSP 使用仿 RISC 指令集，采用间接寻址的方式访问存储空间，其特点如下。

(1) 访问地址基本形式：基地址+偏移地址。

① 基地址只能由通用寄存器提供，称为 R。

② 偏移地址(offset)可以是 5 位的无符号数 ucst5，也可以由寄存器 offsetR 给出。

(2) 存储空间访问地址在.D 单元中生成，包括.D1 和.D2。

(3) 仅可以使用加载(LD)和存储(ST)类指令访问存储空间。

(4) 支持地址不变、前加、后加、偏置模式，分别如下。

① 地址不变：如*R，即访问地址为寄存器 R 的值，访问后 R 的值保持不变。

② 地址前加：如*++R[offset]，即访问地址为 R+(offset<<N)，访问后 R 更新为 R+(offset<<N)，N 取决于访问的数据类型，64 位数据访问时 N=3，32 位数据访问时 N=2，16 位数据访问时 N=1，8 位数据访问时 N=0。

③ 地址后加：如*R++[offset]，即访问地址为 R，访问后 R 更新为 R+(offset<<N)，N 的定义同地址前加。

④ 偏置模式：如*+R[offset]，即访问地址为 R+(offset<<N)，访问后 R 保持不变，N 的定义同地址前加。

表 2.14 给出了 C66x DSP 间接寻址的各种地址产生方式，其中为满足很大偏移地址访问的需求，C66x DSP 专门提供了一个以 B14 或者 B15 作为基地址寄存器、一个 15 位无符号数(ucst15)为偏移地址的间接寻址方式。

表 2.14 C66x DSP 间接寻址方式

寻址类型	基地址不变	基地址前加	基地址后加
无偏移地址	*R	*++R	*R++
	—	*--R	*R--
5 位无符号数偏移地址	*+R[ucst5]	*++R[ucst5]	*R++[ucst5]
	*--R[ucst5]	*--R[ucst5]	*R--[ucst5]
15 位无符号数偏移地址	*B14/B15[ucst15]	不支持	不支持
寄存器提供偏移地址	*+R[offsetR]	*++R[offsetR]	*R++[offsetR]
	*--R[ucst5]	*--R[offsetR]	*R--[offsetR]

根据地址修改计算方式，C66x DSP 提供了线性寻址和循环寻址两种方式。

1) 线性寻址

所谓线性寻址是指地址的计算采用常规方式，R+(offset<<N)的计算结果即为更新后的

R 值。在线性寻址时，用户可以使用寄存器文件 A 和寄存器文件 B 中的任意一个寄存器作为基地址寄存器 R。

2) 循环寻址

所谓循环寻址是指将一段长度的存储器空间看作首尾相连的缓冲器，地址的更新将被限制在这段存储空间范围内。

例如，假设将地址为 0x0080 0000 开始的 32 字节的存储空间看作一段循环缓冲器，其地址范围为 0x0080 0000～0x0080 001F，假设当前的 R=0x0080 001F，现有寻址方式*R++，假设为字节访问，即 N=0。在线性寻址情况下，指令执行后 R=0x0080 0020。而在循环寻址模式下存储空间首尾相连，所以 0x0080 001F 的下一个存储空间应该是 0x0080 0000，因此指令执行后 R=0x0080 0000，其计算过程如下式所示：

$$\mathrm{R} = \mathrm{R}\ \&\ \underbrace{11\cdots1}_{32-M\text{位}1}\underbrace{00\cdots0}_{M\text{位}0}\mathrm{B} + (\mathrm{R} + \mathrm{offset})\ \&\ \underbrace{00\cdots0}_{32-M\text{位}0}\underbrace{11\cdots1}_{M\text{位}1}\mathrm{B}$$

式中，M 表示循环缓冲器长度的位数，即循环缓冲器长度 $L=2^M$，本例中 L=32，M=5。上式的计算过程表示，在循环寻址中，仅仅地址的低 M 位参与地址的计算，而高 32–M 位地址保持不变。

在循环寻址模式下，基地址寄存器只能选用 A4～A7 和 B4～B7 这 8 个寄存器，循环缓冲区的长度由寻址模式寄存器 AMR 中的 BK0 和 BK1 字段指定。AMR 的字段构成如图 2.4 所示。图中 BK0 和 BK1 用来指定循环缓冲区长度，其与上例中的缓冲区长度 L 和相应位数 M 之间的关系为 $L=2^{\mathrm{BK0+1}}$ 或 $L=2^{\mathrm{BK1+1}}$ 或 M=BK0+1 或 M=BK1+1。

A4 MODE～A7 MODE 和 B4 MODE～B7 MODE 分别用来指示 A4～A7 和 B4～B7 寄存器的寻址模式，定义如下。

(1) MODE=0：表示对应的寄存器采用线性寻址模式。

(2) MODE=1：表示采用循环寻址模式且循环缓冲区长度由 BK0 指定。

(3) MODE=2：表示采用循环寻址模式且循环缓冲区长度由 BK1 指定。

(4) MODE=3：保留使用。

31–26	25–21	20–16
Reserved	BK1	BK0
R-0	R/W-0	R/W-0

15–14	13–12	11–10	9–8	7–6	5–4	3–2	1–0
B7 MODE	B6 MODE	B5 MODE	B4 MODE	A7 MODE	A6 MODE	A5 MODE	A4 MODE
R/W-0	R/W-0	R/W-0	R/W-0	R/W-0	R/W-0	R/W-0	R/W-0

图 2.4　寻址模式寄存器 AMR 字段构成

R=MVC 指令可读；W=MVC 指令可写；–n=复位后的默认值

2.4.4　指令的并行操作

C66x DSP 采用 VLIW 结构，程序总线的数据宽度达到 256 位，C66x DSP 核每次读取 256 位的指令，构成一个取指包。一般情况下一个取指包包含 8 条 32 位指令，当使用紧凑指令时，则最多可包含 14 条 16 位指令。一个取指包的基本格式如图 2.5 所示，该取指包不包括紧凑指令，取指包的访问地址总是保证 32 字节对齐。

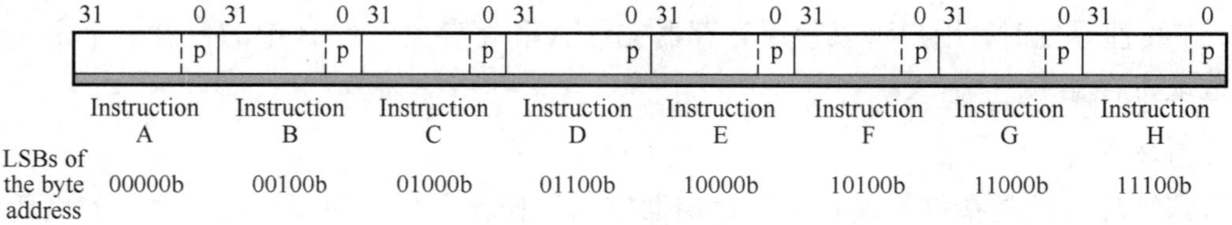

图 2.5　取指包基本格式

从图 2.5 可见，每条指令的第 0 比特称为并行控制比特——p 比特，p 比特决定该条指令是否与其他指令并行执行。CPU 从左至右扫描 p 比特(低位地址到高位地址)。如果指令 I 的 p 比特为 1，则指令 I+1 就将与指令 I 并行执行(同一周期内执行)。如果指令 I 的 p 比特为 0，则指令 I+1 将在指令 I 的下一个周期执行。所有并行执行的指令构成一个执行包。一个执行包最多可以包含 8 条指令，且一个执行包中的每条指令必须使用不同的功能单元。

C66x DSP 核允许执行包跨越两个取指包。执行包最后一条指令的 p 比特必定为 0。对于取指包来说，p 比特有三种组成模式。

(1)完全串行模式：即 1 个取指包中的 8 条指令全部串行运行，无任何并行。

(2)完全并行模式：即 1 个取指包中的 8 条指令全部并行运行，此时达到最高执行效率。

(3)部分串行模式：即 1 个取指包中的 8 条指令有部分并行。

当使用紧凑指令时，C66x DSP 使用基于包头的取指包格式，图 2.6 给出了 C6000 标准取指包和基于包头的取指包的比较。图 2.6(a)为标准取指包，仅包含 8 条 32 位指令，图 2.6(b)为基于包头的取指包，同时包含 16 位指令和 32 位指令。在基于包头的取指包中，第 8 个字(最高地址)将作为 32 比特的包头使用(图中的 Header)，该包头将指明取指包中前面 7 个字分别为 32 位指令还是紧凑指令，哪些指令将并行执行。

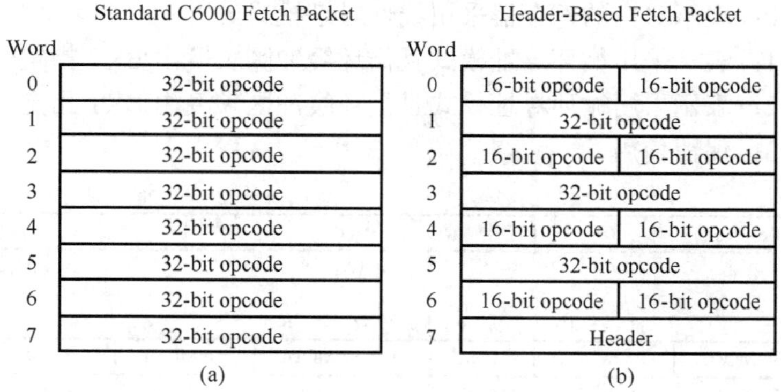

图 2.6　C66x 指令包类型

2.4.5　指令的资源约束

C66x DSP 以执行包为单位执行，为尽可能地利用 CPU 的计算能力，应尽可能提高执行包的并行指令数，为此需保证同一个执行包的任意两条指令不使用相同的资源，以下给出了指令使用资源的一些约束条件。

(1)指令使用相同功能单元的约束：使用相同功能单元的两条指令不可能在同一个执行包中。

(2) 在同一个指令周期同一个功能单元执行写操作的约束。

(3) 交叉通道(1x 和 2x)的约束：C66x 中允许通过一个交叉通道，对同一个寄存器执行多个读取操作。

(4) 交叉通道共享：交叉通道可用来传输一个 64 位寄存器值或一个 32 位寄存器值，但不支持从另一个寄存器文件读取两个 32 位寄存器。

(5) 交叉通道拥塞：当一条指令试图通过交叉通道读取上一个周期更新的寄存器时，则 DSP 会引入一个延迟时钟。

(6) 加载和存储的约束：如果两条加载和存储指令的目的/源寄存器来自同一个寄存器文件，则不能在同一个执行包中；非对齐的存储空间访问不能和其他的存储空间访问并行。

(7) 写寄存器约束：任意两条指令不能在同一个时钟周期写同一个寄存器。

(8) AMR 寄存器写的约束：使用 MVC 指令对 AMR 寄存器执行写操作，紧随其后的加载、存储指令如果使用 A4～A7 或 B4～B7 寄存器作为寻址寄存器则会引入一个周期的拥塞。

(9) 多周期 NOP 指令的约束：两条多周期 NOP 指令不能在同一个执行包中。

(10) 无功能单元指令的约束：一些无功能单元指令的并行存在相应的约束。

(11) 浮点指令的约束：如果一条浮点指令存在多个周期的功能单元延迟，则会阻塞该功能单元必要的时钟周期。

2.5　流水线结构

C66x DSP 通过消除流水线的互锁简化了流水线控制，通过增加流水阶段消除了程序取指、数据访问和乘法操作方面的结构性瓶颈，从而为简化编程和提高性能方面提供了灵活性。因此了解 C66x DSP 指令的流水线结构，有助于加深对 DSP 核的理解和优化 DSP 代码。

C66x DSP 将所有指令的执行过程分为三个阶段：取指(Fetch)、译码(Decode)和执行(Execute)，如图 2.7 所示。随着 CPU 时钟的不断提高，为减少流水线冲突，C66x 将三个流水线阶段进一步进行细分，其中取指阶段细分为 4 个子阶段，译码阶段细分为两个子阶段，执行阶段所包含的子阶段数因指令而异，一般在 5 个以内，最多为 10 个。指令执行的各阶段以 CPU 时钟为节拍、以流水的方式进行。

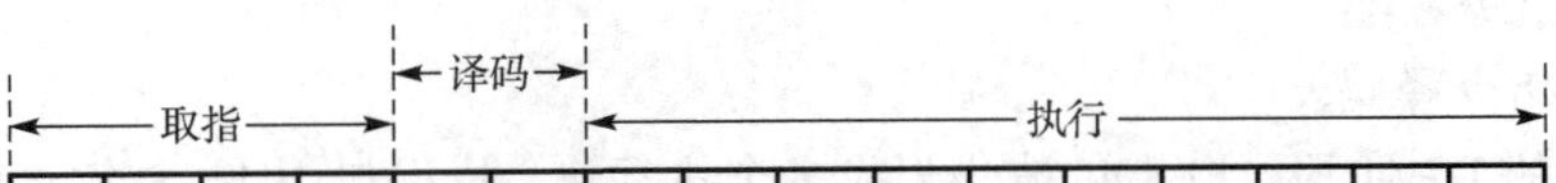

图 2.7　C66x 指令流水线阶段划分

2.5.1　取指阶段

流水线取指阶段细分为如下四个部分。

(1) PG：程序地址产生。

(2) PS：程序地址发送。

(3) PW：程序访问等待。

(4) PR；程序取指包接收。

C66x 的一个取指包总是包含 8 条指令，每个取指包依次通过 PG、PS、PW、PR 四个状态完成取指过程，如图 2.8 所示。图 2.8(a)从左到右给出了各个状态执行的先后顺序。图 2.8(b)给出了指令通过取指阶段的功能框图。在 PG 阶段，CPU 产生程序地址；在 PS 阶段，程序地址被传送到存储器中；在 PW 阶段，产生存储器读操作；在 PR 阶段，CPU 接收到取指包。图 2.8(c)显示了取指包通过流水线取指阶段的流程，其中，第一个取指包(处于 PR 状态)由四个执行包组成，第二个和第三个取指包(处于 PW 和 PS 状态)各包含两个执行包，最后一个取指包(处于 PG 状态)包含一个执行包。

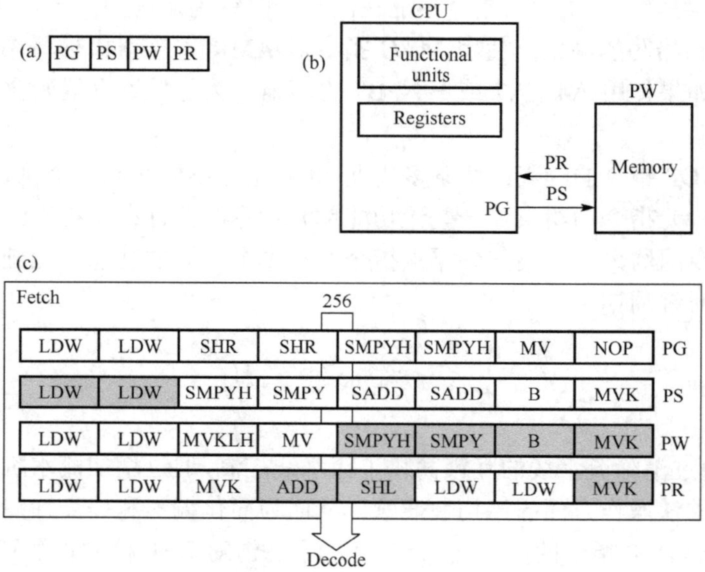

图 2.8　流水线取指阶段

2.5.2　译码阶段

流水线的译码阶段细分为两个部分。

(1) DP：指令分配。

(2) DC：指令译码。

在流水线的 DP 阶段，取指包被分割成多个执行包。执行包由 1～8 条并行执行的指令组成。在 DP 阶段，执行包中的各条指令被分配到适当的功能单元中。在 DC 阶段，各功能单元完成指令执行所需的源寄存器、目的寄存器和相关通道的译码。

图 2.9(a)从左到右给出了译码阶段各个状态的执行顺序，图 2.9(b)给出一个包含两个执行包的取指包在流水线译码阶段的执行过程。该取指包的后 6 条指令为并行指令，构成一个执行包，如图 2.9 所示，该执行包运行在译码阶段的 DP 状态，图中的箭头显示了在一个时钟周期内为每个指令分配功能单元的情况。取指包中第八个时隙的 NOP 指令不执行任何操作，因而不需分配功能单元。

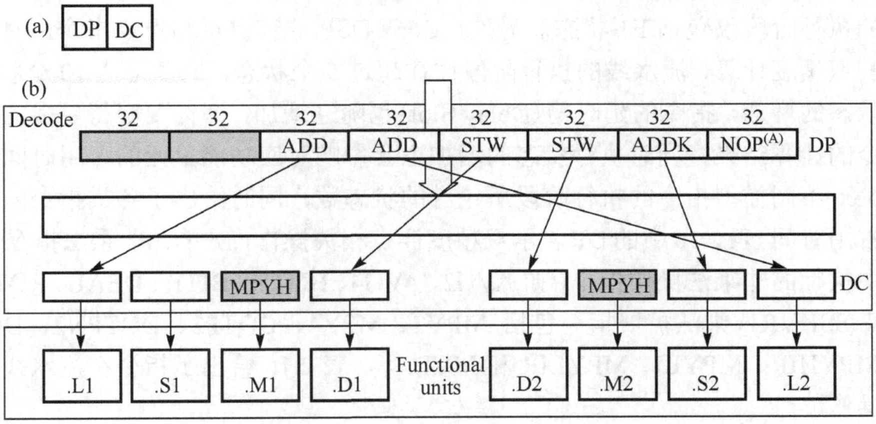

图 2.9　流水线译码阶段

注图(a)：NOP 指令不分配给任何功能单元

取指包的前两个时隙(阴影部分)为两条并行指令，组成一个执行包。该执行包在前一个周期执行 DP 状态，当前运行于流水线的 DC 状态，由于该执行包包含两条乘法(MPY)指令，因此只需为.M1 和.M2 功能单元执行译码，没有为.L、.S 和.D 功能单元译码的指令。

2.5.3　执行阶段

流水线执行阶段包可细分为 5 个状态：E1～E5，不同类型的指令需要不同的状态数来完成指令的执行。指令执行的流水线状态对于我们理解 CPU 在各个时钟周期的状态具有重要的意义。图 2.10(a)从左到右给出了执行阶段各个状态的执行顺序，图 2.10(b)给出了执行阶段的部分功能框图。

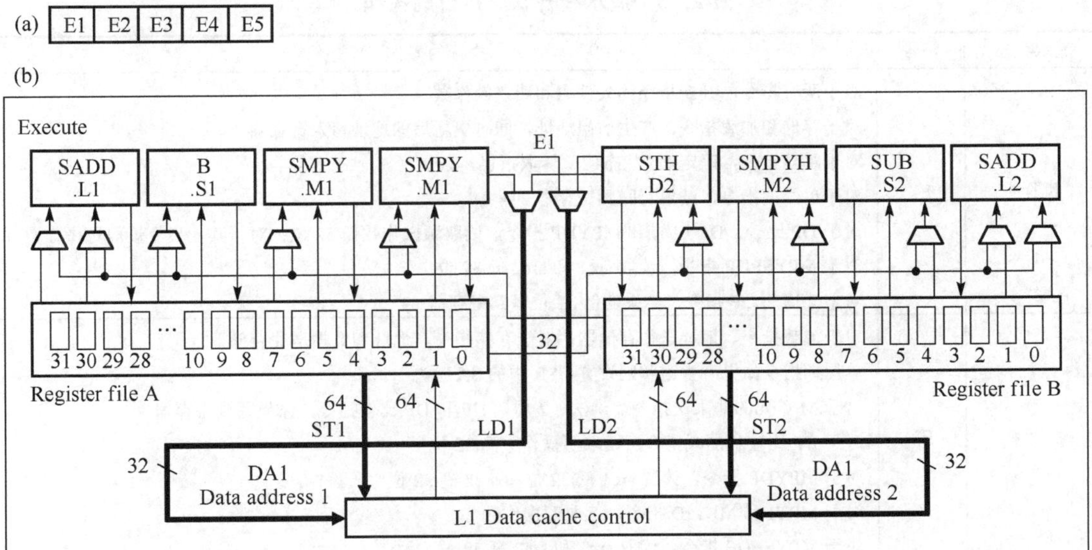

图 2.10　流水线的执行阶段

C66x 指令中，除了乘法、加载、存储和跳转指令，绝大部分定点指令都为单周期指令，即流水线的执行阶段仅包括 E1 状态。另外，C66x DSP 兼容定点和浮点指令，对于大部分浮点计算和双精度计算，流水线的执行阶段往往超过 5 个状态，最多可达 10 个状态。随着指令执行状态的增加，指令的延时槽(Delay Slot)也随之增加，即需要等待更多的时钟周期以获得指令的计算结果，同时执行状态的增加也会影响对应功能单元的占用时间。表 2.15 给出了 C66x 不同类型指令的执行阶段所包含的状态数，同时给出了各类指令的延时槽和功能单元占用时间。表 2.15 中的 DP 表示双精度浮点相关操作，.M 单元非乘法指令是指在.M 功能单元中执行的非乘法操作指令，如 AVG2、AVG4、BITC4、BITR、DEAL、ROT、SHFL、SSHVL 和 SSHVR，乘法扩展指令包括 MPY2、MPY4、DOTP2、DOTPN2、DOTPU4、MPYHI、MPYHIR、MPYLI、MPYLIR 和 MVD 等。表 2.16 给出了指令在流水线执行阶段各状态的操作。

表 2.15　不同类型 C66x 指令的执行状态

指令类型	执行状态数	延时槽	功能单元占用时间/时钟周期	指令类型	执行状态数	延时槽	功能单元占用时间/时钟周期
单周期指令	1	0	1	INTDP 指令	5	4	1
16 位乘法/.M 单元非乘法	2	1	1	DP 比较指令	2	1	1
存储指令	3	0	1	DP 加/减指令	7	6	2
乘法扩展	4	3	1	MPYI	9	8	4
加载指令	5	4	1	MPYID	10	9	4
跳转指令	1	5	1	MPYDP	10	9	4
2 周期 DP	2	1	1	MPYSPDP	7	6	3
3 周期指令	3	2	1	MPYSP2DP	5	4	2
4 周期指令	4	3	1	—	—	—	—

表 2.16　流水线各状态执行的操作

流水状态	符号	执行的操作
执行 1	E1	对于所有指令，判断指令的条件码和读取操作数 对于存储和加载指令，产生访问地址，同时更新后的地址写入寄存器 对于跳转指令，确定 PG 状态的跳转取指包 对于单周期指令，结果写回到寄存器 对于 DP 比较、DP 加/减和 MPYDP 指令，读取源操作数低 32 位；对于其他指令读取源操作数 对于 MPYSPDP 指令，读取 src1 和 src2 低 32 位 对于 2 周期 DP 指令，结果的低 32 位写到寄存器
执行 2	E2	对于加载指令，地址送往存储器；对于存储指令，地址和数据送往存储器 单周期指令如果产生饱和则设置 CSR 中的 SAT 位 对于.M 单元的非乘法指令、乘法、2 周期 DP 和 DP 比较指令，结果写到寄存器 对于 DP 比较和加减指令，读取源操作数高 32 位 对于 MPYDP 指令，读取 src1 低 32 位和 src2 高 32 位 对于 MPYI 和 MPYID 指令，读取源操作数 对于 MPYSPDP 指令，读取 src1 和 src2 高 32 位
执行 3	E3	执行数据存储空间访问；任何乘法指令如果产生饱和则设置 CSR 中的 SAT 位 对于 MPYDP 指令，读取 src1 高 32 位和 src2 低 32 位 对于 MPYI 和 MPYID 指令，读取源操作数

续表

流水状态	符号	执行的操作
执行 4	E4	对于加载指令，数据到达 CPU 边界 对于乘法扩展指令，结果写到寄存器 对于 MPYI 和 MPYID 指令，读取源操作数 对于 MPYDP 指令，读取源操作数高 32 位 对于 4 周期指令，结果写到寄存器 对于 INTDP 和 MPYSP2DP 指令，结果的低 32 位写到寄存器
执行 5	E5	对于加载指令，数据写到寄存器 对于 INTDP 和 MPYSP2DP 指令，结果的高 32 位写到寄存器
执行 6	E6	对于 DP 加减和 MPYSPDP 指令，结果的低 32 位写到寄存器
执行 7	E7	对于 DP 加减和 MPYSPDP 指令，结果的高 32 位写到寄存器
执行 8	E8	无读写操作，继续计算
执行 9	E9	对于 MPYI 指令，结果写到寄存器 对于 MPYDP 和 MPYID 指令，结果的低 32 位写到寄存器
执行 10	E10	对于 MPYDP 和 MPYID 指令，结果的高 32 位写到寄存器

2.5.4 流水线性能考虑

DSP 流水线在全速运行时具有最高的执行效率，但在实际的运行过程中，不可避免地会因为各种原因导致流水线冲突而降低运行效率，因此软件开发人员需了解有关影响流水线性能的情况。

一个取指包由 8 条指令组成，每个取指包可以分为 1～8 个执行包，每个执行包里面的指令都是并行执行的，一个执行包中的各条指令都在不同的功能单元中执行。因此需理解具有不同并行指令数的执行包的组合对流水线的影响。

下面给出了一段程序的例子，实例代码中指令前面的双竖线“||”表示该条指令与之前的指令并行执行，“;”为注释标记符，表示其后的内容为注释，本例在注释中给出了执行包 EP 和取指包 FP 的编号。示例代码中取指包 FP *n* 包含 3 个执行包 EP *k*、EP *k*+1 和 EP *k*+2，其后的取指包都仅有一个执行包。图 2.11 给出了这段指令流水线的执行情况。

```
instruction A          ;   EP  k        FP  n
||  instruction B
instruction C          ;   EP  k + 1    FP  n
||  instruction D
||  instruction E
instruction F          ;   EP  k + 2    FP  n
||  instruction G
||  instruction H
instruction I          ;   EP  k + 3    FP  n + 1
||  instruction J
||  instruction K
||  instruction L
```

```
    ||  instruction M
    ||  instruction N
    ||  instruction O
    ||  instruction P
```

……以下为 k+4 到 k+8 执行包，且每个执行包具有 8 条并行指令。

Fetch Packet (FP)	Execute Packet (EP)	Clock Cycle 1	2	3	4	5	6	7	8	9	10	11	12	13
n	k	PG	PS	PW	PR	DP	DC	E1	E2	E3	E4	E5		
n	k+1						DP	DC	E1	E2	E3	E4	E5	
n	k+2							DP	DC	E1	E2	E3	E4	E5
n+1	k+3		PG	PS	PW	PR			DP	DC	E1	E2	E3	E4
n+2	k+4			PG	PS	PW	Pipeline		PR	DP	DC	E1	E2	E3
n+3	k+5				PG	PS	stall		PW	PR	DP	DC	E1	E2
n+4	k+6					PG			PS	PW	PR	DP	DC	E1
n+5	k+7								PG	PS	PW	PR	DP	DC
n+6	k+8									PG	PS	PW	PR	DP

图 2.11　流水线操作：取指包包含不同的执行包数目

图 2.11 中，取指包 n 包含 3 个执行包，取指包(n+1)-(n+6)各包含一个执行包(包含八条并行指令)。第 1 个取指包在时钟 1～4 内完成取指，随后的取指包依次开始进入取指阶段。

在第 5 个时钟周期，进入程序分配(DP)阶段，CPU 扫描指令的并行执行标记为——p 比特，检测到取指包 n 包含三个执行包(k～k+2)，因此迫使流水线停止，以便 k+1 和 k+2 执行包分别在周期 6 和周期 7 进入 DP 阶段。一旦执行包 k+2 进入 DC 阶段(周期 8)，流水线阻塞将被释放。

取指包 n+1～n+4 被同时阻塞，以确保 CPU 正常执行完 k 到 k+2 三个执行包的 DP 阶段。取指包 n+5 在周期 6 和 7 同样被阻塞，并且一直等待到流水线阻塞在周期 8 被释放才能进入 PG 阶段。随后，流水线继续执行直到下一个包含多个执行包的取指包进入 DP 阶段或者发生中断。

通常，一个取指包中的执行包数目决定了经过流水线的指令流，另一个决定因素是执行包中的指令类型。每种类型指令都有固定的执行周期来决定什么时候完成该指令的操作。当一个执行包中的指令具有不同的执行周期时，编程人员可以考虑使用多周期 NOP 指令进行调整。图 2.12 给出了一个多周期 NOP 的例子，图 2.12(a)中 LD、ADD、MPY 和 NOP 指令在一个执行包内，并在第 i 个时钟进入 E1 状态，因此在第 i+1 个时钟可以使用 ADD 的运行结果，在第 i+2 个时钟可以使用 MPY 的运行结果，在第 i+5 个时钟可以使用 LD 结果。图 2.12(b)NOP 指令修改为 NOP 5，为此该执行包将执行 5 个时钟周期，从而统一地在第 i+5 个时钟可以使用 LD、ADD、MPY 的运行结果。

最后，还需要考虑存储系统对于流水线操作的影响。当存储器没有准备好响应 CPU 的访问时，存储器就会发生阻塞，这一类访问通常发生在程序存储器访问的 PW 阶段或者数据存储器访问的 E3 阶段。存储器阻塞会导致流水线中所有的状态延长一个时钟周期或者更多，从而需要额外的时钟周期来完成执行操作。但无论阻塞是否发生，都不影响程序执行的结果。

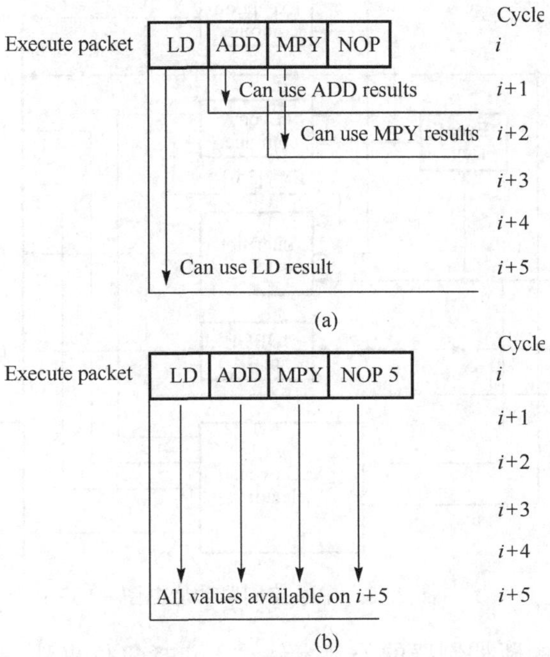

图 2.12　执行包中的多周期 NOP 指令

2.6　中断与异常管理

通常，DSP 的运行环境包含许多外部的异步事件，当这些事件出现的时候，就会要求 DSP 执行相应的任务。中断作为一种事件，要求 CPU 暂停执行当前的任务，而优先去完成该事件所要求的任务。DSP 的中断源可以来自于片内也可以来自于片外，如定时器、A/D 转换器或者其他的外设。异常是另一种事件，可以使 CPU 执行错误检测或错误处理服务程序。异常可以来自于 DSP 内部或者外部。C66x DSP 支持大量各种类型的系统事件，并且提供了有效的机制进行事件选择和事件响应，从而确保了 C66x DSP 系统设计的灵活性、可靠性以及对外部请求的高速响应能力。

2.6.1　中断控制器

C66x DSP 支持高达 128 个系统事件，但 DSP 的中断和异常输入只有 15 个，为此 C66x CorePac 内部设计了中断控制器(Interrupt Controller)，以作为系统事件和 DSP 中断/异常输入端口的接口，完成所需的事件选择并将它们连接到合适的中断和异常输入端口。通过中断控制器，用户可以用同一个中断响应不同的事件或不同事件的组合。图 2.13 给出了 C66x CorePac 中断控制器功能框图。

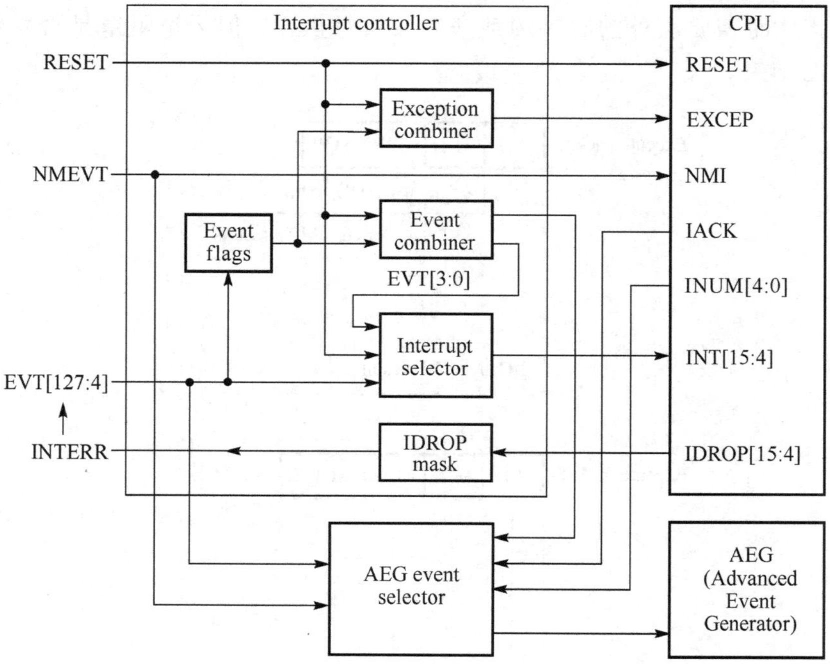

图 2.13　中断控制器功能框图

由图 2.13 可见，中断控制器的外部事件输入包括复位事件 RESET、不可屏蔽事件 NMEVT 和事件 EVT[127:4]。在 EVT[127:4]中 EVT96 作为中断异常(INTERR)事件使用，当 DSP 检测到一个中断被遗漏时(当一个有效的中断到达时，其对应的中断标志位已经被置 1)，即会产生有效的 INTERR。中断控制器内部提供了事件 EVT[3:0]，EVT[3:0]由中断控制器内部对 EVT[127:4]事件进行组合得到，因此中断控制器共支持 128 个系统事件 EVT[127:0]。

中断控制器输出到 CPU 的信号如下。

(1) 1 个可屏蔽的硬件异常信号(EXCEP)。

(2) 12 个可屏蔽的硬件中断(INT4～INT15)。

(3) 1 个既可作为中断又可作为异常的不可屏蔽信号(NMI)。

(4) 一个复位信号(RESET)。

中断控制器直接将外部的 RESET 事件传送到 CPU 的 RESET 端口，外部的 NMEVT 事件直接传送到 CPU 的 NMI 端口，其他的事件 EVT[127:4]将通过中断控制器内部的中断选择器(Interrupter Selector)、事件组合器(Event Combiner)、异常组合器(Exception Combiner)以及一组寄存器的协同来完成相应的中断/异常选择并传送到 CPU 的 EXCEP 或 INT[15:4]端口。表 2.17 给出了中断控制器的寄存器列表。

表 2.17　中断控制器寄存器

寄存器	描述	类型
EVTFLAG[3:0]	事件标志寄存器	状态
EVTCLR[3:0]	事件清除寄存器	命令
EVTSET[3:0]	事件设置寄存器	命令

续表

寄存器	描述	类型
EVTMASK[3:0]	事件屏蔽寄存器	控制
MEVTFLAG[3:0]	屏蔽的事件标志寄存器	状态
EXPMASK[3:0]	异常屏蔽寄存器	控制
MEXPFLAG[3:0]	屏蔽的异常标志寄存器	状态
INTMUX[3:1]	中断复用寄存器	控制
AEGMUX[1:0]	高级事件发生器复用寄存器	控制
INTXSTAT	中断异常状态寄存器	状态
INTXCLR	中断异常清除寄存器	命令
INTDMASK	遗漏的中断屏蔽寄存器	控制

中断控制器使用一套寄存器来管理系统事件的状态，这些寄存器包括事件标志寄存器 EVTFLAGx、事件清除寄存器 EVTCLRx 和事件设置寄存器 EVTSETx，每类寄存器各 4 个，即 x 取值 0～3，共 128 比特，除去 x=0 寄存器的最低 4 比特，剩下的 124 比特各自对应事件 EVT[127:4]。EVTFALGx 捕获中断控制器收到的所有系统事件，并将相应的标志位置 1。EVTCLRx 用来清除事件标志，当对 EVTCLRx 寄存器的某位写 1 时，则对应 EVTFLAGx 寄存器中的相应标志位清 0。EVTSETx 寄存器用来实现 EVTFLAGx 寄存器的手动设置，当对 EVTSETx 寄存器的某位写 1 时，则对应 EVTFLAGx 寄存器中的相应标志位置 1。

1) 事件组合器

事件组合器可以将多个系统事件组合成单个事件，并将组合后的事件输出到中断选择器，如图 2.14 所示。事件组合器的输入为 EVT[127:4]共 124 个系统事件，组合后的输出为 EVT[3:0]，其中 EVT[31:4]组合成 EVT0，EVT[63:32]组合成 EVT1，EVT[95:64]组合成 EVT2，EVT[127:96]组合成 EVT3。事件的组合通过 EVTMASKx 实现，EVTMASKx 的每一比特控制一个事件，当 EVTMASKx 的某比特为 0 时，表示该比特对应的事件允许组合成 EVTx 事件。复位后 EVTMASKx 的初始值为 0，即所有的事件被组合成对应的 EVTx。

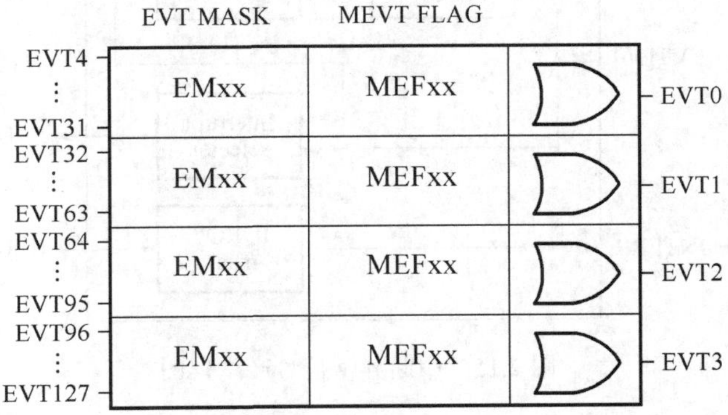

图 2.14　事件组合器

当一个允许组合的事件发生时，则 MEVTFLAGx 中的对应比特将置 1。当用户程序服务一个组合的中断时，需要读取组合事件 EVTx 对应的 MEVTFLAGx 寄存器，依次检查所有挂起的事件，写对应的 EVTCLRx 寄存器以清除该事件标志，服务该事件请求，并确保所有的事件都被正常响应。

事件组合器输出的 4 个事件 EVT[3:0]与外部事件 EVT[127:4]一起构成中断控制器的 128 个事件源 EVT[127:0]，并输入到中断选择器完成中断源的选择。

2) 中断选择器

C66x DSP 支持 12 个可屏蔽中断 INT[15:4]，为提高 DSP 中断处理的效率，DSP 提供了 128 个系统事件 EVT[127:0]，为此中断控制器设计了中断选择器模块实现 128 个系统事件到 12 个可屏蔽中断的选择。

中断选择器中的中断复用寄存器INTMUXx允许用户对12个可屏蔽中断的事件源进行选择，其中 INTMUX1 对应 INT[7:4]，INTMUX2 对应 INT[11:8]，INTMUX3 对应 INT[15:12]。每个 INTMUXx 寄存器包含 4 个 7 位的字段实现对 4 个可屏蔽中断的事件源选择，如 INTMUX1 的比特 6:0 用来选择产生 INT4 的事件，比特 14:8 用来选择产生 INT5 的事件，比特 22:16 用来选择产生 INT6 的事件，比特 30:24 用来选择产生 INT7 的事件。如果 INTMUX1[6:0] = 24，则表示 INT4 中断将由 EVT24 产生。

DSP 的中断优先级按 RESET、NMI、INT4～INT15 顺序从高到低排列，同时任何中断服务程序默认采用原子操作模式(非嵌套中断模式)，因此有可能存在当某个允许的事件产生时其对应的中断标志位已经置 1(因中断未及时响应而导致该标志位未及时清 0 等原因)，从而造成中断的遗漏。C66x DSP 为此专门设计了针对遗漏中断响应的系统事件 EVT96，当 CPU 检测到某个中断遗漏时，会输出对应的 IDROP[15:4]信号给中断控制器，中断控制器将检查 INDMASK 寄存器中的对应比特，如果该比特为 1，表示该遗漏中断将被忽略，如果该比特为 0，则中断控制器将输出中断异常信号 INTERR，从而产生有效的 EVT96 事件，如图 2.15 所示。当中断遗漏产生时，中断控制器中的 INTXSTAT 将被置 1，用户可通过写 INTXCLR 寄存器清除 INTXSTAT 寄存器。

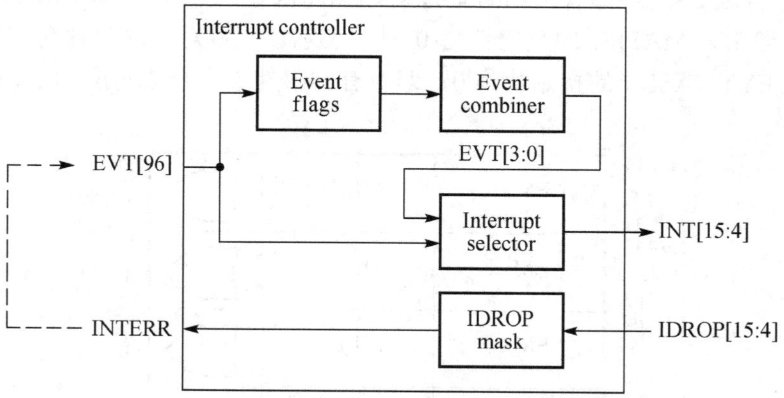

图 2.15　中断异常信号产生框图

3) 异常组合器

C66x DSP 具有一个系统级的可屏蔽异常输入 EXCEP，异常组合器允许将多个系统事件组合成一个异常事件，如图 2.16 所示，从而使 DSP 可以服务所有的系统事件。图 2.16 中同时给出了 NMI 信号，需要注意的是当 C66x DSP 的异常使能时，NMI 信号将作为不可屏蔽异常输入使用。

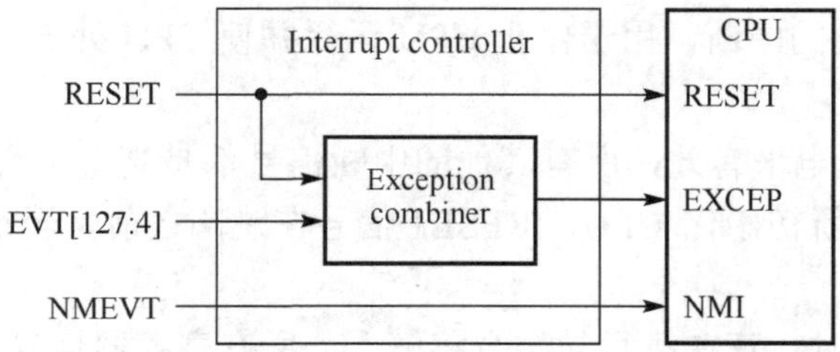

图 2.16　系统异常信号选择框图

异常组合器支持将所有的事件 EVT[127:4]以逻辑或的方式组合成一个异常事件 EXCEP，同时也允许系统设计人员根据实际系统需要仅选择 EVT[127:4]的部分组合成 EXCEP，为此中断控制器提供了一组异常屏蔽寄存器 EXPMASK[3:0]。当允许某个系统事件 EVTx 参与 EXCEP 生成时，可将对应 EXPMASKx 寄存器中的相应比特清 0。复位后 EXPMASKx 寄存器的值为全 1，即所有事件被屏蔽，不参与 EXCEP 的生成。与事件组合器一样，异常组合器也提供了一组屏蔽的异常标志寄存器 MEXPFLAG[3:0]用来标志有效的异常事件。

4) AEG 事件选择器

中断控制器还提供了高级事件发生器(AEG)用于将事件作为仿真触发信号，类似于中断选择器，AEG 事件选择器提供了 AEGMUX[1:0]寄存器从 EVT[127:0]、EXCEP、NMI、INT[15:4]、中断响应信号(IACK)、异常响应信号(EACK)中选择信号来产生仿真触发信号。每个 AEGMUX 寄存器包含 4 个 8 比特的字段提供对触发信号的选择，共支持 8 个触发信号的产生。

2.6.2　中断管理

由图 2.13 可知，中断控制器输出四类信号到 C66x 的 CPU，即 RESET、NMI、INT4～INT15 和 EXCEP，这 4 类信号即构成 CPU 的四类中断：复位中断、不可屏蔽中断、可屏蔽中断和异常。其中复位中断具有最高优先级，对应 RESET 信号。不可屏蔽中断具有次高优先级，对应 NMI 信号。其次为可屏蔽中断 4～15，对应 INT4～INT15 信号，并按优先级从高到低排列，INT15 具有最低优先级。复位中断和不可屏蔽中断是不可屏蔽的，INT4～INT15 可由用户根据需要使用软件进行屏蔽。RESET、NMI 和 INT4～INT15 的部分信号被映射到芯片的相关引脚。INT4～INT15 的部分信号由片上外设使用，但有些不可用或只能在软件控制下使用，用户使用时需查看相应的数据手册进行确认。

CPU 支持任何类型的中断作为异常信号，当异常使能时，NMI 输入将作为不可屏蔽异常信号，而不再作为不可屏蔽中断信号。

1. 中断的分类

1) 复位中断 RESET

复位是优先级最高的中断，用于停止 CPU 运行并使 CPU 处于一个已知的状态，复位中断具有以下特点。

(1) RESET 信号低电平有效，所有其他的中断信号都是高电平有效。

(2) 为了正确地重新初始化 CPU，RESET 信号在跳高之前，至少保持 10 个时钟周期的低电平。

(3) 复位中断发生时，正在执行的指令将停止，所有寄存器恢复到其默认状态。

(4) 复位中断服务的取指包必须位于指定的地址，不同的设备有不同的定义，使用时可查看相关的数据手册。

(5) RESET 信号不受跳转的影响。

2) 不可屏蔽中断(NMI)

不可屏蔽中断(NMI)是第二优先级的中断，一般用来在出现严重硬件故障时向 CPU 报警，如突然掉电等。为了能正常接收 NMI，中断使能寄存器(IER)中的不可屏蔽中断使能位(NMIE)必须置 1，如果 NMIE 置 1，能够阻止 NMI 处理的唯一条件是 NMI 正好出现在跳转的延迟阶段。

复位时 NMIE 清零来防止复位被中断。当一个 NMI 被响应时，NMIE 被清零，以防止另一个 NMI 的响应。NMIE 不能手动清零，但可以将 NMIE 置 1 以允许嵌套 NMI，在 NMIE 被清零时，所有的可屏蔽中断都被禁止。

3) 可屏蔽中断(INT4～INT15)

CPU 中有 12 个可屏蔽中断，其优先级比 NMI 和复位中断都低，这些中断可以和芯片外部设备、片上外设相连，也可以由软件控制，也有些可能不可用。

假设一个可屏蔽中断不是出现在跳转的延迟阶段(包括因条件不成立而没有完全执行的条件跳转)，则只有在满足以下条件时该中断才能被响应。

(1) 控制状态寄存器(CSR)中的全局中断使能位(GIE)置 1。

(2) IER 中的 NMIE 置 1。

(3) IER 中的相应中断使能位(IE)置 1。

(4) 相应的中断发生时，将中断标志寄存器(IFR)的相应位置 1，并且在 IFR 中没有更高优先级的中断标志位置 1。

2. 中断服务程序

当 CPU 响应一个中断时，需要知道中断服务程序位于哪里，中断服务表(IST)就提供了这一功能。中断服务表实际上是一段代码，这段代码包含 16 个连续的取指包，每个取指包对应一个中断且最多可包含 8 条 32 位指令或 14 条紧凑指令。图 2.17 的中间部分给出了 IST 的示意图，其中 IST 以 RESET 取指包开始，其下为 NMI 取指包，依次往下，每个中断服务取指包(ISFP)占用 20 字节的程序空间。

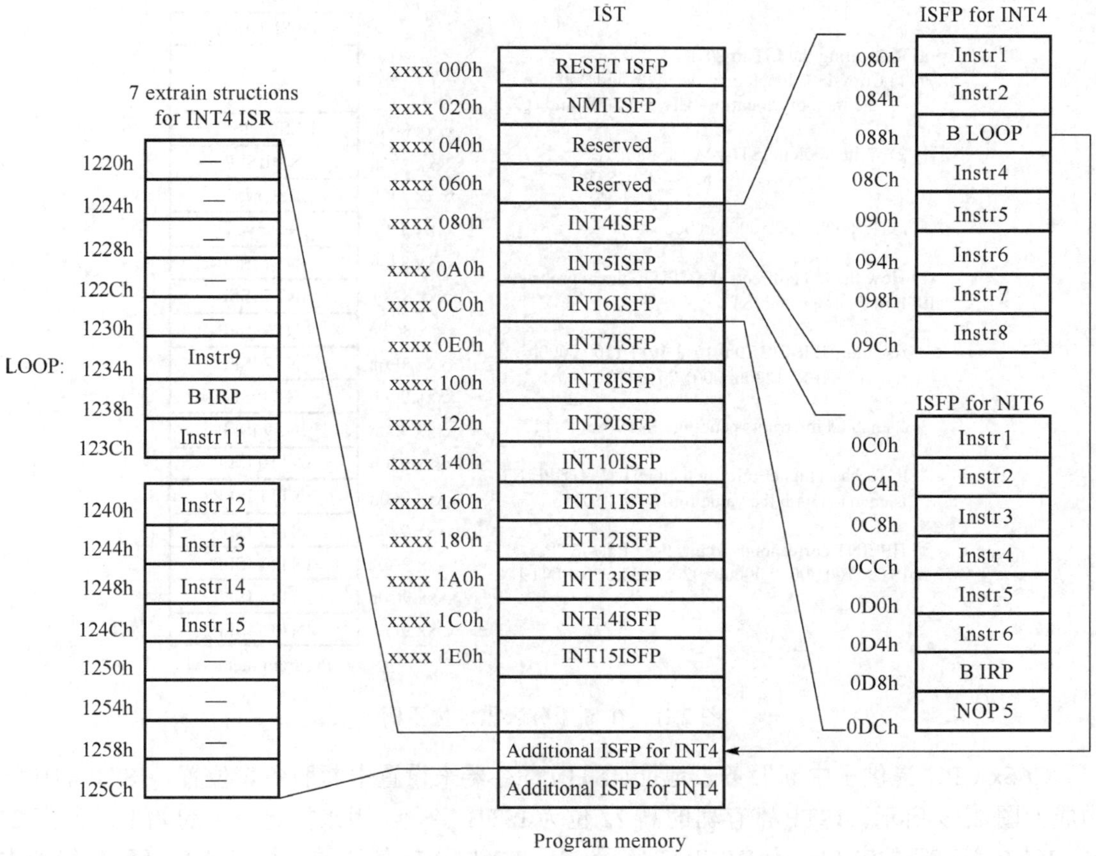

图 2.17　中断服务程序结构图

ISFP 是服务中断的取指包，如果中断服务程序很小，则可以放在一个单独的取指包(FP)内，如图 2.17 的 INT6 的 ISFP。为了使中断结束后能够返回主程序，ISFP 中包含一条跳转到中断返回地址的指令(B IRP)，后面跟随一条 NOP 5 指令，这条指令确保之前的跳转指令进入流水线的执行阶段。如果没有 NOP 5 这条指令，CPU 会因为 B IRP 指令延时槽的原因而继续执行随后的 5 个执行包。

如果中断服务程序超过 1 个取指包的长度，则需要从 ISFP 跳转到额外的中断服务程序继续执行。如图 2.17 所示的 INT4 中断服务程序，由于程序太长不能放在单个的 FP 中，因此一部分程序放在地址为 1234h 开始的存储区，以便完成整个中断服务程序。因此在 INT4 的 ISFP 内有一条跳转到 1234h 的指令 B LOOP。可以看到 B LOOP 指令跳转到一个 FP 的中间位置并从 1234h 开始执行代码，CPU 将忽略 1220h～1230h 地址范围内的指令，即使这些指令和地址 1234h 的指令是并行执行的。

复位中断服务取指包必须位于默认的指定位置(参考具体型号的数据手册)，但其他的 IST 可以放在程序空间以 256 字对齐(1KB 对齐)的任意位置，图 2.18 给出了中断服务表重定位的一个例子。

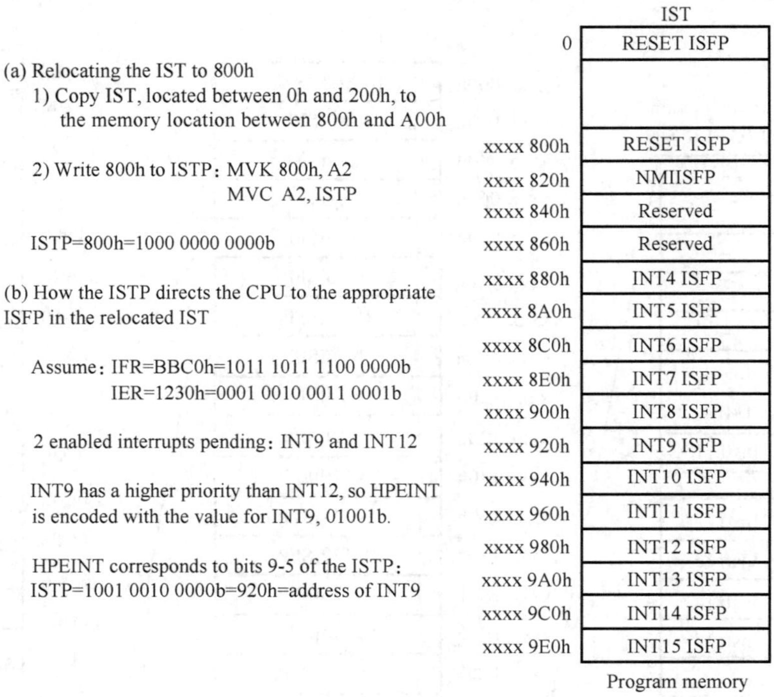

图 2.18　中断服务表重定位示例

C66x CPU 提供了中断服务表地址(ISTP)寄存器来设置中断服务表位置，ISTP 的比特构成如图 2.19 所示。ISTP 寄存器的高 22 位为 ISTB 字段，用来指定 IST 起始地址的高 22 位，ISTP 寄存器的[9:5]位为 HPEINT 字段，用来指出当前使能的且挂起的最高优先级的中断号，两者合起来即可以给出当前使能的且挂起的最高优先级中断的 ISFP 地址。图 2.18 所示的例子中，ISTB 的值为 2h，系统使能的中断中有 INT9 和 INT12 挂起，由于 INT9 的优先级高于 INT12，所以 HPEINT 的值为 9h，指示 INT9 挂起，从而可以得到 ISTP 的值为

$$ISTP = ISTB \ll 10 + HPEINT \ll 5 = 2h \ll 10 + 9h \ll 5 = 800h + 120h = 920h$$

因此 CPU 将跳转到地址 920h 进行取指，此位置正是 INT9 的中断服务程序入口地址。

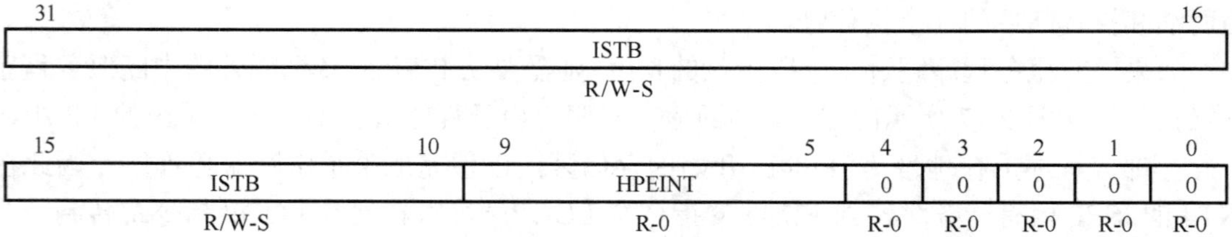

图 2.19　中断服务表地址寄存器

R=MVC 指令可读；W=MVC 指令可写；S=取决于设备型号；$-n$=复位后的默认值

3. 中断的处理

C66x CPU 的中断响应受一组寄存器的管理和控制，如下

(1)控制状态寄存器(CSR)；

(2) 中断使能寄存器(IER)；
(3) 中断标志寄存器(IFR)；
(4) 中断设置寄存器(ISR)；
(5) 中断清除寄存器(ICR)；
(6) 中断服务表指针(ISTP)寄存器；
(7) 中断返回地址(IRP)寄存器；
(8) 不可屏蔽中断返回地址(NRP)寄存器；
(9) 任务状态寄存器(TSR)；
(10) 中断任务状态寄存器(ITSR)；
(11) NMI/异常任务状态寄存器(NTSR)。

表 2.6 给出了 CSR 的构成和各字段的说明，要使可屏蔽中断 INT4～INT15 能被 CPU 响应，首先需将 CSR 中的 GIE 设置为 1。INT4～INT15 的响应同时还受到 IER 的控制，图 2.20 给出了 IER 的构成。IER 中的 NMIE 位用来禁止或使能 NMI，当 NMIE=1 时，使能 NMI 以及使能的可屏蔽中断，当 NMIE=0 时，禁止 NMI 和所有可屏蔽中断 INT4～INT15。IER 中的 IEx 分别用来控制 INTx 的禁止或使能，当 IEx=1 时，对应的 INTx 将被使能。复位后 IER 的所有位都清 0，从而禁止 NMI 和 INT4～INT15，用户需要通过软件的方式将 NMIE 和相应的 IEx 置成 1 来使能 NMI 和相应的 INTx。因此不同中断能被响应的条件如下：

31–16
Reserved
R-0

15	14	13	12	11	10	9	8	7	6	5	4	3–2	1	0
IE15	IE14	IE13	IE12	IE11	IE10	IE9	IE8	IE7	IE6	IE5	IE4	Reserved	NMIE	1
R/W-0	R/W-0	R/W-0	R/W-0	R/W-0	R/W-0	R/W-0	R/W-0	R/W-0	R/W-0	R/W-0	R/W-0	R-0	R/W-0	R-1

图 2.20　中断使能寄存器(IER)

R=MVC 指令可读；W=MVC 指令可写；$-n$=复位后的默认值

(1) 复位中断(RESET)：总是使能，无法禁止；
(2) 不可屏蔽中断(NMI)：在 IER.NMIE=1 时使能；
(3) 可屏蔽中断(INTx)：在 CSR.GIE=1、IER.NMIE=1 和 IER.IEx=1 时使能。

当一个中断产生时，不管该中断是否允许，IFR 中的对应比特都会置 1。IFR 的比特构成同 IER，仅对应 IEx 变为 IFx，NMIE 变为 NMIF。当使能的中断被响应时，对应的 IFx 位自动清 0。

用户也可以通过手动的方式对 IFx 进行控制，C66x 提供了 ISR 和 ICR，ISR 和 ICR 的比特构成也与 IER 相同，仅对应的比特分别改名为 ISx 和 ICx，并且无 NMIE 位。当用户使用软件方式对 ISR.ISx 置 1 时，则 IFR.IFx 将置 1，当用户使用软件方式对 ICR.ICx 置 1 时，则 IFR.IFx 将清 0。

当 NMI 满足条件被响应时，CPU 会根据 ISTP 的值确定 NMI 中断服务取指包地址，将返回地址保存到 NMI 返回地址寄存器(NRP)，TSR 复制到 NTSR，将 IER.NMIE 清 0、IFR.NMIF 清 0，然后跳转到相应位置执行中断服务程序。

当 INTx 满足条件被响应时，CPU 会根据 ISTP 的值确定 INTx 中断服务取指包地址，将返回地址保存到中断返回地址寄存器(IRP)，TSR 复制到 ITSR，将 CSR.GIE 清 0、IFR.IFx 清 0，然后跳转到相应位置执行中断服务程序。

2.6.3 异常管理

CPU 上的异常管理机制主要是为了在检测到错误时帮助 CPU 重定位到错误处理服务程序，这些错误可以是外部的硬件错误，也可以是内部的软件错误，尤其在操作系统运行的情况下，异常管理机制可以大大提高系统的鲁棒性。DSP 的异常管理类似于中断管理，某种程度上可以看作中断的一种，但在异常响应、异常处理，尤其在异常返回方面和中断处理方式存在差异。

1. 异常的分类

C66x CPU 支持三种异常：外部产生的可屏蔽异常、外部产生的不可屏蔽异常以及一组内部产生的不可屏蔽异常。复位当然也可以看作一种异常，其执行的功能在前面已经介绍过，另外复位操作独立于异常管理机制。

1) NMI 异常

NMI 可作为不可屏蔽中断信号，以便出现严重硬件故障时及时向 CPU 报警，NMI 也可以作为外部不可屏蔽异常信号，并且当 CPU 处于跳转延时槽时也可以被及时识别。当 CPU 任务状态寄存器(TSR)中的全局异常使能(GEE)位置 1 时，NMI 将作为异常信号使用而不再是不可屏蔽中断信号，并且 TSR.GEE 一旦置 1，则只能由复位中断清零。

要使得 NMI 异常能被正常响应，IER 中的 NMIE 位必须为 1。NMIE 在复位后清零以防止复位过程被非正常打断。当 NMI 异常被响应时，NMIE 将自动清零以防止另一个 NMI 响应。NMIE 不支持手动清零，但允许用户将 NMIE 置 1 以实现 NMI 嵌套。当 NMIE 为 0 时，所有外部异常被禁止，但内部异常不受影响。

当 CPU 检测到有效 NMI 异常信号后，异常标志寄存器(EFR)中的 NMI 异常标志(NXF)位将置 1。与 IFR 中的 NMIF 不同的是，当 NMI 被响应时，NXF 不会自动清 0，而需要用户在异常服务程序中手动清 0。

2) EXCEP 异常

EXCEP 为输入 CPU 的可屏蔽外部异常信号，由 TSR.XEN 使能。只有当 TSR.XEN=1、TSR.GEE=1 和 IER.NMIE=1 时，EXCEP 异常才能被 CPU 正常识别。

当 CPU 检测到有效 EXCEP 异常信号后，EFR 中的外部异常标志(EXF)位将置 1，与 NXF 一样，EXF 需要用户在异常服务程序中手动清 0。

3) 内部异常

内部异常是指在 CPU 内部产生的各类非正常情况，如非法的操作码、指令的非法操作、资源冲突等。一旦 TSR.GEE 使能，内部异常将不能再被禁止，并且独立于 NMIE 和 XEN 的设置。

当 CPU 检测到有效内部异常后，EFR 中的内部异常标志(IXF)位将置 1，同样，IXF 需要用户在异常服务程序中手动清 0。

2. 异常的处理

异常的处理受一组寄存器的控制，如下：

(1) 异常清除寄存器(ECR)；

(2) 异常标志寄存器(EFR)；

(3) 中断使能寄存器(IER)；

(4) 内部异常报告寄存器(IERR)；

(5) 中断服务表指针(ISTP)寄存器；

(6) NMI 返回地址寄存器(NRP)；

(7) NMI/异常任务状态寄存器(NTSR)；

(8) 限制的入口地址寄存器(REP)；

(9) 任务状态寄存器(TSR)。

IER、ISTP 和 TSR 之前已经介绍过，NTSR 用于进入异常服务时保存 TSR 的值，NRP 用来保存异常服务返回地址。

当 CPU 响应异常时，PC 指针将跳转到 IST 中 NMI 的中断服务取指包 ISFP 所在的位置，即所有的异常，包括外部、内部和 NMI，共享一个异常服务程序的入口地址，异常服务程序需正确判断异常源并进行相应的处理。但如果执行的是软件异常无返回指令 SWENR，此时异常服务程序的入口地址将由 REP 寄存器提供，系统需在管理模式下预先初始化 REP 寄存器的内容。

EFR 用来指示当前出现了哪种异常，EFR 的比特构成见图 2.21，NXF=1 表示检测到 NMI 异常，EXF=1 表示检测到外部异常，IXF=1 表示检测到内部异常，SXF 表示检测到软件异常，这几个标志位如果为 0，则表示未检测到相应的异常。当检测到内部异常时，异常服务程序可通过查询内部异常报告寄存器(IERR)确定内部异常源，表 2.18 给出了 IERR 的比特构成和字段说明。ECR 用来对 EFR 的相应比特清 0，对 ECR 的某个比特写 1，则 EFR 的对应比特将清 0。

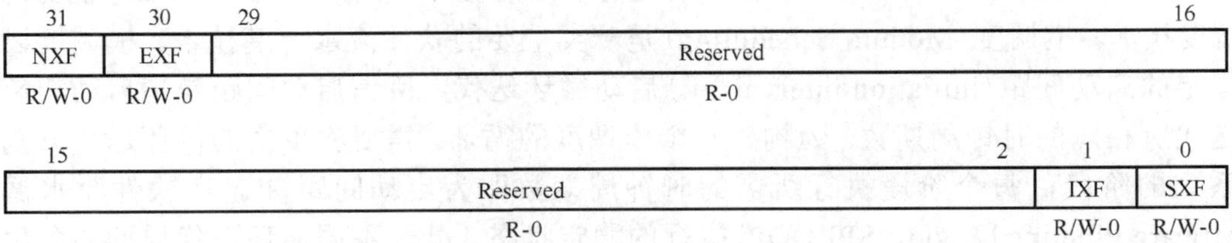

图 2.21　异常标志寄存器(EFR)

R=管理模式下 MVC 指令可读；W=管理模式下可通过写 ECR 清 0；-*n*=复位后的默认值

表 2.18　IERR 字段说明

比特	字段名	描述
31～9	保留	保留位，读取时为 0
8	MSX	错失的阻塞异常
7	LBX	SPLOOP 缓存异常
6	PRX	权限访问异常

续表

比特	字段名	描述
5	RAX	资源访问异常
4	RCX	资源冲突异常
3	OPX	操作码异常
2	EPX	执行包异常
1	FPX	取指包异常
0	IFX	指令读取异常

通过 TSR 和 IER 的设置可以对各类异常单独进行使能或禁止，挂起的异常状态保存在 EFR 中，NRP 和 NTSR 用来保存异常服务时的上下文信息。在很多情况下，当异常发生于不可中断点时，异常服务程序将无法返回到中断产生处。

(1)异常服务使能条件：需将 TSR.GEE 置 1，GEE 一旦置 1，则只能由复位清 0。

(2)内部异常使能条件：内部异常只受 GEE 控制，只要 GEE=1，内部异常总是能被响应，即内部异常服务一旦被使能就无法再禁止。

(3)NMI 异常使能条件：当 GEE=1 时，NMI 输入将作为不可屏蔽异常信号而不再是不可屏蔽中断信号。为使得 NMI 异常能被正常响应，还需确保 IER.NMIE=1。

(4)外部异常使能条件：要使得外部异常能被响应，在确保 GEE=1 和 NMIE=1 的条件下，还需进一步确保 TSR.XEN=1。

EFR 包含了 4 比特用来标志不同异常的发生，当多个异常同时发生时，其优先级将由软件决定，并且由软件通过写 ECR 来清除 EFR 相应的标志。

2.7 其　他

2.7.1 软件流水循环缓存

软件流水(Software Pipelining)是一种充分利用跨循环迭代指令级并行(ILP)能力的指令调度技术。模调度(Modulo Scheduling)是一类重要的软件流水调度技术，模调度以一个固定的启动间距(initiation interval，ii)启动循环迭代，所谓启动间距是指启动相邻循环迭代所相隔的时钟周期数。为构建一个模调度的循环，需要将单次的循环迭代分割成一系列的阶段，每个阶段执行所需的时钟周期数即为启动间距 ii。在软件流水循环(Software Pipelined Loop，SPLOOP)执行的稳定状态，处于不同循环迭代周期的各阶段并行运行。

一个模调度循环的指令调度过程可分为三个环节：核心(Kernel)、预填(Prolog)和排空(Epilog)，如图 2.22 所示。核心环节是软件流水稳定执行的阶段，预填环节是软件流水进入核心环节前的准备阶段，排空环节则是软件流水退出核心环节后的善后阶段。图 2.22 所示例子中，一个循环分割成 4 个阶段，即纵向的 4 个阶段 S_0～S_3(Stage0～Stage3)，如代码阵列(Code layout)中最左边一列的 4 个阶段即构成第 1 次循环迭代，这 4 个阶段以 ii 为周期顺序执行。在软件流水的稳定状态，即核心环节(图中标注为 Kernel 的一行)，来自于不同迭代周期的 4 个阶段将并行运行，如在执行流(Execution flow)的 K_0 环节，将有第 0 次

迭代的 S_3、第 1 次迭代的 S_2、第 2 次迭代的 S_1 和第 3 次迭代的 S_0 并行运行。从图 2.22 可以看出，虽然一次迭代需要 4 个阶段的计算才能得到结果，但在软件流水的稳定状态，每个阶段都会产生一个结果，从而可有效提升 CPU 的计算效率。

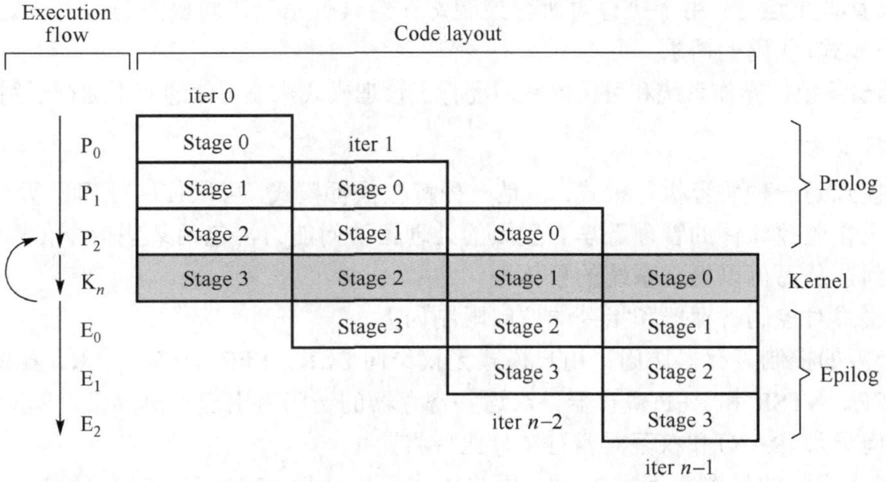

图 2.22　软件流水执行过程

图 2.22 中，第 1 个预填阶段 P_0 仅包含循环的第 1 个阶段 S_0，其他各预填阶段 $P_n\,(n>0)$ 由循环的第 n 个阶段 S_n 加上前一个预填阶段 P_{n-1} 组成。核心环节包含所有的循环阶段。第 1 个排空阶段 E_0 由核心阶段减去第 1 个循环阶段 S_0 组成，其他各排空阶段 $E_n\,(n>0)$ 由前一个排空阶段 E_{n-1} 减去第 n 个循环阶段 S_n 组成。假设完成一次循环迭代需要的指令周期数为 dynLen，则预填环节和排空环节需要的时钟周期数等于 dynLen−ii。

C66x CPU 的 SPLOOP 功能模块将循环代码保存到一个特定的缓存中，相应的硬件单元以软件流水的方式建立循环的最优执行过程。由于在循环执行过程中，CPU 不再需要 L1P 进行取指操作，从而可以降低存储器带宽和功耗。SPLOOP 模块包含的循环缓存最多可存储 14 个执行包。在正常情况下，编译器/汇编器会自动完成 SPLOOP 的优化工作，不需要程序员手动进行处理。

2.7.2　CPU 权限

C66x CPU 支持两种执行模式。

(1) 管理模式：也称特权模式，运行在该模式下的软件可对 CPU 所有的控制寄存器、所有的资源进行管理和访问。

(2) 用户模式：也称非特权模式或有限权限模式，运行在该模式下的软件对 CPU 控制寄存器和资源的访问受到限制。

这种二级权限的代码执行方式可以使 C66x CPU 运行高性能的操作系统，支持鲁棒的终端设备以应对异常处理，并可以支持如存储空间保护等功能。

对操作系统的支持尤其重要，通过将操作分成特权和非特权模式，操作系统的运行模式将有别于应用程序，从而允许操作系统具有特殊的权限以管理处理器和系统。特别地，拥有特殊权限可以方便操作系统控制非特权软件的运行、保护对关键系统资源的访问（如中断）。

C66x CPU 的权限管理系统允许两种不同类型的软件结构。

(1) 仅管理员运行：用于执行对所有控制寄存器具有完全访问权限的代码，没有运行非特权（用户模式）代码的需求。

(2) 两层系统：操作系统和可信的应用运行于管理模式，不可信的应用运行于用户模式。

1) 执行模式

管理模式是一种兼容执行模式，也是一种特权执行模式，可以使用处理器所有的功能。而用户模式在监控软件的管理下享有受限的处理器访问能力，包括某些指令和控制寄存器的受限访问，从而可以提高系统的鲁棒性。

用户模式对控制寄存器和指令的访问限制如下。

(1) 受限的控制寄存器访问：用户模式无权访问 ECR、EFR、ICR、IER、IERR、IFR、ISTP、ITSR、NTSR 和 REP 寄存器，对这些寄存器的访问将引起内部异常，同时 IERR 中的资源访问异常（RAX）和权限异常（PRX）比特将置 1。

(2) 部分受限的控制寄存器访问：用户模式可以读取 CSR 和 TSR 的值，可以修改 CSR.GIE、CSR.SAT、TSR.GIE 和 TSR.SGIE 比特，但不支持对其他比特的写操作，对受限比特的写操作无效，但不会引起异常。

(3) 受限的指令执行：用户模式不能执行“B　IRP”、“B　NRP”和“IDLE”指令，执行这些指令将引起内部异常，同时 IERR 中的操作码异常（OPX）和 PRX 比特将置 1。

2) 执行模式的切换

复位后，CPU 自动进入管理模式，因此复位中断服务程序以管理模式运行，允许对 CPU 进行相应的配置和初始化。

以下情况下会发生管理模式和用户模式的切换。

(1) 中断：进入管理模式，原模式保存在 ITSR，使用“B　IRP”指令返回。

(2) “B　IRP”指令：中断返回，切换到之前保存的模式。

(3) 不可屏蔽中断（NMI）：进入管理模式，原模式保存在 NTSR，使用“B　NRP”指令返回。

(4) 异常：进入管理模式，原模式保存在 NTSR，如果允许，则使用“B　NRP”指令返回。

(5) 操作系统服务请求：进入管理模式，原模式保存在 NTSR，使用“B　NRP”指令返回。

(6) “B　NRP”指令：NMI 或异常返回，切换到之前保存的模式。

2.8　本章小结

本章首先对 TMS320C66x DSP 的总体特点进行了描述，介绍了基于 KeyStone 架构的纯 DSP 内核和混合核两大 C66x 系列的异同点及应用定位，着重对纯 DSP 内核的 C665x

系列和 C667x 系列进行了比较。作为本书介绍中的主要芯片实例，给出了 TMS320C665x DSP 的功能框图。C66x DSP 核、L1P、L1D、L2、IDMA、EMC、XMC 等构成了 C66x CorePac，本章介绍了各模块的主要功能和特点以及相互之间的联系，随后介绍了 C66x DSP 核中 CPU 的数据通道，对寄存器文件、各功能单元的主要作用、各类数据通道进行了叙述，给出了控制寄存器的列表，对主要的控制寄存器 CSR、TSR 的比特构成和字段进行了说明。

C66x DSP 采用仿 RISC 指令系统，具有高效的编译系统，在一般情况下建议使用如 C 语言等高级语言进行编程，但在一些计算效率要求很高的应用中会涉及汇编编程，另外熟悉处理器的指令系统也有助于加深对处理器结构的理解，本章给出了 C66x 汇编指令的语法构成，说明了指令与功能单元之间的映射关系。作为指令中操作数获取的重要内容，对 C66x 的寻址方式进行了介绍，给出了间接寻址的各种形式、循环寻址的设置等。随后对 C66x DSP 的取指包、执行包及指令并行进行了介绍。C66x 指令的执行过程分为取指、译码和执行三个阶段，每个阶段又划分为不同的状态，相邻指令的各状态以 CPU 时钟为节拍、以流水方式执行，提高了指令的执行效率。

DSP 具有快速响应各种事件和异常的能力，本章给出了中断控制器的逻辑结构，介绍了中断的选择和设置。分析了复位中断、不可屏蔽中断以及可屏蔽中断的特点和使能条件，对中断服务程序的响应流程及中断服务程序的重定位进行了描述。介绍了异常管理机制、异常的种类、异常的响应流程。

本章最后对软件流水循环的概念进行了介绍，说明了 C66x 所支持的二级权限运行模式。

思 考 题

1．TMS320C66x DSP 有哪些特点？其计算能力如何？其计算能力的提升和哪些因素有关？

2．TMS320C66x DSP 包括哪些系列？各系列的特点是什么？

3．TMS320C66x DSP 的 CorePac 包含哪些模块？各模块的基本特点和功能分别是什么？

4．TMS320C66x DSP 包含多少通用寄存器？是如何组织的？在表示不同类型的数据时寄存器如何使用？

5．TMS320C66x CPU 包含哪些功能单元？各单元的主要计算功能是什么？

6．TMS320C66x CPU 包含哪些控制寄存器？CSR 和 TSR 的比特构成如何？各字段的功能是什么？

7．TMS320C66x 汇编指令的基本形式是什么？TMS320C66x 如何实现指令的条件执行？

8. TMS320C66x 的汇编指令可以在任意的功能单元中运行吗？指令中是否需要指定功能单元？如何指定？有哪些形式？

9．TMS320C66x DSP 支持哪些间接寻址方式？如何设置循环寻址？

10．TMS320C66x 的取指包和执行包之间是什么关系？

11．TMS320C66x 指令的流水线分成几个阶段？各阶段的功能是什么？

12．TMS320C66x 支持哪些系统事件？CPU 的中断和异常输入有哪些？系统事件和 CPU 中断及异常输入之间的关系是什么？

13．TMS320C66x CPU 如何实现中断服务程序的重定位？ CPU 如何使能各类中断、检测各类中断？CPU 响应中断的流程是什么？

14．TMS320C66x CPU 支持异常管理的目的是什么？有哪些异常，各自的作用是什么？各类异常的处理流程是什么？

15．什么是软件流水循环？

16．TMS320C66x CPU 支持哪些权限的执行模式？各种模式的特点是什么？如何进行转换？

第 3 章　基于 CCS 的软件开发初步

基于任何一个处理平台的软件都需要经历代码编写、编译、链接以生成可执行文件的过程，同时还会存在优化、调试等各种过程，不同的公司往往会提供针对其处理平台的对应软件开发工具，这些工具可以是基于命令行方式的，但更普遍的是提供一种集代码编写、编译、链接、优化和调试的集成开发环境，以方便用户的软件开发过程。CCS（Code Composer Studio）正是 TI 公司提供的一种针对 TMS320 系列 DSP 的集成开发环境，在 Windows 操作系统下，采用图形接口界面，提供环境配置、源文件编辑、程序调试、跟踪和分析等工具。CCS 从早期的 1.0 版本发展到如今的 7.x 版本，功能越来越强大，为基于 TI 各种处理器平台的软件开发提供了良好的集成开发环境。

本章以最新的 CCS 7.2.0 版本为例，主要介绍基于 CCS 软件开发的基本知识，从 CCS 软件安装开始，内容涵盖工程的建立、编译链接选项的设置、各类调试工具的使用等环节，并配有简单的实例以帮助理解和掌握。

3.1　CCS 7.2.0 介绍

3.1.1　CCS 集成开发环境简介

CCS 是一种集成开发环境（IDE），支持多种 TI 的微控制器及嵌入式处理器产品系列，包括 TMS320 系列 DSP（早期 CCS 的支持对象）、MSP430 系列单片机和 ARM 微控制器的开发与调试。CCS 包含一整套用于开发与调试嵌入式应用的工具。它包含了用于优化的 C/C++项目构建环境、源码编辑器、编译器、调试器、描述器以及多种其他功能。集成开发环境提供了直观的单一用户界面，可帮助用户完成应用开发流程的每个步骤，支持 C/C++语言和汇编语言的混合编程，简洁的工具和界面使用户能够比以前更快地入手。

CCS 将 Eclipse 软件框架的优点和 TI 先进的嵌入式调试功能相结合，为嵌入式开发人员提供了功能丰富的开发环境。Eclipse 软件架构是作为一种建立开发工具的开放架构发展起来的，目前已广泛应用于软件开发环境的建立，成为一种被很多嵌入式软件开发商采用的标准架构。新版 CCS v7 平台则基于 Eclipse Neon 4.6 和 CDT 9.0 版本。

CCS 集成了代码的编辑、编译、链接和调试等诸多功能且支持 C/C++语言和汇编语言的混合编程，其主要功能如下。

(1) 具有集成可视化代码编辑界面，用户可通过其界面直接编写 C 语言、汇编语言、CMD 等文件。

(2) 含有集成代码生成工具，包括编译器、优化 C 编译器、链接器等，将代码的编辑、编译、链接和调试等诸多功能集成到同一软件环境。

(3) 高性能编辑器支持汇编文件的动态语法加亮显示，使用户很容易阅读代码，发现语法错误。

(4) 工程项目管理工具可对用户程序实行项目管理，在生成目标程序和程序库的过程中，建立不同程序的跟踪信息，通过跟踪信息对不同的程序进行分类管理。

(5) 基本调试工具具有加载执行代码、查看寄存器、存储器、反汇编、变量窗口等功能，并支持 C/C++的源码调试。

(6) 断点工具，能在调试程序的过程中，完成硬件断点、软件断点和条件断点的设置。

(7) 数据的图形化显示工具，可以将运算结果用图形显示，包括显示时域/频域波形、眼图、星座图、图像等，并能实现自动刷新。

(8) 分析工具，可用于模拟和监视硬件的功能、评价代码执行所需的时钟周期。

(9) 提供 GEL 工具，利用 GEL，用户可以编写自己的控制面板/菜单，设置 GEL 菜单选项，方便直观地修改变量、配置参数等。

(10) 支持多 DSP 的调试。

(11) 支持 RTDX 技术，可在不中断目标系统运行的情况下，实现 DSP 与其他应用程序的数据交换。

(12) 提供 SYS/BIOS 工具，增强对代码的实时分析能力。

TI 的 CCS 从 CCS v3.3 开始支持两种基本工作模式。

(1) 软件仿真模式(Simulator)：可以脱离 DSP 芯片，在 PC 上模拟 DSP 的指令集和工作机制，主要用于前期算法实现和调试。

(2) 硬件仿真模式(Emulator)：可以实时运行在 DSP 芯片上，与硬件开发板相结合在线编程和调试应用程序。

CCS v6.0 及以后的版本(包括 CCS v7)安装将不包含软件仿真模式，但可以通过添加旧版 CCS 中的仿真库实现软仿功能。

3.1.2 CCS v7 的新特性

1) 许可证(Licensing)

自 CCS v7 发布后，TI 已不再为许可证向用户收费。用户可以直接下载并使用相关工具，并且最终用户许可协议已更改为简单的 TSPA 兼容许可证。

2) 资源浏览器(Resource Explorer)

新版资源浏览器支持用户在云中搜索与目标系列相关的可用软件包。用户可以使用各种示例应用程序快速入门。平台还将开发工具文档和训练内容集成到了 CCS 和 dev.ti.com 的资源管理器中，并提供 TI-RTOS 等组件的下载。在开发工具(Tools)→集成开发环境(Integrated Development Environments)→Code Composer Studio 部分，用户能搜索到可用于 CCS 的所有训练内容，包括专题讨论、培训模块和相关视频。

3) Eclipse 软件架构

Eclipse 应用程序框架已升级到 4.6 版本。尽管相对 CCS v6 中包含的版本没有重大变化，但提供了一些小的改进和增强。

4) 安装(Installation)

安装程序已被简化，将设备系列更清楚地列出，以便在用户选择处理器平台时，提供开发该平台系列软件所需的功能和组件。

5) GUI Composer

集成了可以与目标设备上运行的应用程序交互的新 GUI Composer v2 工具。图形用户界面(GUI)是采用图形方式显示的计算机操作用户界面。GUI Composer v2 允许用户创建可在线运行或在桌面上运行的自定义丰富 GUI 应用程序。

6) 编译器(Compilers)

16.9.x LTS(长期支持)编译器已经集成到 CCS 中以支持各类 MCU(如 MSP430、ARM、C2000)。默认情况下，都会为基于 ARM 的 MCU 安装 TI 和 GCC 的编译器。

7) 设备支持(Device Support)

CCS v7 不再支持 Stellaris 系列的 LM3 和 LM4 处理器，但仍然支持 TM4 处理器。而 C55x 等处理器需要通过 App Center 安装编译器，这项更改是 CCS 许可证的简化造成的，CCS 编译器需要另外的许可协议才能执行通过。编译器不收费，用户只需查看和接受协议。

3.1.3　CCS 的下载与安装

登录 TI 官网，在“TI 主页→软件和开发工具→开发工具→Code Composer Studio IDE”或“TI 主页→半导体→处理器→Code Composer Studio (CCS) 集成开发环境(IDE)”路径下可进入 CCStudio 官方页面(http://www.ti.com.cn/tool/cn/ccstudio)，进入页面后，通过“下载”或“立即订购”栏目可以进入 CCS 下载站点(http://processors.wiki.ti.com/index.php/Download_CCS)，下载对应操作系统下的最新版本软件，或者下载所需要的版本。

进入下载前需使用“myTI”账号登录，如果没有“myTI”账号，可先进行注册。注册完成后即可使用“myTI”进行登录，确认开发平台使用者的工作性质后即可进行下载。

CCS v7 的安装步骤如下。

(1) 运行下载的安装程序 ccs_setup_7.2.0.00013.exe，首先出现安装前依赖关系检查界面。为确保安装过程中不会出现问题，建议用户先关闭带有实时扫描功能的防病毒软件，如电脑管家、360 等。检查完成后，单击 Continue 按钮进入下一步。

(2) 显示安装程序许可协议。在阅读许可协议后，如果同意则选中 I accept the terms of the license agreement 单选按钮，单击 Next 按钮进入下一步。如果不同意则选中 I do not accept the terms of the license agreement 单选按钮，单击 Finish 按钮结束安装过程。

(3) 选择所需的安装位置。安装程序自动提供默认路径，将 CCS v7 安装在 C:\ti；也可通过 Browse 功能将 CCS 安装在期望的目录。单击 Next 按钮进入下一步。

(4) 选择需要安装的产品系列。左边的框中给出了 CCS 所支持的 TI 公司的各类产品，单击任一产品，在右侧的 Description 会给出该产品的简单说明，在右下角将显示对应的安装与下载文件大小。用户可选择仅需的产品进行安装，也可勾选 Select All 选择安装所有产品。单击 Next 按钮进入下一步。

(5) 选择需要安装的调试工具即仿真器产品。CCS 支持软件仿真和硬件仿真两种工作模式。硬件仿真工具根据性能可分为 XDS560、XDS510、XDS200 和 XDS100 系列，其中 XDS560 系列能提供最高的数据速率和实时调试性能，当然价格也最贵，相应的生产厂商有 BlackHawk、Spectrum Digital、艾睿合众等。单击 Finish 按钮进入安装界面。

(6)安装完毕后显示安装完成界面，可选择是否立即启动 CCS 开发环境、创建桌面快捷方式、创建开始菜单快捷方式。单击 Finish 按钮完成安装。

(7)运行 CCS，在弹出的窗口中选择工作空间，为当前应用程序设置保存路径。可通过 Browse 功能进行路径选择，若勾选 Use this as the default and do not ask again 选项则本次选择的路径将成为默认路径，并且再次启动 CCS 时不再显示该对话框。一般不勾选此选项。

3.1.4 CCS v7 软件仿真工具安装

CCS 支持通过 XDS 系列仿真工具直接在 DSP 芯片上进行代码的运行和调试，同时支持软件仿真功能(Simulator)，以方便用户进行前期的应用和算法的开发与调试。Simulator 可以脱离 DSP 芯片，以软件的方式在 PC 上模拟出一个 DSP 的运行环境和指令集系统。该功能十分方便实用，除了可以进行代码编辑、编译、链接和运行调试，还可以评估算法的运行复杂度，其优点如下。

(1)前期即可使用。在硬件开发完成之前，软件算法工作即可通过 Simulator 进行。

(2)易用性强。仅需要安装 CCS 相关功能即可。

(3)能够提供精确地控制和复现功能。例如，可以仿真外部硬件中断事件的产生，并保证准确性，比在硬件上的实际调试方便许多。

(4)灵活性强。可以排除其他因素的影响。例如，在仿真时，算法评估得到的结果是纯粹在 CPU 上运行的模拟结果，排除了内存访问延迟等因素。

(5)可视性强。通过仿真，可以观察得到众多测试结果，方便调整算法结构或优化步骤。

CCS v6 及之后版本的安装包不再包含软件仿真工具，这造成了算法验证等前期开发的不便。不过开发者可以手动添加 Simulator 的功能，首先准备好 CCS v5 与 Simulator 相关的文件，然后将这些文件复制到 CCS v7 的对应目录下，这些文件如下。

(1)../ccsv5/ccs_base/simulation。

(2)../ccsv5/ccs_base/simulation_keystone1。

(3)../ccsv5/ccs_base/simulation_keystone2。

(4)../ccsv5/ccs_base/common/targetdb/connections/tisim_connection.xml。

(5)../ccsv5/ccs_base/common/targetdb/configurations。

(6)../ccsv5/ccs_base/common/targetdb/drivers。

在复制完成后，运行 CCS v7，像正常一样创建工程，并选择 Data Snapshot Viewer 选项作为所创建工程的连接方式，如图 3.1 所示，因为此时在工程向导中还无法看到 Simulator 工具。

在工程创建后，可在 Project Explorer 窗口(一般位于 CCS 界面的左下方)中看到所建立的工程，图 3.2 所示的例子中工程名为 tryC66x，单击 tryC66x 左侧的三角形标记，展开后可看到 targetConfigs 选项，进一步展开后可看到所建立工程的连接文件，本例中为 TMS320C6655.ccxml，双击该文件可在右侧打开该连接的具体设置，在 General Setup 的 Connection 的下拉菜单中选择 Texas Instruments Simulator 选项，并在 Board or Device 中选择相应的处理器，单击右侧的 Save 按钮即可完成对应处理器的 Simulator 的安装，随后可进行算法的开发和测试。

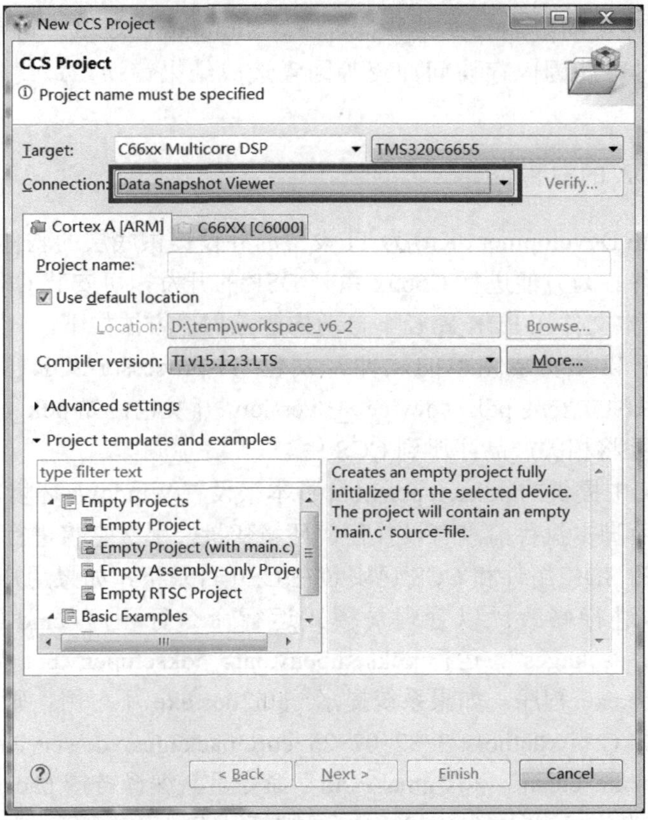

图 3.1　CCS v7 基于 Simulator 的工程创建

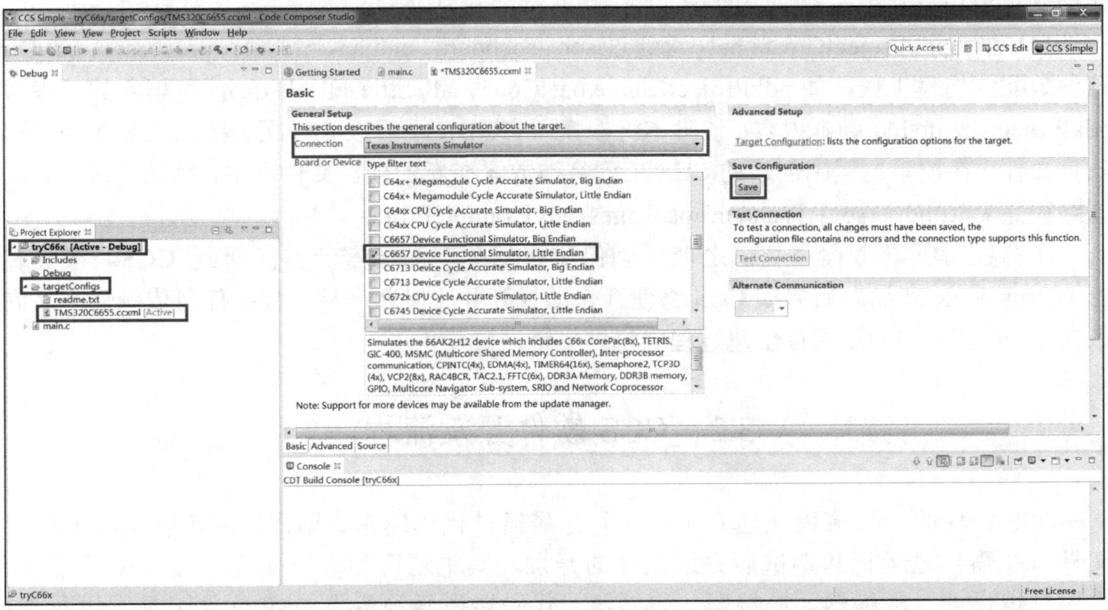

图 3.2　CCS v7 下 Simulator 连接的设置

需注意的是，仿真并不是真实的系统，它可以作为实际系统的一种最小参考，但无法综合考量硬件环境的限制。在某些情况下，Simulator 环境下可获得正确结果，在实际 DSP 上运行时可能因内存访问冲突等因素造成结果错误，最终的结果应以实际系统的运行为准。

3.1.5　C665x PDK 的安装

PDK (Platform Development Kit) 为 TI 设备的外设提供底层的软件驱动程序、实用程序库和片上支持软件。为方便进行 C665x 系列 DSP 的开发，可安装 C665x 的 PDK，从而可通过 TI 提供的脚本文件在 PDK 路径下自动构建工程，方法如下。

(1) 用户可下载并安装完整的软件开发包 TI-processor-SDK (Software Development Kit)，用户也可以独立安装 pdk_<device>_<version>开发包，如 pdk_c665x_2_0_6。安装完成后运行 CCS，并将相关产品注册到 CCS 中。

(2) 使用 PDK 中提供的 pdksetupenv.bat 脚本来设置 Windows 环境。如果 pdksetupenv.bat 脚本独立运行，而脚本执行前没有设置任何环境变量，那么它将进行默认配置，其默认值假定所有处理器的 SDK 组件和 CCS 已安装在 C:\ti 目录下，如果用户自定义了安装路径，可通过编辑脚本进行修改。以管理员模式运行命令行程序 cmd，将路径切换到“..\pdk_c665x_2_0_6 \packages”，运行 pdksetupenv.bat。pdksetupenv.bat 需要从 XDC 工具中获取可用的 path2dos.exe 程序。如果系统提示 path2dos.exe 不可用，则应将其所在路径提供给环境变量，例如 C:\ti\xdctools_3_32_02_25_core\packages\xdc\services\io\release。

(3) 通过“gmake clean”和“gmake all”命令重新编译链接 packages 下的所有程序。如果 Windows 下的 cmd 找不到 gmake 命令，则打开 Computer→属性→高级系统设置→环境变量→系统变量→Path，编辑“Path”系统变量，将步骤(1)中安装的 xdctools 路径添加到变量值中。

(4) 运行 pdkProjectCreate.bat，可通过 soc、socboard、endian、module、processor、pdkDir 等参数配置构建工程，如 pdkProjectCreate.bat C6657 all little all all dsp，可填入的值参考 pdkProjectCreate.bat 脚本内容。该脚本将搜索所有 PDK 子目录并匹配上述输入参数的测试项目文件。在搜索过程中创建的 CCS 工程将被放置在新的项目文件夹中，默认情况下，放置路径是 C:\ti\pdk_[soc]_[version]\packages\ MyExampleProjects。

注意在进行参考程序测试之前，确保所有相关产品已安装并注册到 CCS。在安装 Processor SDK 产品之后启动 CCS 将使其自动找到并注册新产品。如果任何依赖性产品尚未向 CCS 注册，PDK 项目创建过程中将发生错误。

3.2　CCS 软件开发流程

DSP 软件的开发流程从建立工程开始，需经过代码编写、编译、链接以生成可执行文件，并需经过运行和调试后完成软件的开发，其中还可加入宏文件、各类运行库等，需用到编译器、汇编器、链接器、归档器、代码转换器等各类 DSP 软件工具，如图 3.3 所示。

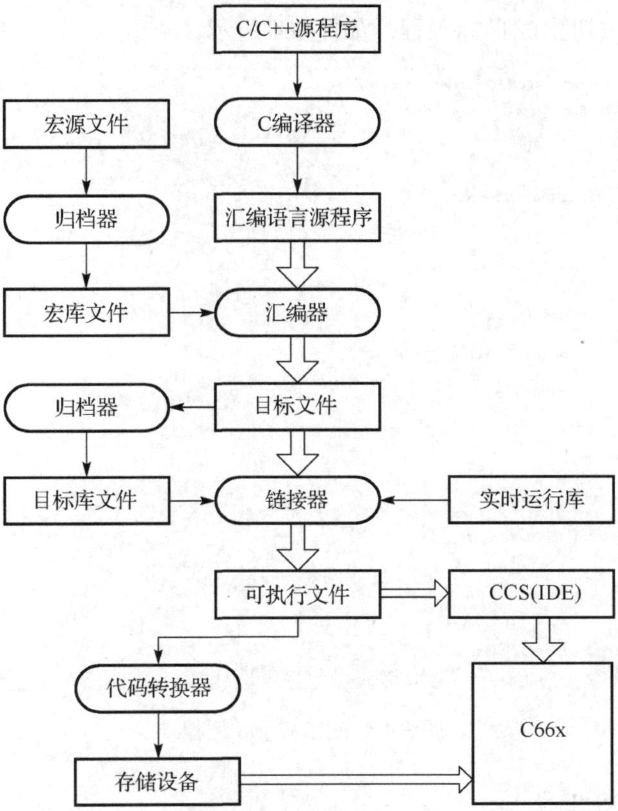

图 3.3　DSP 软件开发流程

3.2.1　CCS 工程的建立

1）新建一般工程

(1)打开 CCS 7.2.0，并在 Workspace 对话框中选择工作空间。

(2)执行 File→New→CCS Project 命令，也可以执行 Project→New CCS Project 命令，弹出工程设置窗口。

Target 选择 C66xx Multicore DSP 系列下的 TMS320C6655。在“Project name”文本框输入工程名，本例中为“test”。Compiler version 将自动选择系统安装的编译器版本。Project templates and examples 可根据开发的需要选择适当的工程模板，可以选择不同类型的空工程(Empty Projects)，也可以选择基本样例工程(Basic Examples)，本例程选择 Basic Examples 下的 Hello World 目标程序。

(3)若采用硬件仿真模式(Emulator)，在 Connections 下拉选项中选择合适的仿真调试器类型，如 Texas Instruments XDS100v2 USB Debug Probe，此时需保证所选择的仿真调试器已通过正确的方式连接到 PC 上，并且目标板已正常上电。在选择好连接方式后，单击 Verify 按钮，可测试仿真器是否连接成功。若采用软件仿真模式(Simulator)，可选择 Data Snapshot Viewer，然后创建工程后再选择 Simulator 模式，如前面所述，如果连接选项中存在“Texas Instruments Simulator”则可直接选择该选项。

(4) 单击 Finish 按钮生成目标工程，如图 3.4 所示。

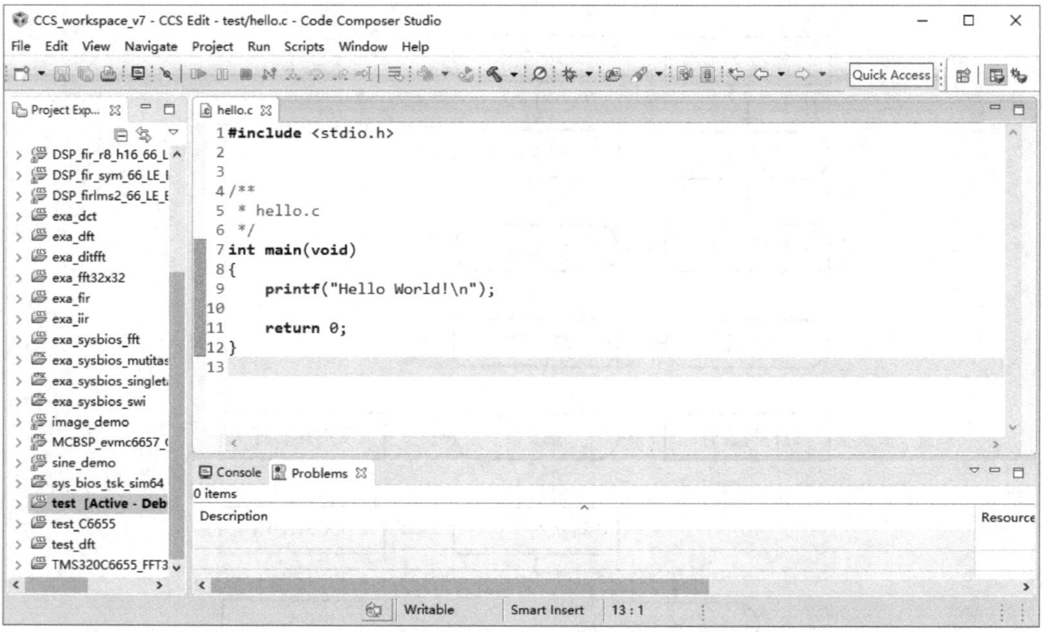

图 3.4 Hello World 例程

2) 新建 SYS/BIOS 工程

(1) 执行 File→New→CCS Project 命令，在工程设置窗口的 Project templates and Examples 栏目下选择“Typical” SYS/BIOS 工程模板，其他内容与新建一般工程相同。

(2) 单击 Next 按钮进入 SYS/BIOS 工程设置界面。在 XDCtools version 下拉框中选择合适的 XDC 版本。在 Products and Repositories 属性页中勾选可能用到的产品，其中必须包含一个 SYS/BIOS 版本。在 Target 文本框中填入 ti.targets.elf.C66。在 Platform 下拉框中选择实际工程用到的硬件平台，本例程中选择 TI C6657 的评估板 ti.platforms.evm6657。

(3) 单击 Finish 按钮生成目标工程。

3) 使用向导建立 SYS/BIOS 工程

(1) 新版资源浏览器支持用户在云中搜索与目标系列相关的软件包，包中的应用例程可以帮助用户快速入门。执行 CCS 菜单中的 View→Resource Explorer 命令，在资源浏览器内安装 SYS/BIOS 包。

(2) SYS/BIOS 安装完成后，执行 CCS 菜单中的 View→Resource Explorer Classic 命令，已安装的 SYS/BIOS 包将显示在 TI Resource Explorer 左侧。执行 SYS/BIOS→C66xx Multicore DSP→TMS320C6655→TI Target Examples→Generic Examples→Hello Example 命令，向导给出了使用例程进行工程导入、编译和调试的步骤。在实际应用中，开发人员可以根据系统需要选择最相近的例程来创建自己的工程。

(3) 单击步骤 (2) 弹出界面中的 Step1，将样例工程导入 CCS 目录中，弹出工程设置窗口进行工程名称设置、连接方式选择等设置步骤，其内容与之前介绍的新建 SYS/BIOS 工程的设置方法类似。

(4)完成设置后，单击 Finish 按钮生成目标工程。

3.2.2　CCS 工程的编译

在 CCS 中，工程建立并完成代码编辑后，还需经过编译来生成可执行文件。编译包括对 C/C++源程序的编译以生成汇编文件、对汇编源程序的汇编以生成目标文件、对目标文件的链接以生成执行文件或者库等过程。CCS 同时提供了一键编译命令：Build All，涵盖了 C 语言编译、汇编以及链接的全过程，由源程序生成包括目标文件(*.obj)和可执行文件(*.out)在内的一系列文件。

编译(Build)工程的方法是：在 CCS 的 Project Explorer 窗口中，选中目标工程以使其激活，出现“[Active-Debug]”标志，然后单击菜单栏中的按钮。每个源程序经编译生成目标文件(*.obj)，所有目标文件经链接生成可执行文件(*.out)。编译完成后，用户可以在 Console 和 Problems 窗口中查看编译、链接过程中的有关信息和出现的问题。根据相关信息修改程序后，再次单击菜单栏中的按钮，CCS 将不会把所有文件重新编译链接，而是先比较每个源文件和对应的中间文件的时间戳，如果源文件的时间戳更大，意味着该文件在上次编译后被修改过，则对该文件重新编译，然后比较每个中间文件和可执行文件的时间戳，若有中间文件被修改了，则重新链接生成新的可执行文件。如果需要重新完整地编译工程，可以右击 Project Explorer 中的目标工程，或单击菜单栏中的 Project，使用 Build All、Clean + Build 或 Rebuild Project 命令。

CCS 集成开发环境本身不包含编译器和链接器，而是通过调用软件开发工具(C 编译器、汇编器和链接器)来实现工程的编译。

1)编译器(Compiler)

编译器的作用是将 C/C++源程序编译为相应处理器系列(如 TMS320C6000)的汇编语言源程序。编译器由分析器、优化器和代码产生器组成。分析器检查输入的源程序有无语义、语法错误，产生程序的内部表示文件(*.if)；优化器是分析器和代码产生器之间的一个选择途径，将内部表示文件(*.if)转化为一个更高效的文件(*.opt)，其优化级别可由用户定义；代码产生器将分析器产生的文件(*.if)或优化器生成的文件(*.opt)转化为汇编语言文件。此外，编译器包含一个建库工具，可以建立用户自己的运行时支持库。

2)汇编器(Assembler)

汇编器的主要作用是将汇编语言的源程序文件转化为机器语言的目标文件(*.obj)。汇编源文件往往包含汇编伪指令、汇编语言指令和宏调用等。汇编源文件可以是开发人员编写的，也可以是 C/C++源程序经编译生成的，汇编文件处于编译链接的中间阶段，因此又称中间文件。在旧版编译器中，中间文件的格式为 COFF(公用对象文件格式)。v8.0.0 之后版本的 TMS320C6000 系列编译器虽保留了 COFF 选项，但不再支持 COFF 输出格式，仅支持 EABI(ELF)格式。除将汇编文件编译成目标文件外，汇编器还完成如下工作。

(1)产生源程序列表文件，并提供对源程序列表文件的控制。

(2)将代码按段(Section)进行组织，并为每个目标代码段设置一个段程序计数器 SPC。

(3)定义和引用全局符号。

(4)将交叉引用列表加到源程序列表中。

(5) 汇编条件块。

(6) 支持宏调用，允许在程序中或在库中定义宏。

3) 链接器 (Linker)

链接器的作用包括以下几点。

(1) 根据链接命令文件 (*.cmd) 将一个或多个目标文件链接起来，生成存储器映像文件 (*.map) 和可执行的输出文件 (*.out)。链接器所产生的可执行文件可以加载到 Simulator 运行，或者由仿真工具下载到 DSP 硬件平台执行。

(2) 重定位符号和段的地址，给它们分配最终地址。

(3) 解释输入文件之间未定义的外部符号引用。

链接器命令文件控制存储器配置、输出段定义和确定地址分配，一般情况下可使用相关处理器的默认 CMD 文件，必要情况下可根据系统需要对堆栈大小进行重新设置。CMD 文件中的命令 MEMORY 和 SECTIONS 可以完成下列工作，具体内容在 1.3.4 节中介绍。

(1) MEMORY 命令：对物理存储空间进行分配，并定义每段空间的属性。

(2) SECTIONS 命令：为目标文件中的段指定物理存储空间，所指定的物理空间由 MEMORY 确定。

3.2.3 CCS 工程的下载和运行

若工程在编译链接过程中没有产生错误，默认情况下链接器将生成名字与工程名相同、后缀为.out 的可执行文件。对于 v8.0.0 及其后版本的 C6000 编译器，该文件仅支持可执行与可链接格式 ELF。ELF 是一种用于二进制目标的共享库和核心转储文件格式，是 UNIX 系统实验室 (USL) 作为应用程序二进制接口 (ABI) 开发的，也是 Linux 的主要可执行文件格式之一。因其可扩展性与灵活性，TI 将 ELF 格式选为嵌入式应用二进制接口格式应用到 DSP 开发中，用以取代 COFF 格式。但是大多数 EPROM 编程器不接受 ELF 目标文件，为此 TI 提供了 Hex 转换工具 (Hex6x) 将目标文件转换成几种标准 ASCII 十六进制的格式，以适合加载到 EPROM 编程器中。Hex 转换工具还应用于其他一些需要格式转换的场合，如调试器、加载器，以及目标设备的自举程序设计。

下载与调试运行之前，通常需手动为工程创建目标配置文件，以进一步选择更为合适的开发平台来完成仿真调试工作，其步骤如下。

(1) 选中目标工程，使其成为“[Active - Debug]”状态，执行菜单栏中的 File→New→Target Configuration File 命令，弹出 New Target Configuration 界面。

(2) 在 File name 中键入后缀为.ccxml 的配置文件名，如 test_C6655.ccxml。单击 Finish 按钮创建目标配置文件。

(3) 打开新创建的目标配置文件。在 Connection 中选择仿真调试器，如 Texas Instruments XDS100v2 USB Debug Probe，并在 Device 中勾选 TMS320C6655，单击右侧的 Test Connection 按钮测试开发平台是否连接成功。

若需要采用软件仿真模式，应先完成 CCS 7.2.0 平台上 Simulator 的移植 (详细步骤参见 3.1.4 节)。移植完成后，可以在 Connection 栏目中找到并选择 Texas Instruments Simulator

选项，然后在 Device 中勾选相应的设备，如 C6657 Device Functional Simulator, Little Endian 设备，单击右侧的 Save 按钮保存修改的内容即可。

完成目标文件配置后，单击 Debug 按钮进入工程调试模式。若采用软件仿真模式，则首次单击会在进入调试模式前弹出如图 3.5 所示的窗口。这是由于目标配置文件中选择的设备是 TMS320C6657 系列多核 DSP。如果当前的工程是基于 TMS320C6655 目标进行设计的，则只需勾选 TMS320C66x_0 单个内核。单击 OK 按钮后，CCS 将会建立 TMS320C6655 的模拟执行环境。

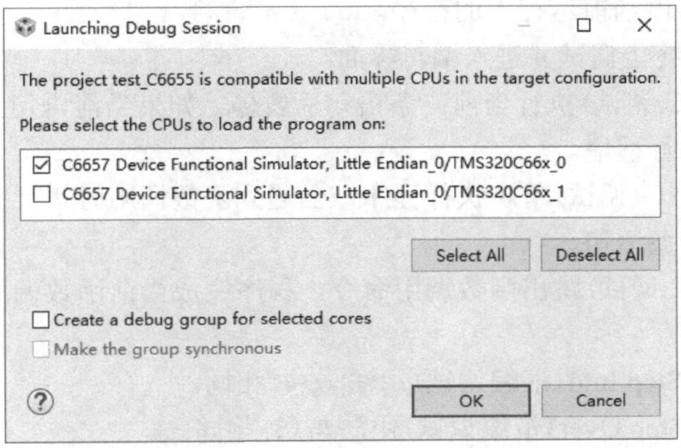

图 3.5　启动调试窗口

之后进入 Debug 界面，单击 Load 按钮即可将可执行文件(*.out)加载到开发平台的程序空间。

如果采用硬件仿真模式并且已经在工程设置窗口的 Connection 中选择了可用的仿真调试器类型，CCS 将自动为工程匹配目标配置文件。此时，直接单击 Debug 按钮进入工程调试模式，单击 Load 按钮将可执行文件(*.out)加载到开发平台的程序空间，即可运行 DSP 程序并观察运行结果。

如果结果不符合预期，需要对程序进行调试和修改，调试方法将在 3.3 节中讲述。经修改和重新编译后的 DSP 程序可以通过 Debug 菜单栏中的 Run→Load→Reload Program 命令重新加载。

3.3　CCS 调试初步

CCS 在编译链接过程中会对工程中的各个源文件、库文件、链接配置文件进行检查并输出相应的诊断信息，而在程序调试和运行过程中，也会出现输出不符合期望结果等问题。因此，可以把程序设计过程中遇到的问题分为两类：编译链接问题和运行结果问题，如何快速有效地查找到问题根源并修正这些问题，是 DSP 设计开发的关键。其中，编译链接问题往往具有共性，一般属于语法错误或配置错误的问题，程序员可以根据编译器和链接器给出的错误提示信息进行查找和纠错。运行结果问题则要复杂得多，也困难得多，往往和代码的设计、资源的使用与冲突、硬件的设计等诸多因素有关，需要开发者根据具体情况进行分析。

本节介绍 CCS v7 的基本调试工具和命令，可以帮助程序员掌握 DSP 程序调试和分析的基本技巧，提高软件开发和设计的效率。本节将以 DFT 算法的实现为例介绍 CCS v7 的基本调试工具和命令。

3.3.1　CCS 基本调试命令

CCS 的 Debug 工具栏可以使用下列调试命令。

(1) Resume 运行当前下载的程序，遇到断点暂停并更新 CCS 中图形分析工具等窗口。

(2) Suspend 暂停当前运行中的程序。

(3) Terminate 终止调试并进入编辑界面。

(4) Step Into (C 调试) 执行当前一条语句后暂停，如果当前语句为函数调用语句，则进入函数内部单步执行程序。

(5) Step Over (C 调试) 单步执行程序，当遇到函数调用时执行完整个函数，程序暂停在函数调用的下一条语句。

(6) Step Out (C 调试) 跳出函数调用命令，程序完成当前函数调用，返回后暂停在函数调用的下一条语句。

(7) Assembly Step Into (汇编调试) 用法与 (4) 相同。

(8) Assembly Step Over (汇编调试) 用法与 (5) 相同。

(9) Go Main (C 调试) 一般在加载代码后使用，在基于 C 语言的编程中，代码加载后程序计数器指针 PC 一般停留在 c_int00() 的位置，单击 Go Main 命令后，程序将开始运行并暂停到代码的主流程入口位置，即 main() 函数处。

(10) CPU Reset 复位 DSP 调试系统，使目标处理器恢复到上电初始状态，并且终止当前执行的程序。

(11) Restart 将程序计数器的指针恢复到程序入口地址，但并不执行程序。

3.3.2　离散傅里叶变换

离散傅里叶变换 (Discrete Fourier Transform，DFT) 是数字信号处理中用来分析信号的最基本方法，傅里叶变换是傅里叶分析的核心，通过它把信号从时间域变换到频率域，进而研究信号的频谱结构和变化规律。离散傅里叶变换是傅里叶变换在时域和频域上都呈现离散的形式，将时域信号的采样变换为在离散时间傅里叶变换 (DTFT) 频域的采样。在形式上，变换两端 (时域和频域上) 的序列是有限长的，而实际上这两组序列都应当被认为是离散周期信号的主值序列，即使对有限长的离散信号作 DFT，也应当将其看作经过周期延拓成为周期信号再作变换。

离散时间信号经 DFT 得到的频域信号通常称为频谱 (Frequency Spectrum)，频谱通常可以表示为幅度谱 (Magnitude Spectrum) 和相位谱 (Phase Spectrum) 的形式。其中，幅度谱包含了频谱峰值和谷点等信息，在实际应用中往往更受到重视。

设 $x(n)$ 是长度为 N 点的有限长信号，那么该信号的离散傅里叶变换定义如 (3.1) 所示：

$$X(k)=\sum_{n=0}^{N-1}x(n)\mathrm{e}^{-j\frac{2\pi}{N}kn},\quad 0\leqslant k\leqslant N-1 \tag{3.1}$$

通过离散傅里叶变换，时域信号 $x(n)$ 被转化为频域信号 $X(k)$。频域信号 $X(k)$ 的值为复数，因此，它可以表示为实部和虚部的形式，如式(3.2)所示：

$$X(k)=\mathrm{Re}[X(k)]+\mathrm{j}\,\mathrm{Im}[X(k)]=X_{\mathrm{real}}(k)+\mathrm{j}X_{\mathrm{imag}}(k),\quad 0\leqslant k\leqslant N-1 \tag{3.2}$$

由式(3.2)可计算得到 $X(k)$ 的幅度和相位值，分别如式(3.3)和式(3.4)所示：

$$|X(k)|=\sqrt{X_{\mathrm{real}}^2(k)+X_{\mathrm{imag}}^2(k)},\quad 0\leqslant k\leqslant N-1 \tag{3.3}$$

$$\theta_X(k)=\arctan\frac{X_{\mathrm{imag}}(k)}{X_{\mathrm{real}}(k)},\quad 0\leqslant k\leqslant N-1 \tag{3.4}$$

从而可以得到 $X(k)$ 的极坐标表示形式如式(3.5)所示。

$$X(k)=|X(k)|\mathrm{e}^{\mathrm{j}\theta_X(k)},\quad 0\leqslant k\leqslant N-1 \tag{3.5}$$

幅度谱 $|X(k)|$ 的应用较为广泛，幅度谱具有对称性质，即满足 $|X(k)|=|X(N-k)|$。DFT分析中的一个重要概念为信号分析的频率分辨率，假设信号 $x(n)$ 的采样频率为 f_s，DFT的变换长度为 N，则此时的频率分辨率为 f_s/N，频域信号 $X(k)$ 所对应的基带模拟频率为

$$f_k=\frac{f_s}{N}\times k,\quad 0\leqslant k\leqslant \frac{N}{2} \tag{3.6}$$

3.3.3　DFT的软件实现

根据DFT的定义式(3.1)与表达式(式(3.2)、式(3.3))，编写实现DFT频谱分析的DSP程序，操作步骤如下。

(1)执行New→CCS Project命令新建一个名为dft.pjt的工程，为工程添加一个C源文件，如dft_main.c。

(2)打开该C文件，在其中填入如下源程序：

```
////////////////////////////////////////////////////////////////////////
#include<math.h>
#include<stdio.h>
#define pi  3.1415926      //定义常数π
#define N   256            //定义 DFT 变换长度 N
/* ==========自产生离散信号========== */
#define f1  32             //定义一个信号频率
#define f2  64             //定义另一个信号频率
#define fs  256            //定义采样频率
/* ============================== */
float input[N];            //定义一个变量用于存放输入的离散信号
float output_amp[N];       //定义一个变量用于存放 DFT 的幅度谱|X(k)|
/* 定义复数类型 */
typedef struct{
```

```
    float real;
    float img;
}complex;
complex out[N];          //定义一个变量用于存放 DFT 的变换结果 X(k)
void dataIN(void);       //产生离散信号 x(n)的函数
void    dataOUT(void);   //计算幅度谱|X(k)|的函数
void    DFT(void);       //实现 DFT 变换的函数
/* 主函数    */
void main(){
while(1){
        dataIN();
        DFT();
        dataOUT();
    }
}
/* 产生离散信号 x(n)的函数 */
void dataIN(void){
#ifndef fileIO      //条件编译，如果没有外部文件输入离散信号数据，则自行产生一个信号
int n;
for(n=0; n<N; n++) {
        input[n] = 1024*sin(2*pi*f1*n/fs)+2048*sin(2*pi*f2*n/fs);
    }
#endif
}
/* 计算幅度谱|X(k)|的函数 */
void dataOUT(void){
int i;
for(i=0; i<N; i++) {
        output_amp[i] = sqrt(out[i].real*out[i].real+out[i].img*out[i].
            img);//计算幅度谱
    }
}
/* 实现 DFT 变换的函数 */
void DFT(){
    complex tmp;
int k, n;
for(k=0; k<N; k++){
        tmp.real = 0;
        tmp.img = 0;
for(n=0; n<N; n++){
```

```
            tmp.real += input[n]*cos(2.0*pi*k*n/N);
            tmp.img += input[n]*sin(-2.0*pi*k*n/N);
        }
        out[k] = tmp;
    }
}
////////////////////////////////////////////////////////////////////////
```

main()中包含的三个函数的解释如下。

① dataIN()函数提供了两种信号输入的方法。一种是在函数调用前使用输入/输出工具 File I/O 逐段读取外部文件(*.dat)中的数据，另一种是输入一个已知频率的信号，然后观察运行结果是否与预期相同。

② DFT()函数根据离散傅里叶变换的定义式计算时域信号 input(n)的频谱。函数由两层循环构成，内循环利用欧拉公式将 $\exp\left(-\mathrm{j}\dfrac{2\pi}{N}kn\right)$ 展开为 $\cos\left(\dfrac{2\pi}{N}kn\right)-\mathrm{j}\sin\left(\dfrac{2\pi}{N}kn\right)$ 的形式，并计算单个频率点 k 处的复数值 out(k)；外循环遍历一个周期的频率点，得到一个周期内所有频域采样点处的复数值。

③ dataOUT()函数根据幅度谱表达式(3.3)计算了一个周期内所有频域采样点处的幅度，从而得到信号的幅度谱。利用 CCS 提供的图形分析工具，可以显示输入/输出信号的图形，使用户能直观地观察输入信号及其幅度谱的频率特征。

(3)在工程中添加并编写链接命令文件(*.cmd)。链接命令文件的构成将在 3.3.4 节中进行讲述。在文件中填入如下内容：

```
////////////////////////////////////////////////////////////////////////
-c                          //ROM 自动初始化模式，可省略
-m   test_dft.map           //生成 test_dft.map 文件，详细列出整个软件的程序空间
                              和数据空间，可省略
-otest_dft.out              //将生成的可执行文件命名为 test_dft.out，可省略
-heap  0x8000               //设置堆的大小
-stack 0xC000               //设置栈的大小
MEMORY
{
    LL2RAM (RWX) :        org = 0x800000,     len = 0x100000
    MSMCSRAM (RWX) :      org = 0xc000000,    len = 0x100000
}
SECTIONS
{
    .vectors          > LL2RAM
    .text             > LL2RAM
    .cinit            > LL2RAM
    .const            > LL2RAM
```

```
        .switch         > LL2RAM
        .stack          > LL2RAM
        .far            > LL2RAM
        .fardata        > LL2RAM
        .cio            > LL2RAM
        .sysmem         > LL2RAM
        .bss            > LL2RAM
        .rodata         > LL2RAM
    }
    ////////////////////////////////////////////////////////////////////
```

(4) 根据需要在 Properties→Build 对话框中对工程的编译、链接选项进行相应的设置。

(5) 对当前工程进行编译链接，并根据 Problems 和 Console 窗口中的提示对工程进行修改，直到编译链接通过，程序设计完成。

(6) 单击 Debug 按钮 进入工程调试模式。

(7) 单击 Load 按钮 或执行 Run→Load→Load Program 命令将可执行文件(*.out)加载到开发平台的程序空间。若不基于硬件仿真平台，可直接用 Debug 工具栏命令运行并分析结果。

3.3.4　链接命令文件

CMD 文件(Linker Command Files)是 TI 公司针对代码链接所设计的用户接口文件，用于管理、分配系统中的物理存储器和地址空间。当程序编译完成后，工程还需完成代码的链接，链接的一个重要功能是完成整个代码的重定位，包括程序重定位和数据重定位，为此链接器需获取相应的存储器分配信息，CMD 文件即可为链接器提供这些信息。CMD 文件可以指定要链接的目标文件，定义 DSP 的 RAM 和 ROM 空间，然后将程序中的各个段分配到相应的物理存储空间。

CMD 文件主要包括三方面内容。

(1) 链接指示。设置链接器的输入文件，包括目标文件(.obj 文件)、库文件(.lib 文件)，指定链接器的输出文件，包括存储器映射文件(.map 文件)和执行文件(.out 文件)。该部分也可通过 Properties→Build→C6000 Linker 菜单下的选项进行设置。

(2) 存储空间指示，该部分使用 MEMORY 命令实现对系统存储器资源的声明。所有的存储器，无论 DSP 芯片内部的，还是外部扩展的，在使用前都应使用 MEMORY 进行声明，指定每段存储空间的名称、属性、位置和大小，其格式如下：

```
MEMORY
{
    mem_name: origin = const, length = const
    /*例子：L2_SRAM: o=0800 0000h, l=0008 0000  */
    ……
}
```

“name”为要声明的存储空间的名字，“origin”也可写作“o”，定义该段存储区的起始地址，“length”也可写作“l”，定义该段存储区的长度。上述的例子表示将 0800 0000h 开始的长度为 0008 0000h 的一段存储空间命名为 L2_SRAM。

(3) 段指示。该部分使用 SECTIONS 命令为代码中的段指定物理存储空间。用户应根据 MEMORY 声明的物理空间和实际代码中各段的大小进行合理分配，其格式如下：

```
SECTIONS
{
        sect_name > mem_name
        /* 例子：.text     > L2_SRAM  */
        ……
}
```

“sect_name”为代码中的段，“mem_name”为 MEMORY 中声明的物理空间。上述的例子表示将代码中的“.text”加载到 L2_SRAM 中，即加载到 0800 0000h 开始的物理空间。

这里提到了段的概念。TI 的 *Assembly Language Tools User's Guide* 里，将“.text”“.stack”“.bss”等名词统称为“指令(Directives)”，是针对编译器的伪指令，不包括在芯片的指令集中。每条伪指令请求编译器在程序空间或数据空间里，保留指定数量的存储单元，这些存储单元是可重定位的数据块，称为“段(Sections)”。段以各种方式分配到存储器中以符合各种系统配置。

段可分为两类：已初始化段和未初始化段。其划分依据——“初始化”，是从编译器角度来考虑的，是表示在编译完成后该段的数据是确定的还是未知的值。C 语言经编译后主要生成.text、.cinit、.const 和.switch 四个已初始化段，以及.bss、.stack、.sysmem 三个未初始化段。具体说明如下。

(1) 已初始化段可包含数据或可执行代码。初始化段通常是只读的，C/C++编译器往往创建以下初始化段。

① .text 段：包含所有可执行代码和编译器生成的常量。用户编写的 main 函数、子函数、中断服务函数，都会生成指令代码存放在此段。

② .cinit 段：在使用--rom_model 选项时才会创建，它包含初始化的全局变量和静态变量的表。我们经常用到的数表，如七段显示器的数值表、液晶显示字符表、正弦函数表等都属于此段。存入此段的内容是已初始化的，必须作为常数存储在程序空间里，而且需要掉电保存。

③ .const 段：包含字符串文字、浮点常量和使用 C / C ++限定词 far 与 const 定义的数据(假设常量不被定义为 volatile)。字符串文字通常放置在.const : .string 小节中。

④ .switch 段：包含 switch 语句的跳转表。

⑤ .args 段：包含命令参数，这些参数为主机的加载程序服务。

⑥ .binit 段：包含启动时间复制表。

⑦ .init_array 段：包含用于调用全局构造函数的表。

⑧ .c6xabi.exidx 段：包含用于异常处理的索引表。

⑨ .c6xabi.extab 段：包含用于异常处理的堆栈展开说明。

⑩ .ppinfo 段：包含关联表。

⑪ .ppdata 段：包含基于编译器概要分析的数据表。

⑫ .fardata 段：为非常量型已初始化的远指针全局变量以及静态变量保留空间。

⑬ .neardata 段：为非常量型已初始化的近指针全局变量以及静态变量保留空间。

⑭ .rodata 段：为常量型近指针全局变量以及静态变量保留空间。

(2)未初始化段为内存(通常为 RAM)保留空间。一个程序可以在运行时使用这个空间来创建和存储变量。编译器往往创建以下未初始化段。

① .bss 段：为未初始化的全局变量和静态变量保留空间，而未使用的未初始化变量通常创建为通用符号 common symbol(除非指定--common = off)，这部分不放在.bss 中，以便从生成的应用程序中将之清除。

② .stack 段：为系统堆栈保留内存。堆栈在 C/C++编译器中主要有四个用处：保存函数返回地址、分配局部变量、为函数传递参数和存储临时结果。在系统初始化时，SP 被设置为.stack 段的结尾(最高地址)。由于堆栈的位置取决于.stack 被分配的地址，所以其实际地址在链接时被确定。C/C++环境会自动将 SP 输入函数中，并为该函数保留执行所需的空间。在汇编语言和 C/C++的混合编程中，为保证相互间的正常调用，汇编语言程序需满足 C/C++语言的堆栈使用规范。

③ .sysmem 段：为动态内存分配保留空间。使用这段空间的动态内存分配函数包括 malloc、calloc、realloc 以及 new。如果 C/C++程序不使用这些函数，编译器不会创建.sysmem 段。

④ .far 段：为远指针全局变量和静态变量保留空间。

工程在编译链接之后，会在项目文件夹内产生一个.map 文件，通过查看该文件中的“output section”部分，可以了解工程实际使用到的段以及各段占用的空间大小，用户可根据.map 文件提供的存储空间占用信息，调整 CMD 文件的设置。

3.3.5 CCS 断点工具的使用

CCS 的断点工具(Breakpoint)集成了程序暂停、控制分析、启动\禁用组、执行表达式(通用拓展语言(GEL))、文件 I/O、全窗口刷新和视图更新的功能。这里重点介绍程序暂停(Remain Halted)和文件数据 I/O(File I/O)的用法。

1. 程序暂停操作

程序暂停即软件断点，是最常用的断点形式。软件断点是通过在用户目标代码中插入陷阱(Trap)指令，将运行时的程序跳转到调试器(Debugger)上实现的。程序运行时如果遇到断点，就会暂停运行，回到调试状态，使用户可以通过查看或修改变量、存储器、寄存器、图形参数等方式分析程序运行状态。

断点可以设置在源程序的行首，也可以设置在反汇编窗口中的命令行上。设置和清除断点的方法有以下几种。

(1)双击源程序左侧的行编号或反汇编窗口中命令行的内存地址，将在光标当前所在行设置或清除一个断点。

(2)在调试工具栏中单击按钮，输入需要添加断点的位置，即可设置一个断点。

(3) 执行 Run→New BreakPoint→BreakPoint 命令，输入需添加断点的位置，即可设置一个断点。

(4) 执行 View→Breakpoints 命令，在弹出的对话框中单击按钮可设置一个断点。

完成断点设置后重新运行程序，程序将会停在断点处，并且在断点所在行左侧显示一个蓝色的箭头，表示程序运行到此。

在程序调试时通常会同时使用多个断点，如果将暂时不需要的断点都清除，则在之后再次使用时需要重新进行设置。CCS 提供了暂时关闭不使用的断点的功能，允许用户在需要时再打开，从而避免了重复清除、设置断点的麻烦。CCS 中的断点具有 Enable/Disable 两种状态。执行 View→Breakpoints 命令打开断点设置窗口，如图 3.6 所示。

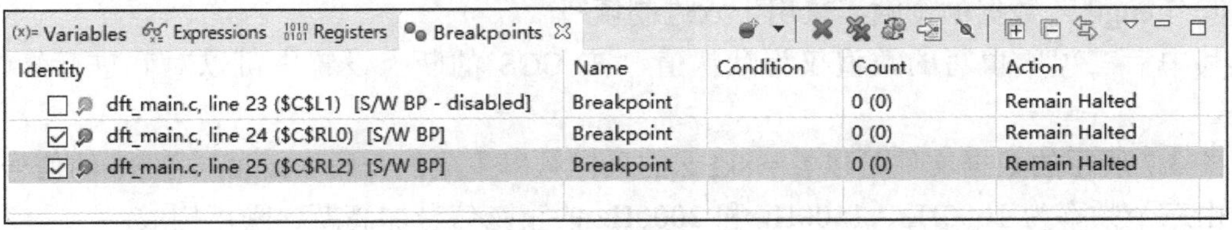

图 3.6　断点设置窗口

通过勾选断点信息前的选择框，可以开启/关闭一个断点。此外，断点设置窗口还有一个十分重要的功能，就是修改断点功能(Action)。断点默认的功能是暂停程序的运行。

2. 文件输入/输出操作

在 DSP 程序开发过程中，往往需要使用外部信号来测试算法的正确性或复杂度。CCS 断点工具提供文件输入/输出(File I/O)功能，支持从外部数据文件中读取数据到工程中的全局变量或指定的存储空间，也可以读取工程中的数据并写入外部文件中。例如，在 dft.pjt 工程中，可以通过如下方法读取数据文件。

(1) 生成一个用于测试的数据文件，并存储为 File I/O 支持的文件格式。

CCS File I/O 支持文本格式的文件，我们可以使用任何的文本编辑工具生成 File I/O 数据文件。CCS 文本数据的第一行用来指示文件数据的格式，随后每行存储一个数据样本，数据样本可以是十六进制、整型、长整型或浮点型的，由第一行的格式指定。一个浮点型的 CCS 数据文件 input.dat 的内容如图 3.7 所示。

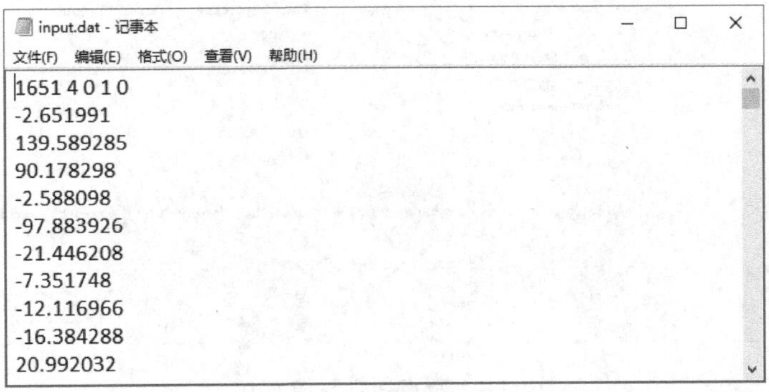

图 3.7　CCS 文本数据文件

图 3.7 中，第一行为文件头，该文件头包含 Magic Number、Format、Starting Address、Page Num 和 Length 五项信息，其含义如下。

① Magic Number：固定为 1651，此为 DSP 唯一可识别的文件头。

② Format：指明文件中样本数据的格式，取值 1、2、3、4 分别对应样本数据格式为十六进制、整型、长整型或浮点数，在使用十六进制格式时应注意样本数据的符号问题。

③ Starting Address：数据块存放的起始地址。

④ PageNum：数据块存放的地址空间，“0”表示程序空间，“1”表示数据空间，在采用统一编址方案时该数值无效。

⑤ Length：数据的个数，采用十六进制填写。

其中后三项所填写的数值仅为默认值，在 CCS 的断点设置中可以对其进行修改并覆盖。

图 3.7 所示的数据文件是以 $f_s = 8\text{kHz}$ 的采样频率生成的一段 Length = 4096 的信号，该信号由三个频率为 1000Hz、1500Hz 和 2000Hz 的正弦信号加高斯白噪声构成。

(2) 添加 File I/O 的宏。执行菜单栏中的 Project→Properties 命令，弹出属性对话框，选择 Build→C6000 Compiler，并单击右下角的 Edit Flags…按钮，在弹出的 Edit Build-Flags 窗口编辑框的末尾添加如下内容：

```
--define=fileIO
```

(3) 编译、链接工程，进入 Debug 模式，在 main() 函数调用 dataIN() 所在行前设置断点。

(4) 执行 View→Breakpoints 命令打开断点查看窗口，右击步骤 (3) 中设置的断点，单击 Breakpoint Properties 弹出图 3.8 所示的断点属性设置窗口。

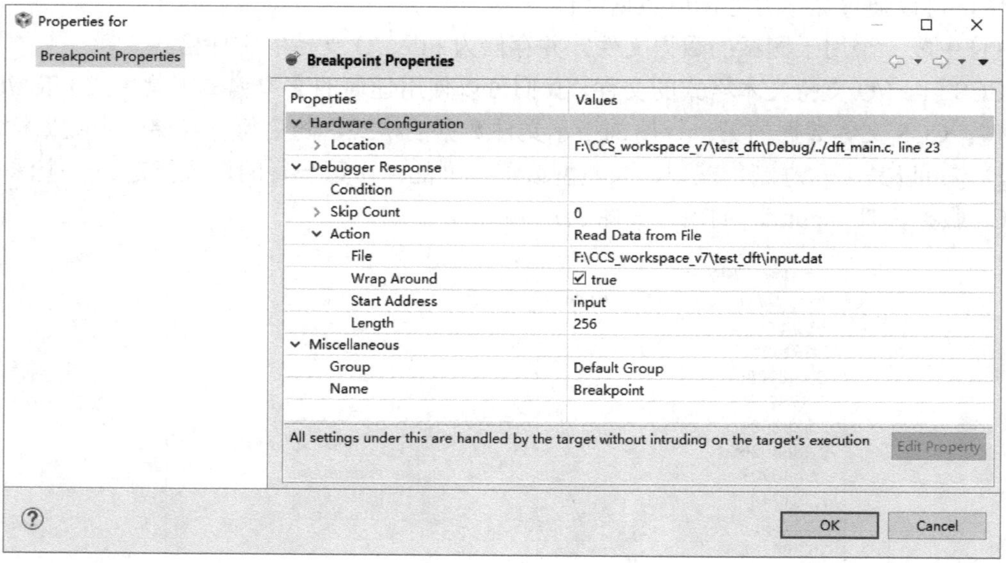

图 3.8　断点属性设置窗口

在 Action 编辑下拉框中选择 Read Data from File 选项。在 File 编辑框中选择步骤(1)生成的 CCS 文本数据文件；在 Wrap Around 框中选择是否循环读取数据；在 Start Address 中输入执行 File I/O 操作时数据写入工程中的目的地址，可以是 C 语言中定义为全局变量的数组名或指针变量；在 Length 文本框中设置每次 File I/O 时读取的数据个数。

按图 3.8 设置完成后，重新运行程序，源程序将在每次经过断点所在行时，从 input.dat 文件中读取 256 个数据并保存到 input 数组变量中。如果勾选了 Wrap Around 选项则在读到文件尾时回到文件头继续读取，如果没有勾选 Wrap Around 选项则在读到文件尾时程序停止运行，并弹出文件读取结束的提示窗口。

3.3.6　内存浏览器工具

CCS 除了提供文件输入/输出工具实现 PC 数据文件和平台内存之间的数据交互，还提供了内存浏览器(Memory Browser)工具实现对平台内存的管理。内存浏览器工具主要提供三种内存数据管理功能：内存保存(Save Memory)、内存加载(Load Memory)和内存填充(Fill Memory)。执行 View→Memory Browser 命令打开内存浏览器窗口如图 3.9 所示。图中窗口上方的编辑栏为内存显示的起始地址，本例中为 0x8000 0000；图中方框所围部分为数据显示格式选择，本例为 16-Bit Hex-TI Style，即 TI 格式的 16 位十六进制数据格式，主窗口最左边一列给出了内存地址，其右边即为内存数据，本例中根据设置数据以 16 位的形式显示。单击图中 ▼ 的下拉箭头可看到 Save Memory、Load Memory 和 Fill Memory 三个菜单项，如图 3.9 所示，用户可根据需要选择相应的操作。

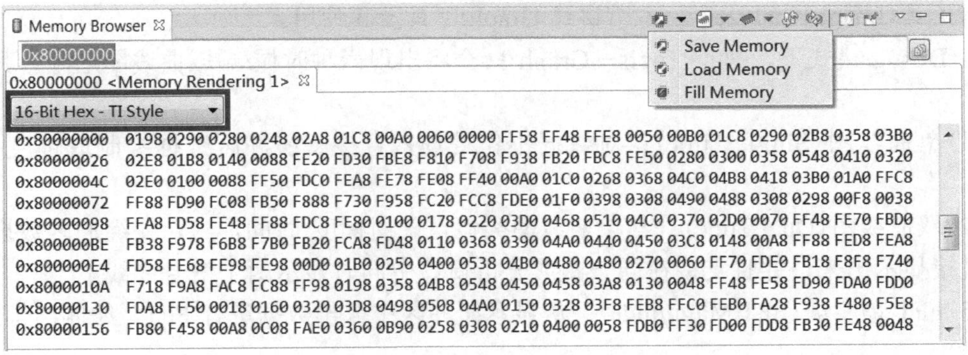

图 3.9　内存浏览器窗口

本节以内存保存为例介绍内存浏览器的操作过程，内存加载是内存保存的逆过程，其操作过程类似。单击 Save Memory 菜单项，将弹出图 3.10(a)所示的窗口。在 File 编辑框中输入保存数据的文件名，或通过 Browse 弹出文件对话框选择保存数据的文件名，在 File Type 的下拉框中选择保存文件的类型，本例中选择 TI Data 数据类型，单击 Next 按钮，弹出图 3.10(b)所示窗口。在图 3.10(b)中 Format 下拉框中选择数据的保存格式，可以是 8 位、16 位、32 位的二进制、十进制、十六进制等形式。在 Start Address 文本框中输入待保存数据的起始地址，可以是十进制或十六进制格式。保存数据的长度(Length)有两种设置方式：直接给出保存数据的个数(每个数据的位宽由 Format 决定)、通过给出数据块的行数和列数来确定保存数据的个数。设置完成后，单击 Finish 按钮即完成将指定的一段内存数据保存到文件的操作，所保存文件的格式与 File I/O 操作中的文件相同。

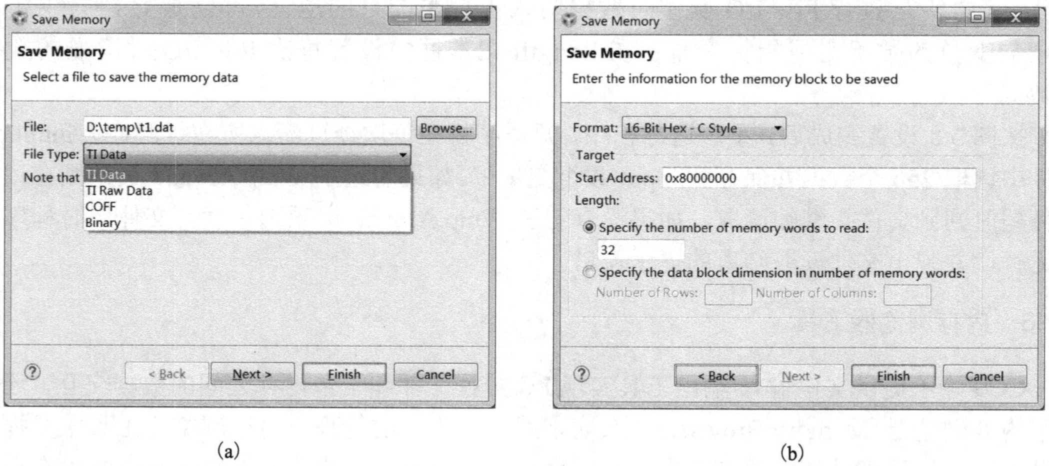

图 3.10 内部保存窗口

3.3.7 Graph 图形显示工具

在具有输入/输出信号的程序调试过程中，如果通过查看指定地址下的数值进行分析，效果不够直观，可以利用 CCS 提供的可视化工具，将内存中的数据以图形的方式显示出来。这样的可视化工具在 CCS v7 中分为两类，一类是曲线图形显示工具(Graph)，另一类是图像分析工具(Image Analyzer)，本节讲述 Graph 工具及其使用。

在 Debug 模式下，执行 Tools→Graph 命令将出现六种时域/频域曲线图选项，其说明如下。

(1) 单曲线图(Single Time)：对数据不作处理，直接将缓冲区数据绘制成幅度-时间曲线。

(2) 双曲线图(Dual Time)：与单曲线图类似，采用幅度-时间形式，将缓冲区数据不作处理直接显示出来，并且支持在同一图形分析窗口中同时显示两个信号曲线。

(3) FFT 幅度谱(FFT Magnitude)：从显示缓冲区中取出数据进行 FFT，绘制出幅度-频率曲线。

(4) FFT 幅度谱和相位谱(FFT Magnitude and Phase)：在同一个图形分析窗口中显示输入信号 FFT 后的幅度-频率图和相位-频率图。

(5) 复数 FFT(Complex FFT)：对输入复信号数据的实部和虚部分别进行 FFT，在一个图形分析窗口中绘制两条幅度-频率曲线。

(6) FFT 多帧显示(FFT Waterfall)：把显示缓冲区中的数据进行 FFT 后的幅度-频率图作为一帧图像，按时间顺序把这些帧图像叠加起来，由于形似瀑布，也称为 FFT 瀑布图。

下面以绘制 3.3.3 节中 DFT 前后数据曲线为例介绍 Graph 工具的使用。为在同一个图形分析窗口中同时显示 DFT 输入时域波形曲线和 DFT 结果的幅度-频率曲线，选择 Graph

工具的双曲线图模式，执行 Tools→Graph→Dual Time 命令，弹出图 3.11 所示的 Graph 工具属性对话框。

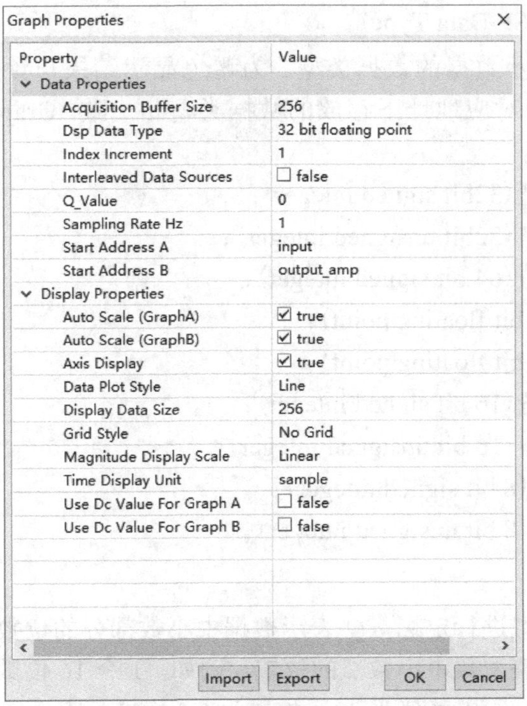

图 3.11　Graph 工具属性设置对话框

Graph 属性设置对话框的内容包括两大部分：数据属性(Data Properties)和显示属性(Display Properties)，分别用来指定待显示数据的属性和图像显示的属性，其中主要属性的说明如下。

1)缓冲区

Graph 工具涉及两个缓冲区：采集缓冲区(Acquisition Buffer)和显示缓冲区(Display Data)。采集缓冲区位于硬仿的目标开发板或软仿的模拟开发板中，当图形更新时，主机从开发板的采集缓冲区中读数据；显示缓冲区位于主机内存当中，所以必须保留历史数据。图形是由显示缓冲区中的数据产生的。关于两个缓冲区的大小，具体说明如下。

(1)采集缓冲区大小(Acquisition Buffer Size)。该项需要根据被分析数据进行设置。如果要显示的数据是随时间不断更新的单个样本数值，可以设置该项为 1；如果要显示的数据是逐帧出现的，可以设置该项的值为一帧数据的长度。当数据要求更新时，计算机定位到采集缓冲区的起始地址，然后按缓冲区的大小读取数据到显示缓冲区中。该项可以直接输入数据，也可按 C 语言规范填入表达式，此时，Graph 属性对话框将计算表达式的值。

(2)显示缓冲区大小(Display Data Size)。该项控制图形分析窗口中显示的数据量。显示缓冲区的大小应不小于采集缓冲区，以保证采集的数据均可显示。由于显示缓冲区在计算机上由 CCS 管理，因此可以保留历史数据并进行图形显示。在频域分析(FFT Magnitude，

FFT Magnitude and Phase，Complex FFT，FFT Waterfall）时，显示缓冲区的大小将被 FFT 帧的大小取代，数据需要进行 FFT 后进行显示。该项同样支持 C 表达式的输入。

2）DSP 数据类型（DSP Data Type）

该项用于指定要显示数据的数据类型。为避免显示结果与预期不符，选择的数据类型应与 C 语言源程序中对应地址下存放的数据类型相一致。Graph 工具支持的数据类型如下：

（1）32 位有符号整型（32bit signed integer）；

（2）32 位无符号整型（32bit unsigned integer）；

（3）64 位有符号整型（64 bit signed integer）；

（4）64 位浮点型（64 bit floating point）；

（5）32 位浮点型（32 bit floating point）；

（6）16 位有符号整型（16 bit signed integer）；

（7）16 位无符号整型（16 bit unsigned integer）；

（8）8 位有符号整型（8 bit signed integer）；

（9）8 位无符号整型（8 bit unsigned integer）。

3）Q 值（Q-Value）

Q 值用来对一个整型进行定标，Q 表示数据中小数部分的位数（Quantity of Fractional Bits），或者说表示一个整型数中小数点的位置。例如，1 个 16 位数 0x20，如果是 Q0 格式则该数据没有小数部分，所以其值为 32，如果为 Q4 格式，表示该数据的低 4 位为小数部分，所以其值为 $32/2^4=2$。

4）采样频率（Sampling Rate Hz）

该项设置所采集数据的采样频率，用于计算所绘图形横坐标轴刻度值，默认为 1。在时域分析中，坐标轴刻度范围是 $0\sim\frac{\text{显示缓冲区大小}}{\text{采样频率}}$；在频域分析中，坐标轴刻度范围是 $0\sim\frac{\text{采样频率}}{2}$。

5）起始地址（Start Address）

该项设置采集缓冲区的起始地址，Graph 工具将从起始地址读取数据到缓冲区中。填入的值可以是存储器地址，或者 C 语言源程序中的数组名或指针。由于双曲线图支持在同一图形分析窗口中显示两条曲线，因此属性窗口中可以设置 A、B 两个起始地址。

在本例中选择从 input 变量中读取 256 个浮点数据绘制一条曲线，从 output_amp 变量中读取 256 个浮点数据绘制另一条曲线，其设置结果如图 3.11 所示。单击 OK 按钮完成修改，将弹出绘图窗口。根据 3.3.3 节的 DFT 源程序调试方法进入 Debug 界面，并按照 3.3.5 节的断点设置和文件读写方法在主程序中添加断点和 File I/O，运行程序，可以得到如图 3.12 所示的 DFT 输入-输出图形。图中上半部分为输入的离散时间信号图，下半部分为信号经 DFT 后得到的幅度谱。

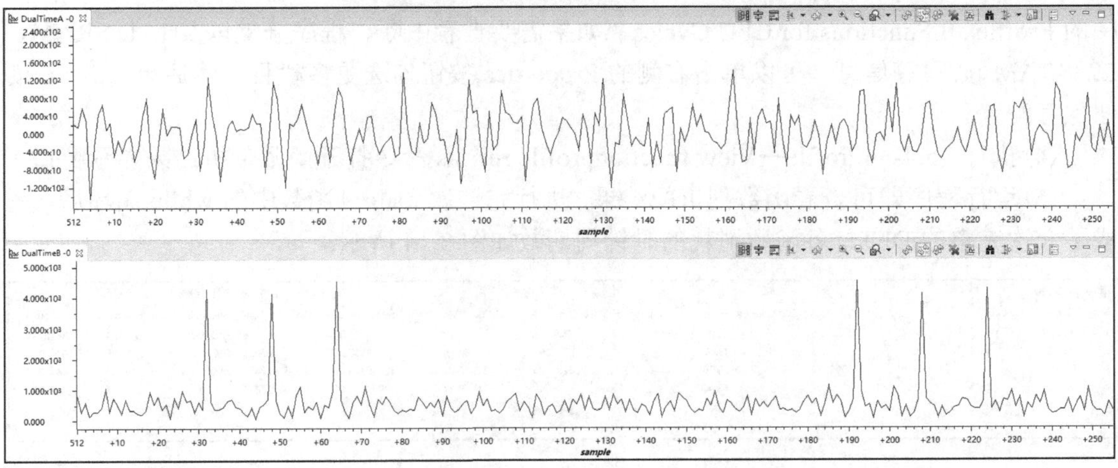

图 3.12　DFT 前后数据曲线

3.3.8　Profile 剖析工具

在 DSP 软件开发过程中，往往需要剖析算法的计算复杂度，即算法运行所需要的时钟周期数。算法复杂度的剖析既可以为处理器型号的选择提供参考，又可以为代码的优化提供指导意见。用户可根据复杂度剖析的结果，针对高复杂度的模块进行重点优化。

CCS 提供了复杂度剖析工具 Profile，Profile 可以在仿真事件中执行函数剖析(Function Profile)和代码段剖析(Coverage Profile)。函数剖析可以统计出代码中各函数的调用次数、消耗的各种时钟周期数、所在位置、起始地址等信息，是十分实用的优化分析工具。代码段剖析是对用户选择的一段代码进行调用次数和运行时钟数的统计。

下面以 Profile 提供的函数剖析功能为例，介绍 Profile 的设置和剖析结果的意义。

(1)完成源程序编译链接后，进入 CCS Debug 模式。

(2)执行 Tools→Profile→Setup Profile Data Collection 命令，弹出图 3.13 所示的 Profile 设置窗口，窗口中已自动新建了一个 Configuration 文件。

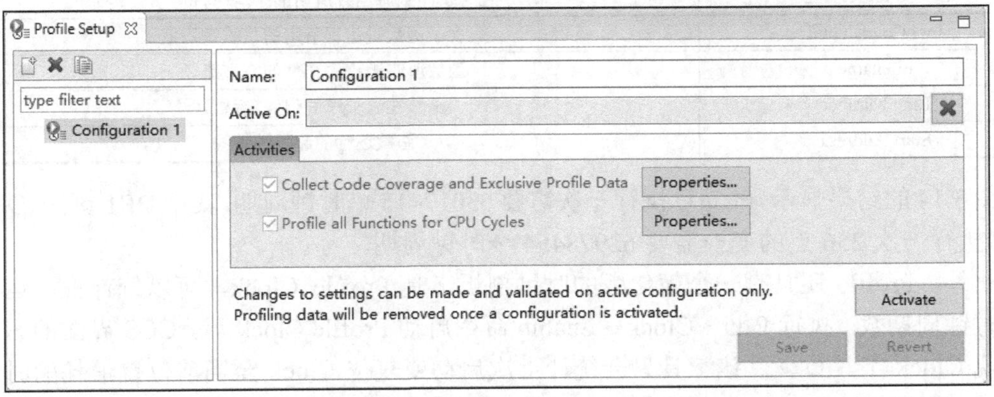

图 3.13　Profile 设置窗口

(3)单击右侧的 Activate 按钮为 DSP 内核中的任务激活 Profile 功能，并勾选 Activities

中的 Profile all Functions for CPU Cycles，如果需要查看中断、程序分支以及 L1D SRAM、L2 SRAM 读/写等信息，可以单击右侧的 Properties 按钮勾选更多栏目，然后单击 Save 按钮保存配置。

(4)执行 Tools→Profile→View functionprofile results 命令打开函数剖析结果显示窗口。

(5)运行程序即可查看函数剖析的结果，执行完一次 main()函数中的 while 循环后，完成了一次完整的 DFT，各函数消耗的时钟周期数如图 3.14 所示。

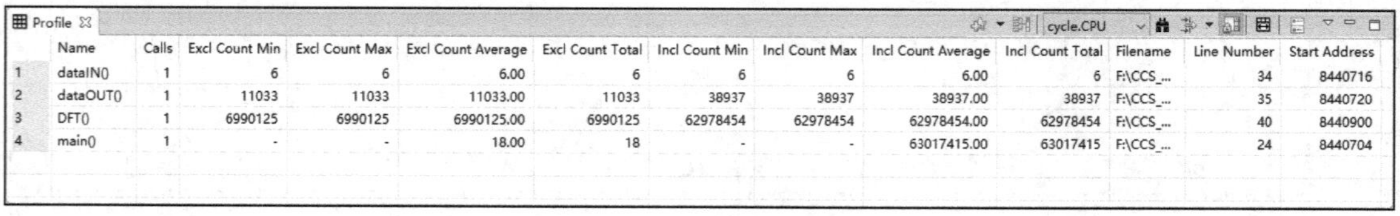

	Name	Calls	Excl Count Min	Excl Count Max	Excl Count Average	Excl Count Total	Incl Count Min	Incl Count Max	Incl Count Average	Incl Count Total	Filename	Line Number	Start Address
1	dataIN()	1	6	6	6.00	6	6	6	6.00	6	F:\CCS_...	34	8440716
2	dataOUT()	1	11033	11033	11033.00	11033	38937	38937	38937.00	38937	F:\CCS_...	35	8440720
3	DFT()	1	6990125	6990125	6990125.00	6990125	62978454	62978454	62978454.00	62978454	F:\CCS_...	40	8440900
4	main()	1	-	-	18.00	18	-	-	63017415.00	63017415	F:\CCS_...	24	8440704

图 3.14　DFT 运算的函数剖析结果

函数剖析结果包含的各标签含义如表 3.1 所示，用户可以根据实际需要选择对哪些标签进行统计。在实际应用中，我们往往使用 Incl Count Max 的统计结果作为算法最恶劣情况下的计算复杂度，如果系统是用来实现多路算法的，那么 Incl Count Average 可作为算法复杂度的一个参考，这两个值可用来指导芯片型号的选择。

表 3.1　函数剖析各标签含义

标签名	说明
Name	函数名
Call	函数调用的次数
Excl Count Min	不含子函数时单次运行所用的最小时钟周期
Excl Count Max	不含子函数时单次运行所用的最大时钟周期
Excl Count Average	不含子函数时运行所用的平均时钟周期
Excl Count Total	不含子函数时运行所用的总时钟周期
Incl Count Min	包含子函数时单次运行所用的最小时钟周期
Incl Count Max	包含子函数时单次运行所用的最大时钟周期
Incl Count Average	包含子函数时运行所用的平均时钟周期
Incl Count Total	包含子函数时运行所用的总时钟周期
Filename	函数所在源程序文件的完整路径
Line Number	函数在源程序的位置(行数)
Start Address	函数运行的起始地址

图 3.14 的结果显示，main()执行一次需要 63017415 个时钟周期，其中 DFT 算法(DFT()函数)执行一次 256 点的变换需要 62978454 个时钟周期。

此外，Profile 还具有一个简化版的时钟剖析工具 Profile Clock，可以统计程序运行消耗的时钟周期数。执行 Run→Clock→Enable 命令启动 Profile Clock 后，CCS 界面的右下角将出现 Clock 工具 ⏲:0 。该工具只会统计上次启动或复位 Clock 至当前位置消耗的时钟周期数。可通过双击时钟标志或执行 Run→Clock→Reset 命令将时钟复位为 0。

使用 Profile Clock 工具测得源程序执行一次完整的 256 点 DFT 需要 63017416 个时钟周期，与 Function Profile 所得结果基本一致。

我们发现，DFT 算法虽然易于使用 C 语言实现，但执行一次 DFT 运算所消耗的时钟周期是很大的。在实际应用中，离散傅里叶变换使用快速傅里叶变换(Fast Fourier Transform，FFT)算法来实现。FFT 与 DFT 在功能上完全一致，都是计算有限长离散信号 $x(n)$ 的离散频谱 $X(k)$，但是，在处理速度和运行效率方面，FFT 要高很多。读者可自己编写 FFT 算法的代码，在完成编译链接后，运行 FFT 代码，利用 Profile 工具进行复杂度统计，并将结果与 DFT 进行比较，同时可与 FFT 计算效率提升的理论值进行比较。

3.3.9 Image Analyzer 图像分析工具

Image Analyzer 是 CCS 自带的一款图像分析工具，可用于在 CCS 窗口中直接显示二维图像，并支持 RGB、BayerRGB、YUV 和 Bitonal 四种颜色格式的图像。

在 CCS Debug 模式下，执行 View→Image Analyzer 命令打开 Image Analyzer 工具对话框，该对话框包含两个窗口：Image 和 Properties。Image 窗口用于显示图像，可以通过鼠标定位的方式查看图像上每个像素点各个颜色分量的大小；Properties 窗口用于选择图像数据并设定绘制图像所需的基本参数。

本节以 RGB 格式图像的显示为例，对 Image Analyzer 的使用进行简单说明。在使用前，需先准备好相关的图像数据文件。图像数据文件可以采用两种方式，对应 Image Analyzer 两种不同的图像源选择。

1) 文本数据格式

当采用文本数据格式时，文件需包含文件头和相应的图像数据，每行一个，其格式在 3.3.5 节中已介绍过。在图像文本数据准备好后，用户可以通过内存浏览器工具的 Load Memory 操作将图像数据从文本文件加载到内存某个指定的位置。

2) 二进制图像数据格式

当采用二进制图像数据格式时，用户应将图像数据按从左到右、从上到下的顺序保存到二进制文件中，仅保存图像数据，不需保存任何头信息。

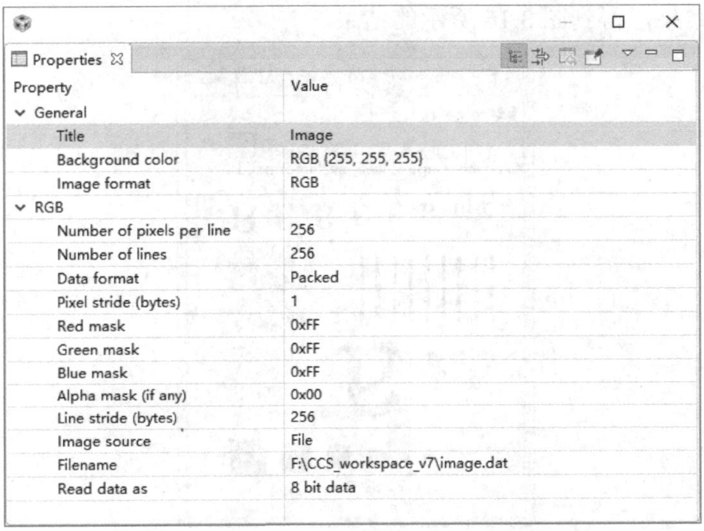

图 3.15　Image Analyzer 图像属性设置窗口

为进行图像显示，需先对 Properties 窗口中各项参数进行设置，如图 3.15 所示。图 3.15 中各标签的含义如下。

(1) Title：图像名称。

(2) Background color：背景颜色。

(3) Image format：绘制图像的颜色方案。

(4) Number of pixels per line：图像每行的像素点数。

(5) Number of lines：图像像素点的行数。

(6) Data format：包含打包(Packed)和平面(Planar)两个选项，前者会将描述 RGB 三个颜色分量的数据位打包读取，因此只需要提供整体图像数据的起始地址，后者则需要用户自行设定各分量在 Memory 中的起始地址，可以应用于图像各颜色分量独立存储的情况。

(7) Pixel stride (bytes)：一个像素颜色值占用的字节数。

(8) Red mask：红色分量的掩码。

(9) Green mask：绿色分量的掩码。

(10) Blue mask：蓝色分量的掩码。

(11) Alpha mask (if any)：Alpha 成分的掩码，如果图像中没有 Alpha 成分则设该值为 0。

(12) Line stride (bytes)：图像一行占用的字节数。

(13) Image source：包含连接设备(Connected Device)和文件(File)两个选项，前者指定从目标开发板(包括 Simulator)的内存地址中读取图像数据，可以使用前面介绍的通过 Load Memory 加载的图像数据所在的内存地址；后者指定从二进制文件中读取图像数据。

(14) Start address：如果指定 Image source 为 Connected Device，则需指定图像数据在内存中的起始地址，不支持数学表达式及 C 语言表达式。

(15) Filename：如果指定 Image source 为 File，则需给出保存图像数据的二进制文件名。

(16) Read data as：数据读取位数，可以设置为 8 位、16 位或 32 位。

本例中，使用 Image Analyzer 显示 image.dat 的图像，该图为 256×256 像素的灰度图像，每个像素 8 位颜色。在完成设置后，切换到 Image 窗口，在显示窗口中右击选择 Refresh 刷新图像显示的结果，得到图 3.16 所示的结果。

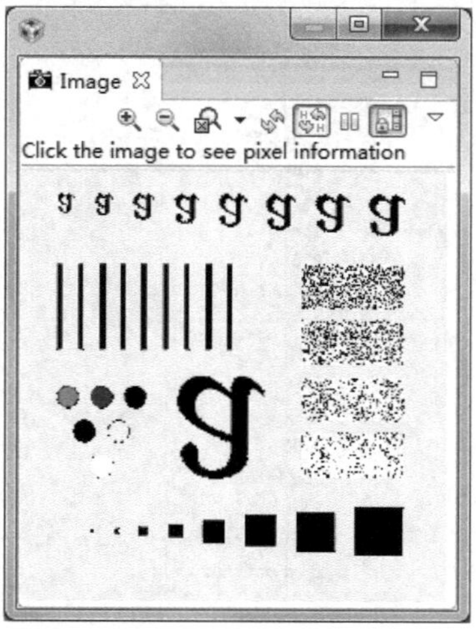

图 3.16　Image Analyzer 图像显示效果

3.4　简单应用程序开发实例

3.4.1　应用程序开发一般流程

在 DSP 软件的开发过程中，会涉及系统软硬件的协同工作，软件开发人员应建立良好的软件设计理念和代码编写习惯。一个信号处理系统一般包含数据收发、信号处理、外部通信等模块，数据收发和外部通信都会涉及 DSP 与外部设备的交互，信号处理模块需要数据收发模块提供数据，图 3.17 给出了无操作系统运行情况下一个简单的 DSP 应用系统软件框架的参考模型。

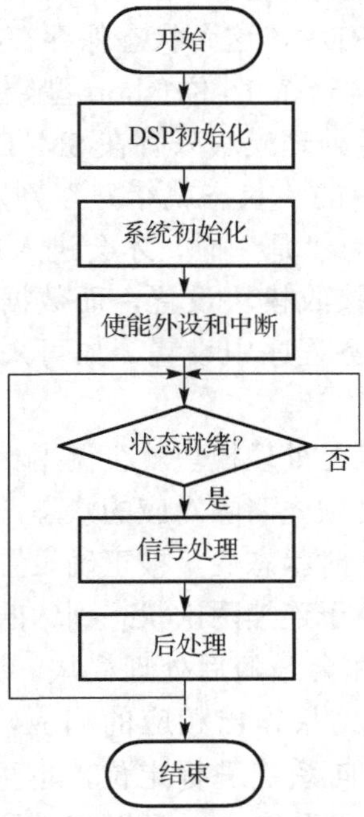

图 3.17　应用程序软件框架

在系统软件开始运行后，首先应进行硬件系统初始化(DSP Initialization)。硬件系统初始化的第一步是禁止 DSP 所有可屏蔽的中断，以避免未初始化的系统对中断的异常处理。如果整个应用软件使用汇编语言编写，则在禁止中断后可以进行堆栈指针的初始化，如果使用 C 语言编程，则堆栈指针由 DSP 实时运行库中的 c_int00()函数根据 CMD 文件的信息进行初始化。随后硬件系统初始化模块应该对应用系统所有使用到的片上外设和片外设备进行初始化，从而使所有的硬件设备处于正常的工作模式和确认的初始状态，为后续的系统正常运行做好准备。如果所编写的软件仅仅是基于 Simulator 平台的算法调试和算法性能测试，那么可以省略硬件系统初始化代码。

系统软件的第二部分是软件系统初始化(System Initialization)。在信号处理系统软件实现中，往往采用状态机的设计方法，包含系统的各种状态，信号处理模块会根据各种状态的到达情况分别进行相应的处理，软件系统初始化模块需要对这类状态机变量进行初始化。

另外，信号处理算法还会存在各种状态变量，如滤波器系统就有以前的输入和以前的输出这些状态变量，软件系统初始化模块也需要对这些算法的状态变量进行初始化。软件系统初始化模块的目的是使整个代码运行的软件环境和各类算法的初始状态处于程序员所期望的确认状态，从而保证状态机和算法的正常运行。

如果信号处理系统需要使用片上或片外的设备，则这些设备会在硬件系统初始化模块中被配置和初始化，但一般都处于禁止工作的状态。只有当系统完成硬件系统初始化和软件系统初始化后，才会使能这些硬件，同时使能相应的中断，此后系统将进入正常工作模式。

很多信号处理系统往往采用状态驱动的工作方式。例如，现在有一个信号处理系统从串口接收一帧数据，然后对这帧数据进行傅里叶频谱分析，此时便可以设置一个“一帧数据已接收”的状态 SM_DATA_RDY，这个状态保存在状态变量 sm_state 中，一个状态可以只占状态变量的一比特，这样一个 16 位(short 型数据)的 sm_state 就可以保存 16 种系统状态。在这样的系统中，信号处理模块只有在 SM_DATA_RDY 状态到达的情况下才会进行信号的处理。如图 3.17 中的“状态就绪？”判定框，该判定框即系统状态的等待过程，只有当该判定框的结果为“是”时，才会进入后续的信号处理模块，否则就继续等待。系统的状态一般由数据接收模块设置，而数据接收一般使用中断或者 DMA 完成，所以系统状态一般都在中断服务程序中设置，如可采用 sm_state |= SM_DATA_RDY 这类语法。

当某个系统状态到达时，信号处理模块就会调用相应的服务程序对该状态进行处理。在信号处理模块开始调用前，必须先清除对应的状态，如 sm_state &= ~SM_DATA_RDY，这样可以确保在下一次状态到达时状态变量被正确设置。在一个实时信号处理系统中，信号处理模块的总处理时间应该小于连续两次状态到达的间隔时间。

在信号处理模块之后，往往会跟随后处理模块。这些后处理模块的内容往往因系统而异，可以是根据信号处理的结果作出相应的响应，如在一个定位系统中可以根据处理得到的方位信息驱动外部转向系统进行定位，也可以是将信号处理的结果通过某类接口传输给外部设备，如在编码系统中，可以将编码比特流进行打包后通过网络接口进行发送。

很多信号处理系统往往需要对信号进行持续处理，即我们常说的按帧处理的方式，系统接收到一帧数据进行处理，处理完成后等待下一帧数据进行处理，如此重复进行，直到系统退出运行，因此图 3.17 的后处理模块将跳转到状态判定模块等待下一次状态的到达。如果信号处理系统仅进行一次操作，则在完成后处理后结束运行。

3.4.2　UART 通信应用程序开发实例

通用异步收发器(UART)模块提供了 DSP 与 UART 终端的接口或其他基于 UART 的外设之间的接口。TMS320C6655 的 UART 是基于行业标准的 TL16C550 异步通信元件，是对 TL16C450 的功能升级。关于 UART 的具体描述可参阅 5.3.5 节。

UART 通信的实现具有多种方式，包括查询方式、中断方式、DMA 方式以及 SYS/BIOS 方式，本节将介绍基于查询和中断方式的 UART 通信的实现。

1. 基于查询方式的 UART 通信

基于查询方式的 UART 通信通过不断查询 UART 状态寄存器的 RX 标志位来判断是否有串口数据的到来，通过查询 TX 标志位确定是否可以开始新的数据发送。这种方式的系统执行效率较低，但编程简单。图 3.18 给出了基于查询方式 UART 通信的一般流程。

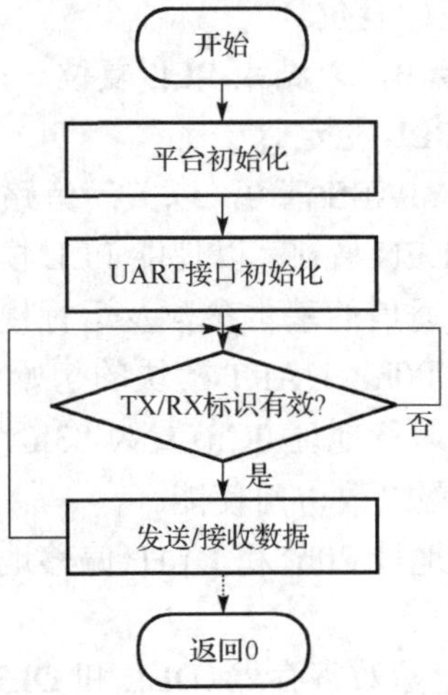

图 3.18　基于查询方式的 UART 通信流程图

UART 通信的初始化包括硬件平台初始化和 UART 模块初始化，本实例中实现的 UART 通信格式如下(此模式也为 UART 的默认通信格式)：

(1)波特率：115200Baud；

(2)字长：8 位；

(3)停止位：1 位；

(4)校验位：无。

硬件平台初始化需设置 PLL、Clock 及 Power 等内容，本实例中，C6655 DSP 运行频率为 1GHz，初始化步骤如下。

(1)将控制寄存器 Control Registers 中的 TSCL 置 0，以初始化时间戳计数器 TSC。

(2)设 PLL 的输入时钟频率为 100MHz，设置 PLL 分频值为 1、倍频值为 20，设置 PLL 控制器的输出分频值为 2，从而产生 1GHz 的 CPU 时钟。PLL 控制寄存器的基地址为 02310000h，配置 PLL 的具体方法如下(相关寄存器的描述可参阅第 5 章相关内容)。

① 等待至少 100μs，以使 PLL 稳定。

② 检查第二控制寄存器 SECCTL(偏移地址 108h)中的 BYPASS 位，若其值为 1，则执行以下步骤。

a. 将 PLL 控制寄存器 PLLCTL(偏移地址 100h)的第 0 位 PLLEN 清 0，暂时关闭 PLL 模式，进入旁路模式。

b. 将 PLLCTL 的第 5 位 PLLENSRC 清 0，以使能 PLLEN 来控制 PLL 控制器多路复用器。

c. 等待 4 个以上输入时钟周期，以确保 PLL 控制器正确切换到旁路模式。

③ 将主 PLL 控制寄存器 MAINPLLCTL0 置为 0900 0000h、倍频器控制寄存器 PLLM 置为 13h、主 PLL 控制寄存器 MAINPLLCTL1 置为 0000 0040h，以实现 PLL 输入 1 分频、20 倍频。

④ 将 SECCTL 的第 19 位输出分频位 OD 置 1，以实现 PLL 输出 2 分频值。

⑤ 将 PLLCTL 的第 3 位 PLLRST 置 1，以复位 PLL。

⑥ 等待 7μs，以确保 PLL 正确复位。

⑦ 将 PLLCTL 的 PLLRST 清 0，以结束 PLL 复位。

⑧ 等待至少 20μs，以确保 PLL 稳定。

⑨ 将 SECCTL 的第 23 位 BYPASS 清 0，以关闭旁路模式，切换到 PLL 模式。

⑩ 将 PLLCTL 的第 0 位 PLLEN 置 1，以使能 PLL 模式。

UART 的初始化设置 UART 通信的基本参数及运行模式。本实例中，选择 UART0 进行串口通信，其基地址为 0254 0000h，UART 模块的初始化步骤如下。

(1) 将线路控制寄存器 LCR（偏移地址 0Ch）置为 83h，设置 UART 传输字长为 8 位，1 位停止位无奇偶校验位，同时设置除数访问使能。

(2) 将除数寄存器 DLL（偏移地址 20h）和 DLH（偏移地址 24h）设置为 5Ah 和 00h，即将波特率设为 115200。

(3) 将 LCR 置为 03h，以锁定除数寄存器（DLL 和 DLH）。

(4) 将 FIFO 控制寄存器 FCR（偏移地址 08h）置为 07h，使能 FIFO 模式、清空接收 FIFO 并复位接收 FIFO 计数器、清空发送 FIFO 并复位发送 FIFO 计数器、关闭 DMA 模式、设置接收 FIFO 的触发水平为 1 字节。

(5) 将中断使能寄存器 IER（偏移地址 04h）置为 00h，关闭 THR、RHR 和接收线路中断。

(6) 将调制解调控制寄存器 MCR（偏移地址 10h）置为 00h，关闭自动流控模式、环路模式和 RTS 控制。

(7) 将电源和仿真管理寄存器 PWREMU_MGMT（偏移地址 30h）置为 6001h，以使能发送器、接收器以及自由运行模式。

完成平台和 UART 的初始化后，即可进行 UART 收/发测试。UART 发送一字节数据的操作流程如下。

(1) 读取线路状态寄存器 LSR（偏移地址 14h）的第 5 位 THRE（发送保持寄存器空），若该位为 0，表示发送 FIFO 中仍有值，需等待 FIFO 中的字符传输完毕；若该位为 1，表示发送 FIFO 为空，FIFO 中的最后一个字符已传入发送移位寄存器 TSR，可以进行下一步。

(2) 将待发送的字符写入发送保持寄存器 THR（偏移地址 00h）。

(3) 再次检查 THRE 位，等待字符发送完毕。

UART 接收一字节数据的操作流程如下。

(1) 读取 LSR 的第 0 位 DR（数据准备就绪），若该位为 0，表示接收 FIFO 中的数据均已读完，或者数据尚未准备完毕；若该位为 1，表示数据准备完毕，FIFO 中至少有一个字符等待被读取。如果 FIFO 为空，该位会在新数据被传入 FIFO 的同时被置位，并在数据被读取后立即置 0，可以有效判断是否有字符待接收。

(2) 读取接收移位寄存器 RBR（偏移地址 00h）中的数据。

2. 基于中断方式的 UART 通信

采用中断方式的 UART 通信是利用 UART 模块自身的收发逻辑触发 CPU 中断，也就是当接收到数据、数据发送完或收发错误时，产生 UART 中断给 CPU，CPU 利用中断服务程序完成 UART 的数据收发，从而可以大大提高 CPU 的执行效率，图 3.19 给出了基于中断方式 UART 通信的一般流程。

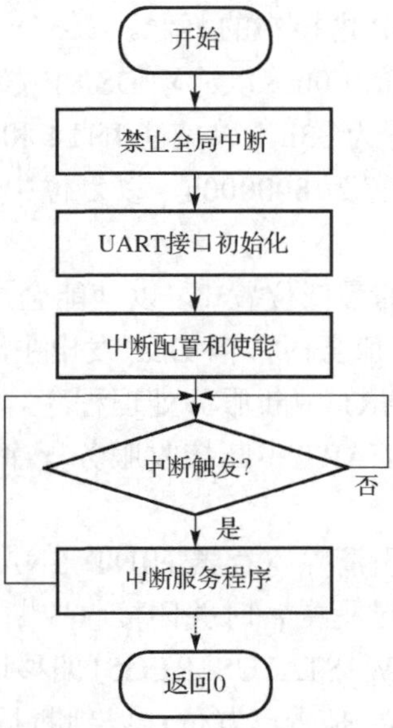

图 3.19　基于中断方式的 UART 通信流程图

中断方式的实现必须进行中断配置，主要包括对片级中断控制器 CIC 和中断控制器 INTC 的设置。在本实例中，将 UART0 的异常中断和接收中断映射到 CIC0 的 OUT0 和 OUT1 字段，并将 OUT0 和 OUT1 分别映射到 C665x 中断向量表中的 INT4 和 INT5，其中，CIC0 的基地址为 0260 0000h，OUT0 和 OUT1 的编号分别为 22 和 23。中断配置的参考流程如下。

(1) 将全局使能寄存器 GLOBAL_ENABLE_HINT_REG (偏移地址 010h) 置为 00h，以关闭全局 Host 中断。

(2) 进行 CIC 事件映射。在 CIC0 事件输入中，UART0 拥有三个中断编号：164 (UARTINT)、165 (URXEVT)、166 (UTXEVT)，分别表示异常中断、接收中断和发送中断。本实例中，将 UART0 的异常中断和接收中断分别映射到 CIC0 的 OUT0 和 OUT1，具体的映射操作如下。

① 将系统中断通道映射寄存器 CH_MAP_REG41 (偏移地址 4A4h) 置为 0000 0100h，以将输入事件 164、165 分别映射到 CIC0 的 OUT0 和 OUT1。

② 先后向系统中断状态索引清除寄存器 STATUS_CLR_INDEX_REG (偏移地址 024h) 写入 164 和 165，以清除对应的输入中断事件。

③ 先后向系统中断状态索引使能寄存器 ENABLE_SET_INDEX_REG (偏移地址 028h) 写入 164 和 165，以使能对应的输入中断事件。

④ 先后向 Host 中断使能索引设置寄存器 HINT_ENABLE_SET_INDEX_REG (偏移地址 034h) 写入 0 和 1，以使能对应的 Host 中断输出。

(3) 将 INTC0 全局使能寄存器 GLOBAL_ENABLE_HINT_REG(偏移地址 010h) 置为 01h，以使能全局 Host 中断。

(4) 向 C66x CorePac 寄存器 CGEM(地址 01800000h) 的中断复用字段 INTMUX1(偏移地址 104h) 写入 0000 1716h，以将 CIC0 的 OUT0 和 OUT1 的编号——22、23，分别映射到 C665x 中断向量表中的 INT4 和 INT5。

(5) 将 C66x CorePac 寄存器 CGEM 中的 4 组 EVTCLR(偏移地址 40) 寄存器的所有位置 1(共 128 位)，以清除当前 DSP 内核中的事件。

(6) 将中断清除寄存器 ICR 置为 0h，以清除 DSP 内核中的中断标志位。

(7) 将中断使能寄存器 IER 置为 33h，以使能 INT4 和 INT5。

(8) 将中断服务向量表 ISTP 置为 800000h，以复位中断向量表的指针，使其指向 LL2 的起始位置。

(9) 将任务状态寄存器 TSR 的最低位置 1，以使能全局中断。

当 UART 需要执行数据收/发服务时，向 DSP 发出中断请求，DSP 响应 UART 中断，停止执行当前程序，转去执行 UART 中断服务处理程序。待中断处理完毕，CPU 又返回来执行原来的程序。图 3.20 给出了 UART 中断接收服务程序的一般流程。在本实例中，UART 中断服务程序完成以下工作。

(1) 首先向 Host 中断使能索引清除寄存器 HINT_ENABLE_CLR_INDEX_REG(偏移地址 038h) 写入 1h，以在中断处理过程中暂时关闭接收中断所映射的 CIC0_OUT1。

(2) 检查原始状态寄存器 RAW_STATUS_REG5(偏移地址 214h) 中，接收中断(输入事件 165) 对应的原始状态位(第 5 位) 是否已置位，以判断是否需要进行中断处理。

(3) 进行接收中断处理。

(4) 完成中断处理后，向 Host 中断使能索引设置寄存器 HINT_ENABLE_SET_INDEX_REG(偏移地址 34h) 写入 1h，以重新使能接收中断。

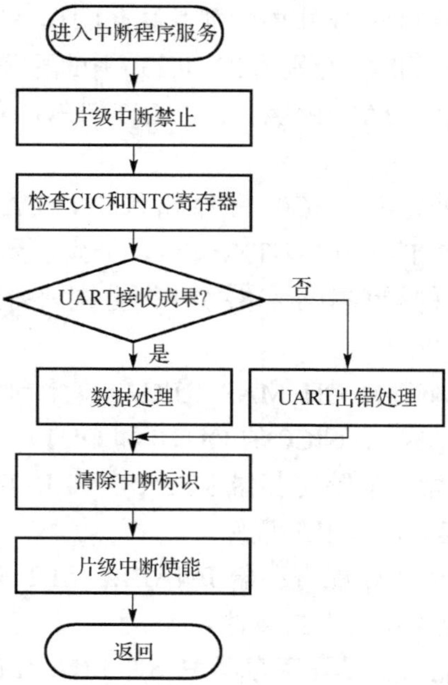

图 3.20　UART 中断接收服务程序

3.5 本 章 小 结

本章主要介绍 TI DSP 的集成开发环境 CCS，CCS 采用图形接口界面，提供环境配置、源文件编辑、编译、链接、程序调试、跟踪和分析等工具。本章首先对 CCS 集成开发环境的功能进行了简单介绍，给出了 CCS v7 版本的新特性，图文结合给出了 CCS v7 的下载和安装的步骤。针对 CCS v6 及之后版本不再提供软件仿真 Simulator 工具，但 Simulator 往往又是程序开发人员前期代码开发中不可或缺的工具的问题，说明了如何在 CCS v7 版本下安装 Simulator 工具的方法。为使读者能尽快掌握 C66x DSP 的编程，本章还介绍了平台开发软件包 PDK 的安装方法。

本章随后对基于 CCS 的软件开发流程进行了介绍，给出了不同工程的建立方法，介绍了编译器、汇编器和链接器的作用，给出了 DSP 代码的加载和运行方式。随后，本章以 DFT 和 FFT 为例子重点对基于 CCS 软件调试的基本方法进行了介绍，包括基本调试命令、链接命令文件意义、断点工具的使用、文件输入/输出操作、内存浏览器工具、Graph 图形显示工具、Profile 剖析工具以及 Image Analyzer 工具。

本章最后介绍了 DSP 应用程序开发的基本框架，说明了各模块的主要功能和作用。并以 UART 通信为例，给出了基于查询和中断方式的 UART 通信实现。

通过本章内容的学习，可以帮助读者初步掌握 CCS 的使用以及基于 CCS 的 DSP 应用程序开发，具备利用 CCS 进行软件开发和调试的基本能力。

思 考 题

1．TI 公司 CCS 具有哪些功能？

2．CCS v7 相比于之前的 CCS 版本有哪些新特性？

3．CCS 软件开发的基本流程是什么？一个 DSP 应用程序从代码编辑到最后的执行文件需要经过哪些步骤？

4. 链接命令文件(CMD 文件)包含哪些内容？Memory 和 Sections 命令的作用是什么？语法形式是什么？

5．DSP 程序中的段包括哪几类？分别有哪些代表性的段？各段主要的内容是什么？

6．一个数据的 Q 值表示什么？

7．CCS 有哪些工具可以实现 PC 上的数据文件和开发平台内存间的数据交互？

8．DSP 应用程序软件的基本框架包含哪些模块？各模块的作用分别是什么？

第 4 章　C66x DSP 程序优化技术

TI TMS320C66x DSP 是 KeyStone 架构的 DSP 处理器，在 1.25GHz 主频下，单核乘法能力可以达到 40GMAC 或 20GFLOPS，然后要充分发挥 C66x DSP 的计算能力，需要软件开发人员针对 C66x 的硬件架构和指令特点进行算法设计与代码优化。目前，TMS320C6000 系列 DSP 程序开发时支持以下编程语言：C/C++语言、汇编语言、线性汇编语言(与汇编语言近似，是 TI 公司开发的一种简化汇编语言)。

图 4.1 显示了利用这几种编程语言进行 DSP 程序开发时的开发难度和优化水平。由图 4.1 可见，采用 C/C++语言开发 DSP 程序的难度最低，与之相对的是 DSP 程序优化水平也相对最低；而采用汇编语言进行 DSP 程序时其开发难度最高，同样 DSP 程序的优化水平也最高；线性汇编开发 DSP 程序在开发难度和程序优化水平上都介于 C/C++和汇编语言编程之间。

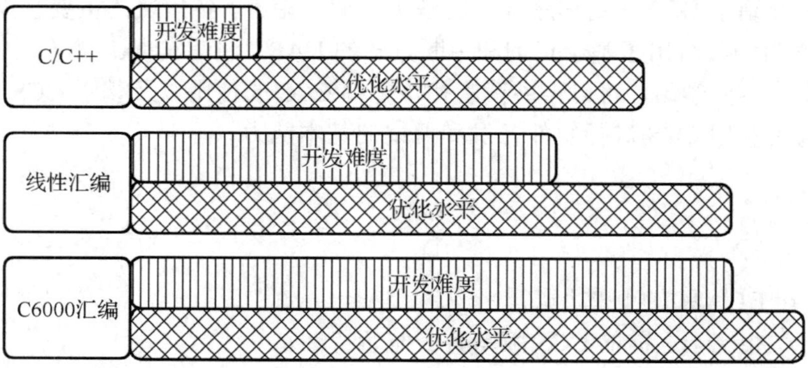

图 4.1　开发难度和优化水平

但从另一方面而言，图 4.1 也表明采用 C/C++语言开发的 DSP 程序有更大的优化空间。TI 公司提供的 DSP 程序生成工具中，编译器在将 C/C++语言设计的 DSP 源程序编译生成汇编程序过程中，采用合适的 DSP 程序优化技术并结合良好的编程规范可以使编译生成的汇编程序性能非常接近直接用汇编语言设计的源程序，因此在 C66x DSP 程序开发过程中可以采用 C/C++语言来进行 DSP 程序开发，并通过 DSP 程序优化技术来提高程序的性能。此外，采用 C/C++语言具有良好的可读性和可移植性，在其他硬件平台编写的 C/C++程序可以比较容易地移植到 C66x DSP 平台上，而且 C/C++语言编程的开发工作量也是比较少的。由此，如何进行 DSP 程序优化使之性能满足 DSP 程序的实时性要求是采用 C/C++语言开发 DSP 程序的一个关键技术。本章以 C 语言开发的 DSP 程序为例，在介绍 C6000 DSP 程序优化技术五个基本概念的基础上，详细介绍 C6000 DSP 程序优化技术。

4.1　DSP 程序优化技术的关键概念

TMS320C66x 系列 DSP 基于高性能的 KeyStone 架构，主要包括 DSP 内核并支持并行处理和流水线技术，因此优化 DSP 程序的关键是充分利用 DSP 的内核和流水线技术。从 DSP 内核和流水线技术出发，优化 DSP 程序主要涉及五个关键概念，如下：

(1) DSP 内核架构；

(2) DSP 的流水线技术；

(3) DSP 的软件流水线技术；

(4) 编译器优化；

(5) 优化的代码资源。

TMS320C66x 系列 DSP 和其他系列 DSP 一样采用改进的哈佛结构，支持多总线技术，因此在一个指令周期可以同时访问程序空间和数据空间，提高了指令的执行效率。C66x DSP 内核架构详细信息见 2.2 节，是 DSP 程序优化技术的硬件基础。

C66x DSP 的 CPU 通常采用流水线技术，在不增加硬件处理单元的情况下提高 DSP 程序的运行速度，流水线详细信息见 2.5 节。对于 C66x DSP 而言，通常将指令分为 PG、PS、PW、PR、DP、DC、E1～E10 等最多 16 个子阶段，当采用完全流水线时，执行 n 条指令需要 n+15 个指令周期。当 n 较大时，在完全流水线情况下每条指令周期平均需要 1 个指令周期，因此速度大约可以达到不使用流水线时的 16 倍。

但在实际应用过程中存在流水线冲突，将导致运行效率降低。因此，为提高 DSP 程序性能，需要填充延时槽从而实现完全流水线。C66x DSP 对架构进行增强来解决延时槽问题，其中软件流水线技术是采用软件方法来填充延时槽，与之相关的硬件增强技术是采用软件流水线循环缓冲区，详细信息见 2.7.1 节。

以上三个关键概念在第 2 章均有详细介绍，主要是从 DSP 架构出发来提高 DSP 程序执行效率。而后面两个关键概念，包括编译器优化和优化的代码资源，则是 TI 公司从系统的角度充分利用 C66x DSP 内核架构和流水线技术的优势为 DSP 程序开发人员提供的优化 DSP 程序的工具和资源。

4.1.1　编译器优化

编译器优化是指利用编译器编译 C/C++代码使其产生的汇编源程序充分利用 C66x DSP 的内核和流水线技术。一般而言，编译器优化可以使绝大多数的 DSP 程序达到性能要求。正如前面所述，采用 C/C++语言开发 DSP 程序是相对容易的，且 DSP 程序易于升级换代。利用 TI 公司提供 CCS 集成开发环境可以编辑 C/C++代码、编译 C/C++代码并链接生成可执行程序，其中 CCS 的 C/C++编译器将 C/C++代码转换成汇编指令程序，并可以优化汇编指令程序，进而生成汇编源程序文件。C/C++编译器有大量的配置选项，主要包括与优化和调试相关的选项。

一般而言，编译器可以产生高度优化的代码。通常情况下编译器为了确保代码正确执行，采用了保守的处理方法。在这种情况下如果要进一步提升 DSP 程序的性能，DSP 程序开发人员可以通过附加信息和指令来引导编译器尽可能地优化代码。

在优化 DSP 程序时，可以采用以下几种方法引导编译器进行优化。

1. 选用正确的关键字

C6000 编译器支持多个经典 C/C++语言的关键字和 C6000 特定的关键字。这些关键字被附加在变量、函数或对象之前，控制编译器如何处理这些变量、函数或对象。

1) 数据类型关键字

当 DSP 程序开发人员利用 C/C++编写 DSP 程序时，需要仔细考虑数据类型定义的数据宽度。CCS 的编译器支持 C/C++语言中表 4.1 所示的数据类型，支持定义为有符号和无符号的数据类型。

表 4.1 支持的 C/C++语言中数据类型和对应数据宽度

数据类型	数据宽度/bit	数据类型	数据宽度/bit
char, signed char	8	unsigned char	8
short	16	unsigned short	16
int, signed int	32	unsigned int	32
long, signed long	40	unsigned long	40
__int40_t	40	unsigned __int40_t	40
long long, signed long long	64	unsigned long long	64
enum	32	float	32
double	64	long double	64

基于表 4.1 中显示的数据类型和对应的数据宽度，在采用 C/C++语言编写 DSP 程序时为提高 DSP 程序的性能需要遵循以下规范。

(1) 指针变量数据宽度为 32 位，根据定义的指针数据类型，该指针指向的数据具有对应数据宽度的数据。例如，char 型指针变量指向的数据为 8 位数据宽度。

(2) 注意 int 和 long 数据类型对应的数据宽度是不一样的，在面向 C6000 系列 DSP 的 C/C++编译器中认定 long 的长度为 40 位。

(3) 在乘法运算中，应尽可能选用 short 类型代替 int 类型，因为 C6000 系列 DSP 对 16 位乘法运算的效率最高，并行计算能力最强。

(4) 对于循环计数变量，应选用 int 类型或者 unsigned 类型，不要使用 short 类型，从而避免不必要的符号位扩展操作。

(5) 对于 C66x DSP，使用-mv6600 选项，使编译器编译时可以使用 C66x 系列 DSP 附加的硬件和指令集。

2) restrict 关键字

在指针变量定义的时候加上 restrict 关键字，即通知编译器该指针指向的目标由该指针唯一访问。restrict 关键字可以用于任意指针，不管它是一个函数参数，还是一个局部指针变量，或者是某个对象的一个元素。若在函数参数中使用 restrict 关键字来定义指针变量，则在该函数中的指针变量不会指向同一个存储空间，这可以帮助编译器判别循环依赖性，从而提高优化水平。而且，restrict 关键字仅在函数内有效，不影响整个 DSP 程序。以下代码是在函数中使用 restrict 关键字的示例函数，编译器编译该 DSP 程序时可明确地获知指针 in1 和 in2 分别指向不同的存储空间，因而确定彼此之间不存在依赖关系，可以采用更积极的优化技术来提升程序的性能。

```
long simple_MAC (short * restrict in1, short * restrict in2, unsigned int N)
{
    long res=0;
    int i;
    for (i = 0; i < N; i++)
        res = res + in1[i] * in2[i];
    return res;
}
```

3) const 关键字

CCS 中的 C/C++编译器支持经典 C 语言中的 const 关键字。可以应用 const 关键字来声明任何变量或数组的定义，使之值不能被改变，有利于编译器对其进行优化并控制存储空间分配，默认情况下 const 关键字定义的对象在.const 段分配存储空间。

注意，将 const 关键字置于变量定义的不同位置其作用是不一样的。例如，以下两个语句：

```
int * const p = &x;
const int * q = &x;
```

其中，*p* 是一个静态指针变量，指向一个整型变量；*q* 是一个指针变量，指向了一个静态的整型变量。

4) cregister 关键字

CCS 中的 C/C++编译器提供 cregister 关键字，可以使 DSP 程序开发人员采用 C/C++语言开发 DSP 程序时通过一个 cregister 关键字定义的变量来访问 C66x DSP 内部的控制寄存器。当在一个变量定义中使用 cregister 关键字时，编译器会比较该变量的名字与 C66x DSP 的标准控制寄存器名字，见表 2.4。如果名字匹配，编译器产生访问该控制寄存器的汇编代码；如果名字不匹配，编译器将报错。例如，利用 C/C++语言编程访问 IER 时，可以采用如下形式的语句利用 cregister 定义访问 IER 的控制寄存器变量：

```
extern cregister volatile unsigned int IER;
```

其中 extern 关键字表示 IER 变量为外部引用变量，cregister 关键字表示这是一个控制寄存器变量，而 volatile 关键字表示读写 IER 时直接操作 IER 对应的控制寄存器。

5) interrupt 关键字

CCS 中的 C/C++编译器通过增加 interrupt 关键字扩展了 C/C++语言，interrupt 关键字可以定义一个函数为中断服务程序，供 DSP 程序中的中断向量调用(跳转到该中断服务程序)。因此，当用 interrupt 关键字定义一个函数时，编译器会自动产生基于中断响应机制的寄存器保护代码和特定顺序的中断返回代码，即实现中断处理过程中的现场保护和现场恢复功能。利用 intertupt 关键字定义的中断处理程序一般是一个没有返回值(函数类型为 void)

和没有参数的函数，可以定义函数的局部变量，也可以自由地使用全局变量。interrupt 关键字使用方法如下：

```
interrupt void int_handler()
{
    unsigned int flags;
    ...
}
```

在系统默认的中断向量表中复位中断的 C/C++语言编写的中断服务程序名为 c_int00，该中断服务程序的作用是初始化 DSP 系统然后跳转到 C/C++程序的主函数(main 函数)开始执行用户程序。c_int00 是 DSP 程序的入口函数，对 DSP 进行初始化，不保护现场。注意，在使用 SYS/BIOS 准实时操作系统时，不能用 interrupt 关键字去定义处理 BIOS HWI 对象的 C/C++函数，因为对于 BIOS HWI 对象采用 HWI_enter/HWI_exit 宏和 HWI 调度器来完成中断处理中保护现场/恢复现场的功能，若再用 interrupt 关键字去定义该函数，中断处理将出错。

6) near 和 far 关键字

CCS 中的 C/C++编译器采用 near 和 far 关键字扩展 C/C++语言，用于标识访问全局变量和静态变量，以及调用函数的方式。语法上，near 和 far 关键字可以位于存储类型修饰符(如 static)或数据类型修饰符的前或后，也可以位于存储类型修饰符和数据类型修饰符之间，但 near 和 far 不能同时定义同一个变量，正确的使用方法如下：

```
near static int x;     static far int y;     int far z;
near int f1();      static far int f2();
```

当利用 near 和 far 关键字定义全局或者静态变量时，变量的访问方法是不一样的。例如，上例命名的 x 变量，编译器编译生成汇编代码时采用数据页指针(DP)进行访问，因此 x 变量地址相对 DP 的偏移量必须在 32KB 之内。而对于上例中的 y 和 z 变量而言，编译器生成对应汇编代码时，y 和 z 变量不借助 DP 进行访问，因此也没有相对 DP 指针只允许 32KB 偏移量的限制。尽管 x 变量相对 y 和 z 变量而言受 DP 指针限制，但访问 x 变量的执行效率更高。若一个变量或对象没有使用 near 或 far 关键字，编译器将自动认为集合类数据(如结构体、联合体、数组和类等)默认的是 far 关键字，而其他的非集合类型的数据默认的是 near 关键字。

当利用 near 和 far 关键字定义函数(例如，上例中的 f1 函数和 f2 函数)的时候，near 关键字表示相对调用函数而言被调函数 f1 的存储位置在±1M 字以内。若被调函数为 far 关键字定义的 f2 函数，则 f2 的存储位置没有相对调用函数存储位置±1M 字以内的限制。与定义变量一样，采用 near 定义的函数编译器生成汇编程序时调用指令更少。

7) volatile 关键字

为了提高 DSP 程序的性能，C/C++编译器尽可能地消除冗余的存储空间访问。但在以下三种情况下，必须直接访问变量的存储空间才能保证程序正确执行，这时必须用 volatile 来声明该变量以阻止编译器对其进行优化处理。

(1)当主流程中的一个变量可能被其他流程(如中断服务程序)修改时，必须用 volatile 声明该变量。

(2)当变量用于访问存储器映射的外设时，必须用 volatile 声明该变量。

(3)当一个局部变量声明后，在其生命周期内的一个被调函数的函数体内被直接使用，若该局部变量要在该被调函数返回时保留当前值，则必须用 volatile 声明该变量。

2. 指示伪指令 pragma

指示伪指令 pragma 可以传递信息给编译器，告知编译器怎样处理这些指定的函数、对象或者代码段，因此许多 pragma 指示伪指令可以用来引导编译器深入优化程序。例如：

```
#pragma MUST_ITERATE (lower_bound, upper_bound, factor)
```

该指示伪指令一般放在一个循环之前，通知编译器该循环的一些基本信息。其中，lower_bound 定义可能的最小循环次数，upper_bound 定义可能的最大循环次数，factor 参数通知编译器循环次数总是这个 factor 的整数倍。lower_bound 和 upper_bound 是必须可以被 facor 整除的，它们的最小值是 factor。在 lower_bound、upper_bound 和 factor 这三个参数不确定的情况下可以省略这个伪指令。但是如果知道 lower_bound、upper_bound 和 factor 三个参数或者其中的一部分，推荐使用这个伪指令通知编译器，这样可以让编译器采取更高级别的优化技术。举例而言，如果 upper_bound 是不知道的，但如果知道其他两个分别是 lower_bound=10 和 factor=2，那么可以使用以下伪指令来通知编译器：

```
#pragma MUST_ITERATE(10, ,2)
```

其中，由于给定了 lower_bound 和 factor 的值，因此编译器将能高效地优化这条伪指令之后的循环。一个循环的循环次数往往是大于 1 次的，但是若没有给定最小循环次数(lower_bound)，编译器就必须考虑循环只执行一次或者不执行的情况，这意味着编译器必须假设可能软件流水线不能用这种情况因而产生了额外的代码，这会增加代码量并对性能产生副作用。因此，提供 lower_bound 给编译器对于 DSP 程序优化来讲是非常有用的，可以将编译器反馈的最小安全循环次数作为 lower_bound。通过提供 factor，程序设计人员允许编译器根据循环执行性能的提高程度决定是否展开循环。

但是，当程序代码比较复杂的时候编译器很难通过编译选项确定是否要执行展开循环的优化操作。采用 UNROLL 指示伪指令可以强制性地通知编译器展开循环。UNROLL 必须使用在要展开的循环之前，指示编译器要展开紧接着的循环操作，其语法如下：

```
#pragma UNROLL(factor)
```

参数 factor 与 MUST_ITERATE 中的 factor 参数相同，必须确保该循环次数能被 factor 参数整除。采用 UNROLL 关键字由编译器自动展开循环可以解决 C66x DSP 的 CPU 中 A 边和 B 边处理单元资源分配使用不均衡的问题，从而提高 CPU 的执行效率。采用 UNROLL 指示伪指令进行循环展开的另一个重要优点是使编译器有更大的机会采用 SIMD 指令来优化 DSP 性能。注意：采用 UNROLL 伪指令将增加循环的代码量，如果循环体太大，展开循环将可能超过 SPLOOP 缓冲区的容量而无法采用软件流水线技术。

3. 配置控制优化的编译器选项

TI 公司提供了许多编译器选项用于优化 C/C++编写的 DSP 程序，通过配置这些编译器选项，程序设计人员可以控制编译器如何处理 C/C++编写的源程序文件。例如，可以选择-O3 选项对源程序文件进行最高水平的优化。关于编译器选项的详细信息见 4.3 节。

4.1.2 优化的代码资源

利用编译器来优化 DSP 程序是非常有效的，而且节省了 DSP 程序开发时间。然而，对于一些复杂的程序代码，编译器是无法自动完成优化的。举例来说，如果在循环中存在函数调用语句或者 DSP 程序设计人员需要执行复杂的、难以实现的操作，编译器往往不能对这种情况的代码进行优化。在这种情况下，可以使用三个附加的 C6000 软件资源来优化 DSP 程序性能，分别是内嵌操作、优化的 C6000 DSP 库和内联函数。

1. 内嵌操作

C6000 DSP 的功能单元可以有效支持许多复杂的操作。例如，将一个 32 位数的奇数位和偶数位分成两个变量的操作，利用 C6000 DSP 的汇编指令可以在两个指令周期内完成。但若用 C/C++语言编程来实现这种位抽取操作则需要大量的语句。甚至通过编译器优化后，C/C++语言编写的位抽取操作还要花费很多个指令周期。

在这种情况下，要进一步提高 DSP 程序的性能，可以使用 C6000 系列 DSP 的内嵌操作(intrinsic)。内嵌操作有点像函数声明，其名称必须是由下划线起始，用于执行那些用 C/C++语言难以实现或者需要大量代码实现的操作。举例而言，前面所述的位抽取操作在 C/C++语言编程时可以通过调用_shfl 这个内嵌操作来完成。这些内嵌操作的使用类似于函数调用的方式，但本质上不是函数调用，不需要保护现场。内嵌操作主要是通知编译器调用 C6000 DSP 汇编指令集中一个或多个特殊的指令来提高 DSP 程序的性能。

2. 优化的 C6000 DSP 库

DSP 程序开发人员需要注意不是所有的复杂操作都有对应的内嵌操作，如标准的数学函数和信号处理功能函数等，采用内嵌操作来完成这些功能的编程难度很大。TI 公司为提高 DSP 程序的开发效率和优化水平，为标准的数学函数和信号处理功能提供了高度优化的软件函数库，如 FastRTS 和 DSPLIB 等。这些库函数主要是采用内嵌操作创建的高度优化函数，直接调用这些库函数可以大大减少开发和优化时间。对于 C66x DSP，TI 公司提供以下软件库，包括基本数学计算和信号处理库、图像和视频处理库、电信和媒体库、医学影像库、多媒体编解码库等，这些优化的 C6000 DSP 库的获取方式可能不同，但一般具有以下特征。

(1) 一些库可以自由下载并提供开源许可，一些库需要 TI 的商业许可。

(2) 这些库中多数提供源代码，目的是提供 C6000 DSP 程序优化案例并允许客户自定义。然而，一些库仅提供目标代码而不提供源代码。

(3) 每个库都提供测试例程，提供调用库函数的案例。

对于 C66x DSP 来说，这些优化的库中多数已经成为多核 SDK 的一部分，可以通过 http://www.ti.com/tool/bioslinuxmcsdk 获得。

1) 基本数学计算和信号处理库

MathLIB (TI Math Library) 是采用 C 语言开发并优化的面向 TI C6000 系列浮点 DSP 的浮点数学函数库。MathLIB 中的函数主要应用于对执行速度要求很高的计算密集型实时应用中，包括通常使用的运行时支持库的所有函数。利用 MathLIB 代替运行时支持库，在不需要修改程序代码的情况下可以显著地提高 DSP 程序的执行速度。MathLIB 可以从网址 http://www.ti.com/tool/mathlib 免费下载。

DSPLIB 是为 TI C6000 系列 DSP 采用 C 语言开发的高度优化的数字信号处理算法库。DSPLIB 包括定点和浮点函数以分别支持 C6000 系列中的定点 DSP 和浮点 DSP，提供源代码供用户自定义以满足特定的客户需求。DSPLIB 主要包括以下方面的数字信号处理函数。

(1) 自适应滤波。

(2) 相关分析。

(3) 快速傅里叶变换。

(4) 滤波和卷积。

(5) 矩阵计算。

DSPLIB 可以通过网址 http://www.ti.com/tool/sprc265 免费下载。

2) 图像和视频处理库

IMGLIB (Image and Video Processing Library) 是面向图像处理和视频处理的大型函数库，包含丰富的图像处理功能函数。

(1) 图像压缩和解压缩函数，主要支持前向 DCT 和 DCT 逆变换、运动估计、量化和小波处理算法。

(2) 图像分析，主要支持边界和边界估计、形态学操作、边缘检测、直方图和图像分割等算法。

(3) 图像滤波和格式转换，主要支持图像卷积、图像相关性、中值滤波、颜色空间转换和误差扩散等算法。

IMGLIB 可以通过网址 http://www.ti.com/tool/sprc264 免费下载。

VLIB (Video Analytics & Vision Library) 是 TI 提供的超过 40 个免费的视频分析处理的软件库，面向 C6000 DSP 优化后理论上视频分析算法在性能上可以提升 10 倍。VLIB 主要实现了以下算法。

(1) 背景建模和扣除。

(2) 目标特征提取。

(3) 目标跟踪和识别。

VLIB 为以下应用提供了基础。

(1) 视频分析、视频监控。

(2) 车载视觉、嵌入式视觉、游戏视觉、机器视觉。

(3) 消费电子。

VLIB 可以从网址 http://software-dl.ti.com/libs/vlib/latest/index_FDS.html 下载。

3) 电信和媒体库

VoLIB 是 TI 提供的面向网关、IP 电话等 VoIP 应用信号处理链路的软件库，包括已经优化的 ITU-T 语音编解码算法，可以满足开发一个完整的 VoIP 信号处理链路应用的绝大多数需求。VoLIB 包含以下独立的声音处理算法集合。

(1) 线路回声抵消。

(2) 语音检测。

(3) 噪声发生。

(4) 信号和噪声水平估计。

(5) 语音质量增强。

VoLIB 可以通过网址 http://www.ti.com/tool/telecomlib 免费下载。

FAXLIB 是 TI 提供的传真中继处理系统的开发支持库，可以减少开发团队的产品研发时间。G3 传真中继处理主要包括两个模块：传真调制解调器(Fax Modem，FM)和传真接口单元(Facsimile Interface Unit，FIU)。FM 模块包括 V.21、V.27ter、V.29 和 V.33 调制/解调函数，以及 HDLC(High-level Data Link Control)打包和解包函数；FIU 单元实现 T.30 协议处理、包交换网络传真处理以及网络延迟、抖动和丢包等补偿处理。在发送端 FIU 单元接收 FM 模块解调的数据信息，然后按数字传真协议(如 T.38 协议)进行协议转换并通过包交换网络传输。而在接收端，FIU 将接收到的数据包转换为 T.30 协议并传输给 FM，FM 处理 HDLC 包，并根据需要进行调制后通过模拟信道输出。FAXLIB 中的 FM 软件模块实现了一个传真调制解调器的所有调制和解调函数，可以将从模拟接口接收到的 PCM 数据进行解调，也可以将从 FIU 接收到的传真协议信息进行调制。FAXLIB 的 FM 软件模块主要包括以下几部分。

(1) V.21 协议，300bit/s (1750Hz 频率)二进制信号调制和解调。

(2) HDLC 的打包和解包(包括 CRC 码产生和校验)。

(3) V.27ter(2400bit/s、4800bit/s)协议。

(4) V.29(7200bit/s、9600bit/s)协议。

(5) V.17(7200bit/s、9600bit/s、12000bit/s、14400bit/s)协议。

(6) V.33(12000bit/s、14400bit/s)协议高速数据调制和解调。

(7) 通过调用外部单音信号产生函数来产生传真单音信号(CNG/CED)。

FAXLIB 中的 FIU 软件模块执行 G3 传真协议和数字传真协议之间的转换，主要包括以下几部分。

(1) T.30 协议处理。

(2) 检查和修改二进制信号消息以确保传真的兼容性。

(3) 数字传真协议处理。

(4) 网络延迟、抖动和丢包的补偿处理。

FAXLIB 可以从 http://www.ti.com/tool/telecomlib 免费下载。

4) 医学影像库

STK-MED(TI Embedded Processor Software Toolkit for Medical Imaging)是基于 C6000 DSP 的几个超声波和光学相干断层扫描成像(OCT)算法的集合，可以展示 C6000 DSP 架构

在医学影像功能方面的有效性和低功耗。STK-MED 的目标是通过提供优化过的通用处理函数来快速实现医学影像系统从而缩短客户的开发时间。STK-MED 提供源代码，便于扩展和定制客户化模块。STK-MED 主要包括以下功能模块。

(1) 超声图像的 B 模式处理。

(2) 多普勒处理函数。

(3) 超声波解调。

(4) 超声波扫描转换。

(5) OCT 的三次样条插值。

(6) 对 OCT 的 FFT 正变换和逆变换。

(7) OCT 的幅度计算。

(8) OCT 的对数计算。

STK-MED 可以从网址 http://www.ti.com/tool/s2meddus 免费下载。

3. 内联函数

正如在 2.2.3 节提及的在一个循环中调用函数可能阻止编译器执行软件流水线和循环优化，利用 inline 关键字将被调函数声明成为内联函数可以解决这个问题。当 DSP 程序中调用内联函数时，C/C++编译器会自动用该函数的函数体来代替调用语句，称为内联函数的展开。对于一个短函数(函数体中语句比较少)，使用内联函数具有以下优点。

(1) 节省函数调用语句消耗的时间。

(2) 编译器可以根据上下文信息对这个函数进行优化。

(3) 最重要的，优化器可以进行循环优化。

内联函数的缺点是由于直接用函数体代替了函数调用语句，必然增加代码量。当一个内联函数多个代码位置频繁调用时，代码量增加的现象尤为突出。从代码量角度考虑，DSP 程序开发人员应该尽量避免内联函数的函数体语句太长以及在源代码中频繁调用内联函数。

4.2　DSP 程序优化流程

根据图 4.1 可知利用 C/C++语言开发 DSP 程序，可以大大提高 DSP 程序的开发效率，而且有利于后期 DSP 程序的维护和升级。但 C/C++语言开发的 DSP 程序在性能上与汇编程序相比要差一些，为了提高 DSP 程序的性能，必须对 DSP 程序进行优化。因此，在 DSP 程序开发过程中，可以采用图 4.2 所示的 DSP 程序开发和优化流程。

如图 4.2 所示，DSP 程序开发和优化流程主要分为 3 个阶段，分别是利用 C/C++语言开发 DSP 程序阶段(阶段 1)、优化 C/C++代码阶段(阶段 2)和汇编编程与优化阶段(阶段 3)。在阶段 1，DSP 程序开发人员利用 C/C++语言开发 DSP 程序，由编译器编译生成汇编代码，然后可以链接生成 DSP 程序。在 CCS 集成开发环境中可以使用剖析工具分析 DSP 的性能。

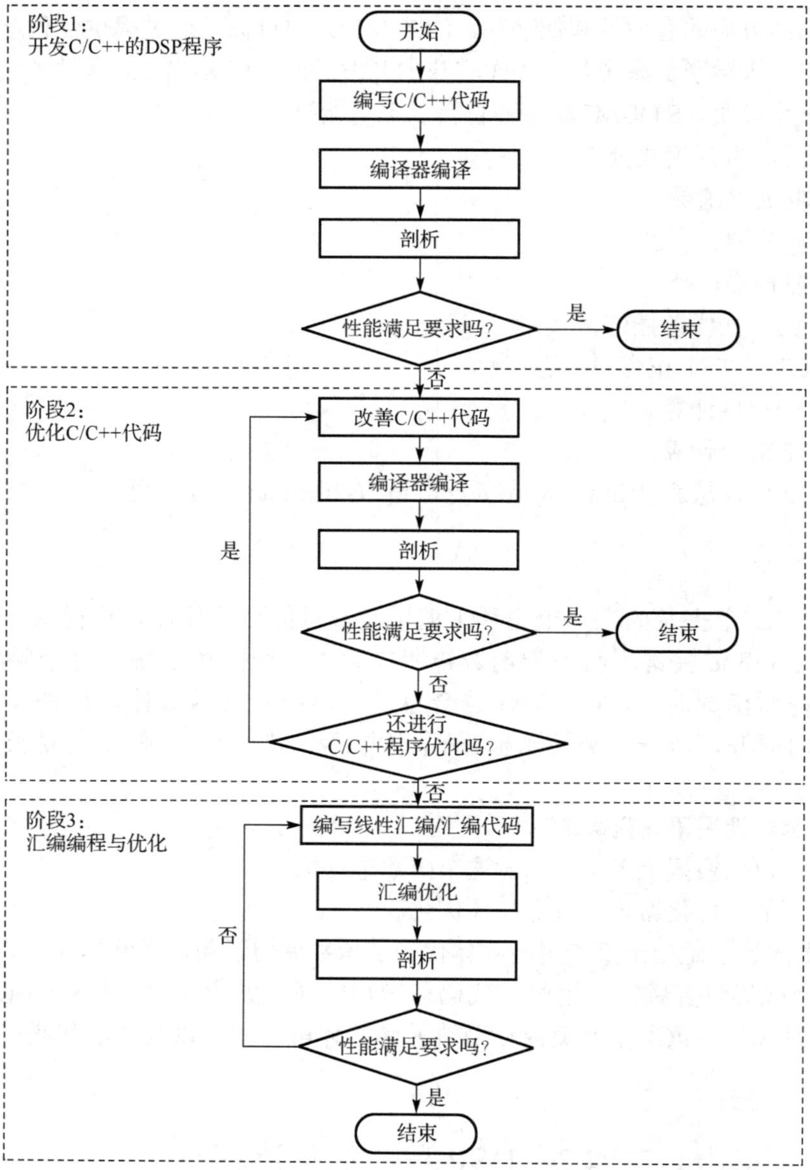

图 4.2　DSP 程序开发和优化流程

如果阶段 1 生成的 DSP 程序性能达不到要求，为了提高 DSP 程序的性能，进入阶段 2。在阶段 2，可以根据 DSP 程序优化技术的 5 个关键概念对 DSP 程序进行优化使之达到性能要求。所以，阶段 2 的 C/C++代码优化主要有 5 种关键技术。

(1)选择正确的编译器选项，例如，使用–O3 选项通知编译器对当前 C/C++代码进行最高级别优化；使用-k 和-mw 来获取编译器反馈为优化循环提供参考信息等。

(2)应用 restrict 关键字来最小化循环执行的依赖性值。

(3)使用 MUST_ITERATE 和 UNROLL 等 pragma 指示伪指令向编译器传递信息来使用软件流水线技术进行优化。

(4)选用最小的数据类型并确保正确的数据对齐来帮助编译器调用单指令多数据操作。

(5)使用内嵌操作和优化的 C6000 DSP 库函数优化 DSP 程序。

在阶段 2，首选利用编译器选项来进行 C/C++代码优化，这是最方便的优化 DSP 程序的方法。如果性能还达不到要求，再根据实际情况合理选用其他 4 项关键技术优化 C/C++代码。注意，采用编译器选项优化 C/C++代码时，要确保 DSP 程序运行结果正确。若运行结果不正确，往往是代码结构不合理造成的，用户可以降低编译器选项中的优化级别以确保 DSP 程序运行结果正确，或者利用调试工具确定造成结果不正确的代码段并通过优化代码结构来保证程序结果的正确。若在阶段 2 优化 C/C++代码后依然无法达到性能要求，DSP 程序开发人员可以选择对核心计算模块使用汇编语言编程来提高 DSP 程序性能，即进入阶段 3。在阶段 3，DSP 程序开发人员可以选择使用汇编语言或者线性汇编进行 DSP 程序开发和优化，使 DSP 程序达到性能要求。阶段 3 中汇编语言编程和优化的难度较大，开发效率会有所降低，但理论上可以获得最佳的 DSP 程序性能。

本章主要讲解利用 C 语言开发和优化 DSP 程序的方法，重点放在阶段 1 和阶段 2。在阶段 2 中，根据 4.1 节的 DSP 优化技术关键概念，正确使用编译器编译选项对优化 DSP 程序具有重要意义。

4.3 编译选项

CCS 集成开发环境中 C/C++编译器主要用于编译 C/C++源代码，并调用汇编器对汇编代码进行汇编生成机器目标代码，然后通过链接器链接生成可执行的 DSP 程序。对于 C/C++源代码，编译器首先将其翻译成汇编源代码，然后再调用汇编器进行汇编。调用 C/C++编译器编译 C/C++源代码的基本格式如下：

```
cl6x [options] [filenames] [--run_linker [link_options] object files]]
```

编译器命令基本格式中的各项说明见表 4.2。

表 4.2　编译器命令基本格式说明

各项名称	解释说明
cl6x	调用编译器程序 cl6x.exe，编译指定源程序文件，然后调用汇编器进行汇编
options	编译选项，通知编译器如何编译处理输入的源程序文件
filenames	一个或多个源程序文件名或二进制目标文件名，作为编译器的输入文件；当要编译多个文件时，文件名之间采用空格分隔
--run_linker	调用链接器的选项，可以简化为-z。若默认，编译器将不调用链接器
link_options	链接选项，控制链接器的链接处理过程
object files	链接时附加文件名

其中，编译选项控制着编译器的编译过程，是 DSP 程序优化技术中一个关键的基本方法，掌握编译选项对 DSP 程序的开发和优化具有重要意义。在使用编译器选项时，应注意编译选项具有以下特征。

(1)所有选项由一个或者两个英文连字符“-”引导。

(2)选项是大小写敏感的。

(3)选项或者是单个字符，或者是一个英文字符串。

(4) 选项均单独使用，不能合并。若同时使用多个选项，采用空格分隔。

(5) 若选项必须带参数，在选项和参数之间必须用英文"="连接。例如，采用"–undefine=name"表示取消定义的一个名为"name"的宏。注意也可以不用"="连接，或者用一个空格替换"="，即"–undefined name"和"–undefinename"，但这种方法并不推荐使用。

(6) 若选项需要带可选参数，在选项和参数之间必须用英文"="连接。例如，采用"–O=3"。注意也可以不用"="连接，如"–O3"；但不能用一个空格替换"="，即"–O 3"是错误的。

(7) 除"--run_linker"选项外，所有的编译选项和输入文件名"filenames"可以任意安排顺序，要保证"--run_linker"选项在其他所有编译选项之后并在所有链接选项之前。

C/C++编译器支持的选项有很多，主要包括处理器选项、优化选项、调试选项、包含路径和文件选项、控制选项、语言和语法选项、预定义符号选项、诊断选项、反馈选项、汇编选项等选项集合，每个选项集合中又有多个具体的编译器选项。在这些选项中，合理使用优化 DSP 程序相关的选项，可以有效地提高 DSP 程序的性能，是 DSP 程序优化技术中一项关键技术。

4.3.1 DSP 程序优化相关的编译选项

C/C++编译器支持多种优化形式，其中可以利用表 4.3 中的"--opt_level=n"选项来通知编译器使用高级别的优化方法来编译 C/C++源程序，获得优化的 DSP 程序性能。若要控制 DSP 程序的代码量大小，可以选用表 4.3 中的"--opt_for_space=*n*"。注意，要减少代码量时，不要降低优化级别，即可以同时使用"--opt_level=*n*"和"--opt_for_space=*n*"这两个编译选项，其结果是编译器在编译代码时会在程序性能和代码量之间进行权衡，即在高级别优化的同时获得最小的代码量。关于"--opt_level=*n*"和"--opt_for_space=*n*"优化选项的具体作用见表 4.3。

表 4.3　优化选项作用

选项	别名	作用
--opt_level=0	-O0	简化程序的分支跳转等代码，去除冗余的条件判断，删除不能执行到的代码等； 分配变量给寄存器； 在循环体最后进行循环条件判断，节省一次额外的分支跳转； 消除不用的代码； 简化表达式和声明； 展开被调用的内联函数；
--opt_level=1	-O1	执行-O0 的所有优化； 编译器用变量的值来代替变量； 删除未用分配； 去除局部的一般表达式
--opt_level=2 或-- opt_level	-O2 或-O	执行-O1 的所有优化； 执行软件流水线技术； 执行循环优化； 去除全局的一般子表达式； 去除全局的未用分配； 将循环中的数据转换为指针形式； 执行循环展开

续表

选项	别名	作用
--opt_level=3	-O3	执行-O2 的所有优化； 删除所有没有调用的函数； 简化没有用到返回值的函数； 对短小函数采用内联方式调用； 重排序函数声明，使调用函数优化时被调函数的属性是已知的； 当调用函数时，如果所有调用函数在同一参数位置都传入同样的值，直接将该值代替函数体中的该参数； 确定文件级变量特征
--opt_for_space=*n*	-ms[*n*]	控制代码量大小的级别，*n* 取值为 0、1、2 和 3，*n* 越大级别越高。若默认，相当于 0。与-O2 或-O3 一起使用时，可以在得到高性能优化的同时，随着 *n* 值增大在性能和代码量的权衡中可以获得更满意的代码量控制

除表 4.3 中显示的编译选项可以用于通知编译器对 DSP 程序进行优化外，C/C++编译器还提供其他高级优化选项，详细见表 4.4。

表 4.4　高级优化选项

选项	别名	作用
--auto_inline=[size]	-Oi[size]	当使用-O3 时，编译器自动对短小函数(代码量小于 size)进行内联展开处理。如果没有定义-Oi[size]，由编译器根据性能相对代码量之间的优化目标来设置这个阈值 size，仅当短小函数代码量小于 size 时才进行内联展开处理。当选用-Oi0 时，禁用短小函数自动内联展开处理。该选项不影响 DSP 程序开发人员定义的内联函数应用
--call_assumptions=0	-Op0	如果程序中有函数被其他模块调用且有全局变量被其他模块修改，选用此选项通知编译器
--call_assumptions=1	-Op1	如果程序中没有函数被其他模块调用但有全局变量被其他模块修改，选用此选项通知编译器
--call_assumptions=2	-Op2	如果程序中没有函数被其他模块调用也没有全局变量被其他模块修改，选用此选项通知编译器
--call_assumptions=3	-Op3	如果程序中有函数被其他模块调用但没有全局变量被其他模块修改，选用此选项通知编译器
--gen_opt_info=0	-on0	不生成优化信息文件
--gen_opt_info=1	-on1	生成优化信息文件
--gen_opt_info=2	-on2	生成详细的优化信息文件
-openmp	--omp	支持 OpenMP 3.0 API。OpenMP 是共享存储空间的并行编程标准，可以在 SYS/BIOS 操作系统中调用。所有采用 OpenMP 的程序必须链接 BIOS-MCSDK 中的 OMP 运行实时库
-opt_for_speed[=*n*]	-mf[*n*]	最新的优化选项，用于代码量和速度的协同优化。*n* 表示优化水平，取值为 0～5，默认值为 4。 (1) *n*=0，优化代码量，严重影响或恶化性能； (2) *n*=1，优化代码量，中等程度影响或恶化性能； (3) *n*=2，优化代码量，较低程度影响或恶化性能； (4) *n*=3，均衡优化性能/代码量，较低程度影响或恶化代码量； (5) *n*=4，均衡优化性能/代码量，中等程度影响或恶化代码量； (6) *n*=5，均衡优化性能/代码量，严重影响或恶化代码量

续表

选项	别名	作用
--optimizer_interlist	-os	编译器在对应汇编文件中插入注释（以“;**”开头），显示编译器如何优化代码的信息
--remove_hooks_when_inlining		删除自动内联函数的入口和出口钩子函数
--single_inline		内联函数只能被调用一次
--aliased_variables	-ma	当代码中使用了别名时，优化时必须使用此选项

此外，C/C++编译器还支持一些其他的优化选项以及其他相关选项。采用命令行形式设置编译选项并进行编译，比较复杂。TI 公司提供 CCS 集成开发环境，将编译选项设置从命令行形式转换为图形界面设置方法，便于 DSP 程序开发人员进行 DSP 程序编译选项配置和 DSP 程序优化。

4.3.2 CCS 中编译器选项设置方法

在 CCS 7.2 编辑模式的工程窗口中选中要配置的工程，然后在 Project 菜单或右键快捷菜单中选择 Show Build Settings 选项，将弹出图 4.3 所示的工程属性设置窗口。在左侧列表中选择 Optimization 项，在右侧部分采用下拉列表等直观方式显示了表 4.3 中的各个选项。DSP 程序开发人员不需要记忆各个选项的格式，基本上只用鼠标即可完成一个工程的编译选项设置，也包括优化选项设置。注意，表 4.4 中“-opt_for_speed[=n]”选项也在当前 Optimization 项对应的图 4.3 中进行设置。

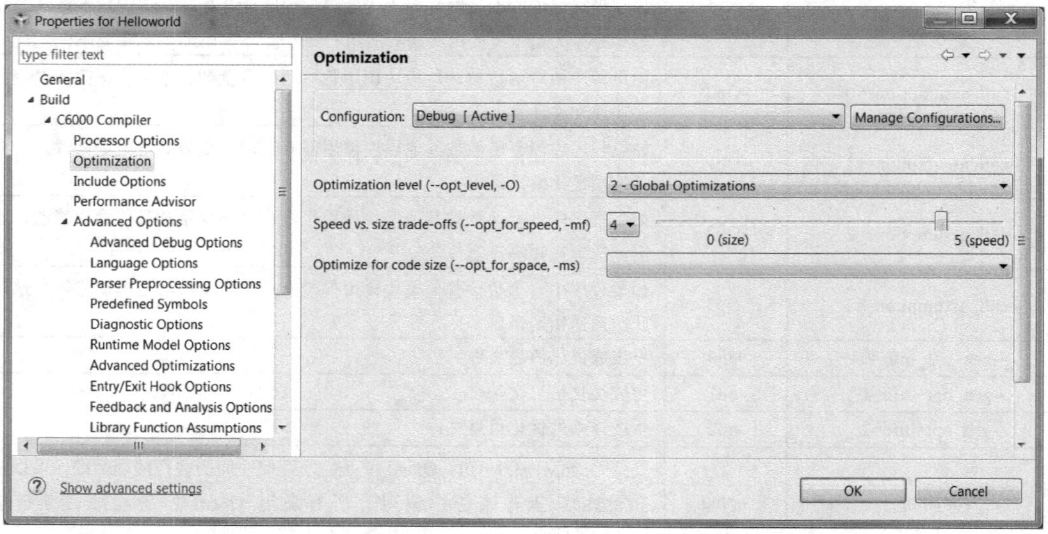

图 4.3　工程属性设置窗口

在图 4.3 中左侧列表中选择 Advanced Options 项可展开下一级列表，可以选择 Advanced Optimizations 项，右侧显示的高级优化选项基本上对应着表 4.4 中的各个高级优化选项。

若已习惯采用命令行形式设置编译选项，可以在图 4.3 所示的左侧列表中选择 C6000 Complier 项，将显示图 4.4 所示界面。如图 4.4 界面所示，在其下侧 Summary of flags set 区域显示目前已经设置的命令行形式的编译选项集合。若要手动添加或修改命令行形式的编译优化选项，可以单击右下角的 Edit Flags 按钮，弹出界面见图 4.4，用户可以直接对编译选项进行编辑，包括采用命令行形式进行优化选项设置。

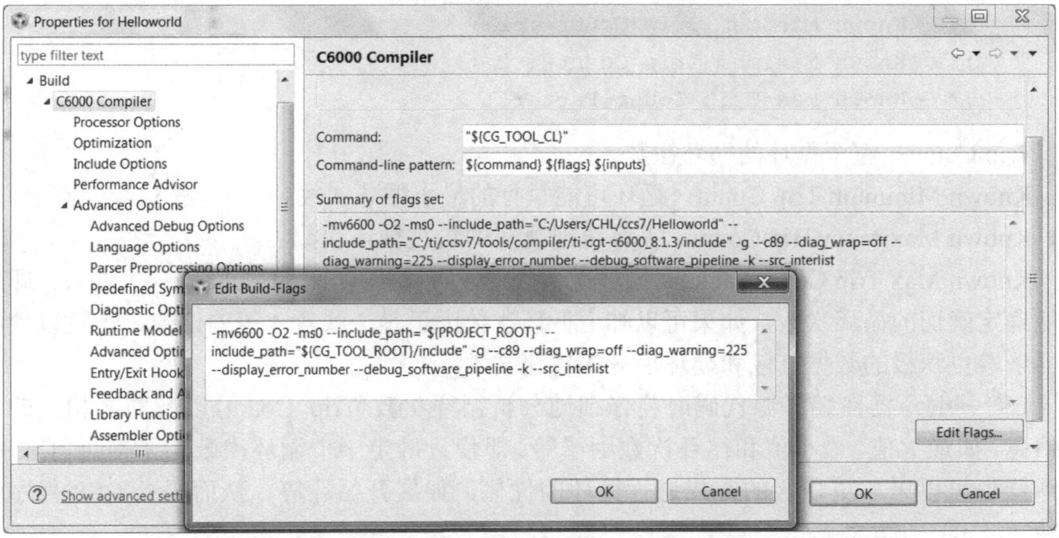

图 4.4　命令行形式进行优化选项设置界面

4.4　基于编译器反馈信息的优化

C/C++编译器默认提供一些反馈信息，但有关优化方面的附加反馈信息需要利用-mw 选项产生。由于反馈信息被编译器写在生成的汇编文件中，所以要查看这些附加的反馈信息必须使能-k 选项以保留编译器生成的汇编源程序(.asm 文件)，并启用-mw 选项通知编译器产生附加反馈信息，而这些附加信息主要是关于 C/C++源代码中循环的性能，用于解释循环使用软件流水线技术存在的问题和效果。因此，通过查看这些反馈信息，有助于对 DSP 程序中的循环采用更积极的软件流水线技术，辅助 DSP 程序开发人员优化 DSP 程序。

4.4.1　编译器反馈信息生成和分析

1. 编译器反馈信息生成

C/C++编译器对 DSP 程序的循环结构进行编译时，一般要经过三个阶段。理解这三个阶段及其产生的反馈信息对 DSP 程序开发人员开展代码优化工作具有重要的指导意义。这三个阶段如下。

(1)确认循环是否适合软件流水；

(2)收集循环资源和依赖关系图信息；

(3)采用软件流水线技术优化循环。

1)阶段 1：确定循环是否适合软件流水

若配置 C/C++编译器的编译选项时配置了-k 和-mw 选项，编译 C/C++源程序将生成具有编译器反馈信息的汇编源程序文件。若源代码中使用了循环结构，将在反馈信息中产生循环是否适合软件流水的信息。例如，具有编译器反馈信息的汇编文件包含如下信息：

```
;*   Known Minimum Trip Count : 2
;*   Known Maximum Trip Count : 2
;*   Known Max Trip Count Factor : 2
```

Trip Count：整个循环的循环次数。

Known Minimum Trip Count：循环可能执行的最小循环次数。

Known Maximum Trip Count：循环可能执行的最大循环次数。

Known Max Trip Count Factor：循环次数因子，可以整除 Trip Count 的最大的数。即使不能确定确切的循环次数，如果可以知道循环次数因子是 2 或者 4 等的倍数，也可以使编译器采取更积极的数据打包和循环展开等优化技术。

C/C++编译器在编译源代码时将仔细地分析循环次数(Trip Count)以及与之相关的一切信息，如最大值、最小值和循环次数因子等。即使只确定一个循环次数因子信息，C/C++编译器也可以采取更积极的方式进行循环的优化，如展开循环等，从而提高 DSP 程序的性能。

当循环体包含的指令数太多，或者循环体内存在非内联函数的调用时，流水的确认过程将会终止，并会给出循环不适合软件流水的信息。

2) 阶段 2：收集循环资源和依赖关系图信息

进入第二阶段，C/C++编译器收集循环可以使用的资源和依赖关系图信息，并写入生成的汇编文件中。所谓循环资源是指循环执行时需要使用的 A 边和 B 边的资源情况。同时，在循环执行时，相邻两条指令之间根据是否共享同一变量等存储空间内容决定后一条指令和前一条指令之间是否需要填充附加的延时槽。若后一次循环执行时需要读取前一次循环完成时的输出值，即产生循环依赖关系。将整个循环体中的第一条指令到最后一条指令作为节点并对相邻两指令之间标注顺序执行时的指令周期数，再将最后一条指令到下一次循环开始的第一条指令连接起来，并将两者之间的间隔周期一并绘制出来，构成循环依赖关系图。C/C++编译器在对循环代码编译的第二阶段收集循环资源和依赖关系图信息，因此第二阶段的编译器反馈信息显示如下：

```
;*  Loop Carried Dependency Bound(^)     :     4
;*  Unpartitioned Resource Bound         :     4
;*  Partitioned Resource Bound(*)        :     5
;*  Resource Partition:
;*                                       A-side      B-side
;*  .L units                             2     3
;*  .S units                             4     4
;*  .D units                             1     0
;*  .M units                             0     0
;*  .X cross paths                       1     3
;*  .T address paths                     1     0
```

```
;*   Long read paths                          0      0
;*   Long write paths                         0      0
;*   Logical ops (.LS)                        0      1  (.L or .S unit)
;*   Addition ops (.LSD)                      6      3  (.L or .S or .D unit)
;*   Bound(.L .S .LS)                         3      4
;*   Bound(.L .S .D .LS .LSD)                 5*     4
```

Loop Carried Dependency Bound(循环执行依赖关系限制)：为依赖关系图中循环执行路径的最大距离。当在某次循环中写入一个值而该值将在后续的循环中被读取时即产生循环执行路径。循环保持范围部分的指令在生成的汇编文件中用“^”符号标识。该项显示的值限制了循环流水的最小迭代间隔。

通常情况下，此项值不为 0 的原因是 C/C++编译器缺乏关于某些指针变量的信息。当编译器不能确定一个指针的值时，编译器必须假设任何两个指针都可能指向同一个位置。因此，一个指针的取值(LOAD 指令)隐式地依赖于另一个指针的存储(STORE 指令)，反之亦然，这将产生较大的依赖性路径，从而影响循环优化。降低循环执行依赖关系，是解决循环优化的一种重要方法。

Unpartitioned Resource Bound(未分区资源限制)：在编译器为每个指令分配 A 边和 B 边之前所限定的循环流水最小迭代间隔。上例中在 8 个时钟周期中需要使用.S 功能单元，共有两个.S 功能单元，因此未分区资源限制为 4。

Partitioned Resource Bound(分区资源限制)：将每个指令分配给 A 边和 B 边后所限定的最小迭代间隔。在上例中 A 边的.L、.S 和.D 单元需要总共 13 个指令周期，这样分区资源限制为$\lceil 13/3 \rceil = 5$个($\lceil x \rceil$表示取大于等于 x 的最小整数)。

Resource Partition(资源分区表)：显示了这些指令已经被指派给哪些功能单元(.L、.S、.D 等)以及这些指令如何在 A 边和 B 边进行分配。分区表中用“*”标识决定资源限制值的表项，即最大的最小迭代间隔。因为 C6000 架构中功能单元资源是完全正交的，许多指令可以选择在两个或更多个不同的功能单元中执行。因此，资源分区表中功能单元的组合描述如下。

(1)单个功能单元(.L、.S、.D 和.M)后的数字表示需要用到.L、.S、.D 和.M 功能单元的指令的总数。若指令可以在不同的功能单元上执行则不包括在这个计数中(见.LS 和.LSD)。

(2).X cross paths 表示涉及从 A 边到 B 边或者从 B 边到 A 边交叉通道的指令总数。当这行包括一个“*”号时，表示存在一个资源瓶颈，A 边和 B 边的资源分区可能存在问题。

(3).T address paths 表示循环中加载和存储指令所需的地址通道的总数。这与.D 单元所需的个数不同，因为其他指令也可以使用.D 单元。而且，如果.D 单元在 A 边和 B 边均匀分配，而.T 单元在 A 边和 B 边未均分分配，会造成某一边所需的.T 地址通道数高于.D 单元个数。

(4)Long read paths 表示 long 型读端口通道的总数。所有的 long 型数据操作使用这个端口进行扩展的 40 位读操作。

(5)Long write paths 表示 long 型写端口通道总数。

(6) Logical ops (.LS) 表示可以使用.L或.S功能单元的指令总数。

(7) Addition ops (.LSD) 表示可以使用.L、.S或.D功能单元的指令总数。

(8) Bound(.L .S .LS) 表示使用.L、.S功能单元的所有指令的资源限制值，计算公式如下：

Bound(.L .S .LS) = $\lceil$(.L+.S+.LS) / 2$\rceil$

在以上示例中，B边共有3个.L单元指令、4个.S单元指令、1个.LS单元指令。

按公式计算 $8/2=4$ 指令周期，所以这个限制值是4个指令周期。

(9) Bound (.L .S .D .LS .LSD) 表示使用.D、.L功能单元和.S功能单元的所有指令的资源限制值，计算公式如下：

Bound(.L .S .D .LS .LSD) = $\lceil$(.L+.S+.LS+.LSD) / 3$\rceil$

在以上示例中，A边共有2个.L单元指令、4个.S单元指令、1个.D单元指令、0个.LS单元指令、6个.LSD单元指令。

所以，$13/3=5$ 指令周期。

3) 阶段3：采用软件流水线技术优化循环

当编译器完成循环流水可行性确认、功能单元分区、必要的循环执行和资源需求分析后，从可能的最小迭代间隔开始尝试使用软件流水技术对循环进行优化。

迭代间隔(ii)：启动相邻循环迭代所相隔的时钟周期数(详见2.7.1节)。迭代间隔越小，循环执行的并行程度越高，执行整个循环花费的指令周期越少。在反馈信息中每行给出的ii值代表编译器尝试过的软件流水的初始最小迭代间隔。

```
;* Searching for software pipeline schedule at ...
;*      ii = 5 Register is live too long
;*      ii = 6 Did not find schedule
;*      ii = 7 Schedule found with 3 iterations in parallel
;* done
;* Epilog not entirely removed
;* Collapsed epilog stages                 : 1
;* Prolog not removed
;* Collapsed prolog stages                 : 0
;* Minimum required memory pad             : 2 bytes
;* Minimum safe trip count                 : 2
```

在第三阶段编译器以第二阶段通过收集循环资源和依赖关系图确定的最小迭代间隔作为软件流水的初始迭代间隔。在第二阶段的示例中A边的限制值(.L .S .D .LS和.LSD)是最小迭代间隔的瓶颈，因此第三阶段编译器从ii=5开始尝试采用软件流水线技术优化循环。

如果尝试不成功，编译器提供附加的反馈信息来告知程序开发人员为什么不成功。在本阶段示例中，编译器反馈信息“;* ii = 5 Register is live too long”表明ii=5时优化循环不成功，主要原因是一些变量占用寄存器的时间太“久”了。一个寄存器的生命周期从一条指令向其写入开始到最后一条读取其值的指令结束。根据定义，一个变量的存活时间不能大于循环的最小迭代间隔，否则其值在读取之前就会被下一次循环的写操作所覆盖。

本例中使用 ii=5 尝试软件流水失败，则编译器以 ii=6 进行尝试，显示信息如下：

```
ii = 6 Did not find schedule
```

在某些时候，由于复杂的循环或调度，编译器无法找到一种有效的软件流水线调度方法。

编译器继续以 ii=7 尝试软件流水，显示如下类似信息：

```
ii = 7 Schedule found with 3 iterations in parallel
```

该反馈信息表示软件流水成功，找到了一个 3 次迭代并行执行的软件流水线调度方法，即编译器对该循环采用 3 层深度的软件流水线。换句话说，在第 n 次迭代完成之前，第 $n+1$ 和 $n+2$ 次迭代已经进入软件流水线开始执行。

实际上，每次在以一个特定的 ii 尝试软件流水失败后，编译器将自动将 ii 加 1 并重新进行尝试，直到 ii 的值等于循环体长度，表示不能应用软件流水技术。本阶段示例中显示了两个不能使用软件流水技术的可能的原因，以及一个成功应用软件流水技术的信息。当以某个 ii 尝试软件流水成功后，编译器会提供更多关于加载门限、流水排空/预填、存储器组冲突等有关信息，具体反馈信息示例如下：

```
Speculative Load Threshold : 12
```

如果软件流水的排空环节被移除，则循环需要运行额外的时间来结束最后一次迭代。为此，会推测执行循环迭代的一些额外加载操作(即使其结果从不被使用)。为了确保这些存储器访问指向有效的存储空间，反馈信息中的 Load 门限指出输入数组需预留多少额外的字节来确保代码正确执行。

```
Epilog not entirely removed
Collapsed epilog stages : 1
```

这些反馈信息给出排空环节的阶段移除个数。排空/预填环节的移除可以大大节省代码量。-mh 选项可以使能推测执行(Speculative Execution)从而提升编译器移除排空/预填环节代码的能力。本例中，排空环节移除了 1 个阶段。

```
Prolog not removed
Collapsed prolog stages : 0
```

这些反馈信息表示预填环节未移除。

```
Minimum required memory pad : 2 bytes
```

该反馈信息表示当使用-mh 选项时所需的最小存储空间填充值是 2 字节。

```
Minimum safe trip count :2
```

该反馈信息表示循环可以安全使用软件流水线所需的最小迭代次数为 2。

2. 编译器反馈信息分析

在编译 C/C++源程序生成 DSP 程序时，若选用了-mw 和-k 选项，将保留 C/C++源程序对应的汇编源程序文件，并保留详细的编译器反馈信息。其中循环不适合软件流水和软件流水失败的反馈信息与提示信息，有助于 DSP 程序开发人员优化 DSP 程序，因此学习这些反馈信息并掌握基本的处理方法对 DSP 程序开发人员来说具有重要意义。

1) 循环不适合软件流水的信息

当编译器在第一阶段发现循环不适合软件流水时，将会把相关原因记录在编译器反馈信息中。表 4.5 中给出了循环不适合流水的几个常见信息，进行了解释说明，给出了常用的解决方案。

表 4.5　循环不适合流水的原因和解决方案

原因	解释说明	解决方案
Bad Loop Structure	不良循环结构，主要原因： (1) 在 C 代码的内循环中嵌入 ASM 汇编； (2) 线性汇编优化器输入中包含并行指令； (3) 循环体内采用了复杂的控制流程，如存在 goto、break、复杂的 if-else 结构等	去除所有的内嵌汇编、复杂流控代码或线性汇编输入中的并行指令
Loop Contains a Call	循环中包含着一个函数调用，并且编译器无法对被调函数进行内联处理	若调用程序和被调函数都是采用 C/C++编写的，使用-pm 和-op2 选项
Too Many Instructions	太多的指令，不能应用软件流水线的主要原因是需要太多的寄存器	(1) 采用内嵌操作以选择更有效的指令； (2) 使用线性汇编编程
Software Pipelining Disabled	软件流水线禁用，当使用-mu 选项时，没有使用-O2/-O3 选项，或者使用-ms2/-ms3 的时候，软件流水线被关闭	去除对应选项，启用-O2/ -O3 选项
uninitialized trip counter	未初始化循环计数，即未给循环计数赋初值	给循环计数变量赋初值
Suppressed to Prevent Code Expansion	抑制代码扩展，当使用-ms1 选项时，软件流水线被抑制以减少代码量	要使用流水线，需要使用-ms0 或者删除-ms 选项
Loop Carried Dependency Bound Too Large	循环执行依赖关系限制值太大，影响应用软件流水线	尝试采用-mh 选项进行解决，或者修改循环体代码，降低代码复杂度
Cannot Identify Trip Counter	不能识别循环计数，可能原因是循环控制代码过于复杂	修改循环代码，应尽力简化循环

2) 流水线失败信息

当应用软件流水技术失败时，编译器将在编译器反馈信息中记录失败原因。表 4.6 中给出了这些常见信息，进行了解释说明，给出了常用的解决方案。

表 4.6　应用软件流水线技术失败的信息和解决方案

失败信息	解释说明	解决方案
Address Increment Too Large	地址增长过大。编译器进行软件流水时的一个功能是对访问同一个数组或指针的加载和存储指令进行重排序，此时编译器使用合适的偏移地址和加减地址的方式执行加载和存储指令，若偏移量过大（允许的偏移量范围为+/− 32），软件流水线应用失败	修改循环代码以保证指针所指的地址相近，或者使用预先计算的寄存器偏移地址
Cannot Allocate Machine Registers	当找到一个有效的软件流水调度方案后，编译器会为循环中的所有变量分配寄存器。当实现该调度所需要的寄存器超出设备能提供的寄存器时，提示此信息	(1) 试着将循环拆分成两个独立的循环； (2) 对于具有复杂控制项的循环，尝试使用-mh 选项； (3) 使用符号寄存器名

续表

失败信息	解释说明	解决方案
Cycle Count Too High. Not Profitable	指令周期太高，使用软件流水线反而无益。在这种情况下执行不使用软件流水线技术的循环效率更高	(1) 尽可能将循环分解成多个循环来减少循环的复杂性； (2) 适当加入 const 和 restric 关键字以减少依赖性； (3) 对于具有复杂控制项的循环，尝试使用-mh 选项； (4) 采用循环展开等方法来修改代码
Did Not Find Schedule	由于循环过于复杂，针对某个 ii 编译器无法找到一种有效的软件流水线调度方法	(1) 尽可能将循环分解成多个循环来减少循环的复杂性； (2) 采用循环展开等方法来修改代码
Iterations in Parallel > Max. Trip Count	可并行执行的循环迭代次数大于最大循环次数，显然对于该指定的 ii 执行一个无流水线的循环比使用流水线技术效率更高	采用循环展开等方法来修改代码
Speculative Threshold Exceeded	编译器是推测加载指令超出了-mh 选项指定的阈值	根据软件流水反馈信息增加-mh 选项的阈值
Iterations in Parallel > Min. Trip Count	可并行执行的循环迭代次数大于最小循环次数，可能是不安全的	(1) 选用-mh 选项或增加-mh 选项的门限值； (2) 使用-pm 选项优化； (3) 使用 MUST_ITERATE 编译指示来提供最小循环次数信息
Register is Live Too Long	编译器找到了一个有效的软件流水调度方法，但由于一个或多个变量(保存在寄存器中)生存周期过长(大于 ii)而失效。编译器会在该消息后给出相关寄存器的信息	使用线性汇编，插入 MV 指令
Too Many Predicates Live on One Side	C6000 DSP 使用条件寄存器进行条件判断，一般 A 边有 2～3 个条件寄存器，B 边有 3 个。当实现软件流水所需的条件寄存器个数超过设备能力，则显示该信息	如果在一个循环中使用了多个条件，可以修改源程序将当前循环分成两个独立循环，或者采用线性汇编来简化条件
Too Many Reads of One Register	C6000 DSP 内核在一个时钟周期内最多访问同一个寄存器 4 次。若软件流水实现时需在一个时钟周期内访问同一个寄存器超过 4 次，将显示此信息	修改源程序，尽可能地将循环分成多个循环，或者降低循环的复杂性，或者选用循环展开等其他技术来解决这个问题
Trip var. Used in Loop – Can't Adjust Trip Count	如果循环计数变量在循环体内被修改，则显示该信息	使用-mh 选项，或者修改源程序，在循环体内不直接修改循环计数变量

3) 探究性提示信息

编译器在反馈信息中也会提供探究性提示信息，指导 DSP 程序开发人员改进 DSP 程序性能。表 4.7 中给出了常见的探究性提示信息及其解释说明，并给出了常用的解决方案。

表 4.7　探究性提示信息和解决方案

提示信息	解释说明	解决方案
Loop Carried Dependency Bound is Much Larger Than Unpartitioned Resource Bound	如果循环执行依赖关系限制远大于未分区资源限制，显示此信息。举例说明，如果编译器不能确认两个指针不是指向同一个存储空间，则编译器会假设它们指向了同一存储空间，从而产生实际并不存在的依赖性	(1) 使用-pm 选项来进行优化减少指针别名； (2) 加 restrict 声明限制传入函数的指针； (3) 使用-mt 选项
Two Loops are Generated, One Not Software Pipelined	若循环次数太少，执行软件流水线技术可能是无效的。编译器产生一个软件流水线版本，也产生一个非软件流水线版本	检查软件流水信息，尽可能提供更精确的循环信息给编译器，如使用 MUST_ITERATE 来指定循环次数

续表

提示信息	解释说明	解决方案
Uneven Resources	如果某个操作在一次迭代过程中执行奇数次，则在 A 区、B 区分配时会出现不平均的现象	展开循环使资源数为偶数
Larger Outer Loop Overhead in Nested Loop	如果嵌套循环的内循环迭代次数过小，则外循环会占据循环执行的大部分时间	展开内循环
There are Memory Bank Conflicts	内存块访问冲突。如果在一个周期内同时访问同一内存块中两个相距较近(如小于 32 字节)的存储空间，则会产生内存拥塞	链接时为两个数组分配不同的内存块
T Address Paths Are Resource Bound	T 地址通道是资源限制	用字(32 位)访问 short 类型数组；声明 int 指针类型并使用_mpy 内嵌操作实现乘寄存器高、低两半的相乘

综合以上信息，要使用软件流水线来优化循环，有如下条件需要满足。

(1)循环体不能有太多的指令。循环体指令太多则需要的寄存器可能比可用的寄存器更多，而且需要更长的编译时间。

(2)在循环内部不能调用函数，除非采用内联函数。

(3)尽可能简化循环条件，使循环控制简洁。

(4)在循环体内尽可能去除判断、跳转等控制语句，这些打断流水操作的指令会降低软件流水的性能。

4.4.2　CCS 中的性能优化建议

根据编译器反馈信息分析，DSP 程序设计人员可以查找表 4.5、表 4.6 和表 4.7 并获得推荐的解决方案修改源程序来进一步优化 DSP 程序。同样根据编译器反馈信息，C/C++编译器可以直接提供性能优化建议，主要方法是采用性能建议选项，见表 4.8。

表 4.8　性能建议信息和解决方案

选项	效果
--advice:performance[={all|none}]	产生编译器优化建议，默认为 all
--advice:performance_file={stdout|stderr|user_specified_filename}	指定将优化建议信息输出到标准输出窗口、错误信息输出窗口或用户指定的文件
--advice:performance_dir= {user_specified_directory_name}	指定文件存储的路径

在 CCS 7.2 编辑模式的工程窗口中选中当前工程，然后在 Project 菜单或右键快捷菜单中选择 Show Build Settings 选项，将弹出图 4.3 所示的工程属性设置窗口。在左侧列表中选择 Performance Advisor 项，在右侧部分采用下拉列表等直观方式显示了表 4.8 中的各个选项，如图 4.5 所示。在图 4.5 中，勾选 Provide advice on Optimization techniques 项启用编译器性能优化建议，在 Place advice in specified file 文本框可以输入 stdout|stderr 或用户自定义的文件名。若输入为 stdout 或 stderr，编译器编译完成后将在 CCS 的输出窗口区域产生 Advice 窗口，在该窗口中将显示当前程序的性能优化建议。受窗口大小限制，性能建议信息不能全部显示出来，可以选中一个性能优化建议信息，右击调出快捷菜单，可以执行复制、全选、属性等操作。单击 properties 属性菜单项，可以弹出一个窗口显示性能优化建议的全部信息。若在 Place advice in specified file 文本框直接输入一个用户自定义的文件名，如 my.txt，编译后将在生成 DSP 可执行文件的目录下生成一个 my.txt 文件，采用文本格式

记录着编译器的性能优化建议信息。用户在查看性能优化建议信息后，可以按建议信息修改源程序代码优化 DSP 程序。

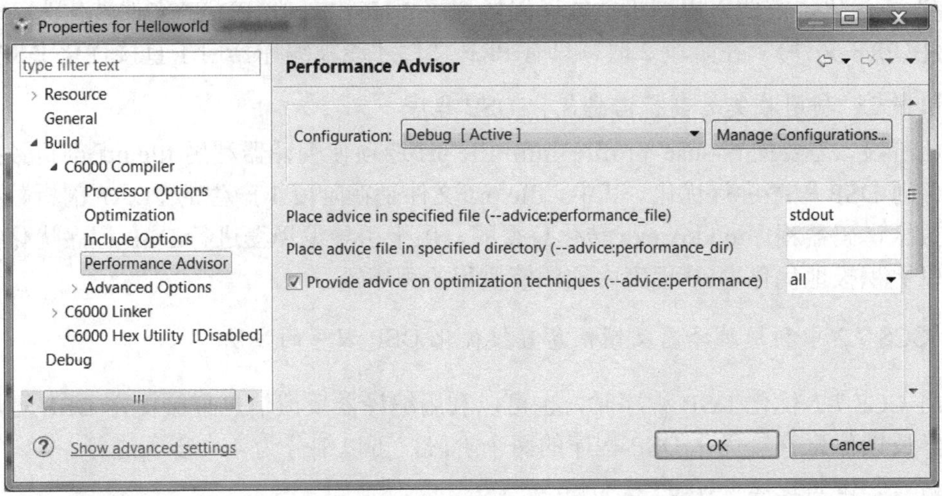

图 4.5　性能优化建议选项配置窗口

4.4.3　利用编译器反馈信息直接优化 DSP 程序的方法

1. 相关编译选项

根据编译器反馈信息进行 DSP 程序优化时，通常需要修改源程序文件。C/C++编译器提供反馈信息选项，见表 4.9，可以使 C/C++编译器直接利用反馈信息优化 DSP 程序。

表 4.9　反馈信息选项

选项	效果
--analyze={codecov|callgraph}	通知编译器产生代码覆盖信息（codecov）或加权调用图形分析信息（callgraph）
--analyze_only	在结束分析后停止编译
--gen_profile_info	通知编译器加入剖析代码用于收集剖析数据。当程序执行 exit()函数时，剖析数据被写入 PDAT 文件
--use_profile_info=file1[, file2,...]	指定剖析信息文件，在第二阶段时编译器利用该剖析信息反馈文件优化 DSP 程序

2. 利用编译器反馈信息直接优化 DSP 程序的两个阶段

通过设置表 4.9 中的反馈信息选项，可以获取程序中被频繁执行的代码段的相关信息，C/C++编译器可利用该信息优化 DSP 程序。具体地，利用编译器反馈直接优化 DSP 程序的方法需要分两阶段来完成。

1) 阶段 1：收集程序的剖析信息

当工程配置--gen_profile_info 选项时，C/C++编译器进入阶段 1 收集程序的剖析信息，因此在阶段 1 编译器在当前 DSP 程序中加入剖析代码用于收集剖析信息，插入的剖析代码尽可能小，并分配一个内存空间存储剖析信息。

要收集剖析数据必须执行该 DSP 程序。为使收集的剖析信息更接近实际情况，应尽可能在接近实际应用的情况下执行该 DSP 程序。当 DSP 程序执行结束后，通过一个运行时支持函数把收集的剖析信息写入一个 PDAT 文件。但 PDAT 文件不能直接作为剖析数据用于 DSP 程序优化，需要采用剖析数据译码器程序 pdd6x.exe 将 PDAT 文件转化为一个反馈信息文件(PRF 文件)。在阶段 2 时，只有 PRF 文件才能被编译器用于直接优化 DSP 程序。

2) 阶段 2：利用收集的剖析信息优化 DSP 程序

在此阶段，需要配置--use_profile_info=file.prf 选项使编译器利用 file.prf 剖析数据反馈信息文件对 DSP 程序进行优化。其中，file.prf 文件是在阶段 1 产生的 PDAT 剖析数据文件经剖析数据译码器程序 pdd6x.exe 转化获得的，用于引导编译器进行 DSP 程序优化，使编译器可以更积极地优化 DSP 程序中被频繁执行的程序段。

3. CCS 7.2 中利用编译器反馈信息直接优化 DSP 程序的方法

利用 CCS 7.2 优化 DSP 程序时，也可以利用编译器反馈信息直接优化 DSP 程序。根据编译器反馈信息直接优化 DSP 程序的两个阶段，可以细分为 4 个步骤进行。

1) 配置生成剖析信息选项

本步骤属于第一阶段。若开发一个 DSP 程序，完成源程序设计后进行编译链接选项设置。在 CCS 7.2 编辑模式的工程窗口中选中当前工程，然后在 Project 菜单或右键快捷菜单中选择 Show Build Settings 选项，将弹出图 4.3 所示的工程属性设置窗口。在进行基本编译选项设置后，可以在左侧列表中选择 Advanced Options 项展开子菜单项。在其子菜单项中选择 Feedback and Analysis Options 菜单项，显示图 4.6 所示界面。勾选右侧下方的 Generate profile feedback data 项，启用--gen_profile_info 编译选项，通知编译器加入剖析代码用于收集剖析数据。然后进行编译链接生成可执行程序。

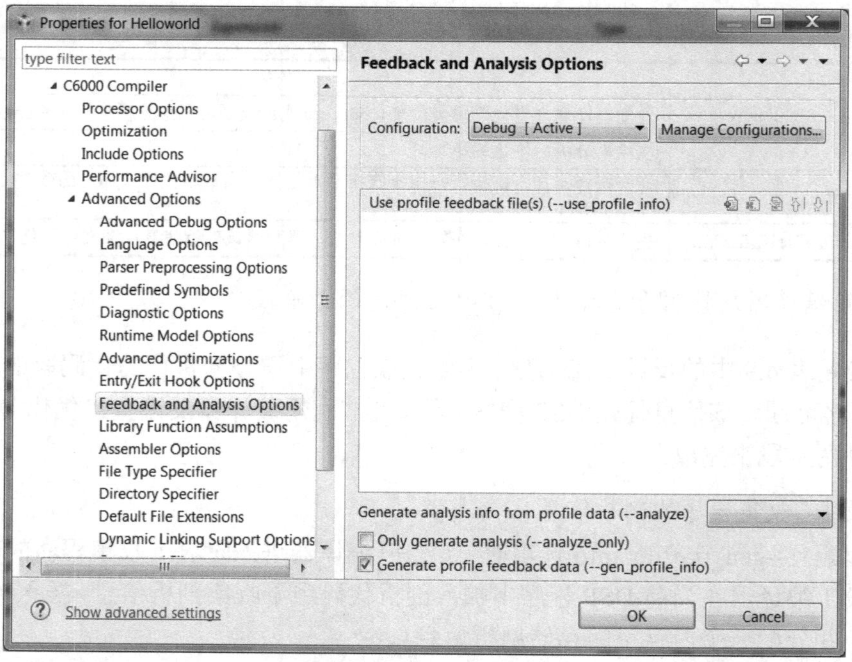

图 4.6 利用编译器反馈信息直接优化 DSP 程序的编译选项配置窗口

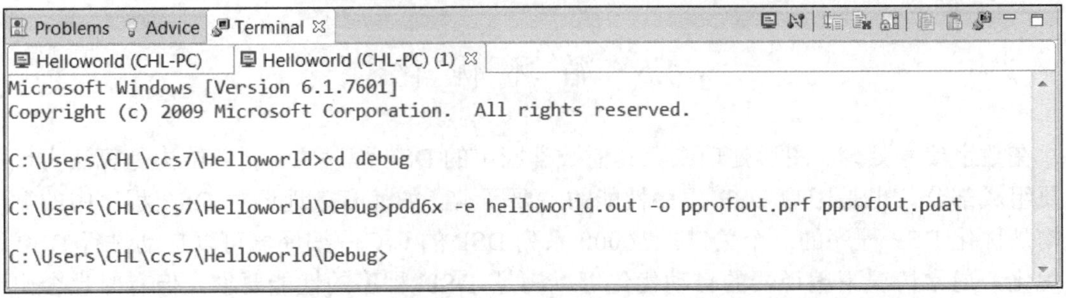

图 4.7　在控制台终端中使用 pdd6x.exe 的界面

2) 生成剖析信息

在 CCS 7.2 的编辑模式下，单击工具栏上的调试按钮，将切换到 CCS 的调试模式界面并启动当前工程配置的目标平台，将当前工程生成的 DSP 程序下载到目标平台中。在调试界面的工具栏区域单击运行按钮，运行 DSP 程序。若 DSP 程序运行无误，可以在生成的 DSP 程序所在目录下找到一个默认名为 pprofout.pdat 的文件，该文件即为剖析数据信息文件。此步骤属于第一阶段。

3) 将剖析数据信息文件转化成相应的反馈文件

此步骤属于第一阶段。可以在 CCS 安装目录\tools\compiler\ti-cgt-c6000_8.1.3\bin 下复制剖析数据译码器程序 pdd6x.exe 文件到剖析数据信息文件 pprofout.pdat 所在路径下。然后选中当前工程，右击启动右键快捷菜单选择 Show in Local Terminal 中的 Terminal 菜单，在输出区域显示控制台终端，如图 4.7 所示。在控制台终端中，首先输入 DOS 命令 cd debug 切换目录到 DSP 程序所在目录(此例在 Debug 文件夹)，即剖析数据译码器程序 pdd6x.exe 和剖析数据信息文件 pprofout.pdat 所在目录。然后在控制台命令行输入 pdd6x e helloworld.out o pprofout.prf pprofout.pdat 后回车，即可在当前目录生成剖析数据反馈信息文件 pprofout.prf。

4) 利用剖析数据反馈文件优化 DSP 程序

本步骤属于第二阶段。在 CCS 7.2 的编辑模式的工程窗口中选中当前工程，然后在 Project 菜单或右键快捷菜单中选择 Show Build Settings 选项，将弹出图 4.3 所示的工程属性设置窗口。在进行基本编译选项设置后，可以在左侧列表中选择 Advanced Options 项展开子菜单项。在其子菜单项中选择 Feedback and Analysis Options 菜单项，显示图 4.6。在图 4.6 中去除--gen_profile_info 编译选项，即取消勾选右侧下方的 Generate profile feedback data 项。然后在中间 Use profile feedback file(s) 区域单击右侧添加文件按钮将弹出一个文件浏览对话框，选择第 3) 步生成的反馈信息文件 pprofout.prf，单击 OK 按钮返回图 4.6 界面，此时 pprofout.prf 将显示在中间 Use profile feedback file(s) 区域的列表中。然后确认当前编译链接选项，在当前工程的右键菜单中选择 Rebuild Project 菜单项对工程进行重新编译，即可直接利用剖析数据反馈文件优化 DSP 程序。

4.5 循环优化

在数字信号处理、图形处理或者其他数学应用的 DSP 程序中，循环结构是算法实现的重要组成部分，也是影响 DSP 程序性能的主要因素。如何有效地调整 DSP 程序中的循环结构是优化 DSP 程序的一个关键。C6000 系列 DSP 的 C/C++编译器可以自动进行 DSP 程序优化，通常情况下编译器的自动优化可以满足 DSP 程序的性能要求。但有时也会出现 C/C++编译器自动优化不能满足性能要求的情况，此时手动调整 DSP 程序中的循环代码即进行手动循环优化是解决问题的一个主要方法。

如图 4.2 所示，利用 C/C++语言开发 DSP 程序可以分成三个阶段：C/C++编译器阶段、优化 C/C++代码阶段和高级程序优化阶段(汇编编程与优化阶段)。在第二阶段，通常可以采用图 4.8 所示流程来完成 DSP 程序优化。

如图 4.8 所示，优化 DSP 程序的首选方法是选用合适的编译器选项。在众多的编译器选项中，选择优化水平选项-O[2|3]，可以高效地优化 DSP 程序。如果程序中定义的数组、指针等变量在使用时不会同时访问相同的存储区域，选用-mt 选项可以通知编译器更积极地优化 DSP 程序。在确保数组数据存储区域的前后留有剩余空间的前提下，可以选用-mh <num>选项通知编译器在数组的起始地址之前和结束地址之后有 num 字节可以使用，从而可以改善 DSP 程序的性能或者代码量，对于优化 C/C++代码中的 while 循环结构特别有效。DSP 程序设计人员可以利用链接命令文件(CMD 文件)中的 MEMORY 和 SECTION 定义实现在数组存储区域前后各留有 num 字节。为了在输出中附加编译器反馈信息，可设置-k 选项保留编译器生成的汇编文件，并设置-mw 选项在汇编文件中输出详细的编译器反馈信息。根据这些编译器反馈信息，DSP 程序开发人员可以积极地采取措施进一步优化 DSP 程序。

如图 4.8 所示，若利用编译器选项可以使 DSP 程序满足要求，即可结束优化。若不能满足性能要求，则可以根据编译器反馈信息进一步优化相应的 C/C++代码。可用的一种方法是利用编译器反馈信息直接优化 DSP 程序，主要可以分为以下 4 个步骤，详见 4.4.3 节。

(1) 设置--gen_profile_info 选项。

(2) 运行 DSP 程序，生成剖析信息。

(3) 利用 pdd6x.exe 将剖析数据信息文件转化成相应的反馈信息文件。

(4) 设置--use_profile_info 选项，利用编译器反馈信息直接优化 DSP 程序。

另一种方法，利用编译器反馈信息修改 DSP 程序代码，即手动调整 C/C++代码优化 DSP 程序。当手动调整 C/C++代码时，重点在以下几个方面。

(1) 检查 C/C++代码，尽可能调用优化的 C6000 DSP 库函数来实现 DSP 程序。

(2) 检查 C/C++代码，尽可能调用内嵌操作来完成特定功能操作。

(3) 检查 C/C++代码，对代码中的循环结构进行优化。

经过上述步骤，若 DSP 程序满足要求，则结束优化；若不满足要求，可以选择继续进行 C/C++代码优化或者进入第三阶段采用汇编语言进行 DSP 程序优化。

在根据反馈信息优化代码时，若选择手动调整 C/C++代码优化 DSP 程序，其根本依据是充分利用 CPU 资源和软件流水线技术，其中优化 DSP 程序中循环结构代码是提高 DSP

程序性能的一个关键之处。本节主要利用 CCS 7.2 的软件仿真器(Simulator)工具，通过实例分析讲解如何利用编译器反馈信息进行循环优化。

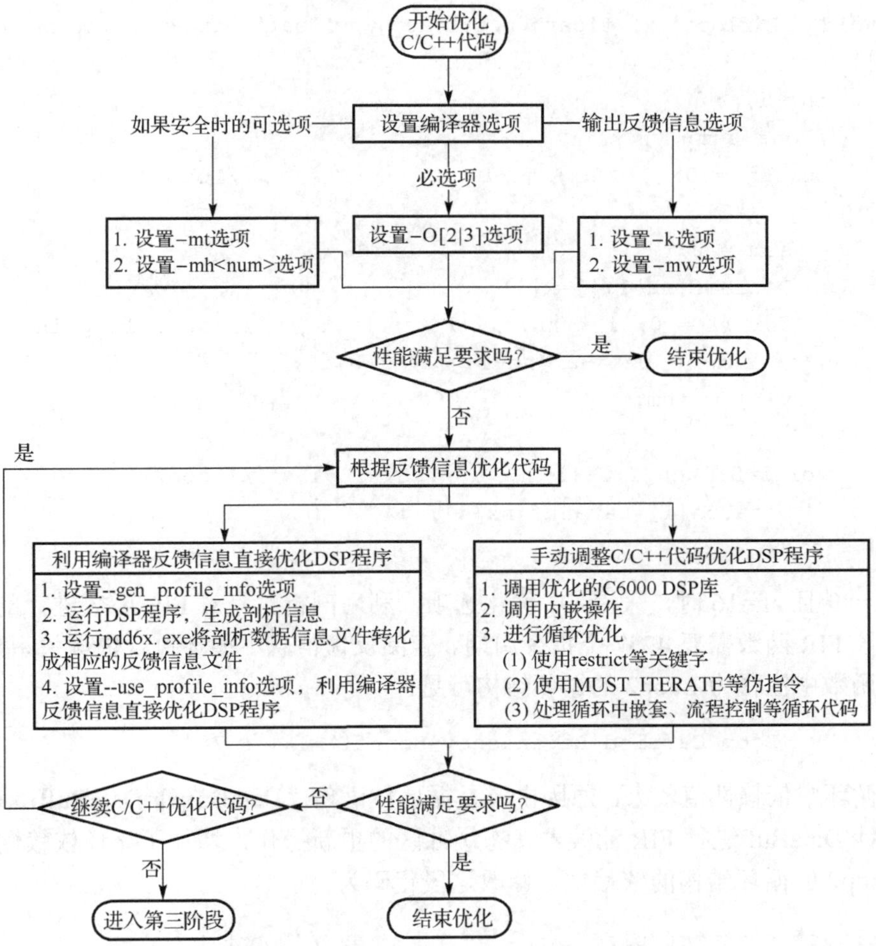

图 4.8　第二阶段 C/C++代码优化流程

4.5.1　利用 restrict 关键字优化 DSP 程序实例

当 C/C++编译器不能确认不同的指针是否指向同一个存储空间时必须按最坏的情况进行处理，从而造成依赖性增加，影响循环优化。选用-mt 选项，相当于告知 C/C++编译器所有指针不会指向同一个存储区域，可以使编译器采用更积极的优化方法。假如该 DSP 程序中仅在某一处代码或某几处代码中存在不同指针指向同一区域的情况，必须禁用-mt 选项保障整个 DSP 程序正确运行。此时，可以采用 restrict 关键字对确定不指向同一区域的指针进行限定，帮助 C/C++编译器判别哪些循环中指针没有相互依赖性，从而可以采用更积极的方式进行优化。

以 FIR 滤波器函数为例，FIR 函数采用如下代码实现，输入为一帧长度为 nx 的信号，指针 x 指向输入信号缓冲区起始地址；指针 h 指向阶数为 nh–1 阶的滤波器系数缓冲区起始地址；指针 y 指向长度为 nx 的滤波输出缓冲区；指针 DataBuf 指向长度为 nx+nh–1 的滤波器缓冲区起始地址。根据 FIR 滤波原理，该 FIR 滤波函数的主要功能模块由循环结构构成，若充分采用软件流水线技术，将大大提高 FIR 函数的执行效率。

```
void FIR(float* x, float* h, float* y, float* DataBuf, int nh, int nx)
{
    int i,j;
    float sum;
    for (j = 0; j < nx; j++)                    //Loop1
    {
      sum = 0;
      DataBuf[nh-1+j]=x[j];
      for (i = 0; i < nh; i++)                  //inner loop in Loop1
        sum += DataBuf[nh-1+j-i] * h[i];
      y[j] = sum;
    }
    for(i=0;i<nh-1;i++)                         //Loop2
      DataBuf[i]=DataBuf[nx+i];
}
```

当 nx=80 且 nh=16 时，采用-O2 优化选项，利用剖析工具对 FIR 函数进行剖析，结果显示指向该 FIR 函数需要 4757 个指令周期。查阅反馈信息中循环执行依赖关系限制信息，对于 FIR 函数中注释为 Loop2 的循环结构可见：

```
;*      Loop Carried Dependency Bound(^)     : 7
```

表明循环中依赖性值较大，原因主要是循环体语句“DataBuf[i]=DataBuf[nx+i];”采用了同一指针 DataBuf 进行 FIR 滤波器状态缓冲区的更新操作，增加了循环依赖性。为降低注释为 Loop2 的循环结构的依赖性，修改这段代码为：

```
float* restrict p1;                         //Loop2
float* restrict p2;
p1=DataBuf;
p2=&DataBuf[nx];
for(i=0;i<nh-1;i++)
   p1[i]=p2[i];
```

新定义两个指针 p1 和 p2 指向“DataBuf[i]=DataBuf[nx+i];”中的两个地址，并利用 restrict 关键字修饰 p1 和 p2，通知 C/C++编译器 p1 和 p2 两个指针指向不同的存储区域使其可以采取更积极的优化方法。依然取 nx=80 且 nh=16，对 FIR 函数进行重新编译链接生成可执行的 DSP 程序。执行 DSP 程序并采用剖析工具对 FIR 函数进行剖析，可见 FIR 函数需要 4685 个指令周期，查阅反馈信息可见：

```
;*      Loop Carried Dependency Bound(^)     : 0
```

可见，采用 restrict 关键字修饰没有指向同一个存储区域的指针可以有效地降低循环依赖性并提高循环的执行效率。若 x、h、y 和 DataBuf 四个指针没有指向同一个存储区域，可以选用 restrict 关键字修饰这四个指针变量：

```
    void FIR(float* restrict x, float* restrict h, float* restrict y,float*
restrict DataBuf, int nh, int nx)
```

其中，restrict 关键字通知编译器它们没有指向同一个存储区域，从而降低循环依赖性。在取 nx=80 且 nh=16 的情况下，采用 restrict 关键字限定 x、h、y 和 DataBuf 四个指针后，对生成的 DSP 程序进行剖析，可见执行 FIR 函数需要 4605 个指令周期，进一步使编译器充分利用软件流水线技术，提高循环执行的性能。

注意：由于采用了 restrict 关键字，在调用 FIR 函数时传递给 FIR 函数 x、h、y 和 DataBuf 四个指针的实参必须具有不同的存储空间，这样才能保证该 FIR 函数正确执行。

4.5.2　利用 MUST_ITERATE 指示伪指令优化 DSP 程序

进一步查看 FIR 函数相关的编译器反馈信息，可在 3 个循环部分找到类似以下内容的编译器反馈信息：

```
;** 66  -----------------------   if ( nx <= 0 ) goto g12;
;** 70  -----------------------   if ( nh <= 0 ) goto g11;
;** 78  -----------------------   if ( nh < 2 ) goto g20;
```

由于编译器不能确定循环条件中 nx<=0、nh<=0 或 nh<2 这些条件一定不成立(保障循环至少执行 1 次)，因此必须增加额外的跳转代码来保证程序正确执行。若已知循环执行的次数，采用 MUST_ITERATE 指示伪指令可以提高循环执行效率。在 FIR 函数定义的基础上，在循环结构前加入 MUST_ITERATE 指示伪指令，通知编译器关于循环的基本信息，如最小循环次数、最大循环次数或者循环次数因子，可以使编译器积极地进行循环优化。注意，MUST_ITERATE 中三个参数可以根据实际情况给出相应的值。

```
void FIR(float* restrict x, float* restrict h, float* restrict y,float*
restrict DataBuf, int nh, int nx)
{
    int i,j;
    float sum;
    #pragma MUST_ITERATE(1)
    for (j = 0; j < nx; j++)                        // Loop1
    {
      sum = 0;
      DataBuf[nh-1+j]=x[j];
      #pragma MUST_ITERATE(1)
      for (i = 0; i < nh; i++)                     // inner loop in Loop1
        sum += DataBuf[nh-1+j-i] * h[i];
      y[j] = sum;
    }
    float* restrict p1;  //Loop2
```

```
    float* restrict p2;
    p1=DataBuf;
    p2=&DataBuf[nx];
    #pragma MUST_ITERATE(1)
    for(i=0;i<nh-1;i++)                    //Loop2
     p1[i]=p2[i];
}
```

在 FIR 函数中，在循环体前加入#pragma MUST_ITERATE(1)指示伪指令。该伪指令通知编译器循环至少执行 1 次，消除了第一次执行循环时的判断语句，加速了循环的执行效率。在添加 MUST_ITERA(1)伪指令后剖析结果为执行 FIR 函数需要 4436 个指令周期。

若已知FIR函数中nh=16,则可以在注释为inner loop in Loop1的循环体前加入#pragma MUST_ITERA(16)伪指令进一步通知编译器该循环体至少执行 16 次迭代，剖析结果为执行 FIR 函数需要 4355 个指令周期。若可以确定注释为 Loop2 的循环体执行次数为固定的 16 次，可以使用#pragma MUST_ITERA(16,16,16)伪指令，执行 FIR 函数的指令周期下降为 4352 个指令周期。

4.5.3 优化嵌套循环

通常嵌套循环是最消耗指令周期的代码，因此使编译器采用更积极的方式来优化嵌套循环可以有效地提高循环执行性能，最常用的方法是将嵌套循环转换为单层循环从而提高循环的执行效率。而将嵌套循环转换成单层循环的最便捷方法是采用 UNROLL 伪指令通知编译器展开内层循环，以 FIR 函数为例，可以采用以下代码使编译器在编译时展开内层循环进而充分利用软件流水线技术优化 DSP 程序。采用剖析工具对使用如下代码的 FIR 进行剖析，FIR 消耗的指令周期数减少为 1002 个指令周期，表明展开内层循环后编译器采用了更积极的软件流水线技术，很好地优化了循环代码执行的性能。

```
#pragma MUST_ITERATE(16,16,16)
#pragma UNROLL(16)
for (i = 0; i < nh; i++)
   sum += DataBuf[nh-1+j-i] * h[i];
y[j] = sum;
```

分析以上代码，UNROLL 指示伪指令通知编译器展开内层循环从而使嵌套循环结构转换成为单层循环结构，可以执行更优的软件流水线。但是，这种展开循环的方法需要注意以下三点。

(1)内层循环次数已知且不变，而且需要利用类似#pragma MUST_ITERATE(16,16,16)的伪指令通知编译器内层循环的循环次数是 16 次。

(2)采用#pragma UNROLL(16)通知编译器完全展开内层循环，不再进行额外的循环判断。

(3)由于展开内层循环，生成的 DSP 程序代码量将增加，因此要求内层循环的循环次数比较小且循环体指令较少。

实际上，若内层循环次数是确定的较小的数，采用类似#pragma MUST_ITERATE(16,16,16)

伪指令通知编译器后，即使不采用#pragma UNROLL(16)伪指令，一般编译器也会自动展开内部循环从而使嵌套循环转换成单层循环以便于使用软件流水线技术。

嵌套循环应用中，往往还存在以下情况。

(1)如果内层循环的循环次数不确定，而外层循环次数确定，在允许的情况下修改循环代码调换内外层循环，便于展开内层循环。

(2)如果内层循环的执行次数比较多，而外层循环次数较小，可以考虑修改循环代码调换内外层循环，从而通过展开内层循环的方法优化循环执行。

此外，对于嵌套循环还可以考虑修改程序代码融合内外层循环成为一个单层循环，便于 C/C++编译器对循环代码进行性能优化。

4.5.4　使用内嵌操作优化循环

采用 C/C++语言开发 DSP 程序时，循环优化是提高 DSP 性能的一种重要方法，其中使用内嵌操作减少循环体消耗的指令周期是常用方法。所谓内嵌操作，是 TI 公司为开发 C66x DSP 程序提供的一种类似函数的操作，实现了大量用 C/C++语言难以实现或者需要大量代码实现的操作。在合适的时候选用内嵌操作来编写循环体，可以有效地优化循环的执行效率。以 FIR 函数为例，修改代码如下：

```
void FIR(float* restrict x, float* restrict h, float* restrict y,float*
restrict DataBuf, int nh, int nx)
    {
    int i,j;
    float sum;
    #pragma MUST_ITERATE(1)
    for (j = 0; j < nx; j++)                          // Loop1
    {
      sum = 0;
      _mem4(&DataBuf[nh-1+j]) = _mem4(&x[j]);
      #pragma MUST_ITERATE(16,16,16)
      #pragma UNROLL(16)
      for (i = 0; i < nh; i++)                        // inner loop in Loop1
        sum += DataBuf[nh-1+j-i] * h[i];
      y[j] = sum;
    }
    float* restrict p1;  //Loop2
    float* restrict p2;
    p1=DataBuf;
    p2=&DataBuf[nx];
    #pragma MUST_ITERATE(16,16,16)
    for(i=0;i<nh-1;i++)
      _mem4(&p1[i]) = _mem4(&p2[i]);                  // p1[i]=p2[i];
}
```

利用剖析工具剖析 FIR 函数，可知此 FIR 函数消耗 991 个指令周期。其中_mem4 是内嵌操作，主要执行 4 字节的 LOAD 操作或 STORE 操作。采用_mem4 内嵌操作代替原来的赋值语句，可以提高循环执行效率。

注意：在使用内嵌操作时，有的内嵌操作需要在调用的 C/C++文件中加入#include c6x.h 的头文件包含语句，主要原因是使用了__float2_t、__int40_t、__x128_t 等类型，这些类型的定义在 c6x.h 头文件中。

4.5.5 优化循环中的控制代码

所谓控制代码，是指程序中选择结构和函数调用等语句。如果循环结构中存在控制代码，将阻碍编译器采用软件流水线技术优化循环，从而降低整个程序的性能。因此，如果循环结构中存在控制代码，优化这些控制代码对优化循环执行效率具有积极作用。

1. 优化函数调用

调用函数将抑制代码的优化，例如，在循环结构中调用函数将破坏编译器采用软件流水线技术优化循环。同样，资源调度、寄存器分配和其他一些优化技术也受函数调用语句限制。因此，在编写 DSP 程序时应尽量避免在循环体中调用函数。对于被频繁调用的代码量较小的函数可以采用内联函数的处理方式来提高性能。

在 C/C++语言编程中，当一个被调函数通过 inline 关键字被声明为内联函数时，编译器编译该程序时对调用该内联函数的语句进行替换处理，即利用被调函数的函数体代替函数调用语句从而省去函数调用的处理过程，是典型的利用代码空间换执行时间的处理方法。对于 TI C/C++编译器而言，当满足以下条件之一时将自动采用内联函数的方式处理函数调用语句。

(1) 采用-oi<num>选项通知编译器使能自动内联函数处理模式。其中<num>项定义了内联函数处理模式的代码量阈值，当被调函数的代码量小于该阈值时被自动确认为内联函数。<num>值越大，则采用内联函数处理模式的代码量阈值越大。当<num>值取 0 时，即-oi0 选项，表示禁用自动内联函数模式。

(2) 编译器同时评估调用函数和被调函数，若满足以下一种情况即自动采用内联函数模式。

① 调用函数和被调函数在同一个源程序文件中，而且该文件采用-O3 选项进行编译。

② 调用函数和被调函数在不同的源程序文件中，但其所在文件同时采用-O3 –pm 选项进行编译。

(3) 编译器自动根据被调函数的代码量和调用次数均衡分析代码执行性能与代码量，并在此分析基础上判断采用内联函数模式处理是否有益。若有益，即采用内联函数模式处理被调函数。

由于在循环结构中调用函数破坏了编译器采用软件流水线技术优化循环的工作，因此通常情况下需要将循环结构中的被调函数利用 inline 关键字声明为内联函数，通知编译器必须对调用该函数的语句采用内联函数模式处理，便于编译器采用软件流水线技术优化循环。如果一个被调函数的代码量比较大，采用内联模式将增加整个 DSP 程序的代码量，甚至影响应用软件流水线技术优化循环。在这种情况下，一种方法是修改被调函数代码减少其代码量，使编译器可以充分应用软件流水线技术，另一种方法是在无法减少被调函数的代码量以使其可以应用软件流水线时放弃采用 inline 关键字声明该函数，这样可以减少代码量。

特别注意当被调函数代码量特别少时，采用内联函数不仅可以充分应用软件流水线技术提高循环执行性能，同时可能减少整个 DSP 程序的代码量。

2. 优化 if 型选择结构

在利用 C/C++语言编写 DSP 程序时，根据结构化编程语言的特点，程序通常由顺序结构、选择结构和循环结构构成。其中，选择结构通常采用 if 语句实现程序的分支跳转。由于需要根据条件进行分支跳转，将影响编译器采用软件流水线技术优化 DSP 程序的性能，因此优化 if 型选择结构可以有效提高 DSP 程序的性能。

1) if 语句转换

C6000 系列 DSP 的 C/C++编译器对短小的 if 结构采用 if 语句转换处理，即利用条件执行语句替换原来的 if 型分支语句。所谓短小的 if 结构是指 if 和 else 对应的选择结构中语句很短或者没有 else 结构部分，例如：

```
if (cond) x=5; else x=7;
```

编译器编译时将其转换为条件执行语句：

```
[cond] x = 5
[!cond] x = 7
```

其中[]表示条件执行语句，即当 cond 为真(cond 不为 0)时执行 x=5 语句，当 cond 为假(cond 为 0)时执行 x=7 语句。通过这种转换消除了原来 if 语句的分支跳转从而使编译器可以调度这两条语句执行的先后顺序或者并行执行这两条语句。可见，编译执行 if 语句转换具有以下优点。

(1) 消除了耗费指令周期的分支跳转处理。对于编译器而言，分支跳转结构越少，编译器得到的代码性能越优。

(2) 在循环结构中利用条件执行语句替换分支跳转语句，可以使编译器更积极地应用软件流水线技术提高循环执行效率。

(3) 消除了 C/C++语言选择结构中 if 和 else 块严格的执行顺序，编译器可以并行处理 if 和 else 块对应的条件执行语句。

可见，采用 if 语句转换是 C6000 架构中一种简单但有效的代码优化处理方法。但是，如果 if 和 else 块的代码量较多，编译器无法实现 if 语句转换处理，这也将破坏软件流水线技术的应用，编译器将输出如下信息提示程序开发人员：

```
;*  SOFTWARE PIPELINE INFORMATION
;*       Disqualified loop: Loop contains control code
```

对于这种情况，DSP 程序开发人员需要修改 if 型选择结构，使其满足软件流水线技术要求。

2)在没有 else 块时简化 if 块

当一个循环中包含一个 if 块而没有对应的 else 块时，假如 if 块中语句较多则编译器无法直接进行 if 语句转换，这将破坏软件流水线从而影响循环的执行性能。此时，应尽可能简化 if 块中代码，使编译器可以进行 if 语句转换。如下面的例子所示，如果代码中<i1>到<*im*>条语句与 *x*[*i*]的取值无关，应将其置于 if 块之外，恰如右侧代码显示的形式，这样使编译器可能采用更积极的软件流水线技术来优化循环代码。

```
for (i=0; i<n; i++)
{
    if (x[i])
    {
        <i1>
        <i2>
        ...
        <im>
        y[i] += ...
    }
}
```

```
for (i=0; i<n; i++)
{
    <i1>
    <i2>
    ...
    <im>
    if (x[i])
    {
    y[i] += ...
    }
}
```

对于短小的代码，编译器有时不会自动进行 if 语句转换。因此在修改代码时手动消除 if 结构可以有效地提高代码的执行效率。例如，上例中右侧代码中的 if 块可以利用以下语句替换，替换后编译器可以应用软件流水线技术进行循环优化。

```
p = (x[i] != 0);
y[i] += p * (...);
```

3)利用内嵌操作消除 if 型选择结构

在某些情况下，编译器可以利用一个内嵌操作来代替一个 if 型选择结构，这种优化方法与利用条件执行语句转换 if 语句的方法类似，消除了分支跳转结构，有益于优化代码。而且，采用内嵌操作还可以减少代码量。但是，由于 C/C++编译器不能很轻松地为 if 型选择结构找到匹配的内嵌操作，为此需要 DSP 程序开发人员手动修改代码调用内嵌操作来替换 if 型选择结构。以计算两个 16 位变量 Var_a 和 Var_b 的最大值为例，采用 C/C++代码编写为：

```
if (Var_a>Var_b) max = Var_a;
else max = Var_b;
```

假如这段代码应用在循环中，分支选择的存在将破坏编译器应用软件流水线技术，造成性能下降。实际上，可以采用_max2 内嵌操作来简化这个 if 结构，具体替换语句为：

```
max = _max2(Var_a, Var_b);
```

可见，在功能完全一致的情况下采用_max2 内嵌操作既可以减少代码量，又可以使编译器充分发挥软件流水线技术的优势优化循环代码，进而提高整个 DSP 程序的性能。

4) 对 if 型选择结构中同样代码进行代码整合

假如循环体中的 if 型选择结构具有 if 块和 else 块，且 if 块和 else 块具有同样的代码，需要尽可能地整合这些同样的代码以简化 if 型选择结构，进而使编译器可以采取更积极的方式来优化循环。例如，以下代码，左侧是原始代码，C/C++编译器对其进行编译，很难进行优化；右侧代码是在左侧原始代码的基础上进行了代码整合，整合后功能完全一样，但编译器可以采用如条件执行语句替换等方式来消除 if 结构使其可以应用软件流水线技术。

```
for (i=0; i<n; i++)
{
  if (x[i])
  {
      int t = z[i];
      t += ...
      y[i] = t;
      x[i]= ...
  }
  else
  {
      int t = z[i];
      y[i] = t;
  }
}
```

```
for (i=0; i<n; i++)
{
    int t = z[i];
    if (x[i])
      t += ...
    y[i] = t;
    if (x[i])
      x[i] = ...
}
```

5) 消除嵌套的 if 型选择结构

嵌套的 if 型结构是指在一个 if 或 if-else 结构块中包含 if 型选择结构，通常编译器对于嵌套的 if 型结构不会自动采用条件执行语句进行转换，对循环执行的性能影响很大。因此，必须尽可能地消除 if 语句的嵌套形式，需要 DSP 程序开发人员修改嵌套的 if 结构代码，例如，以下示例中，由于嵌套在内的 if 块没有对应的 else 块，所以可用右侧的语句替换这个 if 块，从而将两层嵌套的 if 型选择结构简化为单层的 if 型选择结构。然后再根据实际情况尽可能使编译器可以进一步简化 if 这类控制代码，提高代码的执行效率。

```
for (i=0; i<n; i++)
{
    //nested if stmt
    if (z[i])
        i1
    else
      {
        if (x[i])
        y[i] = c;
      }
}
```

```
for (i=0; i<n; i++)
{
     //nested if stmt removed
     if (z[i])
        i1
     else
       {
        p = (x[i] != 0);
       y[i] = !p * y[i] + p * c;
       }
}
```

此外，一些嵌套的 if 结构可以通过合并条件的方法来转为单层 if 结构。例如，设外层为 if (<condition1>)、内层为 if (<condition2>)，且内外层之间没有额外的语句，程序设计人员实际上可以采用 if (<condition1> && <condition2>)的方式将内外层的 if 结构合并简化。但在 C/C++程序中，采用“&&”操作符时如果 condition1 条件不成立将不再去评估 condition2 条件，因此若要两个条件都必须进行评估，可以采用 if ((<condition1> != 0) && (<condition2> != 0))语句进行处理。

总之，对于嵌套的 if 型选择结构必须采用合适的方法将其化简为单层选择结构，从而使编译器可以采用更积极的方式进行代码优化。

6)提升具有大段 if 控制代码的循环性能

关于短小的 if 结构，DSP 程序开发人员将采用以上所述技术方法尽可能地消除 if 的影响，优化 DSP 程序性能。但是，如果 if 块或 if-else 块中包含大量的指令，编译器是很难应用软件流水线技术的。遇到这种情况，编译器将显示如下反馈信息：

```
;*  SOFTWARE PIPELINE INFORMATION
;*  Disqualified loop: Too many instructions
```

要解决这类问题，在保证功能的基础上将大段的 if 块分裂成多个代码量小的 if 块是常用的方法，这样编译器可以采用更积极的方式优化代码。以下面的代码为例，左侧为原始的代码段，在一个循环中含有两个大的 if 块，影响编译器优化循环。研究该代码可见 v 变量是中间变量，合理处理 v 变量可以解耦两个 if 块从而将循环转换为两个独立的循环结构，便于进一步的优化。在右侧代码段中，采用数组 temp 存储中间变量 v 在每一次循环时的状态，然后借助数组 temp 传递状态将左侧代码中的循环转换为两个独立的循环。应用时注意数组 temp 的生存周期。

7)稀疏循环的优化

```
#MUST_ITERATE(1,20)
for (i=0; i<n; i++)
{
    int v = 0;
    if (x[i])
    {
        <largeblock1>
        v =...
    }
    if (v)
    {
        <largeblock2>
    }
}
```

```
int tmp[20];
#MUST_ITERATE(1,20)
for (i=0; i<n; i++)
{
    int v = 0;
    if (x[i])
    {
        <largeblock1>
        v = ...
    }
    tmp[i] = v;
}
#MUST_ITERATE(1,20,)
for (i=0; i<n; i++)
{
    int v = tmp[i];
    if (v)
    {
        <largeblock2>
    }
}
```

在具有 if 型选择结构的循环应用中，还存在一种稀疏循环的特例。所谓稀疏循环，是指虽然循环次数很多，但 if 控制字的条件为“真”的情况很少，从而实际执行循环体次数较低。换句话说，循环变量 i 从 0 到 n–1 变化(n 为一个较大的整数)，但仅在很少的 i 时执行循环体。例如，以下左侧代码，由于数组 x 的成员变量大多为 0，实际上循环体执行次数很少。右侧代码在保证左侧代码功能的基础上引入中间变量 cnt 和数组 temp 分别用来存储数组 x 中的非 0 成员变量个数和具体值，这样用两个循环替换原来一个循环降低了涉及数组 x 中非零值的大段循环体的实际循环次数，并消除了控制代码，使编译器可以更积极地优化循环。

```
#MUST_ITERATE(1,200)
for (i=0; i<n; i++)
{
   if (x[i])
   {
   // x[i] is related in large block
   }
}
```

```
int temp[200];
int cnt=0;
#MUST_ITERATE(1,200)
for (i=0; i<n; i++)
{
   if (x[i])
      temp[cnt++] = x[i];
}
for (i=0; i<cnt-1; i++)
{
   //temp[i] is related in large block
}
```

4.6　本 章 小 结

本章从 DSP 程序优化技术的关键概念出发，介绍了 DSP 程序优化的基本原理，并在此基础上给出了 DSP 程序优化流程。根据 DSP 程序优化流程，详细介绍了利用编译器选项进行 DSP 程序优化的方法以及 CCS 中编译器选项设置方法。进一步，详细分析了编译器反馈信息的生成方法和具体的反馈信息以及编译器给出的性能优化建议，并给出了在 CCS 中利用反馈信息直接优化 DSP 程序的方法。在手动优化 DSP 程序性能方面，由于循环是 DSP 程序中消耗指令的主要结构之一，本章以 FIR 滤波器函数为例详细介绍了循环优化方法，具体包括利用 restrict 关键字优化 DSP 程序的方法、利用 MUST_ITERATE 指示伪指令优化 DSP 程序的方法、优化嵌套循环方法、使用内嵌操作优化循环方法和优化循环中的控制代码等方法。本章优化 DSP 程序的方法对设计满足性能要求的 DSP 程序具有重要的指导意义。

思 考 题

1. 利用循环读取(LOAD) N 个数据进行累加(ADD)操作时，若不采用软件流水线技术，在 LOAD 指令(1 个指令周期)后需要加入 4 个延时槽，才能执行 ADD 指令(1 个指令周期)完成累加操作。假如利用循环读取(LOAD) 15 个数据进行累加(ADD)操作，结合软件流水线技术分析完成整个循环累加操作需要多少个指令周期？

2. 软件流水线技术可以有效提高 DSP 程序的性能。采用 C/C++语言编写 DSP 程序时，怎样设置编译器选项，可以由编译器自动对循环进行软件流水线技术处理？

3. 设计 FIR 函数，并比较该 FIR 滤波函数和 DSPLIB 中的 FIR 滤波函数在完成相同的滤波工作时消耗的指令周期差异。进而选择合适的编译器优化方法优化该手工编写的 FIR 函数，思考如何优化 FIR 滤波程序。

4. 编译器反馈信息可用于优化 DSP 程序。以编写的 FIR 程序为例，设置合适的编译选项查看其详细的反馈信息，并根据反馈信息对该 FIR 函数进行优化。

5. 设计一个 256 点的 FFT 浮点程序，剖析其消耗的指令周期。然后在 CCS 中利用编译器反馈信息直接优化该 FFT 程序，并剖析消耗周期。比较上述两个指令周期，分析该优化方法的效果。进一步调用 DSPLIB 中的 FFT 函数进行比较分析。

6. 参照 4.5 节中的 FIR 函数设计一个 IIR 滤波函数，并结合 4.5 节循环优化方法优化该 IIR 滤波函数。

第 5 章　C66x DSP 片上设备与应用

作为数字信号处理系统的核心部件，需要具有与外界进行数据交换和信号通信的强大能力，为此 DSP 一般都配置有功能齐全的片上外设以实现对各种外部设备的无缝连接。C66x DSP 提供大量的外部设备接口，除外部存储器接口、常用串行接口、并行接口外，还针对 C66x 的高速数据处理能力，配置了串行高速输入输出(SRIO)、高速外部设备互连总线(PCIe)、超链接接口(HyperLink)、千兆以太网(GBE)等高速数据接口。了解和掌握这些片上外设的特征、信号传输方式、使用方法等对于理解和掌握 C66x DSP 的架构具有重要的意义，同时可以为数字信号处理系统的软硬件设计提供重要的指导。

本章根据 C66x 片上外设的配置以及针对智能视频处理系统的需求，首先介绍 C66x 的时钟产生逻辑和外部存储器接口，然后对定时器、通用输入输出、I^2C、SPI、UART、McBSP 等低速接口进行介绍，针对视频处理的需求，本章还介绍了 EMAC、SRIO、HyperLink、PCIe 和 EDMA 的基本特点和使用方法，最后对 DSP 的代码引导接口进行介绍。

5.1　时钟产生逻辑

任何数字设备都需要时钟进行驱动，随着现在处理器速度的不断提高，不可能直接使用外部时钟作为系统的运行时钟，另外随着处理器内部模块的增加，不同模块需要有不同的处理速度，单一的时钟将无法满足系统运行的需要，为此现在的处理器一般都在内部配置有基于锁相环电路的时钟产生逻辑模块。时钟产生逻辑模块以参考时钟源作为输入，通过倍频/分频操作产生一路或多路系统时钟。

基于 KeyStone 架构的 DSP 配置了软件可编程锁相环(PLL)控制器，用户可以灵活而方便地以软件的方式配置 PLL 控制器的乘法器和除法器，为 DSP 内部的 CorePac、外设及其他各种模块提供需要的时钟。

5.1.1　PLL 控制器工作原理

基于 KeyStone 架构的 C66x DSP 的时钟产生逻辑模块包含 PLL 和 PLL 控制器(PLL Controller)两部分，其结构如图 5.1 所示。PLL 以外部时钟 CLKIN 作为输入，输出 PLLOUT 时钟给后续的PLL控制器，PLL控制器对输入的PLLOUT进行各类分频后产生SYSCLK1～SYSCLK16 提供给 DSP 内部的不同模块使用。

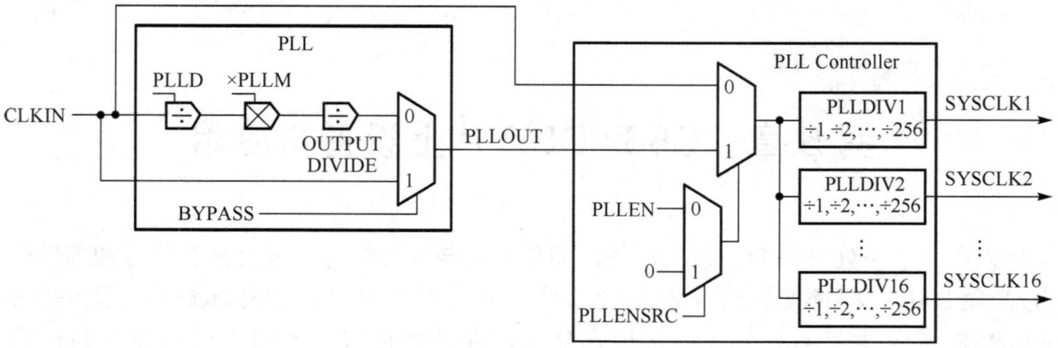

图 5.1　锁相环和锁相环控制器框图

如图 5.1 所示，PLL 模块具有两种工作模式，即旁通模式和锁相模式，模式的选择由控制寄存器的 BYPASS 位控制。在旁通模式下，CLKIN 直接输出为 PLLOUT。在锁相模式下，锁相环参与分频和倍频工作，即 CLKIN 经分频、倍频、分频后输出为 PLLOUT，其中分频值 PLLD、倍频值 PLLM 和分频值 OUTPUT_DIVIDE 由控制寄存器相应的字段控制。锁相模式下，PLLOUT 和 CLKIN 之间的关系为

$$\text{PLLOUT}=\frac{\text{CLKIN}\times(\text{PLLM}+1)}{(\text{PLLD}+1)\times(\text{OUTPUT\_DIVIDE}+1)} \tag{5.1}$$

PLL 控制器输入时钟可以是 CLKIN 或者 PLLOUT，由控制寄存器的 BYPASS、PLLEN、PLLENSRC 控制。由图 5.1 可知，只有在 BYPASS=0、PLLENSRC=0、PLLEN=1 的情况下，PLL 模块的分频器和倍频器才发挥作用，即整个时钟产生逻辑模块工作于锁相模式，否则 CLKIN 将作为 PLL 模块的输入时钟，整个时钟产生逻辑模块工作于旁通模式。

PLL 控制器内部包含 16 个分频器，各个分频器可以独立使能或者禁止。当分频器禁止时，该路分频器将不输出时钟。当分频器使能时，分频数可在 1～256 范围内进行设置，分频产生的时钟将可以作为系统时钟之一 SYSCLKx 提供给系统相应的模块。

5.1.2　PLL 控制寄存器

PLL 的工作模式由一组控制寄存器进行管理和控制，本节对其中几个主要的寄存器进行介绍，不同型号的 C66x DSP 的 PLL 控制寄存器会存在差异，在进行具体系统设计时可参考 *KeyStone Architecture Phase-Locked Loop*（PLL）User's Guide 及对应芯片的数据手册。

PLL 控制寄存器 PLLCTL 的比特构成如图 5.2 所示：PLLRST=1 用来复位 PLL 控制器；PLLPWRDN=1 将 PLL 置于电源关闭模式，PLL 模块内所有的模拟电路关闭；PLLEN 和 PLLENSRC 用来选择 PLL 控制器的输入时钟。

31　　6	5	4	3	2	1	0
Reserved	PLLENSRC	Reserved	PLLRST	Reserved	PLLPWRDN	PLLEN
R/W-n	R-n	R-n	R/W-n	R-n	R/W-n	R/W-n

图 5.2　PLL 控制寄存器 PLLCTL

PLL 第二控制寄存器 SECCTL 的比特构成如图 5.3 所示：BYPASS 控制 PLL 的工

作模式；PLL 模块输出分频器的分频值=OUTPUT DIVIDE+1，默认情况下其值为 1，即 2 分频。

31～24	23	22～19	18～0
Reserved	BYPASS	OUTPUT DIVIDE	Reserved
R-n	RW-n	RW-n	RW-n

图 5.3　PLL 第二控制寄存器 SECCTL

PLL 倍频器控制寄存器 PLLM 的比特构成如图 5.4 所示：PLLM 给出了 PLL 倍频值的低 6 位，PLL 倍频值的高 7 位和分频值 PLLD 由芯片级寄存器 MAINPLLCTL0 给出。

31～6	5～0
Reserved	PLLM
R-n	R/W-n

图 5.4　PLL 倍频器控制寄存器 PLLM

PLL 控制器分频寄存器 PLLDIV*n*(*n*=1～16)的比特构成如图 5.5 所示：PLL 控制器内第 *n* 分频器的分频值=RATIO+1，分频值的范围为 1～256；D*n*EN=1 表示第 *n* 个分频器使能，D*n*EN=0 表示第 *n* 个分频器禁止，不输出时钟。

31～16	15	14～8	7～0
Reserved	D*n*EN	Reserved	RATIO
R-n	R/W-n	R-n	R/W-n

图 5.5　PLL 控制器分频寄存器 PLLDIV*n*

PLL 控制器命令寄存器 PLLCMD 的比特构成如图 5.6 所示：GOSET 用来启动 PLL 控制器的分频工作，当 PLLDIV*n* 中的 RATIO 修改时，并不会马上影响 SYSCLK*n* 的输出，要使得新设置的 RATIO 生效，需要将 GOSET 置 1 来执行 GO 操作。

31～2	1	0
Reserved	Rsvd	GOSET
R-n	R/W-n	R/W-n

图 5.6　PLL 控制器命令寄存器 PLLCMD

5.1.3　TMS320C665x 的 PLL 模块

不同型号 C66x DSP 的 PLL 模块的构成和控制寄存器存在一定的差异，C665x 的 PLL 模块的 OUTPUT DIVIDE 固定为 2，PLL 控制器中共有 11 个分频器，即只保留 PLLDIV1～PLLDIV11，并且仅 PLLDIV2、PLLDIV5 和 PLLDIV8 的分频值软件可编程，其他的 PLLDIV*n* 的分频值取固定值，各分频器的分频值和功能如下。

(1) SYSCLK1：全速输出，即分频值为 1，作为 CorePac 的时钟使用。

(2) SYSCLK2：1/(RATIO+1) 速率输出，默认为 1/3 速率输出，其编程范围为 1～1/32，SYSCLK2 最大输出频率为 350MHz，用于 CorePac 仿真。

(3) SYSCLK3：1/2 速率输出，用于 MSMC、HyperLink 和 DDR EMIF 外设。

(4) SYSCLK4：1/3 速率输出，用于高速外设。

(5) SYSCLK5：1/(RATIO+1) 速率输出，默认为 1/5 速率输出，可在 32～210MHz 调整，仅用于系统跟踪模块。

(6) SYSCLK6：1/64 速率输出，用于 DDR3 EMIF 的 PTV 补偿缓存区。

(7) SYSCLK7：1/6 速率输出，用于低速外设，包括 GPIO、UART、Timer、I^2C、SPI、EMIF16、McBSP，并通过 SYSCLKOUT 引脚输出。

(8) SYSCLK8：1/(RATIO+1) 速率输出，默认为 1/64 速率输出，其编程的范围为 1/24～1/80，作为系统中的 slow_sysclk 使用。

(9) SYSCLK9：1/12 速率输出，用于智能功耗管理模块 SmartReflex。

(10) SYSCLK10：1/3 速率输出，仅用于 SRIO。

(11) SYSCLK11：1/6 速率输出，仅用于低功耗控制器 PSC。

另外，PLL 模块还会独立输出一个用于 DDR3 的时钟，该时钟直接由 PLLOUT 提供。

C665x DSP 的主 PLL 控制寄存器的比特构成如图 5.7 所示，其中图 5.7(a) 为 MAINPLLCTL0，图 5.7(b) 为 MAINPLLCTL1：PLLD 指定 PLL 模块中分频器的分频值；PLLM[12:6]与 PLLM 寄存器中的低 6 位一起构成 PLLM[12:0]，指定 PLL 模块中倍频器的倍频值；BWADJ = ((PLLM+1)>>1) − 1；为使 PLL 正常工作，ENSAT 必须为 1。寄存器 MAINPLLCTL0/1 位于 Bootcfg 空间，属于芯片级寄存器。

31　24	23　19	18　12	11　6	5　0
BWADJ[7:0]	Reserved	PLLM[12:6]	Reserved	PLLD
RW-0000 0101	RW-0000 0	RW-0000000	RW-000000	RW-000000

(a)

31　7	6	5　4	3　0
Reserved	ENSAT	Reserved	BWADJ[11:8]
RW-0000000000000000000000000	RW-0	RW-00	RW-0000

(b)

图 5.7　主 PLL 控制寄存器 MAINPLLCTL0/1

C665x DSP 的 DDR3 PLL 控制寄存器的比特构成如图 5.8 所示，其中图 5.8(a) 为 DDR3PLLCTL0，图 5.8(b) 为 DDR3PLLCTL1：PLLD 指定 PLL 模块中分频器的分频值；13 比特的 PLLM 指定 PLL 模块中倍频器的倍频值；BWADJ = ((PLLM+1)>>1) − 1；BYPASS=1 使能旁通模式；PLLRST=1 使 PLL 处于复位模式；为使 PLL 正常工作，ENSAT 必须为 1。

31　24	23	22　19	18　6	5　0
BWADJ[7:0]	BYPASS	Reserved	PLLM	PLLD
RW,+0000 1001	RW,+0	RW,+0001	RW,+0000000010011	RW,+000000

(a)

31　14	13	12　7	6	5　4	3　0
Reserved	PLLRST	Reserved	ENSAT	Reserved	BWADJ[11:8]
RW-000000000000000000	RW-0	RW-000000	RW-0	R-0	RW-0000

(b)

图 5.8　DDR3 PLL 控制寄存器 DDR3PLLCTL0/1

5.1.4　PLL 的初始化流程

复位后 PLL 和 PLL 控制器由软件初始化。PLL 控制器寄存器应该由 CPU 进行修改，外部主机如 PCIe 不能直接访问 PLL 控制器的寄存器。在初始化任何外设前，应该首先初始化 PLL 控制器。需要注意的是：位于 Bootcfg 空间的 PLL 配置寄存器(MAINPLLCTL0 和 MAINPLLCTL1)上电后处于写保护状态，所以在写任何芯片级寄存器之前需先解锁 KICK0 和 KICK1 寄存器，并且在写完芯片级寄存器后重新上锁 KICK0 和 KICK1 寄存器以避免意外的修改。

要使 PLL 模块工作于锁相模式，需遵循以下的初始化流程。

(1) 设备上电后，需要等待至少 100μs 以使 PLL 进入稳定状态。

(2) 检查 SECCTL 中 BYPASS 位的状态，如果 BYPASS=1 则执行以下步骤，否则跳到第(3)步；

① 将 MAINPLLCTL1 中的 ENSAT 置 1。

② 将 PLLCTL 中的 PLLEN 清 0，使能 PLL 控制器中复用器的旁通功能。

③ 将 PLLCTL 中的 PLLENSRC 清 0，使用 PLLEN 控制 PLL 控制器中的复用器。

④ 等待 4 个 CLKIN 周期以确保 PLL 控制器的复用器切换到旁通模式。

⑤ 将 SECCTL 中的 BYPASS 置 1，使能旁通模式。

⑥ 使 PLLCTL 中的 PLLPWRDN = 1，关闭 PLL。

⑦ 等待至少 5μs 以确保 PLL 关闭。

⑧ 将 PLLCTL 中的 PLLPWRDN 清 0 以重新启动 PLL，跳到第(4)步。

(3) 使能 PLL 控制器的 BYPASS。

① 将 PLLCTL 中的 PLLEN 清 0，使能 PLL 控制器中复用器的旁通功能。

② 将 PLLCTL 中的 PLLENSRC 清 0，使用 PLLEN 控制 PLL 控制器中的复用器。

③ 等待 4 个 CLKIN 周期以确保 PLL 控制器的复用器切换到旁通模式。

(4) 分别对 PLL 倍频控制寄存器 PLLM 中的 PLLM[5:0]和 MAINPLLCTL0 中的 PLLM[12:6]进行设置。

(5) 分别对 MAINPLLCTL0 中的 BWADJ[7:0]和 MAINPLLCTL1 中的 BWADJ[11:8]进行设置，并确保 BWADJ = ((PLLM+1) >> 1)−1。

(6) 设置 MAINPLLCTL 中的 PLLD 字段。

(7) 将 SECCTL 中的 OUTPUT_DIVIDE 置成 1，二分频。

(8) 需要的话设置 PLLDIV*n*。

(9) 将 PLLCTL 中的 PLLRST 置 1，执行 PLL 复位。

(10) 等待至少 7μs，确保 PLL 正确复位。

(11) 将 PLLCTL 中的 PLLRST 清 0，结束 PLL 复位。

(12) 等待至少 500×(PLLD+1) 个 REFCLK 时钟周期，以保证 PLL 可靠锁定。

(13) 将 SECCTL 中的 BYPASS 清 0，将 PLL 复用器切换到锁相模式。

(14) 将 PLLCTL 中的 PLLEN 置 1，将 PLL 控制器复用器切换到锁相模式。

(15) PLL 和 PLL 控制器被成功初始化为锁相模式。

如果系统中使用了 DDR3 外部存储器，则在完成主 PLL 和 PLL 控制器初始化流程后，需要进一步对 DDR3 的 PLL 模块进行初始化，并且在 DDR3 的 PLL 初始化之后复位 DDR 接口。DDR3 的 PLL 初始化步骤如下。

(1)将 DDR3PLLCTL1 中的 ENSAT 置 1。

(2)将 DDR3PLLCTL0 中的 BYPASS 置 1。

(3)设置 DDR3PLLCTL0 寄存器中的 PLLM 和 PLLD。

(4)设置 DDR3PLLCTL0 中的 BWADJ[7:0]，DDR3PLLCTL1 中的 BWADJ[11:8]，并确保满足 BWADJ = ((PLLM+1) >> 1)−1。

(5)将 DDR3PLLCTL1 中的 PLLRST 置 1，执行 PLL 复位。

(6)等待至少 5μs 以确保 PLL 可靠复位。

(7)将 DDR3PLLCTL1 中的 PLLRST 清 0，结束 PLL 复位。

(8)等待至少 500×(PLLD + 1)个 REFCLK 时钟周期，以保证 PLL 可靠锁定。

(9)将 DDR3PLLCTL0 中的 BYPASS 清 0，切换到锁相模式。

(10)完成 DDR3 PLL 的初始化。

5.2 外部存储器接口

C66x DSP 提供了两种外部扩展存储器的接口：EMIF16 模块和 DDR3 存储控制器。EMIF16 模块支持对异步 RAM 和 Flash 的访问，DDR3 存储控制器支持对 DDR3 SDRAM 的访问。

5.2.1 EMIF16 模块

EMIF16 模块支持对多种异步存储设备如 ASRAM、NOR、NAND 存储器的无缝连接。EMIF 模块提供四个片选信号，每个片选信号支持 64MB 的访问空间，总存储容量达到 256MB。这些存储器可用来记录数据，NOR Flash 可用于代码自举。EMIF 模块不支持如 DDR1 SDRAM、SDR SDRAM 和 Mobile SDR 等同步存储器，不支持 32 位的外部存储设备，不支持 OneNAND 和 PCMCIA 接口。

EMIF16 模块的特点如下。

(1)提供四个片选信号支持 256MB 寻址范围。

(2)支持 8 位和 16 位的数据宽度。

(3)每个片选的访问时序可编程。

(4)支持扩展的等待周期。

(5)支持选择选通模式。

(6)对 NOR Flash 支持页访问和突发访问模式。

(7)对 8 位和 16 位 NAND Flash 支持 1 位和 4 位 ECC，但不支持纠错功能。

(8)支持大端和小端模式。

EMIF16 异步存储器接口的外部信号包括以下部分。

(1)EMIFD[15:0]：输入输出，16 位数据总线。

(2)EMIFA[23:0]：输出，24 位地址总线。

(3) $\overline{\text{EMIFCE}}$[3:0]：输出，4 个片选信号。

(4) $\overline{\text{EMIFBE}}$[1:0]：输出，2 字节使能信号。

(5) $\overline{\text{EMIFWE}}$：输出，写使能信号。

(6) $\overline{\text{EMIFOE}}$：输出，输出使能信号。

(7) EMIFWAIT[1:0]：输入，访问等待信号。

(8) EMIFRnW：输出，读写控制信号。

1. ASRAM/NOR Flash 接口

EMIF16 接口支持与 ASRAM、NOR Flash 的无缝连接，图 5.9 以片选空间 0($\overline{\text{EMIFCE0}}$，即图中的$\overline{\text{CE0}}$)为例给出了 EMIF16 与外部存储器的连接示意图，其中图 5.9(a)是与 16 位异步存储器的连接，图 5.9(b)是与 8 位存储器的连接。EMIF16 访问 ASRAM/NOR Flash 的时序由 EMIF16 接口控制器管理，可由用户根据存储器的实际情况以软件的方式进行配置，设备连接中不使用访问等待信号 EMIFWAIT[1:0](图中的 WAIT[1:0])，即默认存储器完全满足访问时序要求，两个 WAIT 信号直接连接到 V_{cc}。

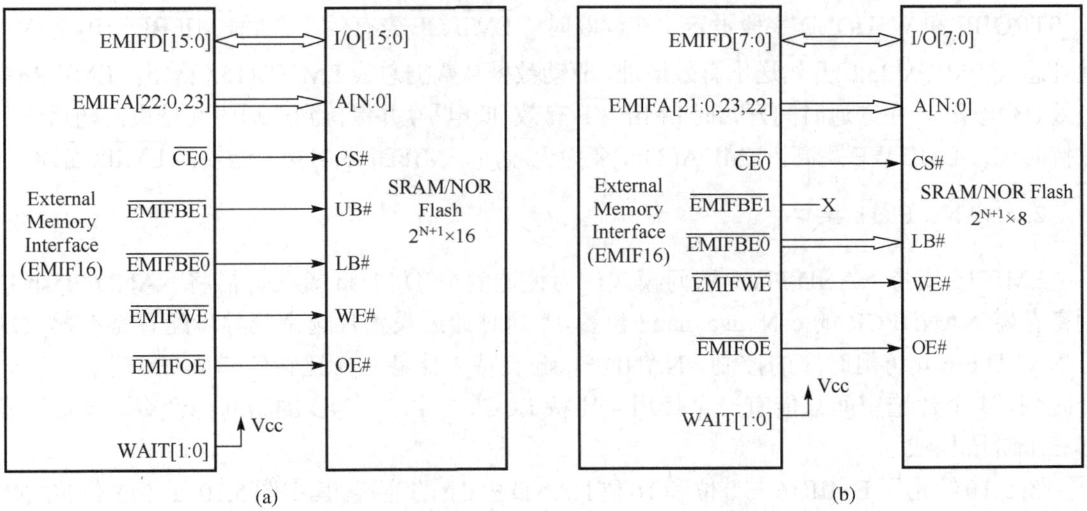

图 5.9　EMIF16 与 ASRAM/NOR Flash 的连接

EMIF16 支持两种选通方式：写信号选通和片选信号选通。EMIF16 的工作频率为 CPU 频率的 1/6，由 SYSCLK7 提供。

在写信号选通(WE Strobe)模式下，字节使能信号 $\overline{\text{EMIFBE}}$ [1:0]可作为当前片选空间的写选通信号，片选信号 $\overline{\text{EMIFCE}x}$ (x=0,1,2,3)在异步访问持续时间内始终保持有效。这个模式的主要优点是可以使用一个片选信号连接两个 8 位的设备，此时 2 字节使能信号连接到两个 8 位设备的写选通引脚。CE3 空间默认支持写信号选通模式，CE0～2 空间不支持写信号选通模式。

通过将相应片选空间异步配置寄存器中的“ss”位置 1 可激活片选信号选通(Select Strobe，SS)模式，每个片选空间都有一个对应的异步配置寄存器。在 SS 模式下，片选信号作为选通信号，所以片选信号 $\overline{\text{EMIFCE}x}$ 在读取时随着 $\overline{\text{EMIFOE}}$、在写入时随着 $\overline{\text{EMIFWE}}$ 仅在选通期间保持有效，$\overline{\text{EMIFBE}}$ [1:0]作为字节使能信号。所有 4 个片选空间都支持 SS 模式。

写信号选通模式不能和 SS 模式一起使用，SS 模式会覆盖写信号选通模式。EMIF16 还支持扩展等待模式，通过查询 EMIFWAIT[1:0]信号允许设备在异步访问时延长选通周期。

$\overline{\text{EMIFCE}}$、$\overline{\text{EMIFBE}}[1:0]$、$\overline{\text{EMIFWE}}$、$\overline{\text{EMIFOE}}$ 决定读写周期的开始和结束。在写操作时，需保证 $\overline{\text{EMIFCE}}$、$\overline{\text{EMIFWE}}$、$\overline{\text{EMIFBE}}[1:0]$ 有效；在读操作时，需保证 $\overline{\text{EMIFCE}}$、$\overline{\text{EMIFOE}}$、$\overline{\text{EMIFBE}}[1:0]$ 有效，$\overline{\text{EMIFWE}}$ 无效。

异步读操作的建立时间、选通时间和保持时间由异步配置寄存器的 R_SETUP、R_STROBE 和 R_HOLD 字段设定。在读取时，$\overline{\text{EMIFCE}}$ 先有效(低电平)，之后 $\overline{\text{EMIFBE}}[1:0]$ 有效(低电平)，地址总线 EMIFA[23:0]开始送出有效地址，在选通时间开始时 $\overline{\text{EMIFOE}}$ 有效(低电平)并保持到选通时间结束，随后为保持时间，$\overline{\text{EMIFOE}}$ 跳高、采样数据总线 EMIFD[15:0]的数据，最后在保持时间结束时 $\overline{\text{EMIFCE}}$ 和 $\overline{\text{EMIFBE}}[1:0]$ 跳高，地址总线 EMIFA[23:0]变为无效。

异步写操作的建立时间、选通时间和保持时间由异步配置寄存器的 W_SETUP、W_STROBE 和 W_HOLD 字段设定。在读取时，$\overline{\text{EMIFCE}}$ 先有效，之后 $\overline{\text{EMIFBE}}[1:0]$ 有效，地址总线 EMIFA[23:0]开始送出有效地址，驱动数据从数据总线 EMIFD[15:0]输出，EMIFRnW 有效(低电平)。在选通时间开始时 $\overline{\text{EMIFWE}}$ 有效(低电平)并保持到选通时间结束，随后进入保持时间，$\overline{\text{EMIFWE}}$ 跳高，EMIFA[23:0]变为无效，EMIFD[15:0]变为无效，$\overline{\text{EMIFCE}}$ 跳高。

2. NAND Flash 接口

EMIF16 支持 NAND Flash 访问模式，为使能 NAND Flash 模式，需将 NAND Flash 控制寄存器 NANDFCR 的 csN_use_nand 位置 1，同时通过设置片选空间异步配置寄存器实现对 NAND Flash 访问时序的控制。NAND Flash 支持 1 比特和 4 比特纠错码(ECC)，在同一个时刻，4 个片选空间只能有一个使用 4 比特 ECC。一次 NAND 的访问由命令、地址和数据三个阶段构成。

图 5.10 给出了 EMIF16 与 8 位和 16 位 NAND Flash 的连接，其中图 5.10(a)为 8 位 NAND 的连接，图 5.10(b)为 16 位 NAND 的连接。图中使用地址信号 EMIFA12 作为 NAND 的命令锁存信号，EMIFA11 作为 NAND 的地址锁存信号。每次 NAND Flash 的访问总是从命令阶段开始，此时数据总线 EMIFD[7:0]上传输命令，片选信号 $\overline{\text{EMIFCE}}$ 跳低，命令锁存信号 CLE 跳高，写使能信号 $\overline{\text{EMIFWE}}$ 的作用类似于驱动时钟，在 $\overline{\text{EMIFWE}}$ 从低跳高时，命令被 NAND 接收。之后的地址阶段，EMIFD[7:0]传送地址信息，$\overline{\text{EMIFCE}}$ 跳低，地址锁存信号 ALE 跳高，在 $\overline{\text{EMIFWE}}$ 从低跳高时，地址被 NAND 接收。最后进入数据阶段，$\overline{\text{EMIFCE}}$ 跳低，CLE 和 ALE 保持低电平，在 $\overline{\text{EMIFWE}}$ 或 $\overline{\text{EMIFOE}}$ 从低跳高时，通过 EMIFD 完成数据交互。

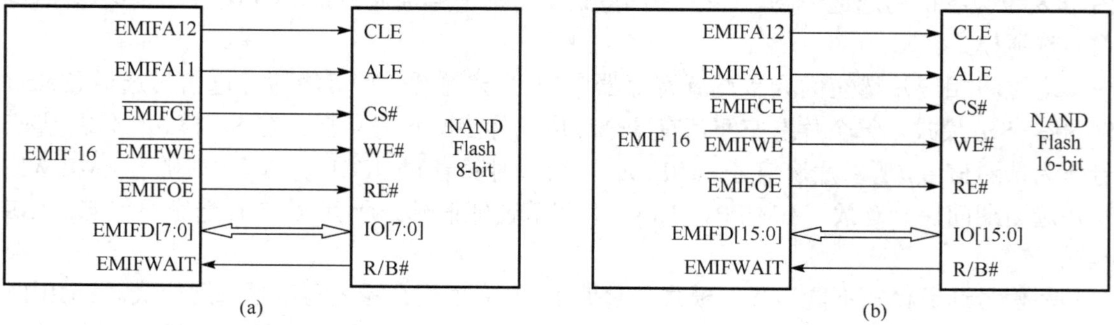

图 5.10　EMIF16 与 NAND Flash 的连接

3. EMIF16 寄存器

EMIF16 接口的工作模式由一组寄存器进行管理和控制，表 5.1 和表 5.2 分别给出了 A*n*CR 和 NANDFCR 的比特构成和各字段的意义，A*n*CR 共有 4 个，分别对应 4 个片选空间。EMIF16 的其他寄存器介绍可参阅 *KeyStone Architecture External Memory Interface (EMIF16) User Guide*。

表 5.1　A*n*CR 字段说明

比特	字段名	复位值	描述
31	SS	0	片选信号选通模式选择。 =0b：禁止片选信号选通模式 =1b：使能片选信号选通模式
30	EW	0	扩展等待周期模式。 =0b：禁止扩展等待周期模式 =1b：使能 WAIT 引脚的扩展等待周期模式
29～26	W_SETUP	0fh	写选通建立时间，EMIF16 时钟周期数
25～20	W_STROBE	3fh	写选通持续时间
19～17	W_HOLD	7h	写选通保持时间
16～13	R_SETUP	0fh	读选通建立时间
12～7	R_STROBE	3fh	读选通持续时间
6～4	R_HOLD	7h	读选通保持时间
3～2	TA	3h	连续访问间隔时间
1～0	ASIZE	—	异步存储器数据位宽。 =0b：8 比特数据总线 =1b：16 比特数据总线

表 5.2　NANDFCR 字段说明

比特	字段名	复位值	描述
31～14	Reserved	0	保留位，读取时其值为 0，写入无影响
13	ADDR_CALC_START	0	NAND Flash 4 比特 ECC 错误地址和错误值计算开始位：写 1 开始计算，写 0 无影响
12	4BIT_ECC_SRART	0	对选择的片选空间 NAND Flash 4 比特 ECC 启动位：写 1 启动 ECC 数据计算，写 0 无影响
11	CS5_ECC_START	0	CE3 空间 NAND Flash 1 比特 ECC 启动位：写 1 启动 ECC 数据计算，写 0 无影响
10	CS4_ECC_START	0	CE2 空间 NAND Flash 1 比特 ECC 启动位：写 1 启动 ECC 数据计算，写 0 无影响
9	CS3_ECC_START	0	CE1 空间 NAND Flash 1 比特 ECC 启动位：写 1 启动 ECC 数据计算，写 0 无影响
8	CS2_ECC_START	0	CE0 空间 NAND Flash 1 比特 ECC 启动位：写 1 启动 ECC 数据计算，写 0 无影响
7～6	Reserved	0	保留位，读取时其值为 0，写入无影响
5～4	4BIT_ECC_SEL	0	NAND Flash 4 比特 ECC 片选空间选择。 =00b：CE0 空间 =01b：CE1 空间 =10b：CE2 空间 =11b：CE3 空间
3	CS5_USE_NAND	0	CE3 的 NAND Flash 模式位。如果 CE3 使用 NAND 该位置 1
2	CS4_USE_NAND	0	CE2 的 NAND Flash 模式位。如果 CE2 使用 NAND 该位置 1
1	CS3_USE_NAND	0	CE1 的 NAND Flash 模式位。如果 CE1 使用 NAND 该位置 1
0	CS2_USE_NAND	0	CE0 的 NAND Flash 模式位。如果 CE0 使用 NAND 该位置 1

5.2.2 DDR3 存储控制器

DDR3 存储控制器实现和采用 JESD79-3C 标准的 SDRAM 设备连接，但不支持与 DDR1 SDRAM、DDR2 SDRAM、SDR SDRAM、SBSRAM 和异步存储器的连接。DDR3 存储控制器具有以下特点。

(1) 支持采用 JEDEC 标准 JESD79-3C 的 DDR3 设备。

(2) 提供 33 位地址，支持 8GB 的存储空间。

(3) 支持 16 位/32 位/64 位的数据总线宽度。

(4) CAS 等待时间可为 5、6、7、8、9、10 和 11 个时钟周期。

(5) 支持 1、2、4 和 8 个内部存储组(Bank)。

(6) 突发长度：8。

(7) 突发类型：顺序。

(8) 提供 1 个或 2 个片选，支持 8GB 寻址空间。

(9) 页尺寸：256 字、512 字、1024 字和 2048 字。

(10) 复位或配置更新后 SDRAM 自动初始化。

(11) 自我刷新模式。

(12) 优先级刷新调度。

(13) 可编程的 SDRAM 刷新率。

(14) 可编程的 SDRAM 时序参数。

(15) 支持大、小端模式。

(16) 支持 SDRAM 的 ECC 功能。

(17) 不支持无缓冲双通道内存模块 UDIMM 的地址镜像。

DDR3 控制器有两种时钟方案：用于驱动 DDR3 控制器的时钟和用于驱动 DDR3 I/O 接口的时钟。DDR3 控制器的时钟由 DSP/2 时钟域提供，I/O 接口的时钟由 DDR3 存储器时钟提供。

DDR3 控制器提供 64 位数据总线、33 位地址总线、两个差分时钟、两个片选、两个时钟使能以及一组命令信号以实现与外部 DDR3 的灵活连接，DDR3 控制器的信号具体如下。

(1) DDRD [63:0]：双向数据总线，读数据时作为输入，写数据时作为输出。

(2) DDRCB [7:0]：用作 ECC 字节通道的双向数据总线(校验位)，读数据时作为输入，写数据时作为输出。

(3) DDRA [15:0]：外部地址输出。

(4) $\overline{\text{DDRCE}}$[1:0]：低电平有效、CE1 和 CE0 空间的片选信号。

(5) DDRDQM [8:0]：高电平有效、输出数据屏蔽信号。

(6) DDR3CLKOUTP [1:0]和 DDR3CLKOUTN [1:0]：两路差分时钟输出。

(7) DDRCKE [1:0]：两个时钟使能信号(用于自刷新模式)。

(8) $\overline{\text{DDRCAS}}$：低电平有效、列地址选通信号。

(9) $\overline{\text{DDRRAS}}$：低电平有效、行地址选通信号。

(10) $\overline{\text{DDRWE}}$：低电平有效、写使能信号。

(11) DDRDQSP[8:0]和 DDRDQSN [8:0]：差分数据选通、双向信号。

(12) DDRODT[1:0]：外部 DDR3 SDRAM 的端接电阻信号。

(13) DDRBA [2:0]：Bank 地址输出信号。

(14) $\overline{\text{DDRRESET}}$：低电平有效、复位信号输出。

(15) VREFSSTTL：DDR3 内存控制器的参考电压，这个电压必须由外部提供。

(16) DDRSLRATE [1:0]：摆率信号。

DDR3 控制器支持多种 DDR3 连接的拓扑结构，支持多片、多种位宽的 DDR3 存储器组合。

DDR3 存储控制器通过对一组控制寄存器的编程来实现对各种 DDR3 存储器的访问。在进行系统配置时，首先应考虑存储器的物理结构和连接的拓扑结构，其次需考虑存储器的时序条件，在计算出对应的控制信息后，重点对 SDRAM 配置寄存器(SDCFG)、SDRAM 刷新控制寄存器(SDRFC)、SDRAM 时序寄存器(SDTIM1、SDTIM2 和 SDTIM3)进行编程，具体可参阅 *KeyStone Architecture DDR3 Memory Controller User's Guide*。表 5.3 和表 5.4 给出了 SDCFG 和 SDRFC 的比特构成和各字段的说明。

表 5.3　SDCFG 的字段说明

比特	字段名	描述
31～29	SDRAM_TYPE	=011b。SDRAM 类型，DDR3
28～27	IBANK_POS	内部 Bank 位置
26～24	DDR_TERM	定义端接电阻值； =000b：禁止端接电阻 =001b：RZQ/4 =010b：RZQ/2 =011b：RZQ/6 =100b：RZQ/12 =101b：RZQ/8
23	Reserved	保留位，读取时为 0
22～21	DYN_ODT	动态端接电阻； =00b：关闭动态 ODT =01b：RZQ/4 =10b：RZQ/2 =其他值：保留
20	DDR_DISABLE_DLL	禁止 DLL 选择； =0b：正常操作 =1b：禁止 SDRAM 的 DLL
19～18	SDRAM_DRIVE	SDRAM 驱动强度； =00b：RZQ/6 =01b：RZQ/7 =其他值：保留
17～16	CWL	CAS 写等待时钟个数，小的值可以提供更好的性能； =00b：5 个 =01b：6 个 =10b：7 个；3：8 个

续表

比特	字段名	描述
15～14	NM	DDR3 数据宽度； =00b：64 位 =01b：32 位 =10b：16 位
13～10	CL	CAS 等待时钟个数； =0010b：5 个 =0100b：6 个 =0110b：7 个 =1000b：8 个 =1010b：9 个 =1100b：10 个 =1110b：11 个 =其他值：保留
9～7	ROWSIZE	行地址位数； =000b：9 位 =001b：10 位 =010b：11 位 =011b：12 位 =100b：13 位 =101b：14 位 =110b：15 位 =111b：16 位
6～4	IBANK	设置所连接 SDRAM 内部 Bank 个数； =000b：1 个 Bank =001b：2 个 Bank =010b：4 个 Bank =011b：8 个 Bank
3	EBANK	设置外部片选信号； =0b：所有 SDRAM 访问都使用 $\overline{\text{DDRCE0}}$ =1b：SDRAM 访问使用 $\overline{\text{DDRCE0}}$ 和 $\overline{\text{DDRCE1}}$
2～0	PAGESIZE	设置所连接 SDRAM 的页尺寸； =000b：256 字 8 位列地址 =001b：512 字 9 位列地址 =010b：1024 字 10 位列地址 =011b：2014 字 11 位列地址

表 5.4 SDRFC 的字段说明

比特	字段名	描述
31	INITREF_DIS	初始化和刷新禁止； =0b：正常操作 =1b：禁止 SDRAM 初始化和刷新，但可执行读写操作
30	Reserved	保留位，读取时为 0
29	SRT	DDR3 自刷新温度范围； =0b：正常工作温度范围，如果 ASR=1 该位必须为 0 =1b：扩展工作温度范围
28	ASR	SDRAM 初始化控制比特； =0b：手动自刷新 =1b：使能自动自刷新
27	Reserved	保留位，读取时为 0

续表

比特	字段名	描述
26～24	PASR	部分阵列字刷新： =000b：所有阵列 =001b 或 101b：1/2 阵列 =010b 或 110b：1/4 阵列 =011b 或 111b：1/8 阵列 =100b：3/4 阵列
23～16	Reserved	保留位，读取时为 0
15～0	REFRESH_RATE	定义所连接 DDR3 的刷新率

不同型号的 C66x DSP 的 DDR3 存储控制器存在差异，C665x DSP 的 DDR3 存储控制器支持 16 位和 32 位、1.5V 的 DDR3 SDRAM，支持的 DDR3 速率包括 800MTS（兆次传输每秒）、1033MTS 和 1333MTS。

5.3　低速片上设备

5.3.1　定时器

C66x DSP 的定时器可以配置为 3 种工作模式。

(1) 64 位通用计时器。

(2) 双 32 位定时器（串联模式和非串联模式）。

(3) 看门狗定时器。

当配置为双 32 位定时器时，两个定时器可以协同工作（串联模式）或独立工作（非串联模式）。复位后，定时器默认配置在 64 位通用定时器模式，用户可通过对定时器控制寄存器的配置将定时器切换到看门狗模式，一旦定时器被配置成看门狗定时器，除复位操作外无法将定时器重新配置为通用定时器。

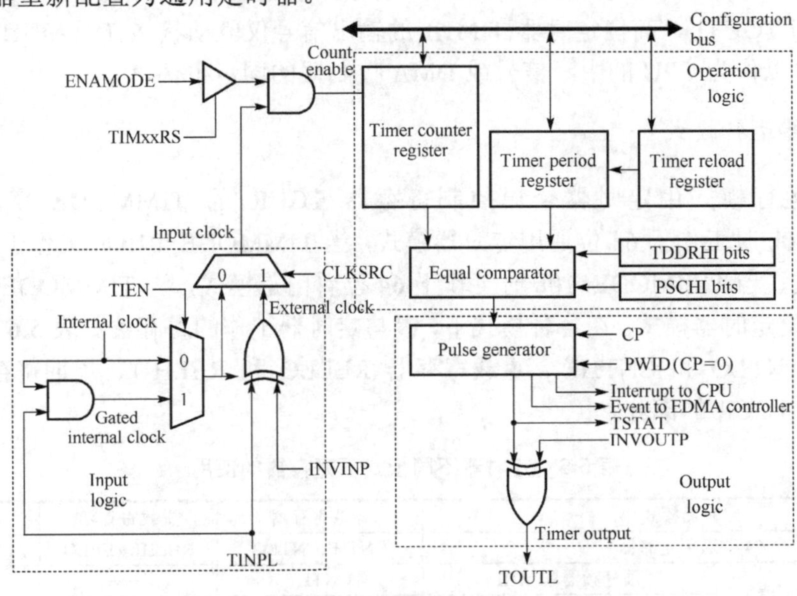

图 5.11　定时器结构

图 5.11 给出了 C66x 的定时器结构，C66x 定时器可以划分为 3 个模块：输入逻辑（Input logic）、输出逻辑（Output logic）和运行逻辑（Operation logic）。输入逻辑给出定时器时钟源的选择，输出逻辑确定定时器在满足定时条件时的输出模式，运行逻辑确定定时器的工作模式，三个模块的工作都通过相关控制寄存器的配置进行管理和控制。

1. 定时器输入/输出逻辑

定时器输入逻辑确定定时器的时钟源，由图 5.11 可知定时器输入时钟源（Input clock）可以来源于外部输入时钟（TINPL）、内部时钟（Internal clock）和选通的内部时钟（Gated internal clock），时钟源的选择由控制寄存器 TCR 的 CLKSRC 位和 TIEN 位联合控制，其逻辑关系如表 5.5 所示。在复位后，默认的时钟源为内部时钟。当定时器工作于非串联双 32 位定时器模式时，高位的定时器总是使用内部时钟作为时钟源。当时钟源选择为选通的内部时钟时，由图 5.11 可知，在 TINPL 为高电平时定时器在内部时钟的跳变沿开始计数，在 TINPL 为低电平时定时器停止计数。

表 5.5　定时器输入时钟源选择

CLKSRC	TIEN	输入时钟源
0	0	内部时钟（默认模式）
0	1	选通的内部时钟
1	X	外部输入时钟

定时器有两种基本输出模式：脉冲模式和时钟模式，TCR 的 CP_LO 和 CP_HI 比特分别控制高位定时器和低位定时器的输出模式。在 CP_LO=0 或 CP_HI=0 时，定时器以脉冲方式输出，脉冲宽度比特 PWID_LO 或 PWID_HI 决定输出脉冲的宽度为 1、2、3 或 4 个时钟周期，并且脉冲输出的极性可由 INVOUTP_LO 或 INVOUTP_HI 控制。在 CP_LO=1 或 CP_HI=1 时，定时器输出 50%占空比的时钟信号，并且在每次定时器到达定时周期时输出信号进行高低电平切换。低位定时器 TIMLO 的输出信号驱动定时器状态 TSTAT_LO 和定时器输出引脚 TOUTL，高位定时器 TIMHI 的输出信号仅驱动状态 TSTAT_HI。另外，定时器的输出可以作为 CPU 的中断信号或 DMA 控制器的同步事件。

2. 定时器运行模式

定时器运行模式由定时器全局控制寄存器 TGCR 的 TIMMODE 字段决定，当 TIMMODE=00b 时工作于 64 位通用定时器模式，当 TIMMODE=01b 时工作于非串联双 32 位定时器模式，当 TIMMODE=10b 时工作于 64 位看门狗模式，当 TIMMODE=11b 时工作于串联双 32 位定时器模式。在各种模式下，参与定时器工作的寄存器如表 5.6 所示，包括：计数寄存器（CNTLO 和 CNTHI）、重载寄存器（RELLO 和 RELHI）、周期寄存器（PRDLO 和 PRDHI）和 TGCR 的部分。

表 5.6　定时器不同模式下寄存器的使用

定时器模式		计数寄存器	重载寄存器	周期寄存器
64 位通用定时器		CNTHI:CNTLO	RELHI:RELLO	PRDHI:PRDLO
串联双 32 位定时器	预分频器 TIMHI	CNTHI	—	PRDHI
	定时器 TIMLO	CNTLO	—	PRDLO

续表

定时器模式		计数寄存器	重载寄存器	周期寄存器
非串联双 32 位定时器	定时器 TIMLO	CNTLO	RELLO	PRDLO
	带预分频器的定时器 TIMHI	TDDRHI+CNTHI	RELHI	PSCHI+PRDHI
64 位看门狗		CNTHI:CNTLO	—	PRDHI:PRDLO

1) 定时器模式

在复位后，定时器默认工作于 64 位通用定时器模式。在此模式下，由 CNTLO 和 CNTHI 构成 64 位计数寄存器，由 PRDLO 和 PRDHI 构成 64 位周期寄存器。当定时器使能时，在每个输入时钟的上升沿或下降沿计数器加 1，在计数器的值等于定时周期后的一个时钟，产生一个可屏蔽中断(TINTLO)、一个定时器事件(TEVTLO)，在 TOUTL 引脚上产生一个输出信号。在脉冲输出模式下，TOUTL 引脚产生一个脉宽为 1、2、3 或 4 个时钟周期的脉冲信号，脉宽由 TCR 中的 PWID_LO 位决定。当定时器工作于连续模式时，在计数达到定时周期时，定时器计数器清 0，当 ENAMOD_LO=11b 时，周期寄存器会重装入 RELLO 和 RELHI 中的值。定时器的停止、重启、复位、禁止可通过 TCR 的比特控制。

在串联双 32 位定时器模式下，高 32 位定时器 TIMHI 将作为低 32 位定时器 TIMLO 的预分频器。CNTHI 和 PRDHI 分别作为 TIMHI 的预分频计数寄存器和预分频周期寄存器，CNTLO 和 PRDLO 分别作为 TIMLO 的计数寄存器和周期寄存器。在定时器使能时，在每个输入时钟周期，CNTHI 加 1。在 CNTHI 等于 PRDHI 后的一个时钟，CNTHI 重新置 0，并产生一个时钟信号给 TIMLO，CNTLO 加 1。当 CNTLO 等于 PRDLO 后，将产生可屏蔽定时器中断(TINTLO)、定时器事件(TEVTLO)和输出信号。

在非串联双 32 位定时器模式下，TIMHI 配置为 1 个 4 位预分频器+32 位定时器，TIMLO 配置为 1 个 32 位定时器。TCR 中的分频比字段 TDDRHI 和预分频计数字段 PSCHI 分别作为 TIMHI 的预分频计数寄存器和预分频周期寄存器，CNTHI 和 PRDHI 作为 TIMHI 的计数寄存器和周期寄存器。在定时器使能时，在每个内部输入时钟周期，TDDRHI 加 1，当 TDDRHI 等于 PSCHI 后的一个时钟时，TDDRHI 清 0，同时产生一个时钟信号给 CNTHI 计数器，CNTHI 加 1。当 CNTHI 等于 PRDHI 后，将产生一个可屏蔽中断(TINTHI)和定时器 EDMA 事件，并且 RELHI 的值会重载入 PRDHI。CNTLO 和 PRDLO 分别作为 TIMLO 的计数寄存器和周期寄存器，在定时器使能时，CNTLO 在每个输入时钟周期加 1，当到达 PRDLO 的值时，产生中断、同步事件和输出信号。

2) 看门狗模式

定时器可配置为 64 位看门狗定时器。看门狗定时器可以用来避免程序进入死循环从而导致系统死机的情况。在看门狗定时器模式中，定时器需要一个周期性执行的特殊服务序列，如果没有该服务，当定时器计数器递增到定时器周期值时将产生一个看门狗超时事件。定时器被配置为看门狗定时器后，除复位外不能再重新配置为通用定时器使用。

当看门狗发生超时时，将在定时器输出引脚上产生一个脉冲信号，并触发一个内部可屏蔽中断 TINTLO。定时器输出引脚可以外接到 DSP 的不可屏蔽中断(NMI)引脚。看门狗定时器只能工作于 64 位模式，只能使用内部时钟，并只能输出脉冲信号。CNTLO 和 CNTHI 构成看门狗定时器的计数寄存器，PRDLO 和 PRDHI 构成看门狗定时器的周期寄存器。

要激活看门狗定时器，需遵循一定的步骤，图 5.12 给出了看门狗定时器的状态机。看门狗定时器一旦被激活，只有发生硬件复位或看门狗超时事件才会停止。当软件陷入死循环或发生其他软件错误时，为防止看门狗定时器被意外触发需要一个特殊的操作序列，为此需要在定时器结束计数前周期性地(可以使用另一个片上或片外定时器)向 WDTCR 中的 WDKEY 字段中依次写入 A5C6h 和 DA7Eh。WDKEY 字段中允许写入 A5C6h 和 DA7Eh，并且正确的顺序为先写 A5C6h 再写 DA7Eh，往 WDKEY 写入其他数据会立刻触发看门狗超时事件。在看门狗定时器工作时，对 WDTCR 其他字段的写操作将被忽略。当看门狗定时器处于超时状态时，定时器被禁止，WDEN 位清零，定时器复位，只有进行硬件复位才能再次使能看门狗定时器。

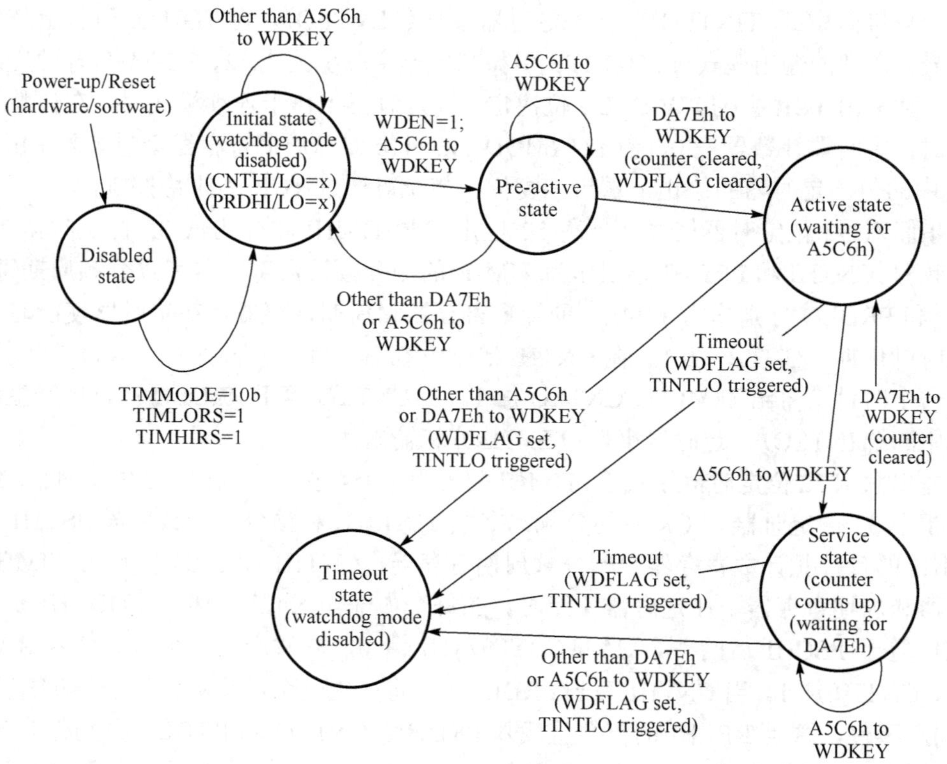

图 5.12　看门狗定时器状态机

如图 5.12 所示，硬件复位发生后，看门狗定时器处于禁止状态，但允许对看门狗定时器寄存器进行读写操作。一旦 WDEN 位被置位、A5C6h 被写入 WDKEY 字段，看门狗定时器便进入预激活状态。在预激活状态下，往 WDKEY 中写入 A5C6h 将看门狗定时器继续保持在预激活状态；写入 DA7Eh 则进入激活状态，写入其他值返回到初始状态。在激活状态下，往 WDKEY 中写入 A5C6h 将使看门狗定时器进入服务状态；往 WDKEY 中写入 A5C6h 或 DA7Eh 外的其他值，或者定时器超时，将进入超时状态。在服务状态下，往 WDKEY 中写入 A5C6h 使看门狗继续处于服务状态；往 WDKEY 中写入 DA7Eh 使看门狗进入激活状态；往 WDKEY 中写入 A5C6h 或 DA7Eh 外的其他值，或者定时器超时，将进入超时状态。

PRDHI、PRDLO、TCR 和 WDTCR 寄存器应在看门狗定时器进入激活状态前完成配置，在往 WDKY 中写 DA7Eh 之前 WDEN 需置 1。在激活和服务状态下，每次以正确的顺序写 WDKEY 后，看门狗定时器计数器将自动清 0。

3) 定时器附加模式

某些 KeyStone 架构 DSP 的定时器还提供附加的模式，包括周期重载、事件捕获和定时器计数寄存器读复位。

(1) 周期重载：当定时器由于正常终结产生超时、在事件捕获模式下产生外部输入事件、在读复位模式下读取定时器计数寄存器时，CNTLO 和 CNTHI 中的值将被复制到计数器捕获寄存器 CAPLO 和 CAPHI。

(2) 事件捕获：当 TGCR 中的 PLUSEN 位被置位且定时器处于 32 位非串联模式时，CNTLO 可被用于事件捕获模式。事件捕获模式只能使用内部时钟，并必须工作于连续模式。当事件捕获模式被使能时，TINPL 引脚发生信号跳变时会产生 CPU 中断和 EDMA 事件，将 CNTLO 中的值复制到 CAPLO 中，重载 PRDLO，复位 CNTLO 并重新启动计数。

(3) 定时器计数寄存器读复位：当 TGCR 中的 PLUSEN 被置位且定时器配置为 32 位非级联模式时，可以使用读复位模式。在读复位模式下，任何对 CNTLO 和 CNTHI 的读操作，会促使定时器停止计数，CNTLO 和/或 CNTHI 中的值被复制到 CAPLO 和/或 CAPHI 中，重载 PRDLO 和/或 PRDHI，然后重新开始计数。读复位模式不产生定时器输出事件或中断。

3. 定时器寄存器

定时器的工作需要计数寄存器 CNTLO 和 CNTHI、周期寄存器 PRDLO 和 PRDHI、重载寄存器 RELLO 和 RELHI、捕获寄存器 CAPLO 和 CAPHI 的参与，同时还受到定时器全局控制寄存器(TGCR)、定时器控制寄存器(TCR)和看门狗定时器控制寄存器(WDTCR)的影响，具体可参阅 *KeyStone Architecture TIMER64P User Guide*。

TGCR 包含定时器模式选择、定时器复位、非串联双 32 位定时器模式下的预分频计数器和周期等字段，TGCR 的比特构成和各字段的描述见表 5.7。

表 5.7　TGCR 的字段说明

比特	字段名	描述
31～16	Reserved	保留位，读取时为 0
15～12	TDDRHI	定时器分频比。当定时器工作于非串联双 32 位定时器模式时，作为 TIMHI 预分频计数器
11～8	PSCHI	预分频周期。当定时器工作于非串联双 32 位定时器模式时，作为 TIMHI 预分频周期寄存器
7～5	Reserved	保留位，读取时为 0
4	PLUSEN	定时器附加模式使能位； =0b：禁止附加模式 =1b：使能附加模式
3～2	TIMMODE	定时器模式选择； =00b：64 位通用模式 =01b：非串联双 32 位模式 =10b：64 位看门狗模式 =11b：串联双 32 位模式

续表

比特	字段名	描述
1	TIMHIRS	TIMHI 复位： =0b：TIMHI 处于复位状态 =1b：TIMHI 不处于复位状态
0	TIMLORS	TIMLO 复位： =0b：TIMLO 处于复位状态 =1b：TIMLO 不处于复位状态

TCR 的低 16 位决定 TIMLO 的运行模式和监控 TIMLO 的运行状态，高 16 位决定和监控 TIMHI 的运行，TCR 的高 16 位仅在定时器工作于非串联双 32 位模式时有效，TCR 的比特构成和各字段的说明见表 5.8。

表 5.8　TCR 的字段说明

比特	字段名	描述
31～27	Reserved	保留位，读取时为 0
26	READRSTMODE_HI	读复位模式使能： =0b：读 CNTHI 无影响 =1b：读 CNTHI 时复位 CNTHI
25～24	Reserved	保留位，读取时为 0
23～22	ENAMODE_HI	TIMHI 模式位： =00b：TIMHI 禁止，寄存器保持当前值 =01b：TIMHI 使能一次，当计数器达到周期值时停止计数 =10b：TIMHI 连续模式，在计数器达到周期值的下一个时钟，计数器清 0 并重新计数 =11b：TIMHI 连续模式，在 64 位定时器模式或非串联双 32 位模式下，在计数器达到周期值的下一个时钟，计数器清 0，重载寄存器的值复制到周期寄存器，计数器重新计数
21～20	PWID_HI	TIMHI 输出脉冲宽度： =00b：1 个时钟周期 =01b：2 个时钟周期 =10b：3 个时钟周期 =11b：4 个时钟周期
19	CP_HI	TIMHI 输出模式： =0b：脉冲模式 =1b：时钟模式
18	Reserved	保留位，读取时为 0
17	INVOUTP_HI	TIMHI 输出翻转控制： =0b：输出不翻转 =1b：输出翻转
16	TSTAT_HI	TIMHI 输出信号状态，只读： =0b：低电平 =1b：高电平
15～14	Reserved	保留位，读取时为 0
13～12	CAPEVTMODE_LO	捕获事件模式： =00b：在输入上升沿捕获 =01b：在输入下降沿捕获 =10b：在上升沿和下降沿捕获 =11b：保留

续表

比特	字段名	描述
11	CAPMODE_LO	捕获模式使能； =0b：非捕获模式 =1b：捕获模式，外部事件可以复位定时器
10	READRSTMODE_LO	读复位模式使能； =0b：读 CNTLO 无影响 =1b：读 CNTLO 时复位 CNTLO
9	TIEN_LO	输入时钟选通使能； =0b：定时器时钟不受定时器输入控制 =1b：定时器时钟在输入高电平时选通，并与内部时钟同步
8	CLKSRC_LO	时钟源选择； =0b：内部时钟 =1b：外部输入
7～6	ENAMODE_LO	TIMLO 模式位； =00b：TIMLO 禁止，寄存器保持当前值 =01b：TIMLO 使能一次，当计数器达到周期值时停止计数 =10b：TIMLO 连续模式，在计数器达到周期值的下一个时钟，计数器清 0 并重新计数 =11b：TIMLO 连续模式，在 64 位定时器模式或非串联双 32 位模式下，在计数器达到周期值的下一个时钟，计数器清 0，重载寄存器的值复制到周期寄存器，计数器重新计数
5～4	PWID_LO	TIMLO 输出脉冲宽度； =00b：1 个时钟周期 =01b：2 个时钟周期 =10b：3 个时钟周期 =11b：4 个时钟周期
3	CP_LO	TIMLO 输出模式； =0b：脉冲模式 =1b：时钟模式
2	INVINP_LO	输入时钟翻转控制； =0b：输出不翻转 =1b：输出翻转
1	INVOUTP_LO	TIMLO 输出翻转控制； =0b：输出不翻转 =1b：输出翻转
0	TSTAT_LO	输出信号 TOUTL 状态，只读； =0b：低电平 =1b：高电平

WDTCR 决定并监控看门狗定时器的状态，其比特构成和各字段定义见表 5.9。

表 5.9　WDTCR 的字段说明

比特	字段名	描述
31～16	WDKEY	看门狗定时器服务秘钥。要防止看门狗出现超时事件，需周期性地往 WDKEY 写入 A5C6h 和 DA7Eh
15	WDFLAG	看门狗标记，当看门狗进入激活状态时清 0； =0b：未出现看门狗定时器超时 =1b：看门狗超时事件发生
14	WDEN	看门狗定时器使能； =0b：看门狗定时器禁止 =1b：看门狗定时器使能
13～12	WDIDLEKEY	看门狗空闲使能。对该字段先写 01b 再写 10b 可使看门狗进入空闲模式；对该字段写 0 使看门狗退出空闲模式
11～0	Reserved	保留位，读取时为 0

5.3.2　通用目的输入输出

通用目的输入输出(GPIO)外设提供专用的通用输入输出引脚，可由用户配置为通用输入引脚或通用输出引脚。配置为通用输出引脚时，通过内部寄存器的写操作可以控制引脚的输出电平，配置为通用输入引脚时，通过读取内部寄存器来检测输入引脚的状态。另外，GPIO 外设支持以不同模式产生 CPU 中断和 EDMA 同步事件。不同系列的 C66x DSP 一般有不同的 GPIO 配置，有些 GPIO 引脚会与其他功能引脚复用，C665x DSP 提供 32 个 GPIO 引脚，具体可查阅相应 DSP 的用户手册。GPIO 外设包含两个模块：数据输入输出模块和事件中断发生模块，其结构框图如图 5.13 所示。

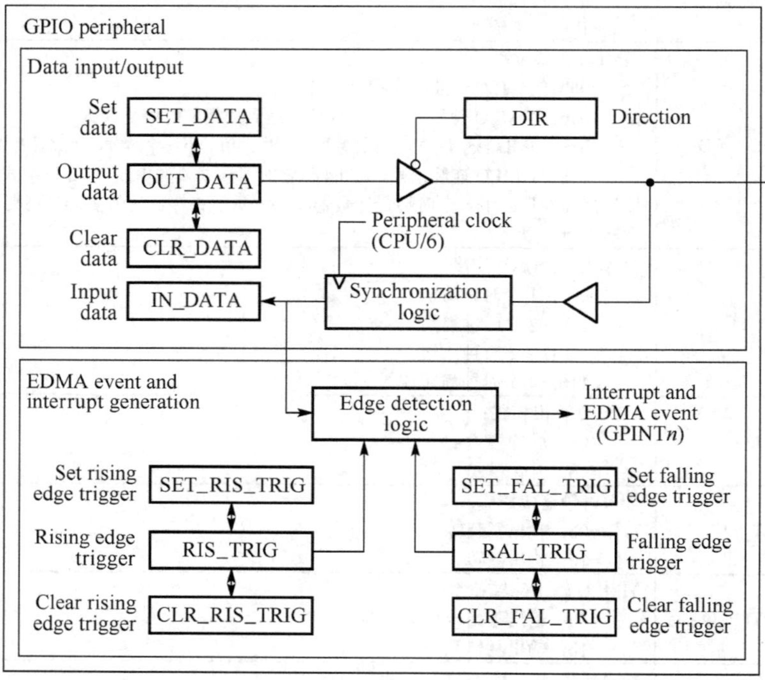

图 5.13　GPIO 外设结构框图

数据输入输出模块控制 GPIO 引脚的状态，其中方向寄存器 DIR 用来控制 GPIO 引脚的 IO 方向。在配置为输出时，软件可以通过写输出数据寄存器 OUT_DATA 来控制输出引脚的电平，也可以通过写设置数据寄存器 SET_DATA 来控制指定引脚输出高电平，写清除数据寄存器 CLR_DATA 来控制指定引脚输出低电平。在配置为输入时，通过读取输入数据寄存器 IN_DATA 来获得输入引脚的电平状态。

事件中断发生模块控制 GPIO 的中断或同步事件产生方式。中断和同步事件可以由 GPIO 引脚的上升沿和下降沿触发，分别由上升沿触发寄存器 RIS_TRIG 和下降沿触发寄存器 FAL_TRIG 控制，但 CPU 不能直接访问 RIS_TRIG 和 FAL_TRIG。如果要设置某个 GPIO 的上升沿触发中断或同步事件，可将设置上升沿中断寄存器 SET_RIS_TRIG 的对应位置 1。反过来，如果要清除上升沿触发，可将清除上升沿中断寄存器 CLR_RIS_TRIG 的对应位置 1。如果要设置某个 GPIO 的下降沿触发中断或同步事件，可将设置下降沿中断寄存器

SET_FAL_TRIG 的对应位置 1。反过来，如果要清除下降沿触发，可将清除下降沿中断寄存器 CLR_FAL_TRIG 的对应位置 1。

有关 GPIO 的具体操作和相关寄存器信息可参阅 *KeyStone Architecture General Purpose Input/Output（GPIO）User Guide*。

5.3.3　I²C 接口

I²C 模块提供了 KeyStone 设备与其他符合 I²C 总线规范的设备之间的通信接口，所有连接到 I²C 总线上的设备可以实现相互的数据收发。KeyStone 架构的 C66x DSP 的 I²C 模块具有如下特点。

(1) 符合飞利浦半导体 I²C 总线 2.1 版本的规范。

① 支持字节格式数据传输。

② 支持 7 位和 10 位寻址模式。

③ 启动(START)字节模式。

④ 支持多主发和从收模式、多从发主收模式、组合的主发/收和收/发模式。

⑤ 支持 10～400Kbit/s 的数据传输速率。

(2) 1～8 位数据格式传输。

(3) 支持自由数据格式传输。

(4) 可供 DMA 使用的 1 个接收 DMA 事件和 1 个发送 DMA 事件。

(5) 可供 CPU 使用的 7 个中断信号。

(6) I²C 模块具有使能/禁止功能。

1. I²C 接口结构

KeyStone 架构的 I²C 模块具有图 5.14 所示的结构，包括数据引脚 SDA 和时钟引脚 SCL 组成的外部串行信号接口，由寄存器 ICDXR、ICXSR、ICRSR、ICDRR 构成的双缓冲数据收发逻辑、时钟同步器、预分频器、噪声滤波器、总线仲裁器、一组控制/状态寄存器和中断同步事件发生逻辑。

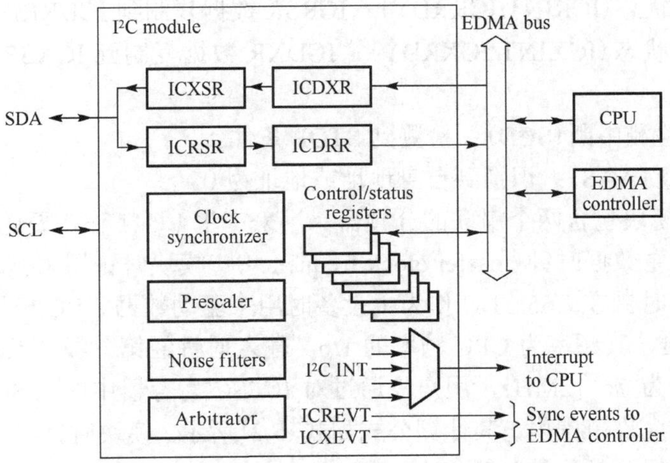

图 5.14　I²C 接口结构

I^2C 的工作由一组控制/状态寄存器进行管理，包括以下内容。

(1) 模式寄存器：模式寄存器 ICMDR、扩展模式寄存器 ICEMDR。

(2) 地址寄存器：当 C66x I^2C 作为从设备时的自身地址寄存器 ICOAR、从设备地址寄存器 ICSAR。

(3) 数据收/发寄存器：数据接收寄存器 ICDRR、数据发送寄存器 ICDXR、数据计数寄存器 ICCNT。

(4) 时序管理寄存器：时钟分频寄存器 ICCLKL 和 ICCLKH、预分频寄存器 ICPSC。

(5) 中断事件管理寄存器：中断屏蔽寄存器 ICIMR、中断状态寄存器 ICSTR、中断矢量寄存器 ICIVR。

I^2C 模块对外接口为 SDA 和 SCL，分别用来传输串行数据和时钟信号。I^2C 模块对内可产生中断信号给 CPU，也可以产生收、发同步事件给 DMA 控制器，同时 I^2C 连接到 EDMA 总线实现与 CPU 或 EDMA 的数据交互。

双缓冲收发逻辑完成 I^2C 总线数据的收发。在发送时，CPU 或 EDMA 将待传输数据写入 I^2C 发送寄存器 ICDXR，然后在满足发送条件下，数据从 ICDXR 复制到 I^2C 发送移位寄存器 ICXSR，在复制时可以产生 CPU 发送中断或 DMA 发送同步事件，随后在 SCL 时钟驱动下数据在 ICXSR 中完成并串转换，并逐位输出。在接收时，SDA 上的数据在 SCL 的控制下逐位移入 I^2C 接收移位寄存器 ICRSR，在完成指定位宽数据的接收后，数据从 ICRSR 复制到 I^2C 数据接收寄存器 ICDRR，并产生 CPU 接收中断或 DMA 接收同步事件，然后 ICDRR 中的数据可由 CPU 或 DMA 读取。

中断和同步事件的产生方式由 I^2C 的 ICIMR 进行设置，中断和事件的状态可通过 ICSTR 和 ICIVR 进行查询。C66x I^2C 模块可以产生 7 种中断，每种中断在 ICSTR 和 ICIMR 中都有对应的比特，7 种中断分别如下。

(1) 仲裁丢失中断(AL)：仲裁过程丢失或出现非法的 START/STOP 条件。

(2) 无确认信号中断(NACK)：主设备未收到接收设备的确认信号。

(3) 寄存器访问准备好(ARDY)：当之前编程的地址、数据和命令已被中断执行并且状态已更新时产生，用于通知控制器可再次访问寄存器。

(4) 接收中断/状态(ICRINT/ICRRDY)：ICRSR 数据复制到 ICDRR。

(5) 发送中断/状态(ICXINT/ICXRDY)：ICDXR 数据复制到 ICXSR，并从 SDA 引脚输出。

(6) 结束条件检测中断(SCD)：检测到 STOP 条件。

(7) 从地址中断(AAS)：识别到自身地址或地址为 0。

I^2C 的预分频模块包含两个串联的分频器，用来产生 I^2C 工作需要的模块时钟(module clock frequency)和主数据时钟(master clock frequency)。模块时钟用来驱动整个 I^2C 模块的正常工作，主数据时钟在 C66x I^2C 作为主设备时用来驱动数据。I^2C 模块的输入时钟来自于 PLL 模块的输出，其频率为 CPU 频率的 1/6。输入时钟经第一级分频后产生模块时钟，模块时钟工作范围为 7～12MHz，用户需通过对 ICPSC 寄存器中的 IPSC 字段进行设置以将模块时钟控制在允许范围内，其计算公式如式(5.2)所示。模块时钟经第二级分频器后产生主数据时钟，该级分频器的分频值由 ICCLKL 中的 ICCL 字段和 ICCLKH 中的 ICCH 字段共同决定，其计算公式如式(5.3)所示：

$$模块时钟频率 = \frac{I^2C输入时钟频率}{(IPSC+1)} \tag{5.2}$$

$$主数据时钟频率 = \frac{模块时钟频率}{(ICCL+6)+(ICCH+6)} \tag{5.3}$$

I^2C 总线上允许连接多个 I^2C 设备，当总线上多个主设备同时发起数据发生请求时，总线仲裁器将参与工作，此时第 1 个驱动 SDA 高电平输出的主发送设备将获得总线占用权。在这种情况下，时钟同步器也将参与工作以保证数据的正常接收。时钟同步器执行线与操作，即将多个主发送设备的 SCL 进行与操作以产生最终的 I^2C 总线 SCL 信号。

2. I^2C 数据传输

I^2C 通过 SCL 和 SDA 实现数据的串行传输，在与外部 I^2C 设备的连接中，SCL 和 SDA 信号线必须通过电阻上拉到供电电压，以保证在 I^2C 总线空闲时，SDA 和 SCL 都处于高电平。I^2C 每次数据传输总是以起始条件(START)开始，以结束条件(STOP)结束，在 START 之后一般跟随从设备地址信息和读写信息，再之后为传输的数据，每个传输单位之后一般跟随有接收设备的确认信号(ACK)。

I^2C 总线上设备的定义如下。

(1) 主设备：发起数据传输的设备，即产生 SCL 信号的设备。

(2) 从设备：应答数据传输的设备，即接收 SCL 信号的设备。

(3) 发送设备：发送数据的设备。

(4) 接收设备：接收数据的设备。

在数据传输过程中，上述 4 种设备的定义会进行不同的组合。例如，一个主设备发起数据读取的请求，首先会申请 I^2C 总线的占用，产生 SCL 信号，并发送从设备的地址到 SDA 信号线上，此时该主设备为主发送设备，之后等待从设备的响应并接收从设备的数据，该设备就切换为主接收设备。

I^2C 总线数据传输的示意图如图 5.15 所示，基本逻辑如下。

(1) START：在 SCL 为高电平时，SDA 从高电平下跳为低电平标志 START 条件。

(2) STOP：在 SCL 为高电平时，SDA 从低电平上跳为高电平标志 STOP 条件。

(3) SCL 信号线上一个时钟周期对应 SDA 信号线上一比特的数据。

(4) 在数据传输过程中，SDA 信号只能在 SCL 为低电平时产生电平变化。

(5) 由接收设备产生 ACK 信号，发生设备接收和检测 ACK 信号。

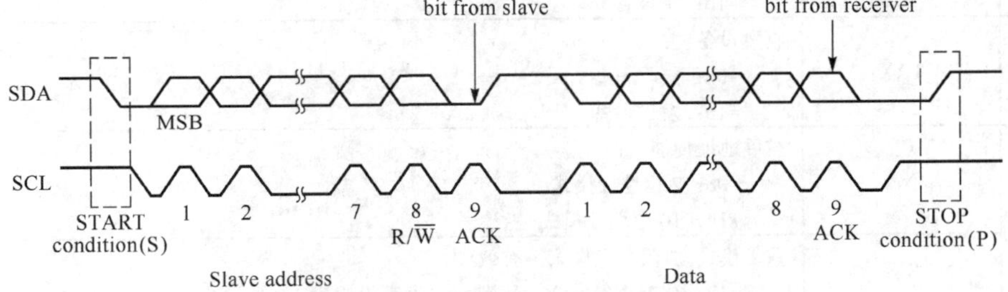

图 5.15　I^2C 数据传输

C66x 的 I^2C 模块支持 3 种数据格式：7 位地址模式、10 位地址模式和自由数据格式模式。当 ICMDR 中的扩展地址模式使能位 XA=0 时，I^2C 采用 7 位地址模式，当 XA=1 时，I^2C 采用 10 位地址模式。如果需要采用自由数据格式，则应将 ICMDR 中的自由数据格式模式位 FDF 置成 1。

在 7 位地址模式下，START 条件后的第 1 字节由 7 位地址加 1 位读写（$R/\overline{W}$）控制位构成，如图 5.15 所示。在 $R/\overline{W}$ 位后，从设备响应 ACK 位，之后发送设备会输出 n 位的数据，n 可在 1～8 选择，由 ICMDR 的位数 BC 字段决定。在 n 位数据传输完成后，接收设备会响应 ACK 位。

在 10 位地址模式下，从设备地址分 2 字节传输。在 START 条件后，首先发送 11110b+高 2 位地址+$R/\overline{W}$，在从设备响应 ACK 位后，发送低 8 位地址，从设备再次响应 ACK 位，之后进入数据传输。

自由数据格式模式是一种无从设备地址的传输模式，在 START 条件后直接进行数据的传输，在每个传输单位后跟随 ACK 位。需要注意的是，自由数据格式模式传输需要发送设备和接收设备都支持该模式，并且在传输过程中数据的传输方向保持不变。

3. I^2C 寄存器

I^2C 的工作受一组寄存器的控制和反应，本节仅给出 I^2C 模式寄存器 ICMDR 的介绍，关于其他寄存器的介绍可参阅 *KeyStone Architecture Inter-IC Control Bus*（*I^2C*）*User Guide*。ICMDR 主要包含 I^2C 模块的控制位，其比特构成和各字段的定义见表 5.10。

表 5.10　ICMDR 的字段说明

比特	字段名	描述
31～16	Reserved	保留位，读取时为 0
15	NACKMOD	无确认模式位； =1b：在下一个确认周期发送 NACK 信号给发送器
14	FREE	自由运行模式位； =1b：仿真模式下，遇到断点 I^2C 继续正常工作
13	STT	START 条件位（仅主模式下有效）； =1b：总线上输出 START 条件
12	Reserved	保留位，读取时为 0
11	STP	STOP 条件位（仅主模式下有效）； =1b：总线输出 STOP 条件
10	MST	主从设备位； =0b：从设备 =1b：主设备
9	TRX	收发设备位； =0b：接收设备 =1b：发送设备
8	XA	扩展地址使能位； =0b：7 位地址模式 =1b：10 位地址模式
7	RM	重复模式位（仅主发模式下有效）； =1b：数据重复发送，直到 STP 手动设置为 1

续表

比特	字段名	描述
6	DLB	数字环路模式位； =1b：数字环路模式使能，且 MST 必须为 1
5	IRS	I^2C 复位位； =0b：I^2C 复位/禁止 =1b：I^2C 使能
4	STB	START 字节模式位(仅主模式下有效)； =1b：设置 I^2C 为 START 字节模式，此时 I^2C 启动条件包括 1 个 START 条件、1 个 START 字节(0000 0001b)、1 个空的确认时钟脉冲、1 个 START 条件
3	FDF	自由数据格式模式位； =1b：自由数据格式模式使能
2～0	BC	控制每个传输数据的位数； =000b：8 位 =001b：1 位 =010b：2 位 =011b：3 位 =100b：4 位 =101b：5 位 =110b：6 位 =111b：7 位

5.3.4　SPI

SPI 作为一个同步串行输入/输出端口实现与外部设备的数据通信，典型的外部设备包括移位寄存器、显示驱动器、SPI EPROM 和模数转换器等。KeyStone 架构 C66x 的 SPI 具有以下的特点。

(1) 仅能作为主设备使用。

(2) 采用缓冲的输入/输出逻辑。

(3) 支持 2～16 位长度的数据传输，传输顺序(高位在前或低位在前)可调。

(4) 支持可编程的时钟频率和传输速率，最高达 66MHz。

(5) 支持三线和四线接口方式。

(6) 时钟极性、相位可编程。

(7) 片选信号建立时间和保持时间可编程。

(8) 具有中断和同步事件发生。

KeyStone 架构 C66x 的 SPI 结构如图 5.16 所示，整个接口包括外部信号接口、数据收发逻辑、模式和时钟产生逻辑、内部信号接口。

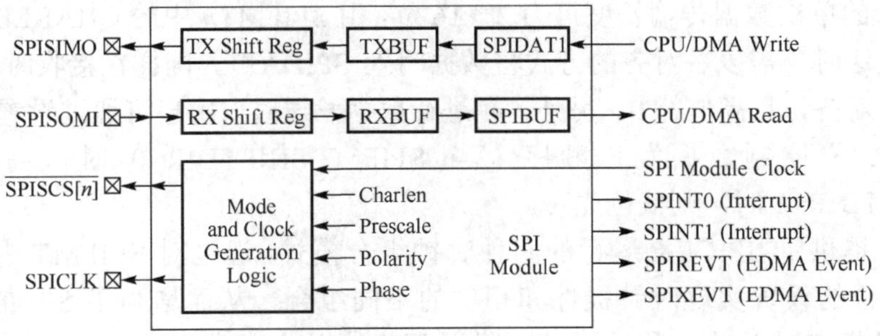

图 5.16　SPI 结构

外部信号接口支持三线模式和四线模式。三线模式包括从入主出 SPISIMO、从出主入 SPISOMI 和时钟 SPICLK 信号线。SPISIMO 信号线对于从设备为输入、对于主设备为输出，由于 C66x 的 SPI 只能作为主设备使用，所以 SPISIMO 即为 C66x 的 SPI 输出数据线。对应地，SPISOMI 为 C66x 的 SPI 输入数据线。SPICLK 传输 SPI 时钟信号，每个时钟周期对应 SPISIMO 或 SPISOMI 的一位数据。当 SPI 总线上仅连接 1 个从设备时，可以使用三线模式。如果 SPI 总线连接超过 1 个从设备，需采用四线模式。四线模式是在三线模式的基础上，增加了从设备片选信号 $\overline{\text{SPISCS}[n]}$，其中 n=0、1。C66x 只和 $\overline{\text{SPISCS}[n]}$ 为低电平的设备进行 SPI 数据传输。

CPU 内部信号接口包括连接 CPU/DMA 的数据传输接口、中断和 EDMA 事件。数据传输接口中的 CPU/DMA Write 实现将待发送数据写入 SPI 的发送寄存器 SPIDAT1，CPU/DMA Read 负责从 SPI 缓冲器 SPIBUF 中读取 SPI 接收的数据。SPI 可产生两个中断信号 SPIINT0 和 SPIINT1，用户可通过控制寄存器的配置来设置各个中断的产生原因。SPI 还可产生接收同步事件 SPIREVT 和发送同步事件 SPIXEVT，以实现基于 EDMA 的 SPI 数据收发。

数据收发逻辑包括发送逻辑和接收逻辑。发送逻辑由 SPIDATA1、发送缓冲器 TXBUF、发送移位寄存器组成，待发送的数据可由 CPU 或 DMA 写入 SPIDATA1，在 TXBUF 空闲时，数据由 SPIDATA1 复制到 TXBUF，在发送移位寄存器空闲时，数据可由 TXBUF 复制到发送移位寄存器，同时设置发送器空中断标志。发送器空中断标志可以触发中断，也可以触发 EDMA 的发送同步事件。接收逻辑由接收移位寄存器、接收缓冲区 RXBUF 和 SPIBUF 组成，从设备发来的数据首先由接收移位寄存器完成串并转换，到接收到指定位数的数据时，将数据复制到 RXBUF，在 SPIBUF 空闲时，数据再从 RXBUF 复制到 SPIBUF，同时设置接收器满中断标志。接收器满中断标志可以触发中断，也可以触发 EDMA 的接收同步事件。

模式和时钟产生逻辑控制 SPI 数据传输的时钟以及数据格式。SPI 的输入时钟 SPI Module Clock 来自于 PLL 模块的输出。对于 C665x DSP，该输入时钟为 PLL 输出的 SYSCLK7，其频率为 CPU 时钟的 1/6。SPI 根据 SPI 数据格式寄存器 SPIFMTn(n=0～3，即支持 4 种数据格式的配置)中的预分频字段 PRESCALE 对输入时钟进行分频得到 SPI 时钟 SPICLK，其计算公式如式(5.4)所示：

$$\text{SPICLK} = \frac{\text{SPI模块输入时钟}}{\text{SPIFMT}n.\text{PRESCALE} + 1} \tag{5.4}$$

C66x SPI 的单次数据传输长度可为 2～16 位，由 SPIFMTn 中的 CHARLEN 字段决定。在进行数据发送时，需以右对齐的方式将数据写入 SPIDAT1。同样在接收时，SPIBUF 中的数据也是右对齐，且高位补 0。另外，在进行数据发送时，用户可通过设置 SPIFMTn 中的 SHIFTDIR 位控制数据发送顺序，当 SPIFMT.SHIFTDIR=0 时，高位先传，当 SPIFMT.SHIFTDIR=1 时，则低位先传。

C66x SPI 提供了 SPICLK 运行的四种时钟组合模式，通过对 SPIFMT 中 POLARITY 位和 PHASE 位的设置实现时钟极性和相位的不同组合，从而增强了 SPI 的适用性。所谓时钟极性是指在时钟的上升沿还是下降沿驱动数据输出或者采集接收数据，相位是指第一位数据和第一个时钟跳变沿之间的关系。C66xSPI 的四种时钟组合模式如表 5.11 所示。

表 5.11　SPI 时钟组合模式

POLARITY	PHASE	组合模式
0	0	在 SPICLK 的上升沿驱动数据输出，在下降沿采集输入数据
0	1	在 SPICLK 第一个上升沿之前半个周期以及之后的下降沿驱动数据输出，在上升沿采集输入数据
1	0	在 SPICLK 的下降沿驱动数据输出，在上升沿采集输入数据
1	1	在 SPICLK 第一个下降沿之前半个周期以及之后的上升沿驱动数据输出，在下降沿采集输入数据

一个使用 DMA 完成 SPI 数据传输的 SPI 初始化流程如下。

(1)将 SPI 全局控制寄存器 SPIGCR0 中的 RESET 位清 0 来复位 SPI。

(2)将 SPIGCR0.RESET 置 1 结束复位。

(3)将 SPIGCR1 中的 CLKMOD 和 MASTER 置 1，将 SPI 配置为主设备模式。

(4)通过配置 SPI 引脚控制寄存器 SPIPC0 将 SPI 设置为三线或四线模式。

(5)通过配置 SPI 发送数据寄存器 SPIDAT1 中的 DFSEL 位来选择要使用的 SPIFMT*n*。

(6)配置第(5)步中选择的 SPIFMT*n*，设置需要的 SPI 数据传输的预分频值 PRESCALE、数据长度 CHARLEN、相位 PHASE、极性 POLARITY、数据发送顺序 SHIFTDIR 及其他格式选项。

(7)通过配置 SPI 延迟寄存器设置主设备延迟选项。

(8)通过配置 SPI 中断寄存器 SPIINT0 和 SPI 中断映射寄存器 SPILVL 选择错误中断通知。

(9)通过将 SPIGCR1 的 SPI 使能位 ENABLE 置 1 来使能 SPI 通信。

(10)通过将 SPIINT0 中的 DMAREQEN 置 1 来使能 DMA 服务。

(11)使用 DMA 处理 SPI 的数据传输请求，使用中断服务程序处理 SPI 错误条件。

有关 SPI 的具体操作和相关寄存器信息可参阅 *KeyStone Architecture Serial Peripheral Interface (SPI) User Guide*。

5.3.5　UART 接口

通用异步收发器(UART)是基于工业标准 TL16C550(TL16C450 的功能升级版本)的异步通信单元。C66x UART 模块支持基于 FIFO 模式的数据收发，收发器 FIFO 的深度都为 16 字节，同时 C66x UART 模块支持中断和 EDMA 同步事件，从而可以极大地缓解 CPU 的工作负荷。C66x UART 模块包括一个可编程波特率发生器，可以对输入时钟进行 1～65535 分频，并为内部发送器和接收器逻辑提供 16 倍或者 13 倍的参考时钟。

1. UART 接口结构

KeyStone 架构 C66x 的 UART 接口结构如图 5.17 所示，整个接口包括外部信号接口、数据收发逻辑、时序控制逻辑、线路控制逻辑、中断与事件控制逻辑、内部信号接口。

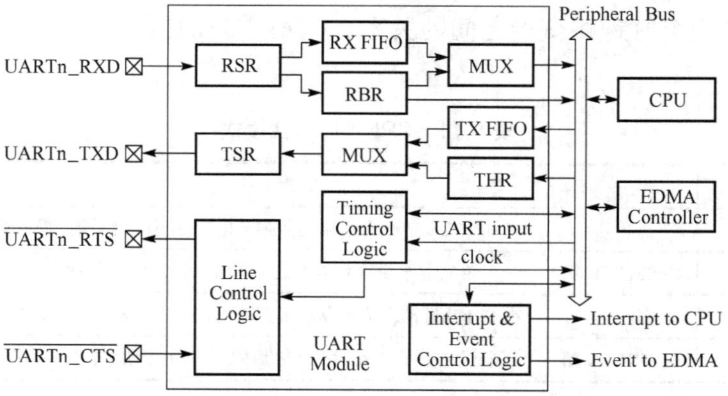

图 5.17　UART 接口结构

外部信号接口实现 UART 与外部 UART 设备的信号连接。要实现双向通信，至少需要图 5.17 中所示的接收信号线 UARTn_RXD 和发送信号线 UARTn_TXD，如果两个 UART 设备都支持自动流控模式，则还需要清除发送握手信号 $\overline{\mathrm{UARTn\_CTS}}$ 和请求发送握手信号 $\overline{\mathrm{UARTn\_RTS}}$。UARTn_RXD 为输入信号，用来接收串行数据，UARTn_TXD 为输出信号，用来发送串行数据。

$\overline{\mathrm{UARTn\_CTS}}$ 为低电平有效输入信号，在自动流控模式下，只有当 $\overline{\mathrm{UARTn\_CTS}}$ 有效时，UARTn_TXD 才能发送信号。$\overline{\mathrm{UARTn\_RTS}}$ 为低电平有效输出信号，在自动流控模式下，当接收器需要继续接收数据时将发送有效的 $\overline{\mathrm{UARTn\_RTS}}$ 给对方设备。因此在两个 UART 设备以自动流程模式互连时，$\overline{\mathrm{UARTn\_CTS}}$ 和 $\overline{\mathrm{UARTn\_RTS}}$ 将作为数据收发的一对握手信号，交叉连接，即设备 1 的 $\overline{\mathrm{UARTn\_RTS}}$ 连接到设备 2 的 $\overline{\mathrm{UARTn\_CTS}}$，设备 1 的 $\overline{\mathrm{UARTn\_CTS}}$ 连接到设备 2 的 $\overline{\mathrm{UARTn\_RTS}}$。

CPU 内部信号接口包括连接 CPU/EDMA 的数据传输接口、中断和 EDMA 事件。在数据接收时，CPU/EDMA 可以从接收 FIFO 或者接收缓冲寄存器(RBR)中读取数据。在数据发送时，CPU/EDMA 可将数据写入发送 FIFO 或者发送保持寄存器(THR)。UART 接口包含 4 个中断源，所有 4 个中断源复用到仲裁器并最终产生 1 个 UART 中断给 CPU。UART 可产生接收同步事件 URXEVT 和发送同步事件 UTXEVT，以实现基于 EDMA 的 UART 数据收发。UART 模块中的中断与事件控制逻辑负责中断和同步事件的产生与管理。

数据收发逻辑包括发送逻辑和接收逻辑。发送逻辑由发送 FIFO、THR、发送移位寄存器(TSR)组成，待发送的数据可由 CPU 或 DMA 写入 FIFO 或者 THR，在 TSR 空闲时，数据由 FIFO 或 THR 复制到 TSR，当 FIFO 或 THR 空时，设置 THR 空条件标志。THR 空条件标志可以触发中断，也可以触发 EDMA 的 UTXEVT 事件。接收逻辑由接收移位寄存器(RSR)、接收 FIFO 和 RBR 组成，从设备发来的数据首先由 RSR 完成串并转换，在接收到指定位数的数据时，将数据复制到 FIFO 或 RBR，设置接收数据准备好标志。接收数据准备好标志可以触发中断，也可以触发 EDMA 的 URXEVT 事件。

线路控制逻辑由线路控制寄存器(LCR)、线路状态寄存器(LSR)、Modem 控制寄存器(MCR)、Modem 状态寄存器(MSR)、FIFO 控制寄存器(FCR)组成。LCR 主要完成对线路信号传输特征的设置，包括奇偶校验、停止位个数、字长等。LSR 反映发送逻辑的空闲状态和接收逻辑的数据准备好状态，LSR 同时检测线路上信号收发的各种错误状态，包括接收 FIFO 错误、帧错误、奇偶校验错误和超限(Overrun)错误。MCR 主要控制自动流控模式和收发环路功能，MSR 主要反映 Modem 控制信号的状态。FCR 用来使能或者禁止 FIFO 传输模式，在 FIFO 传输模式使能情况下，设置 FIFO 的触发门限。

时序控制逻辑主要控制串行数据的收发时序。图 5.18 给出了 UART 时序控制逻辑的结构框图，根据 UART 模块的输入时钟，在除数寄存器 DLL 和 DLH 的控制下，产生 UART 模块的波特时钟 BCLK，BCLK 的频率可以为波特率的 16 倍或者 13 倍，由模式定义寄存器(MDR)中的过采样模式选择位 OSM_SEL 的值决定。两个 8 位寄存器 DLH 和 DLL 构成 16 位除数 Divisor，其值根据期望的波特率和 UART 输入时钟确定，如式(5.5)所示：

$$
\begin{aligned}
\text{Divisor} &= \frac{\text{UART输入时钟}}{\text{期望波特率}\times 16},\quad \text{if MDR.OSM}_{\text{SEL}} = 0 \\
\text{Divisor} &= \frac{\text{UART输入时钟}}{\text{期望波特率}\times 13},\quad \text{if MDR.OSM}_{\text{SEL}} = 1
\end{aligned}
\tag{5.4}
$$

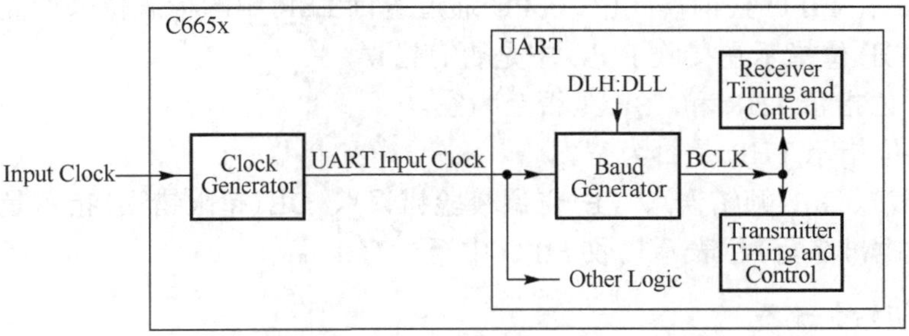

图 5.18　UART 时序控制逻辑结构

中断与事件控制逻辑用来向 CPU 产生中断信号和向 EDMA 产生同步事件。

2. UART 数据传输

UART 的收发受 LCR 的控制，当以 FIFO 模式工作时，THR 和 RBR 可看作深度为 16 字节的 FIFO。UART 串行数据的格式如下：

1 个起始位+(5～8)位数据位+1 个可选的奇偶校验位+(1、1.5 或 2)位结束位

1) FIFO 工作模式

UART 的 FIFO 工作模式支持 FIFO 中断和 FIFO 查询两种模式，接收 FIFO 和发送 FIFO 的工作模式可以独立进行设置。

(1) FIFO 中断模式。当 FCR 中的接收 FIFO 使能，UART 中断使能寄存器(IER)中的接收中断使能，中断模式选择为接收 FIFO，此时 FIFO 的工作过程如下：

① 当 FIFO 的数据达到 FCR 所设置的触发门限时，将产生接收器数据准备好中断给 CPU，当 CPU/EDMA 控制器从 FIFO 读取数据使 FIFO 降低到触发门限以下时，中断被清除。

② 当发生超限错误、奇偶校验错误、帧错误或掉线时，产生接收器线路状态中断，该中断优先级高于数据准备好中断。

③ LSR 中的 DR 位指示了接收器 FIFO 有无字符的情况。当一个字符从 RSR 复制到空的接收器 FIFO 时，DR 被置位，并且在 FIFO 空之前，DR 一致保持置位状态。

④ 当接收 FIFO 中至少有一个字符、超过四个连续字符传输的时间没有接收到新数据、最近一次 FIFO 读取发生在四个字符时间之前时，将产生接收器超时中断。

⑤ 在接收器超时中断发生后，CPU/EDMA 控制器从接收 FIFO 中读取一个字符时，中断被清除且超时定时器被清零。在接收到一个新字符或者功率和仿真管理寄存器 PWREMU_MGMT 中的 UART 的接收器复位位 URRST 清零时，该中断也会被清除。

⑥ 如果接收器超时中断没有产生，每次接收到一个新字符或者 CPU/EDMA 读取接收器 FIFO，超时定时器被清零。

当 FCR 中的发送 FIFO 使能，IER 中的 THR 空中断使能时，中断模式选择为发送 FIFO。当发送 FIFO 为空时将产生中断，当往 THR 写入数据时清除中断。

(2) FIFO 查询模式。当 FCR 中的接收 FIFO 使能，IER 中的接受中断禁止时，接收 FIFO 工作于查询模式。当 FCR 中的发送 FIFO 使能，IER 中的发送中断禁止时，发送 FIFO 工作于查询模式。在 FIFO 查询模式中，CPU 通过查询 LSR 中的标志位来检测事件。

① RXFIFOE 位指示在接收 FIFO 中是否有错误。

② TEMT 位指示 THR 和 TSR 是否全为空。

③ THRE 位指示 THR 是否为空。

④ BI(掉线)、FE(帧错误)、PE(奇偶校验错误)、OE(超限错误)指示是否出现错误。

⑤ DR(数据准备好)位表示接收 FIFO 中至少有 1 字节。

2) UART 初始化流程

UART 的初始化步骤如下。

(1) 将 DSP 复用引脚设置为 UART 功能引脚。

(2) 根据期望的波特率计算时序控制逻辑的 Divisor，并设置 DLL 和 DLH。

(3) 如果需要使用 FIFO，设置期望的触发门限，并使能 FCR 中相应的 FIFO，在设置 FCR 其他比特之前，必须首先设置 FCR 中的 FIFO 使能 FIFOEN 位；

(4) 根据期望的数据传输格式配置 LCR。

(5) 如果使用自动流控模式，正确地配置 MCR；

(6) 将 PWREMU_MGMT 中的 UTRST 和 URRST 位置 1 使能 UART 的发送和接收。

3. UART 寄存器

UART 模块提供一组寄存器来实现对 UART 工作模式的控制及反映 UART 的工作状态，各寄存器都分配有相应的偏移地址，具体可参考 *KeyStone Architecture Universal Asynchronous Receiver/Transmitter (UART) User Guide*。

(1) RBR、THR 和 DLL 共享一个寄存器偏移地址 0h。当 LCR.DLAB=0 时，从该地址读取时得到 RBR 的内容，往该地址写时修改 THR；当 LCR.DLAB=1 时，对该地址的访问为对 DLL 的访问。KeyStone 架构的 DSP 也单独提供了 20h 偏移地址来实现对 DLL 的直接访问。

(2) IER 和 DLH 共享偏移地址 4h。当 LCR.DLAB=0 时，访问 IER；当 LCR.DLAB=1

时，访问 DLH。KeyStone 架构的 DSP 也单独提供了 24h 偏移地址来实现对 DLH 的直接访问。

(3) IIR 和 FCR 共享偏移地址 8h。从该地址读取时得到 IIR 的内容，往该地址写时修改 FCR。

LCR 的偏移地址为 Ch，表 5.12 给出了 LCR 的比特构成和各字段的定义。

表 5.12　LCR 的字段说明

比特	字段名	描述
31～8	Reserved	保留位，读取时为 0
7	DLAB	除数访问位： =0b：相应地址访问 RBR、THR、IER =1b：相应地址访问 DLL、DLH
6	BC	掉线控制： =0b：禁止掉线条件 =1b：使能掉线条件，掉线条件是 UARTn_TXD 强制为清除状态(Spacing State)
5	SP	强制奇偶校验，与 EPS 和 PEN 联合工作： =0b：强制奇偶禁止 =1b：强制奇偶使能，当 PEN=1、EPS=0 时，发送 PARITY 位并强制检测为 1，当 PEN=1、EPS=1 时，发送 PARITY 位并强制检测为 0
4	EPS	奇偶校验选择： =0b：奇校验 =1b：偶校验
3	PEN	奇偶校验使能： =0b：无奇偶校验 =1b：发送奇偶校验
2	STB	停止位个数： =0b：1 位停止位 =1b：由 WLS 决定停止位个数，当 WLS=0 时，1.5 个停止位，当 WLS=1、2、3 时，2 个停止位
1～0	WLS	数据宽度： =00b：5 位 =01b：6 位 =10b：7 位 =11b：8 位

FCR 的偏移地址为 8h，FCR 的比特构成和各字段的定义见表 5.13。

表 5.13　FCR 的字段说明

比特	字段名	描述
31～8	Reserved	保留位，读取时为 0
7～6	RXFIFTL	接收 FIFO 触发门限： =00b：1 字节 =01b：4 字节 =10b：8 字节 =11b：14 字节
5～4	Reserved	保留位，读取时为 0

续表

比特	字段名	描述
3	DMAMODE1	DMA 模式位； =0b：DMA 模式禁止 =1b：DMA 模式使能。要使用 DMA 进行数据收发，该位需为 1
2	TXCLR	发送 FIFO 清除。该位写 0 无影响；写 1 清空发送 FIFO，计数器清 0
1	RXCLR	接收 FIFO 清除。该位写 0 无影响；写 1 清空接收 FIFO，计数器清 0
0	FIFOEN	FIFO 模式使能； =0b：非 FIFO 模式 =1b：接收和发送使用 FIFO 模式

MCR 的偏移地址为 10h，MCR 的比特构成和各字段的定义见表 5.14。

表 5.14　MCR 的字段说明

比特	字段名	描述
31～6	Reserved	保留位，读取时为 0
5	AFE	自动流控模式； =0b：禁止自动流控模式 =1b：使能流控模式，与 RTS 的设置有关
4	LOOP	环路模式； =0b：禁止环路模式 =1b：使能环路模式
3	OUT2	OUT2 控制位
2	OUT1	OUT1 控制位
1	RTS	RTS 控制； =0b：禁用 $\overline{\text{UARTn\_RTS}}$，使能 $\overline{\text{UARTn\_CTS}}$ =1b：使能 $\overline{\text{UARTn\_RTS}}$ 和 $\overline{\text{UARTn\_CTS}}$
0	Reserved	保留位，读取时为 0

PWREMU_MGMT 的偏移地址为 30h，图 5.19 给出了 PWREMU_MGMT 的比特构成，其中 UTRST 为发送器复位位，其值为 0 时，复位发送器；URRST 为接收器复位位，其值为 0 时，复位接收器；FREE 为自由运行位，其值为 1 时，UART 的运行不受调试模式下的断点影响。

31　15	14	13	12　　1	0
Reserved	UTRST	URRST	Reserved	FREE
R/W-0	R/W-0	R/W-0	R-1	R/W-0

图 5.19　UART 的功率和仿真管理寄存器 PWREMU_MGMT

5.3.6　多通道缓冲串行口

多通道缓冲串行口(McBSP)提供了与系统中其他的 TI DSP、编解码器和设备的直接连接接口。McBSP 的主要应用是作为音频信号的收发接口，支持 AC97 和 I^2S 的总线格式。除此之外，McBSP 还支持其他串行格式，但一般不用作高速接口。

McBSP 由连接外部设备的一个数据通道和一个控制通道组成，数据发送和接收采用独立的外部引脚。CPU 通过内部外设总线，使用 32 位宽的控制寄存器完成对 McBSP 数据收发的控制。McBSP 具有以下的特点。

(1) 全双工通信能力。

(2) 双缓冲发送和三缓冲接收数据寄存器，以实现连续的数据流收发。

(3) 接收和发送部分拥有各自的帧同步信号和移位时钟。

(4) 支持与工业标准编解码器、串口 A/D 和 D/A 转换器的无缝连接，支持与 AC97 和 I^2S 兼容设备的无缝连接。

(5) 移位时钟可由外部提供，也可由内部编程产生。

(6) 支持多达 128 个通道的接收和发送。

(7) 支持宽度为 8 位、12 位、16 位、20 位、24 位和 32 位数据的收发。

(8) 具有μ律与 A 律数据压扩功能。

(9) 8 比特数据传输可选择低位在前或高位在前。

(10) 帧同步信号和数据移位时钟的极性、速率可编程。

(11) 配置有附加的缓存 FIFO(BFIFO)，接收和发送独立，深度都为 256 字节，从而使 McBSP 具有更强的数据缓存能力，可以更好地容忍 CPU/DMA 控制器响应时间的抖动。

1. McBSP 结构

KeyStone 架构 C66x 的 McBSP 结构如图 5.20 所示。整个接口包括外部信号接口、数据收发逻辑、时钟和帧同步发生与控制逻辑、多通道选择逻辑、内部信号接口、读写 BFIFO。

外部信号接口包括接收信号接口、发送信号接口和时钟输入接口。接收信号接口包括 DR、CLKR 和 FSR，其中 DR 为串行数据输入引脚，CLKR 为接收移位时钟，每个 CLKR 周期对应 DR 的一个位，FSR 为输入帧同步信号，用来标志 DR 信号线上一帧数据传输的开始。与接收信号接口相应，发送信号接口包括 DX、CLKX 和 FSX，DX 为串行数据输出引脚，CLKX 为发送移位时钟，FSX 为发送帧同步信号。CLKS 为 McBSP 的输入时钟，可用来产生 McBSP 工作所需要的移位时钟和帧同步信号。

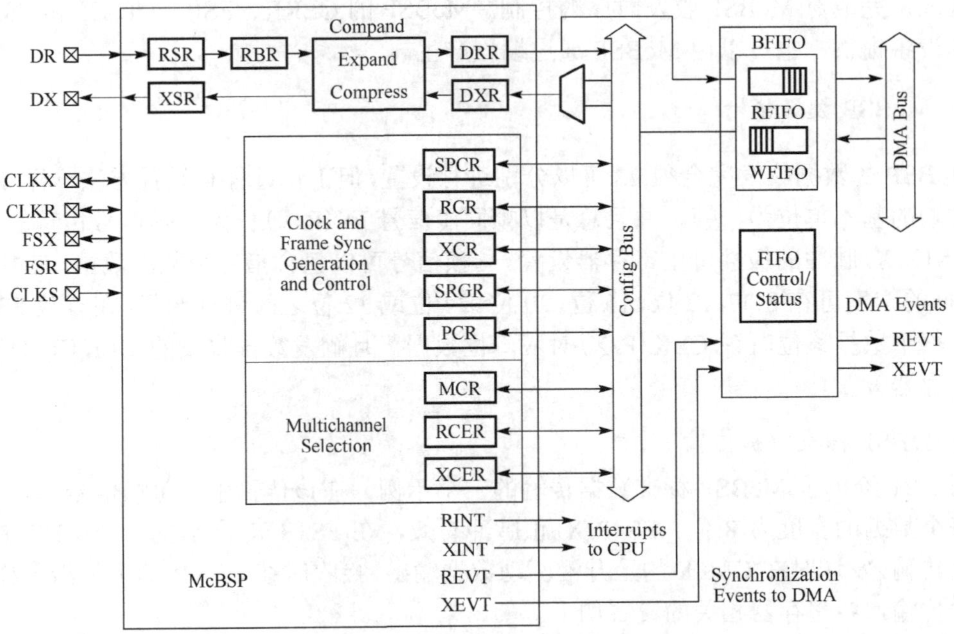

图 5.20　McBSP 结构

数据收发逻辑中接收移位寄存器(RSR)、接收缓冲寄存器(RBR)和数据接收寄存器(DRR)构成三级缓冲的接收数据通道。在数据接收过程中，RSR 在 CLKR 时钟驱动下，从 DR 接收数据并完成串并转换，到完成一个指定宽度的数据接收后，将数据复制到 RBR，随后数据从 RBR 复制到 DRR，并可产生接收中断 RINT 或接收同步事件 REVT。根据设置，DRR 的数据可以存入 RFIFO，也可以直接由 CPU/EDMA 读取。发送数据通道由数据发送寄存器(DXR)和发送移位寄存器(XSR)构成，在数据发送时，由 CPU/EDMA 将数据写入 DXR 或者从 WFIFO 中读取数据到 DXR 中，在 XSR 空闲时，数据从 DXR 复制到 XSR，并可产生发送中断 XINT 或发送同步事件 XEVT。XSR 将在 CLKX 的驱动下完成数据的并串转换并从 DX 引脚输出串行数据。接收数据通道和发送数据通道中配置有 A/μ律压扩模块(Expand/Compress)。在数据接收时，当数据从 RBR 复制到 DRR 的过程中，可根据设置对接收的 8 位数据进行 A/μ律扩展处理。在数据发送时，当数据从 DXR 复制到 XSR 的过程中，可根据设置对发送的数据经 A/μ律压缩成 8 位进行发送。

McBSP 最多支持 128 个通道的数据收发，即 DR/DX 线上传输的一帧信号最多可包含 128 个数据，每个数据对应一个通道。多通道选择逻辑允许用户实现对 DR/DX 线上传输的多个通道数据进行选择性的收发。

内部信号接口和读写 BFIFO 完成 McBSP 模块与内部 CPU 的数据和信号交互。读写 BFIFO 包括 RFIFO 和 WFIFO。RFIFO 实现接收数据的缓存，从 DRR 中接收数据，当接收数据达到设定门限时，可产生 DMA 同步事件 REVT，由 EDMA 控制器完成数据的批量读取。WFIFO 实现发送数据的缓存，当 WFIFO 中的空闲空间达到设定门限时，可产生 DMA 同步事件 XEVT，由 EDMA 控制器完成数据的批量写入，并在 DXR 空闲时依次将数据输出到 DXR。

时钟和帧同步发生与控制逻辑由串口控制寄存器(SPCR)、接收控制寄存器(RCR)、发送控制寄存器(XCR)、采样率发生寄存器(SRGR)、引脚控制寄存器(PCR)和相应的逻辑电路构成，完成对 McBSP 收发时序的控制。McBSP 的 CLKR、FSR、CLKX 和 FSX 可以由外部设备提供，也可以由 McBSP 通过编程产生。

2. McBSP 数据传输

McBSP 的数据收发完全独立，可以分别进行设置，但工作过程和设置方法一样。McBSP 数据传输的基本单位为一帧，并且总是以帧同步信号 FS(R/X)作为一帧信号传输的开始，有效 FS(R/X)脉冲的极性可由寄存器设置。一帧信号可以包含指定个数的数据，最多为 128 个，数据的宽度可在 8 位、12 位、16 位、20 位、24 位或 32 位之间进行选择，在有效 FS(R/X)之后，每个数据移位时钟 CLK(R/X)对应一位数据，且触发数据收发的 CLK(R/X)跳变沿可由寄存器设置。

1) McBSP 标准数据传输

图 5.21 给出了 McBSP 标准数据传输的一个示例。在该传输中，每帧信号包含一个数据，每个数据的宽度为 8 位。FS(R/X)正脉冲有效，在 FS(R/X)之后的一个 CLK(R/X)开始数据传输，发送时在 CLKX 的上升沿驱动数据输出，接收时在 CLKR 的下降沿采样数据。对于此传输，各寄存器相关的设置如下。

(1) (R/X)PHASE=0：单相帧。

(2)(R/X)FRLEN1=0b：每帧 1 个数据。

(3)(R/X)WDLEN1=000b：每个数据 8 位。

(4)(R/X)FRLEN2=(R/X)WDLEN2=X：该值被忽略。

(5)CLK(R/X)P=0：CLKR 下降沿采样数据，CLKX 上升沿输出数据。

(6)FS(R/X)P=0：帧同步信号正脉冲有效。

(7)(R/X)DATDLY=01b：在 FS(R/X)后一个时钟开始数据传输，即 1 为数据延迟。

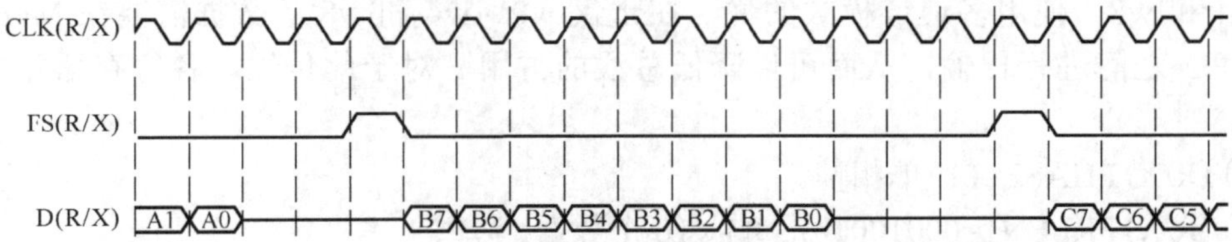

图 5.21　McBSP 标准数据传输示意图

2)McBSP 双相数据传输

当 McBSP 传输的一帧数据中所有数据具有相同位宽时，可采用标准数据传输模式，但是在有些情况下，有可能一帧数据具有不同的宽度，如 AC97 标准的数据格式。AC97 标准每帧数据包含 256 位，由 1 个 16 位的帧头后面跟 12 个 20 位的音频数据构成。在这种格式的数据收发中，无法使用前面所述的标准数据传输模式，而可以采用 McBSP 的双相数据传输模式。

McBSP 双相数据传输是指在一帧数据传输中，允许前后两段数据具有不同的位宽，且每段数据的个数可在 1～128 个设置。图 5.22 给出了一个双相传输的例子，在该例子中，每帧数据包含 2 相数据，第 1 相包含 2 个数据，每个数据 12 位，第 2 相包含 3 个数据，每个数据 8 位，FS(R/X)正脉冲有效，在 FS(R/X)之后的一个 CLK(R/X)开始数据传输，发送时在 CLKX 的上升沿驱动数据输出，接收时在 CLKR 的下降沿采样数据。对于此传输，各寄存器相关的设置如下。

(1)(R/X)PHASE=1：双相帧。

(2)(R/X)FRLEN1=0000001b：第 1 相 2 个数据。

(3)(R/X)WDLEN1=001b：第 1 相每个数据 12 位。

(4)(R/X)FRLEN2=0000010b：第 2 相 3 个数据。

(5)(R/X)WDLEN2=000b：第 2 相每个数据 8 位。

(6)CLK(R/X)P=0：CLKR 下降沿采样数据，CLKX 上升沿输出数据。

(7)FS(R/X)P=0：帧同步信号正脉冲有效。

(8)(R/X)DATDLY=01b：在 FS(R/X)后一个时钟开始数据传输，即 1 为数据延迟。

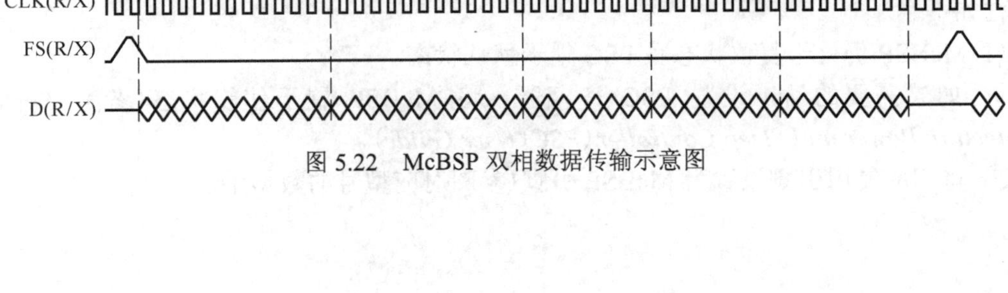

图 5.22　McBSP 双相数据传输示意图

3）McBSP 多通道数据传输

McBSP 支持单相或双相数据收发，每相可包括 1～128 个数据，从而可以实现多路数据的同时收发，但在某些应用中，可能只需要实现线路上部分数据的收发，此时可以使用 McBSP 多通道数据传输的功能。图 5.23 给出了一个利用 McBSP 多通道数据传输实现选择性数据收发的例子。在图示例子中，一帧信号包含 10 个数据 w0～w9，每个数据 16 位，但系统仅需对其中的第 0、4 和 8 通道数据进行收发处理，即只收发其中的 w0、w4 和 w8。使用多通道模式的优点在于仅 w0、w4 和 w8 的数据需要在 McBSP 模块和 CPU 之间进行传输，从而可以降低总线的占用。对于此传输，各寄存器相关的设置如下。

（1）(R/X) PHASE=0：单相帧。

（2）(R/X) FRLEN1=0001001b：每帧 10 个数据。

（3）(R/X) WDLEN1=010b：每个数据 16 位。

（4）(R/X) FRLEN2=(R/X) WDLEN2=x：该值被忽略。

（5）FS (R/X) P=0：帧同步信号正脉冲有效。

（6）(R/X) MCME=0：使用 2 分块模式，即 32 路信号模式，由于每帧信号仅包含 10 路信号，所以选择 2 分块模式。

（7）(R/X) PABLK=00b：MCR 寄存器中的字段，表示收发 0～15 路数据。

（8）(R/X) MCM=01b：通过 (R/X) CERE0 寄存器进行通道选择。

（9）(R/X) CERE0=00000111h：第 0 位/4 位/8 位为 1，即使能 w0、w4 和 w8。

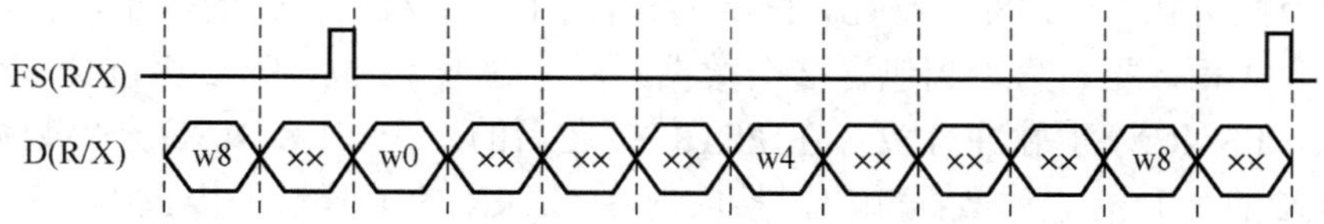

图 5.23　McBSP 多通道数据传输示意图

C66x McBSP 的多通道可支持 32 通道和 128 通道选择两种模式。在 32 通道模式下，128 个通道被顺序地分成 8 块，每块 16 个通道，另外 McBSP 还将 128 个通道分为了 A 区和 B 区，其中 A 区包含偶数块即第 0、2、4 和 6 块，B 区包含奇数块即第 1、3、5 和 7 块。在实现中，用户只可以选择 A 区和 B 区中的各一块通道，即 32 个通道，并且可以利用寄存器 (R/X) CERE0 对这 32 个通道独立地设置是否进行数据收发。在 128 通道模式下，用户可以同时选择所有的通道，并利用寄存器 (R/X) CERE0-3 进行通道的收发设置。

4）McBSP 初始化流程

McBSP 的正常使用需要根据应用完成一系列控制寄存器的配置，McBSP 常规的初始化流程如下。

（1）McBSP 仍处于复位状态且 PSC 处于默认状态。

① 如果需要的话，设置 PSC 寄存器，将 McBSP 置于使能状态（参考 *KeyStone Architecture Power and Sleep Controller (PSC) User Guide*）。

② 将相应复用引脚设置为 McBSP 引脚（参阅对应型号的数据手册）。

(2) 确保 McBSP 没有使用内部采样率发生器信号 CLKG 和 FSG(SPCR 中的 GRST=FRST=0)，McBSP 的相关部分必须处于复位状态(SPCR 中的 RRST=XRST=0)。

(3) 按要求设置控制寄存器，确保 GRST=FRST=0、RRST=XRST=0。

(4) 等待内部同步；如果外部设备提供位时钟，等待至少两个 CLKR 或 CLKX 周期；如果 McBSP 作为主设备产生位时钟，等待两个 CLKSRG 周期(CLKSRG 由 SRGR.CLKSM 和 PCR.SCLKME 确定)。

(5) 位时钟由外部设备提供则跳过此步骤，仅有在 McBSP 为主设备产生位时钟且内部采样率发生器使用的情况下，执行本步骤。

① 将 GRST 位置 1 启动采样率发生器，等待两个 CLKG 位时钟用于同步(CLKG 是采样率发生器的输出)。

② 在下一个 CLKSRG 的上升沿处，CLKG 变为 1，并开始以 CLKSRG/(CLKGDV + 1) 的频率输出。

(6) 如果没有使用发送器则跳过此步，设备复位后发送器第一次使能可能会发生一次发送同步错误(XSYNCERR)，本步骤即用于清除这类可能存在的 XSYNCERR。

① 将 XRST 位置 1 使能发送器。

② 等待异常帧同步错误的发生；如果外部设备提供位时钟，等待两个 CLKR 或 CLKX 周期；如果 McBSP 产生位时钟，等待两个 CLKG 周期；如果可能，XSYNCERR 都在这个时间段内产生。

③ 禁止发送器(XRST=0)，清除未解决的 XSYNCERR。

(7) 按要求设置数据收发方式。

① 如果采用 EDMA 收发 McBSP 数据，在 McBSP 接收部分设置完后，启动 EDMA。

② 如果采用 CPU 中断收发 McBSP 数据，使能需要的发送/接收中断。

③ 如果采用查询方式收发 McBSP 数据集，则本步骤不需做任何操作。

(8) 将 XRST/RRST 置为 1，使能发送器/接收器，现在 McBSP 已准备好进行数据收发。

① 如果采用 EDMA 方式，在接收到 REVT/XEVT 后 EDMA 会自动响应。

② 如果采用 CPU 中断方式，在接收到 RINT/XINT 后会自动进入中断服务程序。

③ 如果采用查询方式，则从本步骤开始可以通过查询 RRDY/XRDY 位进行查询。

(9) 如果使用了内部帧同步发生器(FSGM = 1)，将 FRST 位置 1 来启动内部帧同步发生器，在经过 7～8 个 CLKG 时钟后，FSG 会在 CLKG 的有效沿处产生。

3. McBSP 寄存器

McBSP 的正常工作由一组控制寄存器进行配置和管理，如图 5.20 所示，本书给出 McBSP 关键寄存器的说明，其他寄存器的说明可参阅 *KeyStone Architecture Multichannel Buffered Serial Port(McBSP) User Guide*。

McBSP 的端口配置主要由 SPCR 和 PCR 负责，SPCR 和 PCR 的比特构成和各字段的定义分别见表 5.15 和表 5.16。McBSP 的数据传输格式主要由 RCR 和 XCR 确定，McBSP 的接收和发送电路相互独立、对称，所以 RCR 和 XCR 具有相同的比特构成，表 5.17 给出了各字段的定义。

表 5.15　SPCR 的字段说明

比特	字段名	描述
31～26	Reserved	保留位，读取时为 0
25	FREE	自由运行模式； =0b：禁止自由运行模式，由 SOFT 决定工作状态 =1b：使能自由运行模式，仿真模式下遇到断点串口继续运行
24	SOFT	软件使能模式，仅在 FREE=0 时有效； =0b：软件模式禁止，仿真模式下遇到断点串口立即停止 =1b：软件模式使能，遇到断点在当前发送结束后串口停止
23	FRST	帧同步发生器复位； =0b：复位 =1b：退出复位
22	GRST	采样率发生器复位； =0b：复位 =1b：退出复位
21～20	XINTM	发送器中断模式； =00b：XINT 由 XRDY 产生 =01b：保留 =10b：XINT 由新的帧同步产生 =11b：XINT 由 XSYNCERR 产生
19	XSYNCERR	发送同步错误； =0b：无错误 =1b：检测到同步错误
18	XEMPTY	发送移位寄存器空； =0b：XSR 空 =1b：XSR 不空
17	XRDY	发送器准备好； =0b：发送器未准备好 =1b：DXR 可接收新数据
16	XRST	发送器复位； =0b：发送器禁止且处于复位状态 =1b：发送器使能
15	DLB	数字环路模式； =0b：禁止数字环路 =1b：使能数字环路
14～13	RJUST	数据接收对齐模式； =00b：DRR 数据右对齐，高位 0 填充 =01b：DRR 数据右对齐，高位符号填充 =10b：DRR 数据左对齐，低位 0 填充 =11b：保留
12～11	CLKSTP	时钟停止模式； =00b：禁止时钟停止模式 =01b～11b：保留
10～8	Reserved	保留位，读取时为 0
7	DXENA	DX 使能； =0b：DX 禁止 =1b：DX 使能
6	Reserved	保留位，读取时为 0

续表

比特	字段名	描述
5～4	RINTM	接收中断模式； =00b：RINT 由 RRDY 产生 =01b：保留 =10b：RINT 由新的帧同步产生 =11b：RINT 由 RSYNCERR 产生
3	RSYNCERR	接收同步错误； =0b：无错误 =1b：检测到同步错误
2	RFULL	接收移位寄存器满； =0b：RBR 未覆盖 =1b：DRR 未读取，RBR 和 RSR 满
1	RRDY	接收器准备好； =0b：接收器未准备好 =1b：DRR 有新数据
0	RRST	接收器复位； =0b：接收器禁止且处于复位状态 =1b：接收器使能

表 5.16　PCR 的字段说明

比特	字段名	描述
31～14	Reserved	保留位，读取时为 0，写入无效
13～12	Reserved	保留位，读取时为 0，只能写 0
11	FSXM	发送帧同步模式； =0b：FSX 由外部输入 =1b：FSX 由 SPGR.FSGM 决定
10	FSRM	接收帧同步模式； =0b：FSR 由外部输入 =1b：FSR 由 DSP 输出
9	CLKXM	发送位时钟模式； =0b：CLKX 由外部输入 =1b：CLKX 由 DSP 输出
8	CLKRM	接收位时钟模式； SPCR.DLB=0 时： =0b：CLKR 由外部输入；=1b：CLKR 由 DSP 输出； SPCR.DLB=1 时： =0b：CLKR 由 CLKX 驱动；=1b：CLKR 由 DSP 输出
7	SCLKME	采样率发送器输入时钟选择，与 SRGR.CLKSM 联合确定； =0b：CLKS 引脚或串口内部时钟 =1b：CLKR 或 CLKX 引脚
6	Reserved	保留位，读取时为 0，只能写 0
5～4	Reserved	保留位，读取时为 0，写入无效
3	FSXP	FSX 极性； =0b：正脉冲有效 =1b：1=负脉冲有效
2	FSRP	FSR 极性； =0b：正脉冲有效 =1b：负脉冲有效

续表

比特	字段名	描述
1	CLKXP	CLKX 极性； =0b：CLKX 上升沿驱动数据输出 =1b：CLKX 下降沿驱动数据输出
0	CLKRP	CLKR 极性； =0b：CLKR 下降沿采样输入数据 =1b：CLKR 上升沿采用输入数据

表 5.17　(R/X)CR 的字段说明

比特	字段名	描述
31	PHASE	收发相位模式； =0b：单相模式 =1b：双相模式
30～24	FRLEN2	第 2 相一帧信号数据个数。0～127 分别对应 1～28 个数据
23～21	WDLEN2	第 2 相每个数据位宽。0～5 分别对应 8、12、16、20、24 和 32 位；6～7 保留
20～19	COMPAND	扩展模式位，除模式 0 外，其他几个模式仅在(R/X)WDLEN1/2=0 时，即 8 位数据收发时有效； =00b：无扩展，高位先传 =01b：1=无扩展，低位先传 =10b：μ律扩展 =11b：3=A 律扩展
18	XFIG	帧同步信号忽略； =0b：每个帧同步启动数据传输 =1b：一帧中仅第 1 个帧同步启动数据传输，忽略之后的帧同步
17～16	DATDLY	数据延迟位，即帧同步信号后延迟多少个位时钟开始数据收发； =00b：无延迟 =01b：1 位延迟 =10b：2 位延迟 =11b：保留
15	Reserved	保留位，读取时为 0，写入无效
14～8	FRLEN1	第 1 相一帧信号数据个数。0～127 分别对应 1～28 个数据
7～5	WDLEN1	第 1 相每个数据位宽。0～5 分别对应 8、12、16、20、24 和 32 位；6～7=保留
4	WDREVRS	32 位数据翻转使能； =0b：32 位数据翻转禁止 =1b：32 位数据翻转使能，即 32 位数据传输时低位先传，仅在(R/X)WDLEN1/2=5 和(R/X)COMPAND=1 时有效
3～0	Reserved	保留位，读取时为 0，写入无效

5.4　千兆以太网接口

C66x DSP 提供了千兆以太网接口，包括 MAC 层和物理层(PHY)，可以方便地实现 DSP 与位于同一网络中的其他设备进行高速数据传输。C66x 的以太网接口具有如下特点。

(1)同步的 10/100/1000Mbit 操作。

(2)提供 G/MII 接口。

(3)包括 CRC 在内的硬件误码处理功能。

(4)支持小端和大端模式。

(5)包含 8 个具有 VLAN 标签识别功能的接收通道，支持硬件 QoS。

(6)包含 8 个具有循环或固定优先级的发送通道，支持硬件 QoS。
(7)支持全双工千兆比特操作(不支持半双工千兆比特操作)。
(8)具有远程网络监控(RMON)统计信息收集功能。
(9)每个发送通道的 CRC 可选。
(10)单个通道可选择接收广播数据帧。
(11)单个通道可选择接收组播数据帧。
(12)单个通道可选择接收混合数据帧(包括正常帧、短帧、错误帧等)。
(13)用于提升半双工性能的自适应性能优化技术。
(14)硬件流量控制。
(15)接收地址匹配/过滤、接收 FIFO 深度和发送 FIFO 深度可配置。
(16)支持仿真模式。
(17)支持环回模式。

5.4.1　千兆以太网接口结构

C66x DSP 千兆以太网接口的结构如图 5.24 所示。整个接口包括：以太网媒体访问控制器(EMAC)模块；PHY 管理数据输入输出(MDIO)模块；EMAC 控制模块。

EMAC 模块实现处理器和 PHY 之间的数据传输，为设备内核处理器和网络社区间提供了有效接口。EMAC 支持全双工或半双工 l0Base-T(10Mbit/s)和 100Base-TX(100Mbit/s)工作模式，也支持全双工 1000Base-T(1000Mbit/s)工作模式，支持硬件流量控制和 QoS。

MDIO 模块通过共享的双线总线实现 802.3 串行管理接口，最多可以查询和控制连接到该设备的 32 个以太网 PHY。应用软件可通过 MDIO 模块来配置连接到 EMAC 的各个 PHY 的自动协商参数，获取协商结果，配置 EMAC 模块中需要的参数以保证正常工作。

EMAC 控制模块是内核处理器和 EMAC 模块、MDIO 模块之间的主要接口。EMAC 控制模块包含必要的组件从而允许 EMAC 可以有效使用设备内存并实现中断的管理和控制。EMAC 控制模块内部包含 8KB 的 RAM 以保存 EMAC 缓冲块描述符。

连接到 EMAC 控制模块的外设总线允许 EMAC 模块通过交换结构读写 DSP 内部和外部存储器。EMAC 控制模块、EMAC 模块和 MDIO 模块各自具有自己的控制寄存器，这些寄存器通过设备配置总线映射到设备存储空间，EMAC 控制模块内部的 RAM 和这些寄存器映射到相同的地址范围。EMAC 和 MDIO 的中断在控制模块内结合，然后通过控制模块的中断连接到设备的中断控制器，应用软件只需监测控制模块的中断。

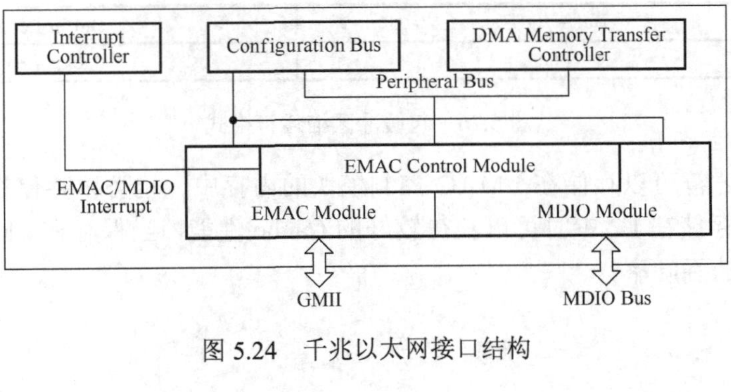

图 5.24　千兆以太网接口结构

1. EMAC 控制模块

EMAC 控制模块提供了 EMAC 和 MDIO 模块与 CPU 之间的连接，同时包含本地存储空间以保存 EMAC 包缓存区描述符，EMAC 控制模块的结构如图 5.25 所示，包括总线仲裁和切换模块、描述符内存、配置寄存器和中断逻辑模块。

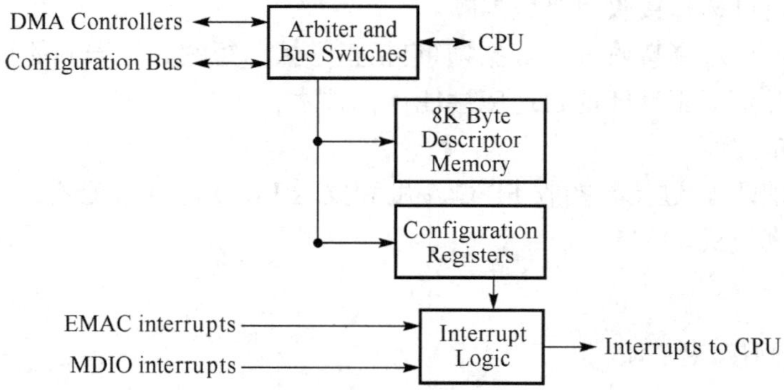

图 5.25　EMAC 控制模块的结构

EMAC 控制模块包含 8KB 的内存，主要用来存储包缓冲区描述符，从而允许 EMAC 可以更独立于 DSP 进行工作。包缓冲区描述符用来描述保存以太网数据包的缓冲区，该缓冲区可以包含一个完整的以太网数据包或仅包含一个以太网数据包的片段，当一个以太网数据包由多个片段组成时，则描述所有片段的描述符构成一个列表。

包缓冲区描述符由 16 字节构成，其格式如图 5.26 所示。下一个描述符指针(Next Descriptor Pointer)给出该数据包下一个描述符的地址。缓冲区指针(Buffer Pointer)给出存储该包数据的地址。缓冲区偏置(Buffer Offset)给出了从包缓冲区起始地址到第 1 个有效数据的偏移值。缓冲区长度(Buffer Length)给出了发送缓冲区中所存储的有效数据字节数或者接收缓冲区可存储的字节数。标志(Flags)包含了缓冲区的各类信息，包括数据包第 1 个片段标志(SOP)、数据包最后一个片段标志(EOP)等。包长度(Packet Length)给出了整个以太网数据包的长度。

Word Offset	Bit Fields	
	31　　16	15　　0
0	Next Descriptor Pointer	
1	Buffer Pointer	
2	Buffer Offset	Buffer Length
3	Flags	Packet Length

图 5.26　包缓冲区描述符格式

包缓冲区描述符可以存储在 EMAC 控制模块的内存中，也可以存储在 DSP 的内存中(L2)。当描述符存储在 L2 中时可以获得较好的 Cache 性能，当保存在 EMAC 控制模块内时可以获得更好的吞吐率。

中断控制逻辑将 EMAC 和 MDIO 模块产生的所有中断组合成 4 个中断信号并通过 DSP 中断控制器映射到 DSP 中断源输入，这 4 个中断信号包括控制、发送、接收和接收门限中断。

2. MDIO 模块

MDIO 模块可管理多达 32 个连接到 EMAC 的 PHY 设备，MDIO 模块基本不需要 DSP 的维护就可以实现 MDIO 接口的透明操作。MDIO 模块通过不间断地查询 32 个 MIDO 地址实现系统中 PHY 设备的枚举，一旦检测到一个 PHY 设备，MDIO 模块将读取 PHY 状态寄存器以监测 PHY 的连接状态。MDIO 模块可以将设备连接状态发生变化的情况以事件的方式保存下来，并可产生 DSP 中断信号，这种事件存储功能允许 DSP 查询 PHY 设备的连接状态而不需要不间断地访问 MDIO 模块。当系统需访问 MDIO 模块以执行配置和协商时，MDIO 模块可以独立于 DSP 执行 MDIO 读写操作，从而允许 DSP 以查询的方式确认读写是否完成，或以中断的方式通知 DSP 读写是否完成。

MDIO 模块的结构如图 5.27 所示。其外部通过两个 MDIO 引脚(MDCLK 和 MDIO)与片外 PHY 设备连接，内部通过 EMAC 控制模块和配置总线与 DSP 核进行交互。MDIO 模块由 5 个模块组成：MDIO 时钟发生器、PHY 查询模块、PHY 监测模块、控制寄存器逻辑和 MDIO 接口。

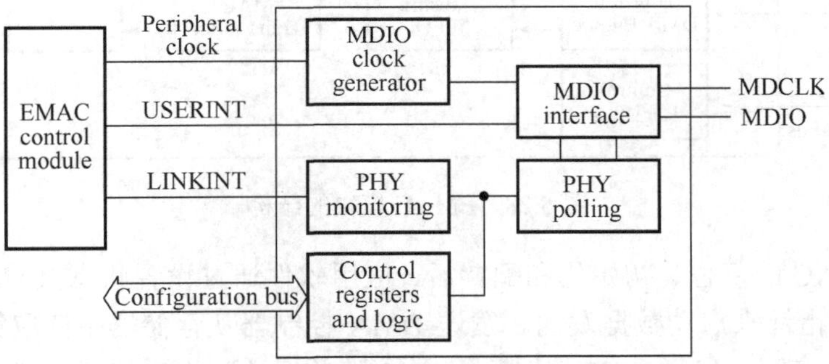

图 5.27　MDIO 模块的结构

MDIO 时钟发生器通过对输入的片上外设时钟(DSPCLK/6)进行分频以得到 MDIO 时钟，MDIO 时钟最高可达 2.5MHz，典型的操作频率为 1.0MHz，由应用软件或者驱动程序通过控制分频数产生。PHY 查询模块通过连续地查询所有 32 个 MDIO 地址来枚举所有的 PHY 设备，并跟踪某个地址上的 PHY 是否有应答或是否有连接。PHY 监测模块通过读取 PHY 状态寄存器实现对连接状态的透明监测。控制寄存器逻辑实现对 MDIO 模块的配置。MDIO 接口实现与外部 PHY 的连接。

3. EMAC 模块

EMAC 模块通过串行千兆媒体独立接口(SGMII)与外部 PHY 设备连接，与 DSP 核通过 EMAC 控制模块连接，EMAC 模块的结构如图 5.28 所示，包括以下部分。

(1)接收通道：独立于 DSP EDMA 的接收 DMA 引擎，实现接收 FIFO 到设备内部或外部存储器的数据搬移；包含 68 个单元、每单元 64 字节的接收 FIFO；实现输入网络帧检测和处理的 MAC 接收器，解析输入帧并保存到输入 FIFO；实现地址匹配和地址滤波的接收地址子模块。

⑵发送通道：独立于 DSP EDMA 的发送 DMA 引擎，实现设备内部或外部存储器到发送 FIFO 的数据搬移；包含 24 个单元、每单元 64 字节的发送 FIFO；实现从发送 FIFO 读取数据、成帧处理、根据 CSMA/CD 访问协议进行发送的 MAC 发送器。

⑶统计逻辑：统计和存储以太网统计信息。

⑷状态 RAM：包含发送和接收通道的首个描述符指针与完成指针寄存器。

⑸中断控制器：接收 24 个原始的 EMAC 中断，对中断进行管理。

⑹控制寄存器和逻辑：控制 EMAC 模块运行的一套存储器映射寄存器。

⑺时钟和复位逻辑：产生 EMAC 外设所需的所有时钟和复位信号。

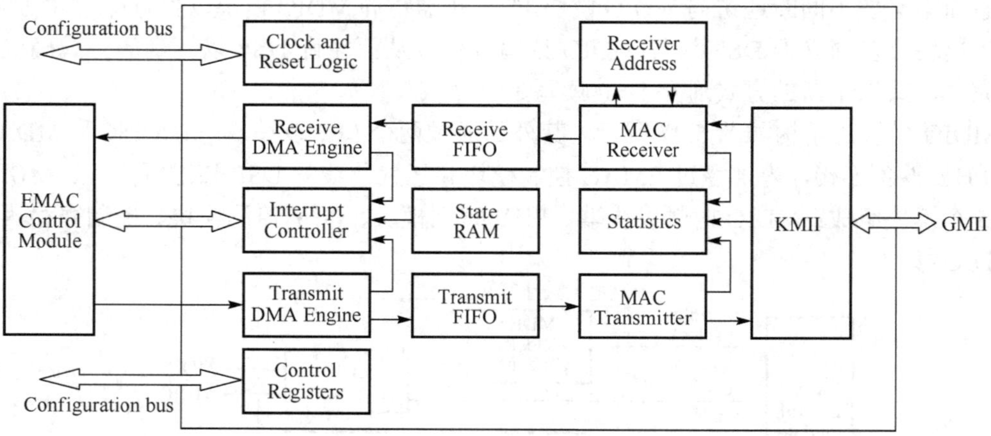

图 5.28　EMAC 模块的结构

在完成 EMAC 的复位、初始化和配置后，应用软件通过设置状态 RAM 中合适发送通道的首个描述符指针来启动数据发送。发送 DMA 控制器从存储器中读取第一个包，并以 64 字节为触发长度写入发送 FIFO。当写入 FIFO 的单元达到设定门限或者一个完整的包已写入时，MAC 发送器将启动包发送。

在初始化和配置完成后，应用软件写入合适接收通道的首个描述符指针后启动接收过程。SYNC 子模块接收数据包，剥除以太网相关协议后把包数据写入 MAC 接收器。MAC 接收器进行地址匹配和错误处理。允许接收的包将写入接收 FIFO。随后接收 DMA 将数据包搬移到存储器中。

5.4.2　EMAC 的连接

C665x DSP 仅支持通过 SGMII 与外部 PHY 连接，图 5.29 给出了 EMAC/MDIO 通过 SGMII 与 PHY 连接的示意图，图中各信号的描述见表 5.18。SMGII 支持 10Mbit/s、100Mbit/s、1000Mbit/s 传输速率，在 1000Mbit/s 速率下，仅支持全双工模式，在 10Mbit/s 和 100Mbit/s 速率下，GMII 以 MII 方式工作，仅使用数据总线的低 4 位进行数据传输。

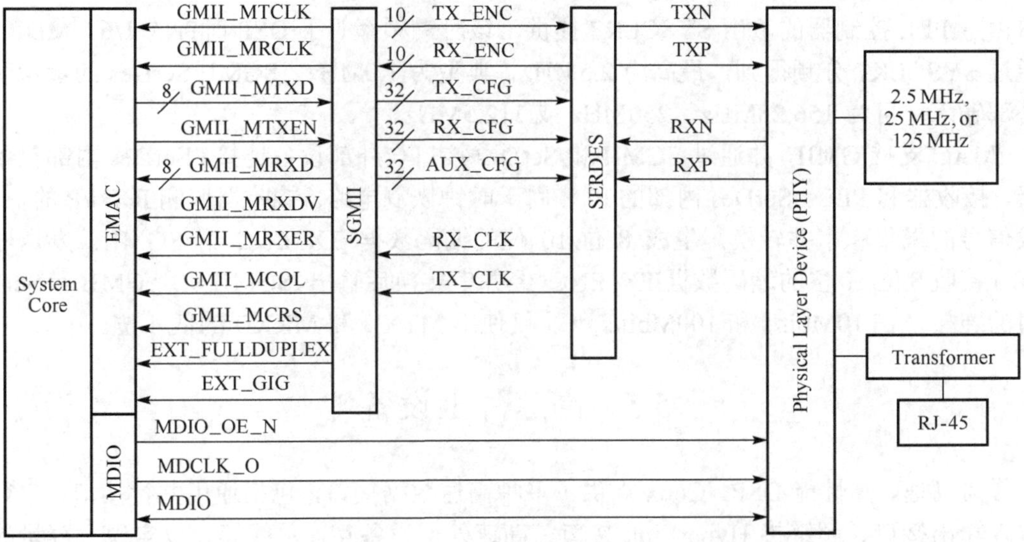

图 5.29　以太网连接示意图

表 5.18　EMAC/MDIO 信号描述

信号名	I/O	描述
GMII_MTCLK	I	发送时钟（MTCLK），MTXD 和 MTXEN 与该时钟绑定
GMII_MRCLK	I	接收时钟（MRCLK），MRXD、MRXDV 和 MRXER 与该时钟绑定
GMII_MTXD (8)	O	8 位发送数据总线（MTXD）
GMII_MTXEN	O	发送使能（MTXEN）
GMII_MRXD (8)	I	8 位接收数据总线（MRXD）
GMII_MRXDV	I	接收数据有效（MRXDV）
GMII_MRXER	I	接收错误（MRXER）
GMII_MCOL	I	检测到传输冲突（MCOL），由 PHY 维护，半双工下使用
GMII_MCRS	I	载波监听（MCRS），由 PHY 维护，半双工下使用
EXT_FULLDUPLEX	I	外部全双工模式
EXT_GIG	I	外部千兆模式
MDIO_OE_N	O	串行数据输出使能，低电平有效
MDCLK_O	O	管理数据时钟（MDCLK）
MDIO	I/O	管理数据输入输出
TX_ENC (10)	O	编码的发送数据
RX_ENC (10)	I	编码的接收数据
TX_CFG (32)	O	发送配置寄存器输出，控制 SERDES 的发送
RX_CFG (32)	O	接收配置寄存器输出，控制 SERDES 的接收
AUX_CFG (32)	O	辅助配置寄存器输出，控制 SERDES 的 PLL
RX_CLK	I	从 SERDES 恢复的接收时钟
TX_CLK	I	从 SERDES 恢复的发送时钟
TXN/P	O	差分发送输出
RXN/P	I	差分接收输入

IEEE 802.3 规范定义以太网接口的收发时钟 MRCLK 和 MTCLK 为：10Mbit/s 时 2.5MHz、100Mbit/s 时 25MHz、1000Mbit/s 时 125MHz，该时钟由外部 PHY 提供。EMAC

逻辑由主 PLL 控制器的输出 SYSCLK7 提供，该时钟频率等于 DSP 时钟的 1/6。MDIO 时钟通过 SYSCLK7 分频得到，最高为 2.5MHz，典型为 1.0MHz。SGMII SerDes 的参考时钟由外部输入，可为 156.25MHz、250MHz 或 312.5MHz。

EMAC 支持 GMII，并通过 SGMII 和 SerDes 接口与外部设备连接。SerDes 内部包含发送器、接收器和 PLL。SerDes 内部的 PLL 用于时钟恢复电路。接收器监测 RXN/P 的信号，完成信号的采集和串并转换，生成 8 位/10 位的编码数据 RX_ENC 给 SGMII。发送器从 SGMII 接收 8 位/10 位的编码数据 TX_ENC，经并串转换后输出。SGMII 实现 GMII 和 SerDes 接口的连接，在 10Mbit/s 和 100Mbit/s 下，仅使用 MTXD 和 MRXD 的低 4 位。

5.5 高速片上设备

作为高速、高性能 DSP，C66x 提供了多种高速数据接口，包括通用并行接口、串行快速输入输出接口、超链接 HyperLink 接口、高速外部设备互连总线等，以实现大容量的数据吞吐。

5.5.1 通用并行接口

通用并行接口(uPP)是一个多通道、高速并行接口，具有专用的数据线和最少的控制信号。uPP 被设计用来和 16 位数据宽度的高速 ADC 或 DAC 进行无缝连接，也可以用来和 FPGA 或其他的 uPP 设备进行互连以实现高速的数据传输。uPP 可工作于接收模式、发送模式或双工模式。

uPP 外设包含内部 DMA 控制器，从而在最大化数据吞吐率的同时，最小化 CPU 在高数数据传输中的开销。所有的 uPP 业务都使用内部 DMA 实现与 I/O 通道的数据收发，内部 DMA 控制器包括两个 DMA 通道，一般用来服务两个独立的 I/O 通道。

C66x DSP 的 uPP 外设具有以下重要的特点。

(1) 两个独立的通道，各通道具有分开的数据总线。

(2) 两个通道可以同时工作于相同或相反方向。

(3) 每个通道 8～16 位数据宽度，I/O 速度可高达 75MHz。

(4) 内部 DMA，从而无须 CPU EDMA 的参与。

(5) 协议简单，具有很少的控制信号(每通道 2～4 个，可配置)。

(6) 可以单倍数据速率或双倍数据速率工作(用时钟信号的单沿或双沿)。

(7) 双数据率时最高时钟为 37.5MHz。

(8) 支持多种数据打包格式。

(9) 支持数据交织模式(仅限单通道模式)。

1. uPP 接口结构

uPP 包含两个独立的通道 A 和 B，两个通道可同时配置为接收、发送或者一发一收，图 5.30 以通道 A 作为输入、通道 B 作为输出为例给出了 uPP 外设的结构框图。两个通道具有各自独立的控制信号，包括收/发使能信号 ENABLE、收/发起始信号 START、时钟信号 CLOCK 和用于握手的等待信号 WAIT。在发送时，时钟可来自于内部时钟的分频，也可以来自于外部输入的发送时钟 UPP2XTXCLK，在接收时，时钟由外部发送设备提供。

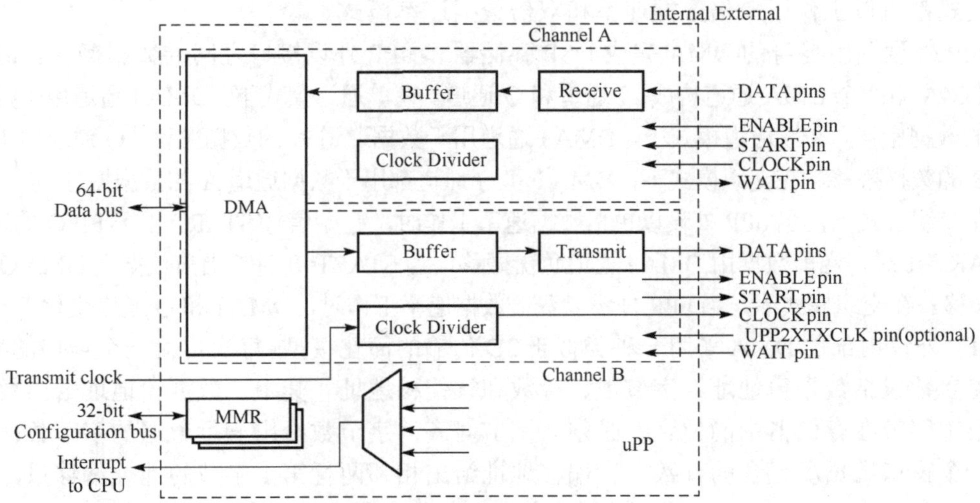

图 5.30　uPP 外设结构

uPP 外设提供两组 16 位数据总线用于数据收发，即 uPP 数据线 UPPD[15:0]和 uPP 扩展数据线 UPPXD[15:0]，其中扩展数据线一般与其他外设共享，在使用前需进行配置。uPP 数据线和 uPP 扩展数据线由通道 A 和 B 共享，具体分配根据实际应用通过控制寄存器的配置确定，如表 5.19 所示。

表 5.19　uPP 外设数据线分配

uPP 通道控制寄存器 UPCTL 位			数据线分配			
CHN	IWA	IWB	UPPD[15:8]	UPPD[7:0]	UPPD[15:8]	UPPXD[7:0]
0	0	X	—	A[7:0]	—	—
0	1	X	A[15:8]	A[7:0]	—	—
1	0	0	B[7:0]	A[7:0]	—	—
1	0	1	B[7:0]	A[7:0]	B[15:8]	—
1	1	0	B[7:0]	A[7:0]	—	A[15:8]
1	1	1	B[7:0]	A[7:0]	B[15:8]	A[15:8]

每个 uPP 外设的 I/O 通道配置有 512 字节的 FIFO。在接收时，FIFO 可以分割成 8 个 64 字节的块。在发送时，FIFO 可分割成 64 字节、128 字节或 256 字节的块。只有当至少 1 块 FIFO 填充满后数据传输才会开始。

2. uPP 接口操作

根据 uPP 外设数据传输与时钟的关系，可分为单倍数据速率和双倍数据速率传输两种模式。单倍数据速率数据传输是指每个时钟传输一个数据，每个数据与时钟的上升沿或者下降沿同步。双倍数据速率传输是指每个时钟传输两个数据，即时钟的上升沿和下降沿各传输一个数据。

根据 uPP 外设数据传输与通道的关系，又可分为单通道、双通道和交织模式。在单通道模式下，仅数据通道 A 及其对应的 FIFO 工作。在双通道模式下，数据通道 A 和 B 及各自的 FIFO 同时工作。在交织模式下，数据通道 A 和两个 FIFO 工作。单通道、双通道和交织模式都可以工作于单倍数据速率和双倍数据速率模式。

uPP 外设利用自身的 DMA 完成 DSP 存储器和 uPP 外设接口之间的数据搬移。uPP 外设的 DMA 由两个 DMA 通道构成：I 通道和 Q 通道。在单通道模式下，DMA I 通道用于数据通道 A 的数据搬移。在双通道模式下，DMA I 通道用于数据通道 A 的数据搬移，Q 通道用于数据通道 B 的数据搬移。在交织模式下，DMA I 和 Q 通道都用于数据通道 A 的数据搬移。

在交织模式下，当 uPP 外设以单倍数据速率工作时，起始信号 START 用于 FIFO 的选择，当 START=1 时，当前数据由 DMA I 通道负责搬移，当 START=0 时，当前数据由 DMA Q 通道负责搬移。在交织模式下，当 uPP 外设以双倍数据速率工作时，DMA I 和 Q 通道交替工作。

uPP 外设内部的 DMA 采用一种类似于 2D 传输的简化模型，每次传输一个窗口的数据，其配置参数包括数据窗地址、字节数、行数和行偏移地址。其中，数据窗地址给出数据缓冲区第 1 字节在存储器中的位置，必须 8 字节对齐；字节数给出一行数据的字节数；行数给出一个窗口数据所包含的行数；行偏移地址给出相邻两行第 1 字节的地址偏移量，最大不能超过 FFF8h，且必须 8 字节对齐。每次 DMA 传输的数据大小=字节数×行数。

uPP 外设的每个 DMA 通道可产生 5 个中断事件，分别为行结束事件(EOL，一行数据搬移完成)、窗结束事件(EOW，一个窗口数据搬移完成)、内部总线错误事件(ERR)、数据溢出事件(UOR)和 DMA 编程错误事件(DPE)。两个 DMA 通道共可以产生 10 个中断事件，uPP 外设自动将这 10 个中断事件组合成单个芯片级中断。

为保证 uPP 正常工作，在使用前需对 uPP 进行合适的初始化。uPP 初始化和操作的参考流程如下。

(1) 对复用引脚进行正确的设置。

(2) 使能 uPP 外设的电源和时钟。

(3) 将 uPP 外设控制寄存器 UPPCR 的 SWRST 位置 1 对 uPP 进行软件复位。

(4) 等待至少 200 个 CPU 时钟周期后，将 SWRST 清零使 uPP 退出复位状态。

(5) 对 uPP 配置寄存器进行编程。

① UPCTL：用于收/发选择、数据宽度、数据格式、数据率、数据交织的设置。

② UPICR：用于信号使能、信号翻转、时钟分频(仅发送模式)的设置。

③ UPIVR：用于空闲值(仅发送模式)的设置。

④ UPTCR：用于 I/O 发送门限(仅发送模式)和 DMA 读触发大小的设置。

⑤ UPDLB：用于数字环路的设置。

(6) 为期望的事件设置 uPP 中断使能设置寄存器 UPIES，如果使用中断方式实现数据传输则注册中断服务程序，否则可以查询方式工作。

(7) 将 uPP 外设控制寄存器 UPPCR 的 EN 位置 1 以使能 uPP 外设。

(8) 为 uPP 分配和初始化数据缓冲区。

(9) 用 uPP DMA 通道描述符寄存器对 DMA 通道的第 1 次数据传输进行设置。

(10) 监控中断事件，如果需要对 DMA 进行重新编程以启动下一次传输。

① 在查询模式下，检查 UPIES，当其中某比特为 1 时表示对应的事件产生，对该位写 1 可清除该比特。

② 在中断模式下，中断服务程序检查 UPIES，并对寄存器中所有比特为 1 所对应的事件作出处理。

5.5.2　串行快速输入输出接口

快速输入输出接口 RapidIO 是由 Motorola 和 Mercury 等公司率先倡导的一种高性能、低引脚数、基于数据包交换的互连体系结构，是为满足高性能嵌入式系统需求而设计的一种开放式互连技术标准。RapidIO 主要应用于嵌入式系统内部互连，支持芯片到芯片、板到板间的通信，可作为嵌入式设备的背板(Backplane)连接。C66x 的 RapidIO 外设称为串行快速输入输出(SRIO)接口，是一种采用串行差分模拟信号传输的 RapidIO 标准，可实现每秒千兆字节的数据传输。其特点如下。

(1) 符合 RapdiIO 2.1.1 规范。

(2) 具有 4 路串行通道，可以灵活配置为 4×1、2×2、1×2+2×1、1×4 的接口工作模式。

(3) 集成有时钟恢复模块的串行解串器 SerDes。

(4) 支持不同通道以不同波特率运行。

(5) 具有硬件 CRC 错误处理能力。

(6) 支持交流和直流耦合的差分电流模式逻辑(CML)信令。

(7) 支持 1.25Gbit/s，2.5Gbit/s，3.125Gbit/s，5Gbit/s 数据速率。

(8) 未使用通道可置于低功耗模式。

(9) 能产生门铃方式的中断。

(10) 支持 8 位和 16 位设备 ID。

(11) 支持 34 位地址接收，支持 34 位、50 位和 66 位地址产生。

(12) 支持字节、半字、字和双字数据类型。

(13) 采用大端模式，支持直接 I/O 传输。

1. RapidIO 协议结构及包格式

为了满足灵活性和可扩展性的要求，RapidIO 协议分为三层：逻辑层、传输层和物理层，如图 5.31 所示。逻辑层定义了操作协议；传输层定义了包交换、路由和寻址机制；物理层定义了电气特性、链路控制和纠错重传等。

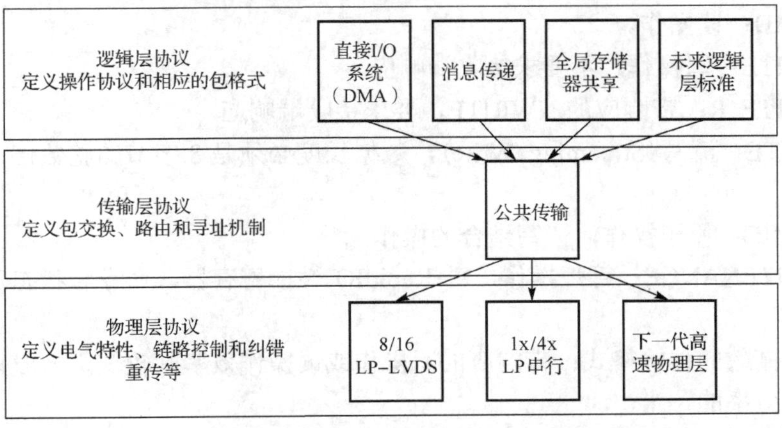

图 5.31　RapidIO 协议分层结构

RapidIO 采用基于包交换的互连技术，其数据包由包头、可选的载荷数据和 16 位 CRC 校验码组成，格式如图 5.32 所示，图中同时标出了不同协议层在数据包中的位置和作用。包头的长度因为包类型不同可能是十几到二十几字节。每包的载荷数据长度不超过 256 字节，这有利于减少传输时延，简化硬件实现。

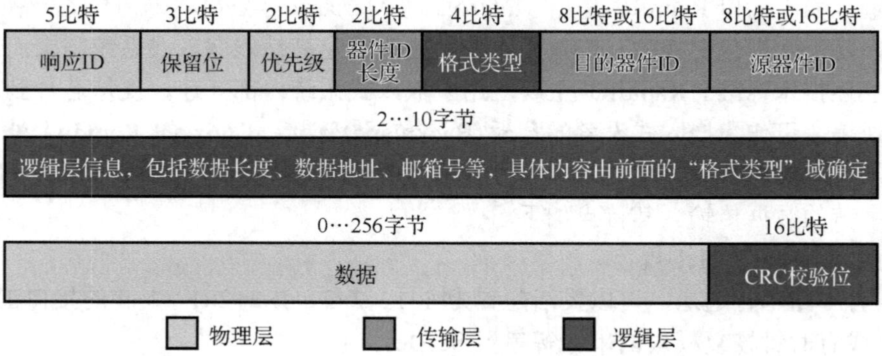

图 5.32　RapidIO 数据包格式

上述包格式定义兼顾了包效率及组包/解包的简单性。在 RapidIO 设备互连时，RapidIO 交换器件仅需解析前后 16 位信息以及源/目的器件 ID，从而可简化交换器件的实现。

1) 逻辑层协议

逻辑层定义了操作协议和相应的包格式。RapidIO 支持的逻辑层业务主要是直接 IO (Direct IO) 和消息传递 (Message Passing)。

直接 IO 模式是最简单实用的传输方式，其前提是主设备知道被访问端的存储器映射。在这种模式下，主设备可以直接读写从设备的存储器。直接 IO/DMA 在被访问端的功能往往完全由硬件实现，所以被访问的器件不会有任何软件负担。从功能上讲，这一特点和德州仪器 DSP 传统的主机接口 HPI 类似。但和 HPI 相比，SRIO 带宽大，引脚少，传输方式更灵活。

对上层应用来说，发起直接 IO 传输主要需提供以下参数：目的器件 ID、数据长度、数据在目的器件存储器中的地址。

直接 IO 模式又可进一步分为以下几种传输格式。

(1) NREAD：读操作。

(2) NWRITE：写操作，不要求接收端响应。

(3) NWRITE_R：带响应的 NWRITE，要求接收端响应。

(4) SWRITE：流写 (Streaming Write)，数据长度必须是 8 字节的整数倍，不要求接收端响应。

(5) ATOMIC：原子操作，读写结合的操作。

(6) MAINTENANCE：管理操作，对 RapidIO 性能寄存器、命令和状态寄存器、数据结构的操作。

流写是最高效的传输格式；带响应的写操作或读操作效率则较低，一般只能达到不带响应的传输的效率的一半。

原子操作中，由目的器件读取指定地址的数据，将读取的数据返回给请求设备，并对数据执行指定的操作后将修改后的数据写回到指定的地址，并在这个操作过程中，不允许对该地址的其他操作。对数据的操作包括加、减、测试和交换、置位和清零。

消息传递模式则类似于以太网的传输方式，它不要求主设备知道被访问设备的存储器状况。数据在被访问设备中的位置由邮箱号(类似于以太网协议中的端口号)确定。从设备根据接收到的包的邮箱号把数据保存到对应的缓冲区，这一过程往往无法完全由硬件实现，而需要软件协助，所以会带来一些软件负担。

对上层应用来说，发起消息传递主要需提供以下参数：目的器件 ID、数据长度、邮箱号。

2)传输层协议

RapidIO 是基于包交换的互连技术，传输层定义了包交换的路由和寻址机制。

RapidIO 网络主要由两种器件：终端器件(End Point)和交换器件(Switch)组成。终端器件是数据包的源或目的地，不同的终端器件以器件 ID 来区分。RapidIO 支持 8 位或 16 位器件 ID，因此一个 RapidIO 网络最多可容纳 256 个或 65536 个终端器件。与以太网类似，RapidIO 也支持广播或组播，每个终端器件除了独有的器件 ID，还可配置广播或组播 ID。交换器件根据包的目的器件 ID 进行包的转发，交换器件本身没有器件 ID。

RapidIO 的互连拓扑结构非常灵活，除了通过交换器件，两个终端器件也可直接互连。

3)物理层协议

RapidIO 协议定义了以下两种物理层接口标准。

(1)8/16 并行 LVDS 协议。

(2)1x/4x 串行协议(SRIO)。

并行 RapidIO 由于信号线较多(40～76)难以得到广泛的应用，而 1x/4x 串行 RapidIO(SRIO)仅需 4 或 16 个信号线，逐渐成为主流。

SRIO 基于现在已广泛用于背板互连的串行解串 SerDes 技术，它采用交流或直流耦合的差分电流模式进行信号传输。差分信号的强弱由一对信号线的电压差值表示，SRIO 协议规定信号峰-峰值的范围是 200～2000mV。信号幅度越大，则传输距离越远，RapidIO 协议按信号传输距离定义两种传输指标。

(1)短距离传输(Short Run)，≤50 厘米，主要用于板内互连，推荐的发送端信号峰-峰值为 500～1000mV。

(2)长距离传输(Long Run)，>50 厘米，主要用于板间或背板互连，推荐的发送端信号峰-峰值为 800～1600mV。

为了支持全双工传输，SRIO 收发信号是独立的，所以每一个 SRIO 口由 4 根信号线组成。标准的 1x/4x SRIO 接口，支持四个通道，共 16 根信号线。这四个口可用作独立的接口传输不同的数据，也可进行不同的组合以 1～3 个接口使用，即包括：4 个通道组合成 1 个接口；每两个通道组合成 1 个接口，共两个接口；两个通道组合成 1 个接口，另两个通道各自作为 1 个接口，共 3 个接口。

C66x DSP 的 SRIO 为 1x/4x 串行 RapidIO 接口，其结构如图 5.33 所示。

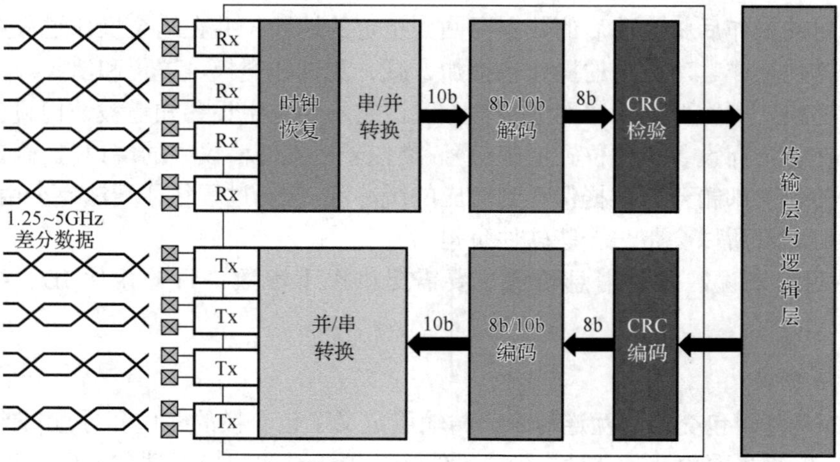

图 5.33　C66x DSP 1x/4x SRIO 接口框图

发送时，逻辑层和传输层将组好的包经过 CRC 编码后送到物理层的 FIFO 中，“8b/10b 编码”模块将每 8 位数据编码成 10 位数据，“并/串转换”模块将 10 位并行数据转换成串行比特，发送模块把二进制数字转换成差分交流耦合信号在信号线上发送出去。这里的 8b/10b 编码的主要作用如下。

(1) 保证信号有足够的跳变，以便于接收方恢复时钟。SRIO 没有专门的时钟信号线，接收端依靠数据信号的跳变恢复时钟。所以需要把信号跳变少的 8 位数据(如全 0 或全 1)编码成有一定跳变的 10 位数据。另外，也使得总体数据中 0 和 1 的个数均衡，以消除直流分量，保证交流耦合特性。

(2) 8b/10b 编码可扩大符号空间，以承载带内控制符号。10 位数据能表示 1024 个符号，其中 256 个表示有效的 8 位数据，剩余符号中的几十个用作控制符号。控制符号可用作包分隔符，响应标志，或用于链路初始化、链路控制等功能。

(3) 8b/10b 编码能实现一定的检错功能。1024 个符号中，除了 256 个有效数据符号和几十个控制符号，其他符号都是非法的，接收方收到非法符号则表示链路传输出错。

接收的过程则正好相反，首先接收方需要根据数据信号的跳变恢复出时钟，用这个时钟采样串行信号，将串行信号转换为 10 位的并行信号，再按 8b/10b 编码规则解码得到 8 位数据，最后进行 CRC 校验并送上层处理。

数据被正确地接收时，接收端会发送一个 ACK 响应包给发送端；如果数据不正确(CRC 错或非法的 10 位符号)，则会送 NACK 包，要求发送方重传。这种重传纠错的功能由物理层完成，而物理层功能往往由硬件实现，所以不需要软件干预。

串行 RapidIO 支持的信号速率有四种：1.25GHz、2.5GHz、3.125GHz 和 5GHz。但由于 8b/10b 编码，其有效数据速率分别为 1Gbit/s、2Gbit/s、2.5Gbit/s 和 4Gbit/s。4 个 1x 通道或 1 个 4x 通道支持的最高总速率为 16Gbit/s。

2. SRIO 接口的操作

1) SRIO 速率设定

如果要使用 SRIO，用户需通过 SRIOSGMIICLKP/N 引脚提供参考时钟信号，并通过对 SerDes PLL 的合理配置以获得期望的数据传输率。数据速率由 SRIOSGMIICLKP/N 时钟、PLL 乘法因子、速率因子决定。PLL 乘法因子由 PLL 配置寄存器设置，速率因子由传输和接收配置寄存器决定。PLL 输出频率等于 SRIOSGMIICLKP/N 时钟和 PLL 乘法因子的积。具体公式为

$$\text{PLL输出频率} = \text{PLL乘法因子} \times \text{SRIOSGMIICLK}$$

由于 SRIO PLL 的 VCO 频率范围是 1562.5～3125MHz，而 SRIO 支持的数据速率为 1250Mbit/s、2500Mbit/s、3125Mbit/s、5000Mbit/s，为此 SRIO 通过速率因子来实现数据传输速率和 PLL 输出频率间的映射，如下式所示：

$$\text{数据传输速率} = \frac{\text{PLL输出频率}}{\text{速率因子}}$$

速率因子的取值可为 0.25、0.5、1 和 2，分别代表全速、半速、1/4 速率和 1/8 速率。针对 C66x DSP SRIO 的应用，TI 建议了几种乘法因子、速率因子及对应 SRIO 数据速率的配置方式，如表 5.20 所示。

表 5.20　SRIO 数据传输速率配置表

输入时钟/MHz	PLL 乘法因子	PLL 输出频率/MHz	速率因子/s	数据传输速率/(Mbit/s)
156.25	16	2500	2	1250
2500	10	2500	2	1250
312.5	8	2500	2	1250
156.25	16	2500	1	2500
250.00	10	2500	1	2500
312.5	8	2500	1	2500
156.25	10	1562.5	0.5	3125
156.25	20	3125	1	3125
250.00	12.5	3125	1	3125
312.5	5	1562.5	0.5	3125
312.5	10	3125	1	3125
156.25	16	2500	0.5	5000
250.00	10	2500	0.5	5000
3125.5	8	2500	0.5	5000

2) SRIO 的初始化

SRIO 的初始化包括以下步骤。

(1) 使能 SRIO 外设。当 DSP 上电后，SRIO 外设处于禁止状态。在所有 SRIO 特定的初始化操作之前，首先需使能 SRIO 外设，否则所有 SRIO 的寄存器无法写入，读取时都为 0。SRIO 外设的使能包括全局使能和各个块的使能，可通过对寄存器 RIO_GBL_EN 和 RIO_BLKn_EN 的设置实现。

(2) PLL、通道、设备 I/O 和数据率初始化。为执行对只读寄存器的写操作以实现初始化，需将外设设置控制寄存器 RIO_PER_SET_CNTL 的 BOOT_COMPLETE 位清零。同时

可通过 RIO_PER_SET_CNTL 寄存器设置 PLL 模块、数据率等参数，之后可对 SerDes 模块进行初始化。

(3) 外设初始化。首先设置设备 ID 寄存器 RIO_DEVICEID_REGn，确保 RIO_PER_SET_CNTL 寄存器的 BOOT_COMPLETE 位为 0，然后对 SRIO 的能力寄存器 CAR 和命令状态寄存器 CSR 进行设置，随后将 BOOT_COMPLETE 置为 1，并对超时控制寄存器、错误管理寄存器、捕获寄存器进行初始化，之后完成对端口的初始化，并通过查询各端口错误状态寄存器 SPn_ERR_STAT 的 Port_OK 位确保端口初始化结束，最后通过使能外设控制寄存器 PCR 的 PEREN 位以使能逻辑层数据流。

5.5.3 超链接 HyperLink 接口

HyperLink 使用少量引脚实现两个 KeyStone 设备间高速、低延迟的数据通信，HyperLink 接口包括数据信号和边带控制信号，其特点如下。

(1) 仅使用 26 个引脚：16 个引脚用于实现基于 SerDes 的 4 通道数据通信，8 个引脚用于实现基于 LVCMOS 的 2 路输入、2 路输出边带控制信号，2 个引脚用于参考时钟输入。

(2) 无三态信号：所有信号都是专用的，并仅由一个设备驱动；所有 LVCMOS 边带信号由源同步时钟驱动。

(3) 每通道高达 12.5G 波特的传输率，支持 1 或 4 通道的数据收发：支持 SerDes 全速、半速、1/4 速和 1/8 速传输；自动 SerDes 极性检测和纠正；自动 SerDes 通道识别和纠正。

(4) 采用简单的基于包的传输协议，支持的包类型包括：写请求/数据包、读请求包、读响应数据包、中断请求包，但不支持写响应包。

(5) 点对点连接：请求包和响应包复用相同的物理引脚；支持主/外设和点对点通信模型。

(6) 用于流控和电源管理的专用 LVCMOS 引脚：支持每个方向、每个通道的流控；支持每个通道、每个方向的电源管理。

(7) 自动调整通道宽度以降低功耗。

(8) 支持用于诊断的内部 SerDes 环回模式。

(9) 引脚无须外部上拉或下拉电阻。

(10) 支持 64 个中断输入，具有 8 个中断指针地址。

(11) 发送和接收 SerDes 需运行在相同速度。

(12) 访问远程寄存器的最大触发尺寸为 64 字节。

1. HyperLink 接口结构

HyperLink 接口的内部结构如图 5.34 所示。HyperLink 接口面向 CPU 侧实现了两个 256 位的 VBUSM 端口，其中的从端口用于发送和命令寄存器访问，主端口用于接收。发送和接收状态机模块(TxSM 和 RxSM)实现 256 位普通总线架构(CBA)和外部串行接口的转换。

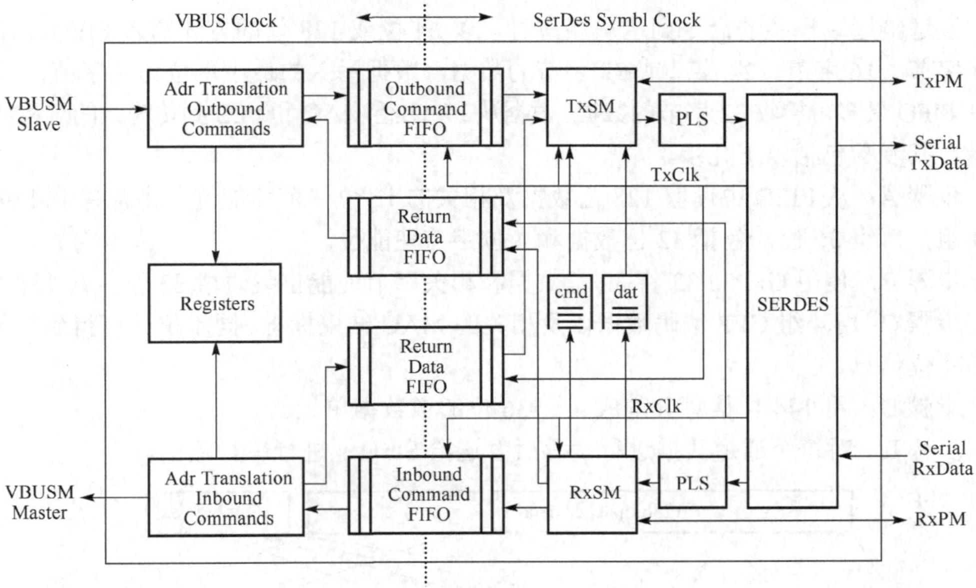

图 5.34　HyperLink 接口结构

HyperLink 接口的输入和输出侧提供有地址处理模块。输出侧地址处理模块将 HyperLink 从端口接收到的安全特征、privID 信息、存储器映射地址等 CBA 处理的不同特征组合成输出地址。输入侧地址处理模块从接收的信息中提取地址域信息并重映射为 CBA 处理的特征信息。输入侧和输出侧的地址转换由不同的寄存器组控制，相互独立运行，提供了处理的灵活性和可扩展性。

如图 5.34 所示，HyperLink 接口具有两个时钟域：VBUS 时钟和 SerDes 符号时钟。VBUS 时钟即 HyperLink 逻辑时钟，该时钟来自于处理器主 PLL 的输出 SYSCLK3，频率为 CPU 时钟的 1/2。SerDes 符号时钟由 HyperLink SerDes PLL 根据输入的参考时钟产生。SerDes 模块的参考时钟频率可为 156.25MHz、250MHz 和 312.5MHz，通过设置芯片级寄存器 HYPERLINK_SERDES_CFGPLL 中的 MPY 字段，SerDes PLL 可输出 1.5625～3.125GHz 的时钟信号，进一步通过设置接收和发送配置寄存器(HYPERLINK_SERDES_CFGRX 和 HYPERLINK_SERDES_CFGTX)中的速率参数 RATESCALE 实现全速、半速、1/4 速和 1/8 速的数据传输，在参考时钟为 312.5MHz、MPY=10、RATESCALE=0.25 时可达到最高的传输速率：312.5MHz×10/0.25=12.5GHz。不同型号的 KeyStone 处理器所支持的最高传输速率存在差异，如 C6655 的 HyperLink 最高支持 10GHz 的传输率，具体可参阅数据手册。由于 HyperLink 逻辑和 SerDes 使用不同的时钟源，往往具有不同的运行频率，为保证数据和命令的正常操作，HyperLink 接口为输入和输出的数据与命令提供了多个 FIFO。

HyperLink 接口的节点管理模块负责处理电源管理和流控边带信号，包括通道的上电/下电、流控、收发器的使能/禁止等，同时节点管理模块也负责传输的初始化和错误恢复。

输出侧的 PLS 模块使用通用成帧协议 GFP32/33 对 MAC 发送数据进行编码，加上 9 位 ECC，然后经扰码后发送给 SerDes。在输入侧，PLS 将串行比特流对齐到 36 位符号边界，识别出同步码，经解扰后对齐到 ECC 边界，然后进行 ECC 纠错，最后经 GFP33/32 解码后发送给 MAC 接收器。

发送给远端设备的命令到达从端口时，以 64 位或 128 位的方式写入 FIFO，其后可跟随 8 字节、16 字节、24 字节或 32 字节的数据，数据写入的最小单位为 8 字节，每个总线时钟 FIFO 最多可接收 32 字节的数据。数据从 FIFO 经 MAC 和 PLS 到传输线的过程如图 5.35 所示，其步骤包括以下几步。

步骤 A：从 FIFO 中读取 128 位数据及相关的 16 位字节使能位，将总共 144 位数据分成 4 组，每组 36 位，包括 32 位数据和 4 位字节使能位。

步骤 B：使用 GFP32/33 将 32 位数据和相关字节使能位编码成 33 位，共 132 位信息。

步骤 C：由 4 组 GFP 编码数据以及相关的 MAC 结束标志、同步位计算得到 9 位 ECC，共 144 位信息。

步骤 D：将 144 位信息分割成 4 个 36 位通道数据单元。

步骤 E：对每个通道数据进行扰码后发送给 SerDes 进行串行输出。

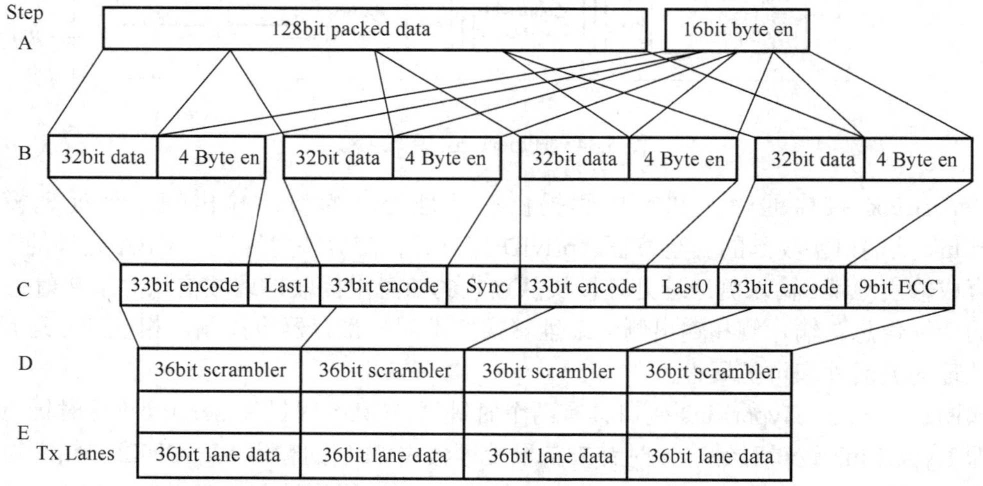

图 5.35　HyperLink 接口的 MAC 和 PLS 操作

HyperLink 接口的外部引脚信号包括 SerDes 信号和边带控制信号，共 26 个，分别如下。

(1) SerDes 收发信号：16 个，差分模式，4 通道输入 RXP0～4 和 RXN0～4，4 通道输出 TXP0～4 和 TXN0～4。

(2) SerDes 参考时钟：2 个，差分输入，REFCLKP 和 REFCLKN。

(3) 边带控制信号：8 个，2 路输出和 2 路输出，每路为包括数据和时钟的双线信号，具体为发送电源管理输出 TXPMCLK 和 TXPMDAT、接收流控输出 RXFLCLK 和 RXFLDAT、接收电源管理输入 RXPMCLK 和 RXPMDAT、发送流控输入 TXFLCLK 和 TXFLDAT。

2. HyperLink 的节点管理

HyperLink 的节点管理功能由基于 LVCMOS 的边带控制信号实现，支持流控和电源管理两大功能。边带信号共 4 路，包括用于控制 SerDes 发送接口的发送电源管理输出 TXPM 和发送流控输入 TXFL，用于控制 SerDes 接收接口的接收电源管理输入 RXPM 和接收流控输出 RXFL。

每路边带信号由数据信号和时钟信号构成，其时序如图 5.36 所示，时钟可为 SerDes 符号速率或 VBUS 时钟的 1/4，数据线每次发送 4 位 D3～D0，高位先发送，接收端在时钟信号的上升沿和下降沿分别采样数据线上的值。4 位数据可支持 15 种消息传递，对于流控和电源管理具有不同的定义，具体可查阅 HyperLink 的数据手册。消息 0b1110 专门用作设备的能力描述码，其后将跟随 4 位状态码，且状态码的最高位总是 0。

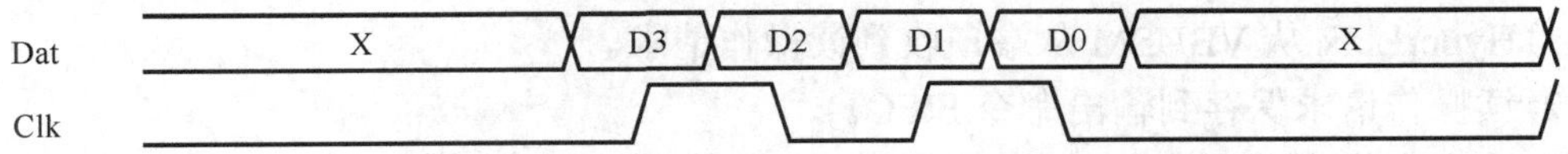

图 5.36　节点管理边带信号时序

如果要复位节点管理总线，则发送 8 位 1 和 4 位 0。任何时候节点管理总线的接收端检测到连续 7 位 1 的数据接收，就会将它的输出复位成默认值并进入同步状态以等待 4 位 0 的接收。当接收到 4 位 0 后，则节点管理总线复位结束。

当节点管理总线启动后，发送节点管理设备将输出一个复位序列给远端设备，随后输出能力描述码和状态码。当接收阶段管理设备收到复位序列后，将返回能力描述码和状态码作为响应，这样可以允许链路的任一端先启动总线并决定远端的能力。当链路两端的设备都收到能力描述码和状态码后，节点管理总线进入连接状态且设备的能力保存到状态寄存器中。

要启动一个 HyperLink 通道，发送器通过 TXPM 发送上电事件给接收器，接收器通过对应的 RXPM 接收上电事件，并使能接收器。当接收器与发送器训练序列完全同步后，将回送一个事件给发送器，随后双方进入数据传输模式。

HyperLink 的流控由 RXFL 和 TXFL 实现，接收器根据可获得的资源自动发送流控数据包给发送器以进行流量管理。HyperLink 模块的流控管理自动运行，对用户透明。

HyperLink 发送器主动决定链路的电源状态并通过边带信号通知接收端进入相同的电源状态。复位时 SerDes 处于下电模式且所有通道禁止。退出复位，并确定传输双方的能力后，HyperLink 自动进入可操作状态。当需要进行数据传输时，HyperLink 首先进入单通道模式，并根据数据传输量动态管理电源模式，当单个通道无法满足数据传输要求时，HyperLink 模块自动进入 4 通道模式。

3. HyperLink 协议

HyperLink 提供 3 种类型的数据传输：读、写和中断事件。

1) HyperLink 写操作

HyperLink 写操作过程的数据流图如图 5.37 中的虚线所示，步骤如下。

(1) HyperLink 从 VBUSM 从端口收到写操作请求，将写命令写入输出命令 FIFO。

(2) 数据随后从 FIFO 中读出并封装成写请求包。

(3) 出口侧地址转换逻辑将控制信息叠加到地址域。

(4) 在发送给远端设备之前对包进行编码和串行化。

(5) 远端设备收包后进行解串和解码。

(6) 远端 HyperLink 模块将接收的包保存到输入命令 FIFO。

(7) 入口侧地址转换逻辑由接收的数据再生出存储器映射地址和其他控制信息。

(8)根据再生的地址和控制信息，远端设备的 HyperLink 通过 VBUSM 主端口启动写操作。

(9)数据写入远端设备。

(10)当触发写的数据超过 256 字节时，写操作将分成多个触发过程。

2) HyperLink 读操作

HyperLink 读操作过程的数据流图如图 5.37 中的虚线和点画线所示，步骤如下。

(1) HyperLink 从 VBUSM 从端口收到读操作请求。

(2)读操作请求保存到输出命令 FIFO。

(3)读命令从输出命令 FIFO 中读出，出口侧地址转换逻辑修改地址域信息并叠加控制信息，随后被封装成读请求包。

(4)在发送给远端设备之前对包进行编码和串行化。

(5)远端设备通过 HyperLink 接口接收读请求包。

(6)接收的包进行解串、解码，然后写入输入命令 FIFO。

(7)读请求包从输入命令 FIFO 读出，并根据入口侧地址转换逻辑恢复的地址和控制信息启动读请求。

(8)读请求通过 VBUSM 主端口发送至远端设备的某个从端点。

(9)当远端设备的 HyperLink 接收到读返回数据时，这些数据先被写入对应的返回数据 FIFO。

(10)远端设备的 HyperLink 将读返回数据串行化后输出。

(11)读返回数据由本地设备的 HyperLink 接收，经解串等处理后存入本地的返回数据 FIFO。

(12)最后读数据传输到本地的 VBUSM 从端口。

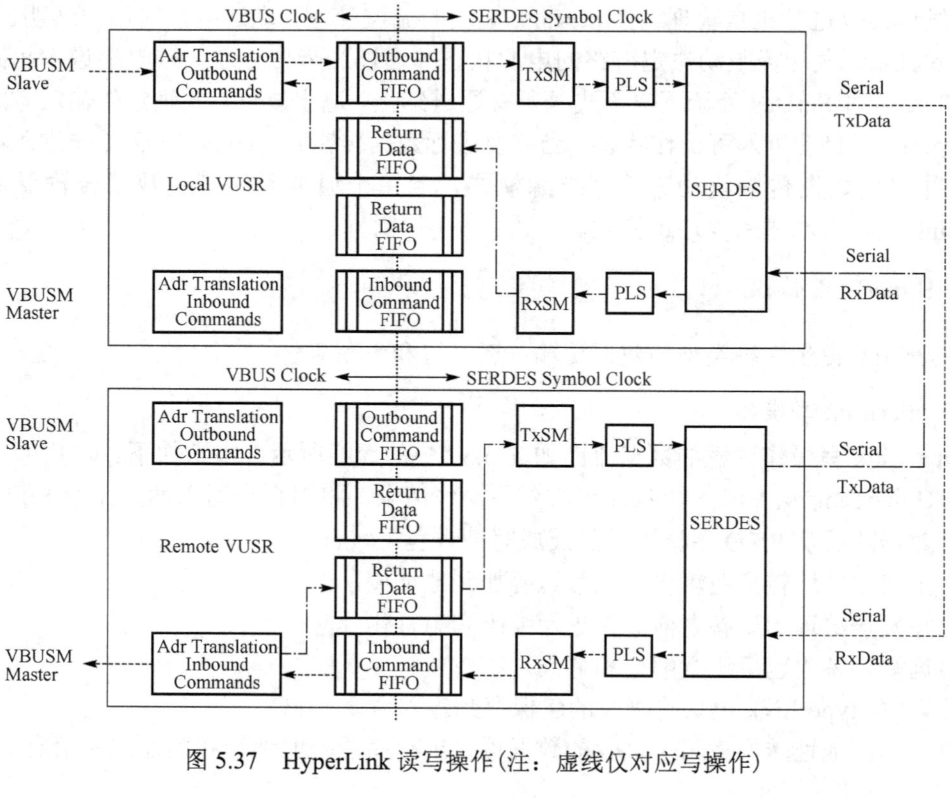

图 5.37　HyperLink 读写操作(注：虚线仅对应写操作)

3）HyperLink 中断包

HyperLink 支持 64 个中断事件，使能的事件状态由 HW_EVENT[x]（x=0～63）保持。事件 0～31 来自于芯片级中断控制器，事件 32～63 来自于队列挂起信号。当本地设备 HyperLink 控制寄存器的 INTLOCAL 位设置为 0 时，所有引起 HW_EVENT 有效的中断将会通过中断包发送给远端设备。中断包包括处理器选择信息 MPS 和对应 HW_EVENT 的矢量域。

在远端接收到一个中断包时，如果远端设备 HyperLink 控制寄存器的 int2cfg 位为 1，则 HyperLink 将根据中断包中的矢量域设置中断状态寄存器的相应比特。如果远端设备的 int2cfg 位为 0，则 HyperLink 将设置芯片级中断控制寄存器，其中中断包中的 MPS 确定中断控制寄存器地址，矢量域确定中断控制寄存器的比特。

5.5.4　高速外部设备互连总线

高速外部设备互连总线（PCI Express，PCIe）是一种为多种类计算和通信平台互连而定义的高性能通用 I/O 总线。PCIe 保留了 PCI 的关键属性，而将 PCI 的并行总线由一个高度可扩展的、完全串行的接口取代。PCIe 利用最新的点到点互连、基于交换机的技术、分组交换协议，在性能和功能上提到一个新水平。C66x 的 PCIe 接口具有如下特点。

(1) 支持双操作模式：根联合体（Root Complex，RC）和端点（End Point，EP）。

(2) 支持单链路双向传输，最大支持 2 通道。

(3) 每通道每方向数据率为 2.5Gbit/s 或 5.0Gbit/s。

(4) 最大输出有效载荷为 128 字节，最大输入有效载荷为 256 字节，最大远程读请求尺寸为 256 字节。

(5) 具有超低发送和接收延时。

(6) 支持动态宽度转换，支持自动通道反转，接收时支持极性反向。

(7) 支持单虚拟通道、单业务类型。

(8) 支持自动信用管理，支持端到端循环冗余码产生和检查。

(9) PCI 设备电源管理，PCIe 活动状态电源管理（ASPM）L0s 和 L1，除 L2 状态外的 PCIe 链路电源管理。

(10) PCIe 高级错误报告。

(11) 支持报告、非报告和完成业务过滤。

(12) RC 模式下支持传统中断接收，EP 模式下支持传统中断产生；支持由消息通知中断（MSI）的产生和接收。

(13) RC 模式下支持物理层环回。

(14) 不支持热插拔。

1. PCIESS 结构

C66x 处理器 PCIe 子系统（PCI Express Subsystem，PCIESS）的结构如图 5.38 所示，主要包括 PCIe 核模块、PCIe 物理层模块 PHY、VBUSM 端口模块、中断逻辑模块以及时钟、复位和电源控制模块。

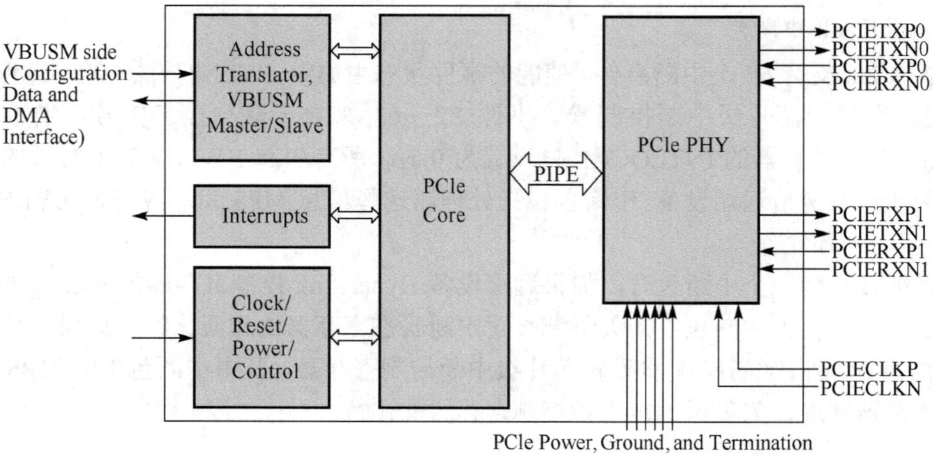

图 5.38　PCIESS 结构

PCIe 核模块包含事物层、数据链路层和 PHY 的 MAC 部分。PCIe 核为双模核，通过芯片上电时两个引导引脚 PCIESSMODE[1:0]的设置可将 PCIESS 设置为 RC 或 EP，其中 00 为 EP 模式，01 为传统 EP 模式，10 为 RC 模式。系统运行时，用户也可以软件方式通过修改 DEVSTAT 寄存器的 PCIESSMODE 位修改 PCIESS 的运行模式。芯片同时提供另一个引导引脚 PCIESSEN 以决定系统启动后是否使能 PCIESS 的电源域。

在外部传输接口部分，PCIESS 提供两个通道的传输接口，每个通道包括 1 对差分输入信号 PCIERXP/N 和 1 对差分输出信号 PCIETXP/N。PCIESS 只能连接 1 个 PCIe 设备，即两个通道可以同时连接 1 个 PCIe 设备，也可以仅使用 1 个通道连接 1 个 PCIe 设备，但不支持两个通道分别连接两个 PCIe 设备。PCIESS 同时需要一对差分输入时钟 PCIECLKP/N 用以驱动 PHY 内的 PLL 电路。

VBUSM 端口模块包括 1 个 128 位的主端口和 1 个 128 位的从端口。主端口用于输入传输请求，从端口同时用于输出数据传输和 PCIe MMR 访问。PCIe 在进行数据包收发时会用到 PCIe 地址，而处理器使用本地内部总线地址，VBUSM 端口模块提供了地址转换功能实现 PCIe 地址和内部总线地址间的相互转换。PCIESS 本身没有内置的 DMA 功能，但 VBUSM 模块所提供的主、从端口可以使用处理器的 DMA 引擎实现数据的传输。

中断逻辑模块可产生 14 个中断给系统的中断控制器，包括 4 个传统中断 INTA/B/C/D、8 个 MSI、1 个错误中断、1 个电源管理和复位中断，并且每个 MSI 中断对应 4 个 MSI 事件。PCIESS 可处理 MSI 和传统中断。当工作于 EP 模式时，根据设置 PCIESS 可产生 MSI 或传统中断，但不支持同时产生 MSI 和传统中断。当工作于 RC 模式时，PCIESS 可同时处理 MSI 和传统中断。

PCIESS 使用两个功能时钟：用于 VBUSM 的时钟、用于 PHY 的参考时钟。VBUSM 时钟来自于处理器的主 PLL 输出。PCIe 使用引脚 PCIECLKP/N 输入的差分时钟来驱动其物理层 SerDes 内部的 PLL。通过将 PCIE_SERDES_CFGPLL 寄存器的 ENPLL 位置 1 使能 PLL，同时通过 MPY 位段的设置产生期望串行传输率。在 PCIe 传输速率为 2.5Gbit/s 时，如果 SerDes 工作于半速状态(通过 RATESCALE 控制)，当将 MPY 设置为 0x64(25 倍频)

时，此时引脚输入时钟应该为 100MHz，即 (PCIECLKP/N) ×MPY/RATESCALE = 100MHz×25/1 = 2.5Gbit/s。

PCIe 的电源控制模块支持多个电源管理协议，包括硬件激发的 ASPM 和软件控制的更高级管理模式。PCIe 的电源管理协议与 PCI 的电源管理功能兼容，包括 D0、D1、D2、D3Hot 和 D3Cold 电源状态，其中 D0 和 D3 是必须支持的。D0 状态包括 D0 未初始化状态和 D0 活动状态，D0 活动状态是 PCIe 的全活动状态；D1 为轻度睡眠状态，并可转换到 D0 状态；PCIe 对 D2 状态的支持为可选项，并由软件驱动，D2 状态可大幅度降低功耗；D3 为最省电的状态，D3Hot 依旧保持电源开启，D3Cold 电源关闭，在 D3Cold 状态下只有通过重新初始化才能回到 D0 状态。

2. PCIe 协议

PCIe 网络一般包括根联合体、交换器、端点和桥等部件，其拓扑结构类似于树型结构，各节点之间通过点对点链路相互连接，如图 5.39 所示。

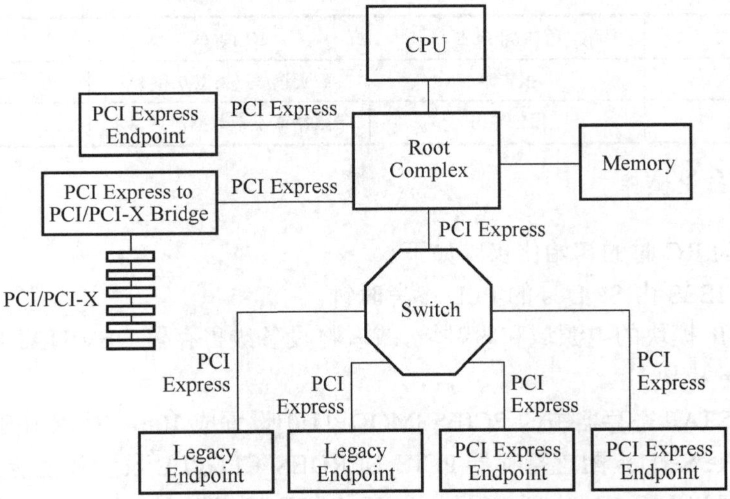

图 5.39　PCIe 网络的拓扑结构

根联合体(RC)作为根节点对整个 PCIe 网络实施初始化并配置各链路，它通常连接 CPU 和存储器，同时把 CPU 与其他三个功能部件中的一个或多个(PCIe 交换器、PCIe 端点、PCIe 到 PCI 桥)连接起来。

PCIe 交换器把数据路由至下游多个 PCI 端口，并分别从其中每个端口路由至上游唯一一个 RC。PCIe 交换器也可以灵活地把数据从一个下游端口路由到另一个下游端口(点到点)，它消除了传统 PCI 系统限制性的树状结构。

端点(EP)作为叶节点，通常位于终端应用内，它负责连接应用于系统内的 PCIe 网络。EP 要求并完成 PCIe 事务传输。一般来说，系统内的 EP 比任何其他类型的 PCIe 部件都要多。

桥用于连接 PCIe 与系统内如 PCI/PCI-X 等其他 PCI 总线标准。

PCIe 采用点对点串行传输协议，每个链路由一个发送和一个接收差分对组成。根据协议版本不同，每个方向可支持 2.5Gbit/s 或 5.0Gbit/s 的传输速率，考虑到 8b/10b 编码，对上层 PCIe 协议的吞吐率为 2.0Gbit/s 和 4.0Gbit/s。

PCIe 运用数据包实现设备之间的数据传输，一个数据包包括地址和可变长度的数据载荷。RC 可以和各个 EP 通信，EP 之间也可以相互通信。通信涉及一种称为事务层数据包 TLP 的数据包发送和接收。

事务定义为请求者和完成者之间完成一次信息传送需要完成的一系列一个或多个数据包传送的过程。PCIe 的事务包括 4 大类：存储器事务、IO 事务、配置事务和消息事务。事务可以分成非报告事务(non-posted transaction)和报告事务(posted transaction)。对于非报告事务，请求者发送一个 TLP 请求数据包给完成者，稍后完成者返回一个 TLP 完成数据包给请求者，以向请求者确认完成者已收到请求 TLP。非报告读事务会将数据包含在完成 TLP 中，非报告写事务会将数据包含在写请求 TLP 中。对于报告事务，请求者发送一个 TLP 请求数据包给完成者，但完成者不返回 TLP 完成数据包给请求者。报告事务以请求者不知道完成者是否成功接收请求为代价来优化事务。报告事务在请求 TLP 中可以包含也可以不包含数据。C66x 支持的 PCIe 事务及类型如表 5.21 所示。

表 5.21　C66x 支持的 PCIe 事务

事务包类型	报告/非报告	IO 读/写	非报告事务
存储器读	非报告事务	配置读/写(类型 0 和 1)	非报告事务
存储器写	报告事务	带数据或不带数据消息请求	报告事务

3. PCIe 初始化操作

PCIESS 作为 RC 时的初始化步骤如下。

(1)提供 PCIESS 内 SerDes 的 PLL 参考时钟。

(2)打开 PCIe 模块的电源域和时钟域，或者将设备级寄存器 DEVSTAT 中的 PCIESSEN 置 1 以使能 PCIe 模块。

(3)将 DEVSTAT 寄存器中的 PCIESSMODE[1:0]设置成 10b，置 PCIESS 于 RC 模式。

(4)通过 PCIe SerDes 配置寄存器 PCIE_SERDES_CFGPLL 设置和使能 PLL。

(5)通过查询 PCIe SerDes 状态寄存器 PCIE_SERDES_STS 的 LOCK 位，等待 PLL 稳定。

(6)通过将 PCIESS 命令状态寄存器 CMD_STATUS 的 LTSSM_EN 清零禁止链路训练。

(7)对 PCIESS 的配置寄存器进行正确的设置。

(8)将 CMD_STATUS 的 LTSSM_EN 置 1 启动链路训练。

(9)确认 DEBUG0 寄存器的 LTSSM_STATE 位段变为 11b 以确保链路训练成功完成。

(10)与系统软件协同，启动总线枚举，设置下游端口的配置空间。

(11)继续与远端设备的软件握手和初始化，包括设置 DMA 协议、中断步骤等。

(12)软件初始化完成后，可在不同 EP 上启动 DMA 访问。

PCIESS 作为 EP 时的初始化步骤如下。

(1)提供 PCIESS 内 SerDes 的 PLL 参考时钟。

(2)打开 PCIe 模块的电源域和时钟域，或者将设备级寄存器 DEVSTAT 中的 PCIESSEN 置 1 以使能 PCIe 模块。

(3)将 DEVSTAT 寄存器中的 PCIESSMODE[1:0]设置成 00b，置 PCIESS 于 EP 模式。

(4)通过 PCIe SerDes 配置寄存器 PCIE_SERDES_CFGPLL 设置和使能 PLL。

(5) 通过查询 PCIe SerDes 状态寄存器 PCIE_SERDES_STS 的 LOCK 位，等待 PLL 稳定。

(6) 通过将 PCIESS 命令状态寄存器 CMD_STATUS 的 LTSSM_EN 清零禁止链路训练。

(7) 对 PCIESS 的配置寄存器进行正确的设置。

(8) 将 CMD_STATUS 的 LTSSM_EN 置 1 启动链路训练。

(9) 确认 DEBUG0 寄存器的 LTSSM_STATE 位段变为 11b 以确保链路训练成功完成。

(10) 如需进一步对配置寄存器进行初始化，则应将 CMD_STATUS 寄存器中的应用请求重入位 APP_RETRY_EN 置 1，从而可以重入响应的方式对输入访问进行响应；这个特点允许低速设备有额外的时间以避免根端口认为设备处于非活动状态；在设置完成后，需将 APP_RETRY_EN 清 0 以允许来自 RC 的事务。

(11) 配置完成后，可开始 DMA 访问。

(12) 输入的 PCIe 事务将到达 PCIESS 端点的主端口并被目标从设备响应，同时 PCIESS 将把从设备的响应返回给启动事务的 PCIe 设备。

(13) 输出的 PCIe 事务被送到 PCIESS 端点的从端口，只有当 PCIESS 端点被 RC 赋予总线主动功能时这些事务才会被服务。

5.6　增强的 DMA 控制器

直接存储器访问(DMA)控制器主要用来实现 DSP 设备两个存储器映射从端点间的数据传输。C66x 使用增强的 DMA 控制器，采取 3 维形式完成数据传输，即一次完整的 DMA 数据传输称为一块(Block)，一块数据包含若干帧(Frame)，一帧数据包含若干列(Array)，一列数据包含若干字节，因此 C66x 的 DMA 称为 EDMA3。

EDMA3 控制器由两个主要模块构成：EDMA3 通道控制器(EDMA3CC)和 EDMA3 传输控制器(EDMA3TC)，不同型号的 C66x DSP 具有不同个数的 EDMA3CC 以及对应每个 EDMA3CC 的 EDMA3TC，如 C6655 具有 1 个 EDMA3CC，有 4 个 EDMA3TC 与该 EDMA3CC 对应。

EDMA3CC 作为 EMDA3 控制器的用户接口，主要由参数 RAM(PaRAM)、通道控制器寄存器和中断控制寄存器构成，EDMA3CC 根据优先级对软件请求或外设事件进行排序，并将传输请求(TR)提交给 EDMA3TC。EDMA3TC 负责数据传输，根据 EDMA3CC 提交的传输请求包(TRP)所包含的传输信息发起数据的读写操作。

EDMA3CC 具有如下特征。

(1) 全正交的传输描述：支持 3 维传输；支持 A 同步传输，每个事件触发 1 维传输(完成 1 列数据传输)；支持 AB 同步传输，每个事件触发 2 维传输(完成 1 帧数据传输)；支持源和目的地址独立修改。

(2) 灵活的传输定义：支持递增或固定寻址模式；具有链式机制以实现 PaRAM 参数集的自动更新；具有通道串联功能，可由单事件触发多个传输。

(3) 可在传输完成或出错条件下产生中断。

(4) 提供错误和状态信息以支持在线调试。

(5) 具有多个 DMA 通道，支持事件同步、手动同步和通道串联同步。

(6) 具有多个 QDMA 通道，可通过写 PaRAM 参数集进行触发。

(7)具有多个 PaRAM 参数集，每个 PaRAM 参数集可用于 DMA 通道、QDMA 通道。

(8)提供事件队列，每个队列可容纳 16 个事件。

(9)支持存储器保护，包括托管存储器保护和主动存储器保护。

EDMA3TC 具有如下特征。

(1)支持 2 维传输，支持源和目的地址独立修改。

(2)最多可支持 4 个并发的传输请求。

(3)每个传输控制器的优先级可编程。

(4)支持递增或固定寻址模式。

(5)中断和错误支持。

(6)支持大小端操作。

5.6.1 EDMA3 传输类型

EDMA3 的传输以 3 维方式定义，整个传输的数据结构安排如图 5.40 所示。3 维数据定义如下。

(1)第 1 维为列(A)：由 ACNT 个连续字节组成。

(2)第 2 维为帧(B)：由 BCNT 个列组成，每列数据传输的地址修改通过源地址帧索引(SRCBIDX)或目的地址帧索引(DSTBIDX)编程控制。

(3)第 3 维为块(C)：由 CCNT 个帧组成，每帧数据传输的地址修改通过源地址块索引(SRCCIDX)或目的地址块索引(DSTCIDX)编程控制。

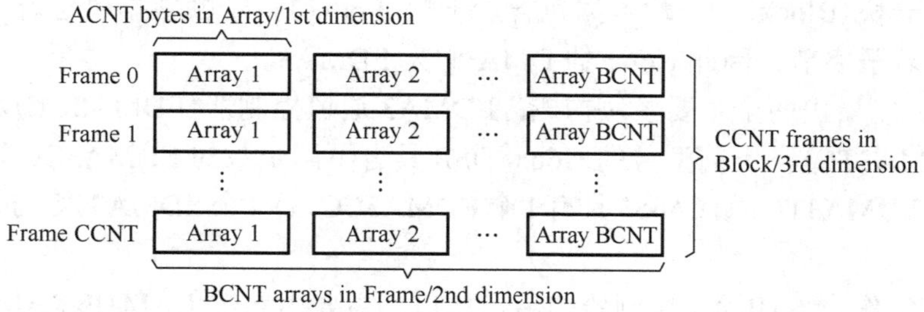

图 5.40　EDMA3 传输数据结构

相邻两帧数据传输起始地址(源或目的地址)的修改由块索引(SRCCIDX 或 DSTCIDX)决定，但修改方式取决于同步类型。同样，每个同步事件触发的数据传输个数也取决于同步类型。EDMA3 支持两种同步类型：A 同步传输和 AB 同步传输。

1)A 同步传输

对于 A 同步传输，每个 EDMA3 同步事件触发第 1 维的传输，即每个同步事件完成 ACNT 字节传输，要完成整块数据的传输，共需要 BCNT×CCNT 个同步事件。

相邻两列数据传输的起始地址间隔 SRCBIDX 或 DSTBIDX，即第 N 列数据的起始地址=第 $N-1$ 列数据的起始地址+(SRC/DST)BIDX。

帧数据的起始地址由 SRCCIDX 或 DSTCIDX 分隔，即第 M 帧数据的起始地址=第 $M-1$ 帧最后一列数据的起始地址+(SRC/DST)CIDX。

2) AB 同步传输

对于 AB 同步传输，每个 EDMA3 同步事件触发 2 维数据传输，即每个同步事件完成一帧数据传输，共 BCNT×ACNT 字节，要完成整块数据传输，需要 CCNT 个同步事件。

相邻两列数据传输的起始地址间隔 SRCBIDX 或 DSTBIDX，与 A 同步传输的列地址修改方式相同。

相邻两帧数据传输的起始地址间隔 SRCCIDX 或 DSTCIDX，即第 M 帧数据的起始地址=第 $M-1$ 帧数据的起始地址+(SRC/DST) CIDX。

5.6.2　EDMA3 结构

EDMA3 控制器主要由 EDMA3 通道控制器和 EDMA3 传输控制器构成，其结构如图 5.41 所示，图中的 m 和 n 分别表示 EDMA3 控制器所包含的 EDMA3CC 的个数以及对应每个 EDMA3CC 的 EDMA3TC 个数，对于不同型号的 DSP，EDMA3CC 和 EDMA3TC 个数不同，C6655 DSP 的 EDMA3 控制器拥有 1 个 EDMA3CC 和 4 个 EDMA3TC。

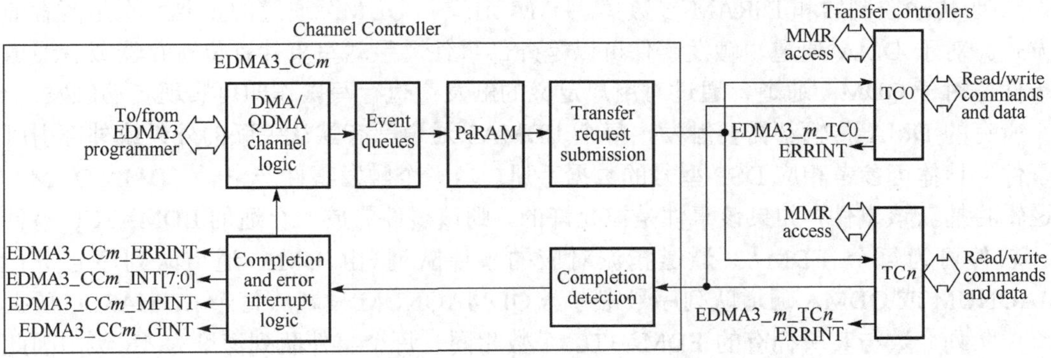

图 5.41　EDMA3 控制器结构

EDMA3CC 主要包括如下模块。

(1) DMA/QDMA 通道逻辑：该模块逻辑用来捕获可启动事件触发传输的外部系统或外设事件，该模块也包括用来配置 DMA/QDMA 通道所需的寄存器。

(2) 参数 RAM (PaRAM)：PaRAM 参数集用来保存各个通道的传输信息，包括传输模式、源和目的地址、地址索引、链接参数集等。

(3) 事件队列：该模块构成事件检测逻辑和传输请求提交逻辑的接口。

(4) 传输请求提交逻辑：该模块根据事件队列中的事件信息处理 PaRAM 参数集，并将传输请求提交给与事件队列关联的传输控制器。

(5) EDMA3 事件与中断处理寄存器：该模块实现事件与参数集的映射、使能/禁止事件、使能/禁止中断条件和清除中断。

(6) 传输完成检测模块：该模块检测 EDMA3TC 传输的完成情况，传输完成可用来串联触发信道传输或者触发中断。该模块也包括使能/禁止中断的处理寄存器、中断状态/清除寄存器。

(7) 存储器保护寄存器：定义访问 EDMA3 通道影子区域 (Shadow Region) 和 PaRAM 区域的权限。

(8) 区域寄存器：区域寄存器允许将 DMA 资源分配到单一区域，该区域由单一的 EDMA 编程者或单一的任务/线程拥有。

(9) 调试寄存器：包括能提供队列状态、通道控制状态和错失事件状态的寄存器。

EDMA3TC 主要包括如下模块。

(1) DMA 编程寄存器组：用来存储从 EDMA3CC 接收到的传输请求。

(2) DMA 源活动寄存器组：用来存储读控制器中当前运行的 DMA 传输请求的上下文信息。

(3) 读控制器：发送读命令给源地址。

(4) 目的 FIFO 寄存器组：用来存储写控制器中当前运行的 DMA 传输请求的上下文信息。

(5) 写控制器：发送写命令/写数据给目的从设备。

(6) 数据 FIFO：用来临时保持当前传输中的数据。

(7) 传输完成接口：当传输完成时发送完成代码给 EMDA3CC，产生中断或串联事件。

EDMA3CC 支持两种通道类型：DMA 通道和 QDMA 通道，每个通道都有与之关联的事件队列/传输控制器和 PaRAM 参数集。DMA 通道和 QDMA 通道的主要区别是两者的触发方式。对于 DMA 通道，触发事件可以是外部事件、手动写事件置位寄存器或者通道串联事件。对于 QDMA 通道，通过对用户定义的触发字执行写操作即可实现自动触发。

所有的 DMA 传输都需要触发，每个 EDMA3 通道都有默认关联的外设或外部引脚触发事件，具体可参考相应 DSP 型号的数据手册。当一个触发事件产生时，DMA/QDMA 通道逻辑将捕获该事件，如果该事件是被允许的，则该事件将放入合适的 EDMA3CC 事件队列。软件可为每个 EDMA3 通道指派对应的事件队列(由 DMA 通道队列序号寄存器 DMAQNUM 或 QDMA 通道队列序号寄存器 QDMAQNUM 设置)，每个 EDMA3CC 所拥有的事件队列个数与其所拥有的 EDMA3TC 个数相同。每个事件队列深度为 16 级，因此可缓存 16 个事件。如果不同通道的事件同时发生，则根据优先级仲裁机制完成事件的按序入列。DMA 通道的优先级高于 QDMA 通道，同类型通道中低序号的通道具有更高的优先级。

事件队列以 FIFO 的方式处理每个事件，当一个事件到达队列顶部时，将读取与该通道关联的 PaRAM 以决定传输的详细信息。传输请求提交逻辑将评估 TR 的有效性，并负责将有效的 TR 提交给合适的 EDMA3TC。

EDMA3TC 接收到请求后将根据传输请求包定义的信息执行数据搬移，在数据传输完成后，EDMA3TC 可发送完成信息给 EDMA3CC 的传输完成检测模块。传输完成检测模块可根据设置产生中断或触发另一个串联的 EDMA3 通道。

另外，EDMA3CC 的错误检测逻辑会监控 DMA 传输的整个流程，当出现错误(如事件错失、超出事件队列门限等)时会产生相应的错误中断。

EDMA3CC 的存储器映射寄存器分成三类：全局寄存器、全局区域通道寄存器和影子区域通道寄存器。全局寄存器位于固定存储器地址，这些寄存器控制 EDMA3 资源映射、区域访问使能、存储器保护属性、提供可视化调试、错误跟踪信息等。C66x 的 EMDA3CC 提供 8 组影子区域通道寄存器，所有影子区域通道寄存器和全局区域通道寄存器共享相同的物理寄存器。全局寄存器中的存储器保护属性(MPPA)寄存器定义了对全局区域通道寄存器和各影子区域通道寄存器的访问权限，包括访问者的权限 ID、管理模式下的读/写/执行权限、用户模式下的读/写/执行权限。另外，全局寄存器中的 DMA/QDMA 区域访问使能寄存器 DRAE/DRAEH 或 QRAE 定义了各区域中各个 DMA 或 QDMA 通道的访问权限。EDMA3CC 的这种安排方式可以实现灵活的存储器资源保护以提高系统的鲁棒性。

EDMA3 控制器支持两种存储器保护模式：主动存储器保护和托管存储器保护。主动存储器保护根据一组存储器保护权限属性寄存器的设置，允许或阻止对 EDMA3CC 寄存器的读写访问。托管存储器保护由 EDMA3TC 实现，根据通道选择参数寄存器(OPT)中的 PRIV 和 PRIVID 检测 DMA 使用者是否有权限访问源、目的地址空间。

EDMA3 支持两类中断：传输完成中断和错误中断。传输完成中断包括全局传输完成中断和影子区域传输完成中断，错误中断包括 EDMA3CC 错误中断、EDMA3CC 存储器保护中断和传输完成错误中断。

5.6.3　参数 RAM

EDMA3 控制器采用基于 RAM 的架构，EDMA3 通道的传输上下文信息由 EDMA3CC 中的参数 RAM 表给出，称为 PaRAM。PaRAM 表分割成多个 PaRAM 集，每个 PaRAM 集包含 8 个 4 字节参数(每个 PaRAM 集共 32 字节)，包括源地址、目的地址、传输个数、地址索引以及传输选项等。

PaRAM 结构支持灵活的乒乓缓存、循环缓存、通道串联和自动加载。上电后默认情况下所有 EDMA3 通道都映射到第 0 个 PaRAM 集，在实际使用中，一般将第 *n* 个 DMA 通道映射到第 *n* 个 PaRAM 集(由 DMA 通道映射寄存器(DCHMAP)或 QDMA 通道映射寄存器(QCHMAP)设置)。EDMA3CC 提供的 PaRAM 集个数一般超过 DMA 通道数，为此剩余的 PaRAM 集可用于 DMA 链式传输或关联到 QDMA 通道。不同型号的 DSP 具有不同的 EDMA3 通道数和 PaRAM 集，如 C6655 具有 64 个 DMA 通道、8 个 QDMA 通道和 512 个 PaRAM 集。每个 PaRAM 集的构成如图 5.42 所示。

PaRAM set		Byte address offset
OPT		+0h
SRC		+4h
BCNT	ACNT	+8h
DST		+Ch
DSTBIDX	SRCBIDX	+10h
BCNTRLD	LINK	+14h
DSTCIDX	SRCCIDX	+18h
Rsvd	CCNT	+1Ch

图 5.42　PaRAM 集构成

PaRAM 集中的 OPT 给出 DMA 传输的配置选项；SRC 给出 DMA 传输的源地址；ACNT 给出第 1 维的字节数；BCNT 给出第 2 维的列数；DST 给出 DMA 传输的目的地址；SRCBIDX 给出源列地址的修改值(即相邻两列数据传输的间隔地址)；DSTBIDX 给出目的列地址的修改值；LINK 给出 PaRAM 集的链接地址，也就是当一块 DMA 传输完成后，下一块 DMA 传输的 PaRAM 集地址，当 LINK=0xFFFF 时表示一个空链接，即无后续 DMA 传输；BCNTRLD 给出 BCNT 的重载值，即当 BCNT 减至 0 时重新加载 BCNT 的值，仅在 A 同步传输模式下有效；SRCCIDX 给出源帧地址的修改值(即相邻两帧数据传输的间隔地址)；DSTCIDX 给出目的帧地址的修改值；CCNT 给出第三维的帧数。

通道选项参数 OPT 定义了 DMA 传输的选项，其比特构成和各字段的意义见表 5.22。

表 5.22　OPT 字段说明

比特	字段名	描述
31	PRIV	该 PaRAM 集拥有者的权限级别，0=用户模式权限，1=管理员模式权限
30～28	Reserved	保留位，仅能写 0
27～24	PRIVID	该 PaRAM 集编程者的权限 ID
23	ITCCHE	中间传输完成串联使能。当使能时，除最后一个 TR 外，每个中间 TR 完成都会设置串联事件寄存器(CER/CERH)以触发串联通道的传输； =0b：禁止 =1b：使能
22	TCCHE	传输完成串联使能，0=禁止，1=使能
21	ITCINTE	中间传输完成中断使能。当使能时，除最后一个 TR 外，每个中间 TR 完成都会设置中断挂起寄存器(IPR/IPRH)。要产生完成中断，需设置相应的 IER/IERH 比特； =0b：禁止 =1b：使能
20	TCINTE	传输完成中断使能； =0b：禁止 =1b：使能
19～18	Reserved	保留位，仅能写 0
17～12	TCC	传输完成码。在串联使能情况下该码设置 CER/CERH 的 TCC 位，在中断使能情况下该码设置 IPR/IPRH 的 TCC 位
11	TCCMOD	传输完成模式； =0b：正常完成(数据传输完成) =1b：提早完成(EDMA3CC 将 TR 提交给 EDMA3TC 即认为传输完成)
10～8	FWID	FIFO 宽度，仅当 SAM=1 或 DAM=1 时有效； =000b：8 位 FIFO =001b：16 位 FIFO =010b：32 位 FIFO =011b：64 位 FIFO =100b：128 位 FIFO =101b：256 位 FIFO =110b、111b：保留
7～4	Reserved	保留位，仅能写 0
3	STATIC	静态设置。所谓静态 PaRAM 是指一个 TR 提交后 PaRAM 集不更新或链接，即只实现一块 DAM 传输； =0b：PaRAM 非静态 =1b：PaRAM 静态
2	SYNCDIM	传输同步类型； =0b：A 同步传输 =1b：AB 同步传输
1	DAM	目的地址修改模式； =0b：递增模式(目的存储空间不作为 FIFO) =1b：固定寻址模式(目的存储空间以 FIFO 方式运行)
0	SAM	源地址模式； =0b：递增模式 =1b：固定寻址模式

5.6.4 EDMA3 操作

1. EDMA3 的触发

要启动 DMA 或 QDMA 传输都需要相应的触发源，DMA 通道的触发源包括事件触发、手动触发和串联触发。QDMA 通道的触发源包括自动触发和链式触发。

事件触发：事件触发即由外设或外部引脚的事件触发 DMA 传输。各 DMA 通道有固定的关联触发事件，要使得关联事件能有效触发 DMA 传输，需将事件使能寄存器(EER)中的对应位置 1。当事件发生时，事件寄存器(ER)中的对应位置 1，并在该事件对应的传输请求包正确提交后该位清 0，以允许后续事件再次触发 DMA 传输。

手动触发：手动触发是通过手动向事件置位寄存器(ESR)中某位写 1 触发对应通道的 DMA 传输，而不管 EER 对应位的值为 1 还是 0，其余过程与事件触发模式相同。

串联触发：串联触发是利用某个通道 DMA 传输结束来自动触发另一个通道的 DMA 传输，待触发的 DMA 通道由触发通道 DMA 的 PaRAM 集中 OPT 的 TCC 参数设定，同时触发通道 DMA 的 PaRAM 集中 OPT 的 TCCHEN/ITCCHEN 应设置成 1。

自动触发：对于 QDMA 通道，当往指定通道 PaRAM 集的某个位置(即 8 个 32 位参数中的某一个，其值由 QDMA 通道映射(QCHMAP)寄存器设置)写入参数时即触发 QDMA 传输。

链式触发：当 EDMA3CC 执行 PaRAM 集地址的链式更新时，如果该 PaRAM 集被映射到 QDMA 通道(由 QCHMAP 设置)，并且该 QDMA 通道使能(由 QDMA 事件使能寄存器(QEER)设置)，则触发该 QDMA 通道传输。

2. 链式传输和串联传输

EDMA3 支持常规的块传输、子帧传输和数据重排序传输，也支持乒乓缓冲传输、循环缓冲传输，同时支持通道串联传输。

块传输即实现一块数据从一个存储器空间到另一个存储器空间的传输。子帧传输可以实现一个二维数据中某个子区域的提取，如可实现一个 640×480 像素图像中某个 24×24 像素子图像的提取。重排序传输往往可以用于多路数据的重排序，如有 A、B 两路数据以 A1、B1、A2、B2、…的顺序依次接收，但希望接收的数据以 A1、A2、…和 B1、B2、…的形式存放。子帧传输和重排序传输可以通过合理设置 SRCBIDX、DSTBIDX、SRCCIDX 和 DSTCIDX 来实现。

乒乓缓冲传输、循环缓冲传输往往用于信号处理中的连续数据收发，对于这类数据传输可利用 EDMA3 提供的链式传输功能。当希望一个事件触发多个 EDMA3 通道数据传输时，可以使用 EDMA3 提供的串联传输功能。

1)链式传输

在实时信号处理中，经常需要用到乒乓缓冲技术，即使用两块缓冲区用于数据接收或发送，两块缓冲区一块用于当前接收或发送，另一块用于处理，当接收或发送完成时，两块缓冲区进行切换。在这样的应用中，当前块的 DMA 传输结束时，需要更新目的或源地址信息，EDMA3 提供了链式传输功能，即当一块 DMA 传输结束时可以将指定的整个 PaRAM 集重载给当前 EDMA3 通道以进行下一块 DMA 传输，因此用户可通过合理设置 PaRAM 集的 DST 或 SRC 参数实现乒乓缓冲接收或发送，而不需要 CPU 的干预，从而有效提高数据收发的效率。

在 DMA 传输结束时重载的 PaRAM 集地址由当前 PaRAM 集中的 LINK 参数给出，链式传输仅在 OPT 参数中的 STATIC=0 时有效。当 LINK=0xFFFF 时，指向空 PaRAM 集，DMA 传输即结束。如果 LINK 给出的 PaRAM 集映射到 QDMA 通道，则当链接的 PaRAM 集加载到当前 QDMA 通道的 PaRAM 集时将视作 QDMA 的链式触发。利用链式传输功能，并通过合理配置链接 PaRAM 集参数，用户可以实现乒乓缓冲、循环缓冲等各种连续数据收发，并且可以和重排序传输进行结合。

表 5.23 给出了一个乒乓缓冲区链式接收 PaRAM 设置的实例。该例子以 C665x 的 McBSP0 接收数据为例，每帧接收 128 个数据，每个数据 8 位，数据以乒乓缓冲的方式存放到 L2 SRAM 中。C665x EDMA3 PaRAM 集的起始偏移地址为 4000h，McBSP0 接收事件为第 36 号事件，使用 EDMA3 的第 36 个通道，第 36 个 PaRAM 集的起始偏移地址为 4480h(每个 PaRAM 占用 32 字节存储空间)。设置乒缓冲区的起始地址为 0080 0000h，乓缓冲区的地址为 0080 0080h。使用第 64 个 PaRAM 集实现乓缓冲区接收、第 65 个 PaRAM 集实现乒缓冲区接收，这两个 PaRAM 集的起始偏移地址分别为 4800h 和 4820h。

表 5.23 乒乓缓冲区链式传输 PaRAM 设置

偏移地址	初始设置		偏移地址	乓缓冲设置		偏移地址	乒缓冲设置	
4480h	0012 4000h		4800h	0012 4000h		4820h	0012 4000h	
4484h	2200 0000h		4804h	2200 0000h		4824h	2200 0000h	
4488h	0080h	0001h	4808h	0080h	0001h	4828h	0080h	0001h
448Ch	0080 0000h		480Ch	0080 0080h		482Ch	0080 0000h	
4490h	0001h	0000h	4810h	0001h	0000h	4830h	0001h	0000h
4494h	0080h	4800h	4814h	0080h	4820h	4834h	0080h	4800h
4498h	0000h	0000h	4818h	0000h	0000h	4838h	0000h	0000h
449Ch	0000h	0001h	481Ch	0000h	FFF1h	483Ch	0000h	FFFFh

如表 5.23 所示，在初始设置中(第 36 个 PaRAM 集的设置)，OPT 中 TCINTEN=1(传输结束产生中断)、TCC=36(产生对应的中断位)、SYNCDIM=0(A 同步传输)，SRC 设置为 McBSP0 接收 FIFO 地址 2200 0000h，BCNT=80h(帧长)，ACNT=1(每个数据 8 位)，DST 指向乒缓冲区起始地址 0080 0000h。初始设置实现乒缓冲区接收，当乒缓冲区接收完成后需进行乓缓冲区接收，为此将 LINK 设置为 4800h 以指向乓缓冲区接收的 PaRAM 集。在乓缓冲区设置中 DST 指向乓缓冲区起始地址 0080 0080h，而 LINK 指向乒缓冲区接收的 PaRAM 集起始地址 4820h。同样，在乒缓冲区设置中 DST 指向乒缓冲区起始地址 0080 0000h，LINK 指向乓缓冲区接收的 PaRAM 集地址 4800h。

2) 串联传输

EDMA3 的通道串联传输功能允许用一个 EDMA3 通道传输的完成来触发另一个 EDMA3 通道的数据传输，从而可以通过一个事件的出现将几个事件串联起来。串联传输与链式传输不同，链式传输是 EDMA3 的通道号不变，通过加载不同的 PaRAM 集实现不同的传输，而串联传输是使用不同的 EDMA3 通道实现数据传输。

一个常见的应用是 DSP 系统外部连接了两个 FIFO，1 个用于数据输入，另一个用于数据输出，两个 FIFO 需保持相同的数据传输率，此时可利用 EDMA3 串联传输功能在一个外部中断引脚的触发下实现两个 EDMA3 通道的串联传输。

串联传输可以基于中间传输完成或最后的传输完成。假设通道 m 被用于触发通道 n 的串联传输，则通道 m 的 OPT 参数中的 TCC 值应等于 n，同时需将 OPT 中的 TCCHEN 和/或 ITCCHEN 置成 1。

利用中间传输完成实现串联传输的功能还可用于将一个大块的数据传输划分成若干个小块的数据传输，以避免 EDMA3 传输长时占用总线或阻塞其他低优先级传输。在这种应用下使用，OPT 中的 ITTCHEN=1，TCC 等于自身通道值，即实现本通道的串联。例如，使用 DMA 通道 25 实现一块 16KB 的数据传输，单块 DMA 传输时参数可设置为 ACNT=16384，BCNT=1，CCNT=1，OPT.ITCINTEN=0，如果将 16KB 拆分成 16 个小块传输，则参数可设置为 ACNT=1024，BCNT=16，CCNT=16，OPT.SYNCDIM=A SYNC，OPT.ITCCHEN=1，OPT.TCINTEN=1，OPT.TCC=25。

5.7　DSP 代码引导接口

基于软件运行的处理器在复位后都需要通过引导过程进行代码加载，以执行既定的任务。KeyStone 设备的引导过程利用内置 ROM 引导程序(RBL)结合外部引导模式引脚 BOOTMODE[12:0](这些引导模式引脚大多与 GPIO 引脚复用)完成代码加载。BOOTMODE 引脚确定引导模式及对应模式下的基本参数，RBL 根据 BOOTMODE 指定的模式和参数完成用户代码的引导过程，RBL 的起始地址为 0x20B0 0000。

RBL 支持多种引导模式，总体上可以分为两类：主机模式和存储器模式。主机模式下，RBL 将 DSP 配置成从设备，并等待外部主机将代码加载到 DSP 指定的地址。存储器模式下，RBL 将 DSP 配置成主设备，并从外部存储器中读取用户代码完成加载。

不管哪种引导模式，整个引导过程都可以划分成两个过程：初始化和引导过程。在初始化过程中，RBL 将完成设备资源的配置以开始引导过程，所需配置的资源取决于引导模式的需求。在引导过程中，用户代码(或称为映像文件)将被加载到设备中并启动用户代码的执行。引导过程依赖于引导的触发类型和映像文件所在的位置。

对于多核的 KeyStone 设备，一般 CorePac0 作为主 CorePac 完成引导过程，而其他 CorePac 作为从 CorePac，仅简单执行 IDLE 操作并等待 CorePac0 的唤醒。

5.7.1　复位类型和设备初始化

KerStone 设备的引导过程由复位触发并且根据复位类型的不同其过程也存在差异。KeyStone 架构支持四种类型的复位。

(1) 上电复位(POR)：由 $\overline{\text{POR}}$ 或 $\overline{\text{RESETFULL}}$ 引脚进入低电平触发，$\overline{\text{POR}}$ 和 $\overline{\text{RESETFULL}}$ 在上电过程中会进入低电平有效状态，$\overline{\text{RESETFULL}}$ 引脚还可以由外部主机拉低以复位整个设备。上电复位将完全复位设备，设备所有的模块都复位成默认状态。

(2) 硬件复位：由 $\overline{\text{RESET}}$ 引脚进入低电平触发，也可由 PLL 控制器中的 RSCTRL 寄存器、看门狗定时器和仿真器触发。硬件复位将复位除测试/仿真逻辑和复位隔离(Reset isolation)模块外的所有模块。

(3) 软件复位：由 $\overline{\text{RESET}}$ 引脚进入低电平触发，也可由 PLL 控制器中的 RSCTRL 寄存器和看门狗定时器触发。软件复位类似于硬件复位，但 EMIF16 MMR、DDR3 EMIF MMR、外部存储器内容将保持不变。

(4) 局部复位：由 $\overline{\text{LRESET}}$ 引脚进入低电平触发，也可通过软件操作局部电源/睡眠控制器(LPSC)的寄存器、看门狗定时器触发。局部复位仅用于复位特定的 CorePac 部分。

上电复位、硬件复位和软件复位将触发引导过程，局部复位不触发引导过程。但只有在上电复位时($\overline{\text{RESETFULL}}$ 引脚低电平时)引导模式引脚的值才会被锁存到 DEVSTAT 寄存器中以决定后续的引导过程。

不同的 KeyStone 结构具有不同的引导模式引脚，C66xDSP 具有 13 根引导模式引脚 BOOTMODE[12:0]，表 5.24 给出了 BOOTMODE 引脚的功能定义，具体可参阅相关手册。

表 5.24 C66x BOOTMODE 引脚功能说明

引脚号	功能	描述
2:0	引导设备	设备引导模式： =000b：EMIF16/UART/无引导 =001b：SRIO 引导 =010b：以太网(SGMII)引导 =011b：NAND 引导 =100b：PCIe 引导 =101b：I^2C 引导 =110b：SPI 引导 =111b：HyperLink 引导
9:3	设备配置	根据 BOOTMODE[2:0]指定的引导模式给出相关引导外设的配置信息
12:10	多功能复用	在 I^2C 和 SPI 引导模式下，给出引导外设的扩展配置信息，在其他引导模式下给出系统 PLL 的配置信息

在复位结束后，RBL 根据保存在 DEVSTAT 寄存器中的配置信息执行初始化过程。

(1) 对所有支持复位隔离的外设，RBL 使能复位隔离功能，同时这些外设的电源状态保持不变。

(2) RBL 确保引导所需外设的电源和时钟域处于使能状态。

(3) RBL 根据 BOOTMODE[12:10]和输入时钟配置系统 PLL 以设置设备运行时钟。

(4) RBL 预留所有核 L2 SRAM 的一段存储空间以用于引导过程，不同 KeyStone 架构预留的存储空间起始地址和大小不同，C66x 预留的空间为 0x008E FD00～0x008F FFFF。

(5) 禁止除 IPC 中断和 PCIe、SRIO、HyperLink 引导模式所需的主机中断外的所有中断。

(6) 在引导过程中，所有的从 CorePac 执行 IDLE 命令并等待主 CorePac 的 IPC 中断。

(7) RBL 将所有的 L1D 和 L1P 存储器配置为 Cache，L2 存储器配置成可寻址存储器。

(8) 如果引导过程需要用到 DDR 存储器(如需将映像文件加载到外部 DDR 存储器中)，则 RBL 可根据用户的设定完成 DDR EMIF 的配置。

(9) RBL 使用引导模式引脚的信息(保存在 DEVSTAT 寄存器中)初始化配置结构体(称为引导参数表)，引导参数表保存于预留的 L2 SRAM 空间中。

(10) 在每个 CorePac 引导完成后 RBL 会设置 BOOTCOMPLETE 寄存器的引导完成位，当所有 CorePac 完成引导后，外部的 BOOTCOMPLETE 引导将变为高电平(可用来通知外部的主机)。

5.7.2　引导过程和格式

在引导初始化完成后进行映像文件的加载过程，不同引导模式的映像文件加载过程存在差异，同时不同引导模式也对映像文件作出不同的要求。

引导模式总体可分为存储器引导模式和主机引导模式，而根据主机是否知道设备的存储器映射，主机引导模式又可分为两类。三种引导模式的引导过程如下。

(1) 存储器引导模式。在存储器引导模式下，由 RBL 控制映像文件的加载过程。为使得 RBL 能理解映像文件，需事先将映像文件转换成引导表(Boot Table)的格式，并将引导表保存在所指定的用于引导的辅助存储设备中(如 Flash 等)。RBL 从指定的辅助存储设备中以段(Section)的方式读取引导表，并将它复制到合适的存储空间。当 RBL 完成映像文件的加载后，PC 指针将跳转到引导表中所给出的 c_int00 地址(用户程序运行的起始地址)并开始执行映像文件。

(2) 已知存储器映射的主机引导模式。当主机知道 KeyStone 设备的存储器映射时，即主机知道映像文件中的各程序段和数据段保存到 KeyStone 设备的存储器地址时，CorePac0 将执行 IDLE 命令，外部的主机负责将映像文件搬移到设备的合理存储空间。当主机完成映像文件加载后，将 c_int00 地址发送给 RBL(将 c_int00 地址写到预留 L2 SRAM 空间的指定地址)，RBL 在获取 c_int00 地址后，将跳转到 c_int00 地址并开始执行映像文件。

(3) 未知存储器映射的主机引导模式。如果主机不知道 KeyStone 设备的存储器映射，映像文件的加载将依赖于 RBL 对主机发送过来数据的解释，此时需将映像文件转换成引导表。在映像文件加载完成后，RBL 跳转到 c_int00 地址开始执行映像文件。

RBL 使用一套表来完成引导过程，分别为引导参数表、引导表和引导配置表。

(1) 引导参数表。引导参数表是 RBL 最常采用的格式，以确定引导流程。除前面几个参数类型相同外，不同的引导模式具有不同的引导参数表，具体可查阅相关的器件手册。RBL 为每种引导模式复制一个默认的引导参数表到预留的 L2 SRAM 空间，然后根据引导模式引脚给出的信息修改相应模式的引导参数表。

(2) 引导表。要使得 RBL 能够理解映像文件，需利用 Hex 转换工具将映像文件转换成引导表的格式。Hex 转换工具根据链接器的信息将应用程序的所有初始化段(程序段、表格段等)添加到引导表中。引导表的格式如下。

① 32 位程序起始地址，即引导结束的跳转目的地址 c_int00。

② 每个初始化段数据包括：1 个 32 位数，给出本初始化段的长度(字节数)；1 个 32 位数，给出本初始化段的地址(复制的目的地址)；本初始化段的数据(待复制的数据)。

③ 32 位结束码(0x0000 0000)。

(3) 引导配置表。如果在映像文件加载前需要对某个外设进行编程配置，则需要使用引导配置表。例如，需要将映像文件复制到 DSP 外部的 DDR 存储器中，而 DDR 访问所需的配置信息不同于默认值，则可以通过引导配置表提供相应 DDR 寄存器的配置信息。引导配置表以条目的形式组织，每个条目包括三个参数：地址参数、置位参数和清零参数。RBL 根据地址参数读取相应的数据，并根据置位参数将所读取数据的相应位置为 1（置位参数中为 1 的相应位），根据清零参数将所读取数据的相应位清成 0。如果一个条目的 3 个参数都为 0，则表示引导配置表结束。

TI 提供了相应的工具以生成各类表。

(1) **Hex6x** 用于将应用程序转换成引导表的格式。

(2) **Romparse** 用于将引导参数表添加到引导表或引导配置表中。

(3) **Bootconvert6x** 用于将引导表由小端模式转换成大端模式（RBL 默认所有映像文件为大端模式）。

(4) **B2i2c** 用于将引导表转换成 I^2C/SPI 的格式表，转换后的表可以写入与设备通过 I^2C 相连的 EEPROM 中。

(5) **Bootpacket** 用于将引导表分割成数据包，从而在以太网引导模式下可由主机以包的形式发送给设备。

(6) **Pcsendpkt** 用于帮助主机发送 Bootpacket 产生的包给设备。

5.8　本 章 小 结

本章重点介绍了 KeyStone 架构 DSP 的主要片上外设，给出了各类片上外设的特点，对片上外设的结构进行了分析，同时对片上外设的工作机理进行了介绍。

本章先介绍 KeyStone 设备的时钟产生逻辑，时钟产生逻辑的核心为 PLL，KeyStone 设备的时钟产生逻辑为设备的 CorePac 及各类外设提供参考时钟。本章给出了 PLL 控制器的工作原理，对主要的 PLL 控制寄存器进行了介绍，并对 C665x PLL 模块的专有特点进行了描述，给出了 PLL 初始化流程。

本章随后对 KeyStone 设备的外部存储器接口作了介绍。在 DSP 系统中，一般都需要扩展片外易失或非易失存储空间，以存放程序运行所需的临时数据或存放用于引导的映像文件等，为此 KeyStone 设备提供了 EMIF16 和 DDR3 两个片外存储空间接口。本章介绍了 EMIF16 模块的特点，给出了 KeyStone 设备通过 EMIF16 与片外 ASRAM、NOR Flash 和 NAND Flash 连接的示例以及 EMIF16 模块的配置方法。本章同时介绍了 DDR3 存储控制器的特点，对 DDR3 控制器的信号线作了描述，给出了通过 DDR3 控制器与片外 DDR3 存储器连接的示例以及 DDR3 控制器的配置方法。

定时器作为处理器最基本的模块，经常用来产生定时中断、控制外部设备等，在允许操作系统时还用于时隙的产生等。本章给出了 KeyStone 设备定时器的特点和定时器的结构，对定时器的工作原理和输入输出逻辑作了说明，对定时器的三种运行模式作了详细描述。

DSP 外设最主要的一个功能是实现 DSP 与外部世界的数据交互，完成数据的收发工作，KeyStone 设备提供了丰富的片上外设来完成数据交互，包括各类串行的低速数据接口、以太网接口、高速数据接口。

本章在低速数据接口部分，首先介绍了 GPIO 的使用方法。然后对 KeyStone 设备的 I^2C 接口进行了介绍，给出了 I^2C 接口的特点和结构，对 I^2C 的使用方法进行了叙述。接下来介绍了 SPI，包括 SPI 的特点、结构和使用方法。随后本章对 UART 接口进行了说明，给出了 UART 接口的结构，对 UART 的数据传输和 UART 接口的配置作了描述。低速数据接口部分的最后对 McBSP 作了介绍，McBSP 是 DSP 系统中很常用的一个片上外设，往往用于连接外部的 AD/DA 设备。本章给出了 McBSP 的结构，重点对 McBSP 的传输模式和使用方法作了介绍。

KeyStone 设备一般提供千兆以太网接口，本章给出了千兆以太网接口的结构，对 EMAC 控制模块、MDIO 模块和 EMAC 模块进行了说明，给出了 EMAC 通过 SGMII 与外部 PHY 连接的示意图。

对于 KeyStone 设备的高速片上外设，本章首先介绍了 uPP 接口的特点和结构，给出了 uPP 接口的操作方法。然后介绍了 SRIO 的特点和结构，对 RapidIO 的协议结构和数据包格式进行了说明，介绍了 SRIO 接口的使用方法。随后本章介绍了 HyperLink 接口的特点和结构，对 HyperLink 的节点管理及协议作了说明，介绍了 HyperLink 的使用方法。最后介绍 PCIe 子系统的特点和结构，对 PCIe 的协议作了简单介绍，给出了 PCIe 子系统的初始化步骤。

本章还对 KeyStone 设备的 EDMA3 控制器作了介绍，给出了 EDMA3 控制器的特点和结构，对 EDMA3 控制器所支持的传输类型作了说明，重点对 EDMA3 的配置和操作作了说明。

本章最后介绍了 KeyStone 设备的代码引导功能，通过 RBL 代码和引导模式引脚的共同作用，给出了 KeyStone 设备复位后的初始化过程及代码的引导过程，给出了 RBL 所用到的各类表的格式，包括引导参数表、引导表和引导配置表。

思　考　题

1. C66x DSP 的主时钟怎么生成？和输入参考时钟的关系是什么？C665x 的主 PLL 模块输出多少时钟？各时钟的特点是什么？

2. EMIF16 接口的特点是什么？如何用 EMF16 连接 16 位的 NAND Flash？

3. 请画出 DDR3 接口与 4 片 16M×8×8Banks DDR 连接以实现 32 位片外存储器的示意图。

4. 假设 C6655 DSP 主时钟为 1GHz，现希望产生一个 30s 的定时中断，该如何对 C6655 的 Timer 进行设置？

5. 设 C6655 通过 I^2C 接口与云台连接，C6655 的 I^2C 接口作为主设备，数据位数为 8 位，C6655 的主时钟为 1GHz，I^2C 的传输速率为 100Kbit/s，问该如何设置 I^2C 的 ICPSC、ICCLKL、ICCLKH 和 ICMDR 寄存器？

6. 试给出 C6655 的 SPI 作为主设备使用时的初始化流程。

7. 设 C6655 的主时钟为 1GHz，现使用 UART 与外部设备进行通信，要求实现的 UART 通信协议为：波特率 115200，数据位 8 位，1 为停止位，偶校验。试给出实现该通信的 UART 配置参数。

8. 现使用 C6655 的 McBSP0 口与外部一个 A/D 转换器连接，McBSP0 的帧同步信号和移位时钟由 A/D 转换器提供，设所选择的 A/D 转换器为一个双通道 A/D 转换器，采样频率为 8kHz，每个通道的采样值用 16 比特量化，A/D 转换器产生的移位时钟频率为

2.048MHz，帧同步信号的周期为 0.125ms，A/D 转换器在移位时钟的上升沿驱动数据输出，且在帧同步有效一个时钟后连续输出两个通道共 32 位数据。McBSP0 以帧为单位接收该 A/D 转换器的输出信号，各通道每帧 160 个样值。试据此设置 McBSP0 的 SPCR、PCR、RCR 寄存器。

9．设 C6655 SGMII SerDes 的参考时钟为 250MHz，现用 C6655 的 EMAC 实现千兆网传输，并以中断的方式完成数据包接收，试问该如何进行配置？

10．试问 C6655 的 uPP 具有什么特点？能实现哪些功能？

11．设 SRIO 端口的 SerDes 输入时钟为 250MHz，要实现 5Gbit/s 的传输率，该如何对 SRIO 进行配置？

12．如果有两个 C665x 进行互连以实现 Gbit/s 的传输率，有哪些互连方式？试画出连接示意图，并说明各种连接方式的特点。

13．针对上面第 8 题的信号接收，如果现在使用 EDMA3 搬移 McBSP0 接收的数据，希望通道 0 的数据连续放置在 0x0080 0000～0x0080 03BF 的空间，通道 1 的数据连续放置在 0x0080 0400～0x0080 07BF 的空间，并要求每完成 1 帧数据的搬移（160 个样值/通道/帧）产生一次 DMA 中断给 CPU，请配置 EDMA3 以完成上述功能。

14．C66x DSP 支持哪些引导方式？如果应用程序映像文件存放在一个 16 位的 NOR Flash 中，试给出硬件设计的示意图，并说明引导参数表、引导表及引导配置表分别该如何制作。

第 6 章　C66x DSP 系统硬件平台设计

所有基于指令集架构的数字信号处理系统都是在硬件平台的基础上通过软件的方式实现各种数字信号处理算法，因此硬件平台的设计也是数字信号处理系统可靠实现的基础。一个数字信号处理硬件平台除了核心处理器，还需电源、时钟、存储器、外围设备、通信接口等各种模块的系统工作才能正常工作。

本章以基于 TMS320C6655 DSP 的智能视频处理系统为例，介绍 C66x DSP 的硬件平台设计。从系统功能要求出发，在需求分析的基础上，确认设计目标，给出硬件平台的模块构成和系统结构框图，进而介绍电源、时钟、系统配置、初始化、外围设备等模块的设计方法，最后对印刷电路板(PCB)布局布线的注意事项进行介绍。

6.1　C6655 DSP 系统硬件平台设计概述

6.1.1　智能视频处理系统构成

数字信号处理系统广泛地应用于雷达信号处理、多媒体信号处理、通信信号处理、控制信号处理等领域，根据应用的不同，数字信号处理系统往往选用不同功能和处理能力的处理器，包含不同的功能模块，并提供针对具体应用的各类输入/输出接口。本章以一个智能视频处理系统为背景，通过系统功能分析，给出系统的模块构成，进而给出其中数字信号处理核心模块的结构框图。

一个基本的智能视频处理系统至少应包括视频采集模块、视频处理模块、信息输出模块，其中：视频采集模块实现视频图像的获取；视频处理模块接收视频采集模块的数据并借助各种算法实现预定的功能，如运动目标检测、车辆检测与识别、目标跟踪等；信息输出模块为视频处理结果提供各种输出方式，可以是视频显示，也可以是有线或无线的传输，又或者是存储等。

本书考虑的智能视频处理系统以高清视频监控为应用背景，要求能接收高清视频图像，具有云台控制功能，具有对高清视频图像进行实时处理的能力，具有视频显示回放功能，具有视频监控信息网络通信功能。同时结合教学需要，希望所设计的系统能具有音频信号处理功能，提供音频输入/输出接口，同时也希望系统预留用于控制外部设备的接口(如电机控制等)，并且提供一定的系统配置端口、系统测试点等，为此设计如图 6.1 所示的系统构成。

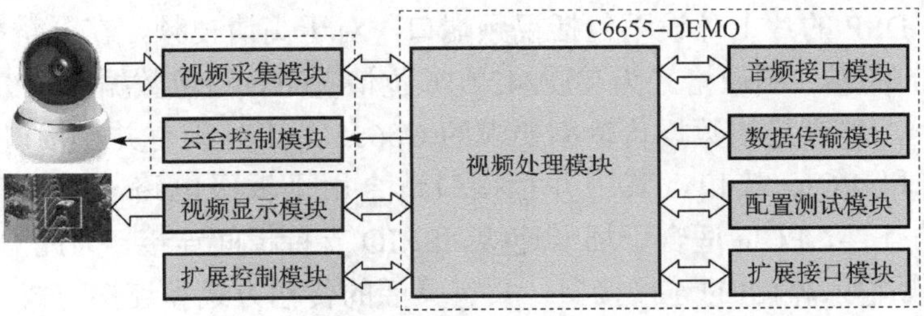

图 6.1　智能视频处理系统构成

为满足高清视频处理的需要，本系统选用 TI 公司基于 KeyStone 架构的 TMS320C6655 DSP 作为视频处理模块的核心部件。为保证 C6655 DSP 正常工作，视频处理模块还需包括电源子模块、时钟子模块、外部存储器子模块、配置模块、仿真调试接口。

视频采集模块实现高清视频的采集，实现数字视频的格式转换，并与视频处理模块进行视频数据传输，可选择 FPGA 作为核心部件实现所需功能。

云台控制有多种方式，包括 RS-422、I^2C 等，目前常见的集成有摄像头的云台系统往往采用 I^2C 作为控制信号接口。本书推荐采用基于 I^2C 的云台控制方式，并可将视频采集模块和云台控制模块集成到一个以 FPGA 为核心部件的处理板中。

视频显示模块接收视频处理模块发送的视频数据，实现高清视频的显示，可采用基于 FPGA 的解决方案，同时为了增加灵活性，和视频采集模块分开设计。

音频接口模块实现双通道音频信号的采集和双通道音频信号的回放，要求采样率可调，且支持的最高采样率不小于 48kHz，量化比特数不小于 16 位。

数据传输模块实现视频监控系统与外部的通信，应包括网络通信和串行通信接口。C6655 的 EMAC 接口支持千兆以太网传输，UART 接口支持串行通信。

作为教学使用，需充分考虑实验的可视化，为此可充分利用 C6655 的 GPIO 接口提供开关量输入和 LED 显示功能。同时为了提高开发板的灵活性，预留了 SPI 与外部的 ARM 控制板通信，可实现电机控制等功能。同时系统设计时为考虑扩展性，为 C6655 的外设接口提供了扩展接口。

综上所述，智能视频监控系统设计中，可将视频采集模块和云台控制模块集成到基于 FPGA 的视频输入板，视频显示模块由基于 FPGA 的视频输出板实现，视频处理模块、音频接口模块、数据传输模块、配置测试模块和扩展接口模块可集成到信号处理板（本书将该信号处理板命名为 C6655-DEMO），扩展控制模块可采用基于 ARM 处理器的控制板实现。视频输入板、视频输出板与 C6655-DEMO 通过 SRIO 接口实现视频数据传输、通过 I^2C 接口实现控制信号传输，控制板与 C6655-DEMO 通过 UART 接口连接。

6.1.2　C6655-DEMO 结构框图

由 6.1.1 节介绍可知，作为智能视频处理系统的核心处理板，C6655-DEMO 应包含视频处理模块、音频输入/输出模块、网络通信接口。视频处理模块选用 TI 公司基于 KeyStone 架构的 TMS320C6655 DSP 作为核心处理器，同时配以多个外部扩展存储器，包括 DDR、Flash、EEPROM 等，为了便于教学和调试，C6655-DEMO 提供板级 JTAG 仿真调试电路、配置开关和 LED，并提供开发板关键信号的测试点以便于信号的观察和实验结果的测试。

由于 C6655 DSP 的片上外设不包括视频端口，对于高清视频，在分辨率为 1920×1080 像素、帧率为 30 帧/秒、图像格式为 YUV422 16 位情况下，图像数据率=1920×1080×30×16 = 0.995328Gbit/s。能满足该数据传输率要求的 C6655 片上外设有并行接口、SRIO 接口、HyperLink 接口和 PCIe 接口，其中并行接口适合用于板级电路，HyperLink 用于两个 KeyStone 设备的互连，PCIe 适合于插卡连接，SRIO 支持板间连接。为此 C6655-DEMO 选择 SRIO 作为视频输入/输出的连接接口，具有灵活的传输方式和连接方式。

C6655-DEMO 充分利用 C6655 DSP 强大的片上外设功能，提供千兆网络通信接口和

UART 通信接口。另外，C6655-DEMO 将 C6655 DSP 的 PCIe、HyperLink、SPI 等片上外设信号通过扩展接口引出，以方便用户二次开发。

为此所设计的 C6655-DEMO 的结构框图如图 6.2 所示，各模块的功能如下。

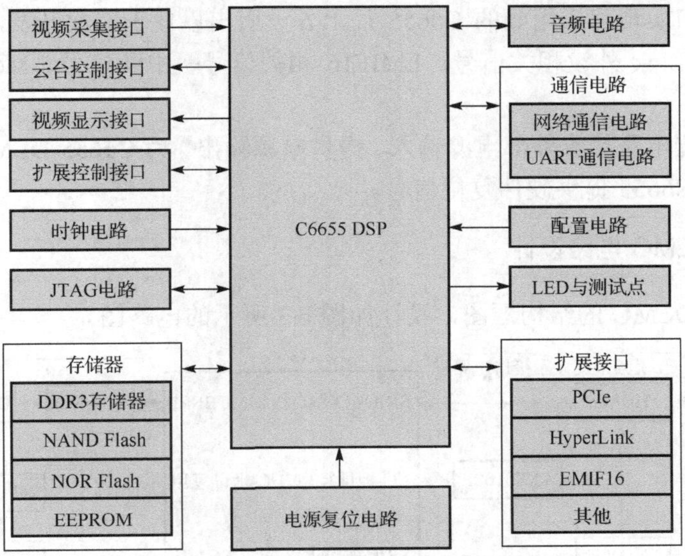

图 6.2　C6655-DEMO 系统框图

(1)选用 TI 的 TMS320C6655CZH 作为主芯片，最高工作主频 1GHz，支持每秒 32GMAC 定点操作或 16G 次浮点操作。

(2)视频采集接口实现 C6655 的 SRIO 片上外设与外部视频采集卡的连接，支持高清视频数据的实时输入。

(3)云台控制接口实现 C6655 的 I^2C 片上外设与外部云台控制电路的连接。

(4)视频显示接口实现 C6655 的 SRIO 片上外设与外部视频显示卡的连接，支持高清视频数据的实时输出。

(5)扩展控制接口将 C6655 的 UART 片上外设引出，可与外部的 ARM 等各种控制板进行信息的交互。

(6)时钟电路为 C6655-DEMO 提供各种所需的时钟信号。

(7)JTAG 电路实现 C6655 DSP 的在线仿真测试，从性价比考虑，采用 XDS100v2 的 JTAG 标准。

(8)存储器电路为 C6655 DSP 提供板级扩展存储空间，其中，大容量的 DDR3 存储器用来存储程序运行的动态数据，如视频数据等；NAND Flash 使用 EMIF 接口，用来存储用户程序，实现上电时的代码引导；NOR Flash 使用 SPI，可以用来存储程序，也可以用作 SPI 的实验或者不同引导模式的实验；EEPROM 使用 I^2C 接口，支持少量关键数据(如配置数据)的掉电保存，也可以用作 I^2C 接口的实验。

(9)音频电路实现立体声(或双通道)音频信号的输入、输出，与 C6655 的 McBSP 片上外设连接。

(10)通信电路实现 C6655-DEMO 与外部的通信，包括连接 C6655 EMAC 片上外设的千兆以太网接口电路、用于调试的 UART 通信电路。

（11）配置电路实现 C6655 上电模式的选择，主要为引导模式选择及对应引导模式下的配置选择。

（12）LED 与测试点主要用于系统运行状态的显示和关键信号的测试。

（13）扩展接口实现将未用到的 C6655 片上外设引出以便于二次开发，包括 PCIe 外设相关信号、HyperLink 外设相关信号、EMIF16 相关信号、中断信号、McBSP 信号、定时器信号等。

（14）电源复位电路接收外部电源输入、提供电源输出、为 C6655-DEMO 提供各类需要的电源，同时为 C6655 提供硬件复位信号。

6.1.3　C6655-DEMO 电路设计

根据 C6655-DEMO 的结构框图，设计如图 6.3 所示的电路图。

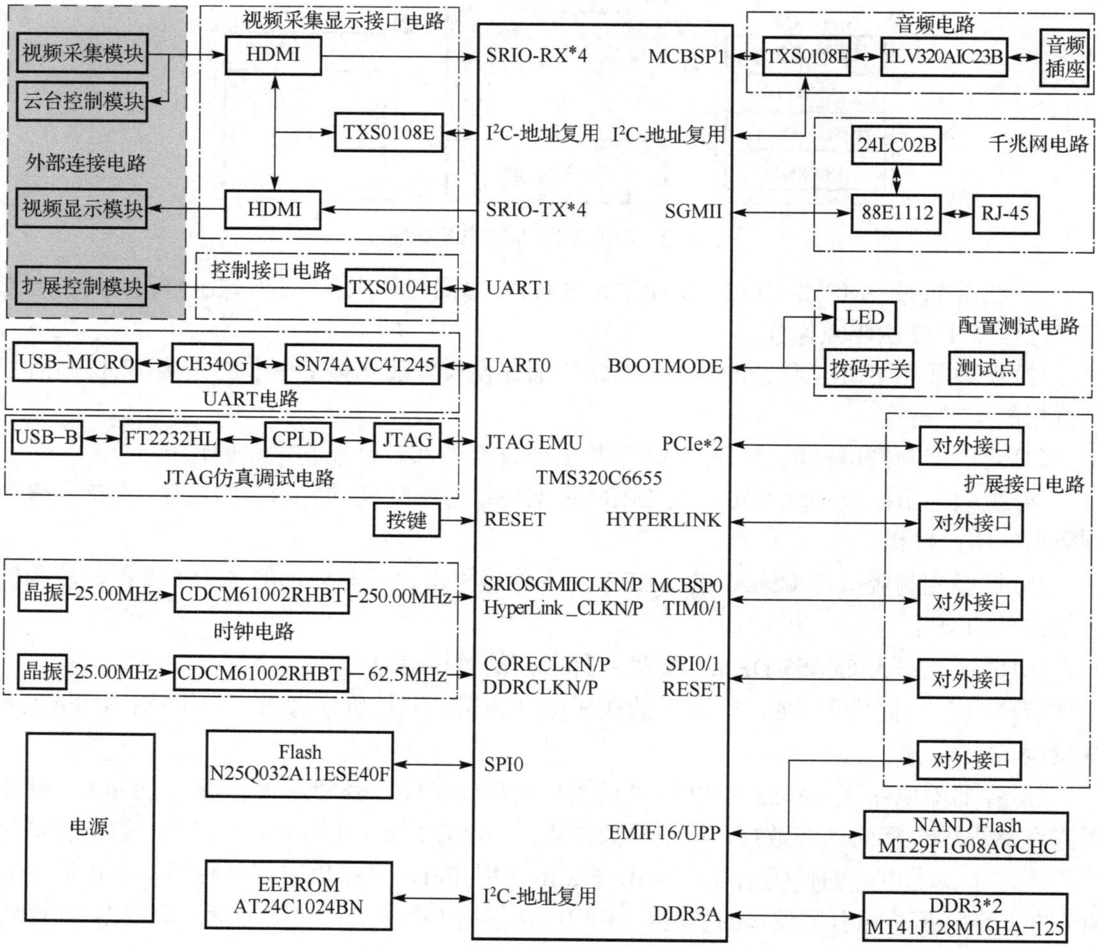

图 6.3　C6655-DEMO 电路设计图

（1）C6655-DEMO 使用 SRIO 接口实现高清视频信号的输入和输出，为保证足够的容量和便于后续扩展，使用 4 路 SRIO 输入信号实现视频接收，4 路 SRIO 输出信号实现视频发送，同时提供 I²C 接口信号用于云台的控制。为便于连接，C6655-DEMO 采用 HDMI 作为

SRIO 信号和 I^2C 信号输入、输出的物理接口。需要注意的是，在本系统中，I^2C 通过使用不同的从设备地址，连接了多种设备。

(2) 将 C6655 的 UART1 外设作为扩展控制接口引出，考虑到 C6655 的 IO 电压为 1.8V，所以使用 TXS0104E 实现 3.3V 和 1.8V 电平的转换。

(3) 将 C6655 的 UART0 作为测试通信接口，由于现在 PC 一般不具有 RS-232 接口，因此采用 1 路 UART 转 USB 接口(转换芯片 CH340G) 实现 UART 通信接口电路。

(4) JTAG 仿真调试电路使用 CPLD 实现，同时选用 FT2232HL 实现 USB 和串口信号的转换，并使用 USB-B 作为外部连接接口。

(5) 为了保证 C6655 芯片能按要求正常工作，提供 2 路可配置的 250MHz 差分时钟(CDCM61002RHBT)，2 路可配置的 62.5M 差分时钟(CDCM61002RHBT)。

(6) C6655-DEMO 设计有 DDR3 芯片 MT41J128M16HA-125，为系统软件、数据缓冲等提供 4Gbit 大容量数据空间。为了支持 DSP 系统多种引导模式，在 DSP 系统中增加 1 路 SPI 的 32Mbits NOR Flash(N25Q032A11ESE40F)、1 路 EMIF16 接口的 128MB NAND Flash(MT29F1G08AGCHC)。为了保证关键数据掉电保护，增加 1 路 I^2C 接口的 1024Kbit 容量的 EEPROM(AT24C1024BN)。

(7) 选用 TLV320AIC23B 实现音频信号的 AD/DA 转换，TLV320AIC32B 最高支持 96kHz 采样频率的双声道数据转换，量化信噪比高达 100dB，支持数据宽度为 16 位/20 位/24 位/32 位可调。通过 C6655 片内外设 McBSP1 和 TLV320AIC23B 连接，同时使用 TXS0108E 协调 C6655 的 1.8V IO 电压和 TLV320AIC23B 3.3V IO 电压。

(8) 利用以太网物理层芯片 88E1112 和 C6655 内部千兆网控制器的 SGMII 组成 1 路千兆以太网，实现 C6655-DEMO 千兆网通信功能。

(9) 通过双排插针引出 HyperLink、PCIe、McBSP0、硬件中断等 C6655 的其他接口以便二次开发使用。

(10) 为了方便用户实验和学习，在板上增加拨码开关设定 C6655 的 BOOT 模式；提供 LED 灯，利于用户目视观察；提供各类测试点，便于用户通过仪器设备进行验证、测试、学习。

(11) 为了保证 DSP 系统能独立工作，设计了电源模块。输入电源设计为 12V/2A，对外提供+5V/1A、+3.3V/3A 电源输出。

下面将从电源设计开始，逐一讨论 C6655-DEMO 各模块的电路设计。具体包括电源设计、时钟设计、设备配置、外设设计、布局布线。重点讨论硬件设计中的芯片选型、电气特性参数匹配、时序兼容等问题。

6.2 电源设计

任何 DSP 硬件系统都需要能量的支持才能正常工作，能量来源即是电源。电源设计的好坏是整个硬件系统的可靠性、抗干扰性的重要影响因素。一个好的电源设计对一个系统是非常重要的。本节先以 C6655 芯片为例，分析芯片正常工作所需要的电源电压、功率、时序等参数，然后按这些参数的分析结果提出对电源电路的设计要求，再根据这些设计要求选择合适的电源芯片、设计合理的电源电路。在此基础上，最后讨论 C6655-DEMO 电源设计的实现。

6.2.1　DSPs 芯片电源电压要求分析

根据 TMS320C6655 的芯片使用手册可以获得 C6655 的电源支持要求，具体涉及的电源参数为 CVDD、CVDD1、DVDD15、DVDD18 等，部分电源描述如表 6.1 所示。

表 6.1　C6655 部分电源说明表

内容	功能描述	电压	注意
CVDD	智能可变核心电源	0.85～1.1V	包括 DDR3 模块的电源
CVDD1	支持存储阵列的核心电源	1.0V	固定 1.0V
VDDT1	HyperLink SerDes 终端电源	1.0V	来自 CVDD1 的滤波输出
VDDT2	SGMII/SRIO/ PCIe SerDes 终端电源	1.0V	来自 CVDD1 的滤波输出
DVDD15	1.5V DDR3 I/O 电源	1.5V	支持 DDR3 控制器
DVDD18	1.8V I/O 电源	1.8V	支持 I/O 接口

从芯片使用手册中还可以获得 C6655 各电源的电气特性极限参数和建议参数。例如，C6655 核电源 CVDD1 的参数如表 6.2 所示。

表 6.2　C6655 核心电源 CVDD1 参数表

内容	最小值	典型值	最大值	单位
CVDD1 极限值	−0.3	—	1.3	V
CVDD1 建议值	0.95	1	1.05	V

表 6.2 中的 CVDD1 极限参数表明：待设计电源以不超过该参数范围的电压给 C6655 的 CVDD1 电源引脚供电时，C6655 不会损坏。若待设计电源以大于极限值最大值的电压或小于极限值最小值的电压给 C6655 供电，则 C6655 芯片会损坏。

CVDD1 建议参数表明：待设计电源以不超过该参数范围的电压给 C6655 的 CVDD1 电源引脚供电，C6655 可以正常工作。若待设计电源以大于建议值最大值的电压或小于建议值最小值的电压给 C6655 的 CVDD1 电源引脚供电，则 C6655 不能正常工作，甚至有可能损坏。若待设计电源提供的电压是建议参数中的典型值，则 C6655 芯片工作在最佳状态。

因此，根据表 6.2，在为 CVDD1 电源引脚设计电源时，待设计电源的电压输出最好为 1V，其上下波动不能超过±0.05V。建议参数即为 CVDD1 供电的待设计电源的电压输出期望参数。

为了能根据电压输出期望参数尽快找到合适的电源芯片来满足待设计电源的要求，在有了待设计电源的电压输出期望参数后，还需要确定待设计电源的电压输入期望参数。一般待设计电源的电压输入参数和实际的应用环境有关。例如，DSPs 系统的使用环境只能提供 220V 交流电压，那么待设计电源的输入就是 220V 交流电压；若 DSPs 的使用环境可以提供+12V 直流电压，那么待设计电源的输入就是+12V 直流电压。若 DSPs 的使用环境可以提供多种电源电压，那么待设计电源的电压输入期望参数可以选择最利于设计实现的电源电压作为待设计电源输入。

假设 DSPs 的使用环境只能提供 220V 交流电，针对 CVDD1 的要求，就需要把 220V 交流转换成 1V 直流。在实际设计过程中一般不会把 220V 交流直接转成+1V 直流，而是根据实际情况把 220V 交流转换成某一个合适的中间电压，然后通过各种稳压芯片把中间电压转换成 DSPs 需要的各种电压。DSPs 需要的电压有五六种之多，如+3.3V、+2.5V、+1.8V、+1.5V、+1V 等。显然把中间电压设置为+12V 比较合适，然后选择合适的 DC-DC 转换芯片，把+12V 直流转换成+1V 以满足 CVDD1 的要求。同时+12V 也可以通过其他的 DC-DC 转换芯片生成 DSPs 需要的其他电压。

为了设计 CVDD1 的电源，接下来的工作就是找一个合适的 DC-DC 芯片。具体操作时，可以登录 TI 的网站(也可以登录任意一个生产 DC-DC 芯片的公司网站)，在 TI 网站的电源管理器产品中按输入+12V、输出+1V(±0.05V)的参数来选择 DC-DC 芯片。例如，可选择芯片 LP2983，LP2983 的电气参数如表 6.3 所示。

从表 6.3 中可以看出 LP2983 的输入、输出能够满足输入+12V 直流，输出+1V(波动不超过±0.05V)的要求。但电源的设计不能仅考虑电压，还要考虑设计的电源能否提供足够的功率。从表 6.3 可看出 LP2983 在 1V 输出时，最大输出电流不超过 150mA，这样的电流输出是否能满足 CVDD1 的功率要求呢？

表 6.3　LP2983 的电气参数表

内容	最小值	典型值	最大值	单位
VIN 输入	2.2	—	16	V
VOUT 输出	0.99	1	1.01	V
IOUT 输出电流	—	—	150	mA

6.2.2　DSPs 芯片电源功率/电流要求分析

所有的芯片正常工作时，对供电电源除了电压要求，还有功率要求。若设计的电源不能满足芯片正常工作的功率需求，那么芯片就不会正常工作，同时设计的电源还有可能会由于提供不了大功率需求而被损坏。因此所有芯片在其使用手册里都会说明其正常工作所需要的功率，那么所有保证芯片正常工作的电源就必须满足芯片的最大功率需求。

例如，C6655-DEMO 使用的 EEPROM 芯片 AT24C1024BN-SH-T，其使用手册就明确其需求的最大电流不超过 5mA。这说明 AT24C1024BN-SH-T 在+5V 供电电压的情况下，最大功率需求不超过 25mW。那么为了保证 AT24C1024BN-SH-T 正常工作，其支持电源不仅要能提供稳定的+5V 电压，并且要求最大输出电流大于 5mA。

再如，C6655-DEMO 使用的 Flash 芯片 N25Q032A11ESE40F，其使用手册明确规定该芯片工作在+1.8V 供电、工作频率为 54MHz 的情况下，需要的电流最大为 6mA；若工作在+1.8V 供电、工作频率为 108MHz 时，其需要的电流最大为 15mA。可见在 N25Q032A11ESE40F 正常工作在 54MHz 的情况下，设计的供电电源在提供稳定的+1.8V 电压的情况下，还需能提供大于 6mA 的输出电流；当 N25Q032A11ESE40F 正常工作在 108MHz 的情况下时，设计的供电电源要提供稳定的+1.8V 电压、最大输出电流要能大于 15mA。因此设计的电源能提供稳定的+1.8V 输出，最大输出电流大于 15mA，这样的设计电源才能保证 N25Q032A11ESE40F 在任何情况下都能正常工作。

从上面的两个例子可以看出，工作状态简单的芯片对功率需求比较简单；工作状态复杂的芯片，其功率需求往往和工作状态有关，变化较多。不管工作状态简单的芯片还是工作状态复杂的芯片，都要求所设计的电源能满足芯片的最大功率需求。但在追求低功耗、高效率的要求下，针对工作状态复杂的芯片的电源就要结合实际情况进行合理设计了。另外，为了保证系统能工作得更稳定，电源设计时，一般都要留有功率余量。

C6655 芯片的功率需求非常复杂，包含基本功率和激活功率。基本功率由核心功率、静态功率等组成；激活功率由片上外设功率、EDMA 功率等组成。因此 C6655 的实际功率需求要看当前 C6655 的工作时钟是多少？哪些片上外设被激活了？哪些功能模块被启动了？甚至还受到环境温度的影响。因此在设计时要具体问题具体分析。

TI 公司针对这种复杂的情况，为了方便设计人员对 C6655 进行功率计算，特意设计了一种功率消耗计算电子表格(此类功率计算电子表格几乎是各大微电子公司生产的工作状态复杂的芯片的标配，设计人员在对复杂芯片进行电源设计时，应该在相关的微电子公司网站上找到相应的功率消耗计算电子表格，为电源设计中的功率计算提供方便)来计算 C6655 的功率消耗。

设计人员根据实际的 C6655 工作需求，在功率消耗计算电子表格中填写相应的参数(如 CPU 的工作频率、DDR3 的使用率、SRIO 是否使用、EMAC 的工作速度、当前的工作温度等等)，填写完成后，电子表格能自动计算在上述参数下，目标芯片需要的功率。如图 6.4 所示，该图就是 C6655 在某种实际工作参数设置下，由电子表格计算出来的功率消耗。

http:www.ti.com/lit/pdf/SPRAB15	*Power Consumption Summary for KeyStone C66x Devices*				
Module	CVDD(mW)	CVDD1(mW)	DVDD15(mW)	DVDD18(mW)	Total(mW)
			CorePacs		
CorePac 0	381.68	2.30	-	-	383.97
			Peripherals		
DDR3	49.17	2.52	45.52	0.00	97.21
SRIO	34.31	0.00	3.68	-	37.99
EMAC	57.56	15.40	0.00	-	73.06
HyperLink	0.00	0.00	-	-	0.00
McBSP	2.15	0.08			2.23
PCIe	0.00	0.00	0.00	-	0.00
SPI	3.18	-	-	0.00	3.18
UART	0.27	0.00	-	-	0.27
Timer	11.44	-	-	-	11.44
I2C	5.40	-	-	-	5.40
MSMC	122.23	1.26	-	-	123.49
Navigator	66.80	1.21	-	-	68.01
EMIF16	3.68	0.26	0.00	0.00	3.94
UPP	0.00	0.00	-	-	0.00
			Coprocessors		
VCP2	3.91	-	-	-	3.91
TCP3d	90.66	2.64	-	-	93.30
			Totals		
ACTIVITY	832.54	25.67	49.20	0.00	907.41
BASELINE	1682.26	389.48	271.87	23.43	2367.04
TOTALS	2514.81	415.14	321.07	23.43	3274.45

图 6.4　C6655 功率消耗计算电子表格部分图

从图 6.4 中看出，CVDD1 需要的功率是 415.14mW。CVDD1 的电压要求是+1V，那么需要的电流是 415.14mA。原来选择的 LP2983 最大输出电流明显不够，因此针对 CVDD1 的电源设计需要重新选择电源芯片。

6.2.3　DSPs 芯片电源时序要求分析

当设计的电源满足芯片的电压和功率要求后，是否就是一个合适的供电电源呢？在一些应用简单的场合，这样的电源设计已经基本满足设计要求了；但对一些有多电压要求的智能芯片来说，这样的设计还是不够的。很多智能芯片都有电源电压上电次序的要求，C6655 在使用手册里就明确规定了电源上电的先后次序为 CVDD、CVDD1、DVDD18、DVDD15，或者可以是 DVDD18、CVDD、CVDD1、DVDD15。针对 C6655 设计的电源上电次序必须满足上面的时序要求，否则即使电源的电压和功率都能满足 C6655 的要求，该电源上电后，C6655 依然不能正常工作。

设计电源时，要如何才能满足芯片上电的先后次序呢？微电子厂商已经考虑到这个问题了，对一些电源芯片设计了电源芯片工作使能端，让设计人员有机会来控制电源的上电次序。例如，选择 TPS73701DRBT 作为 DVDD18 的电源芯片，其引脚功能如表 6.4 所示。

表 6.4　TPS73701DRBT 的引脚功能表

引脚名称	说明
IN	电源芯片电源输入
GND	接地
EN	芯片使能驱动，高电平使芯片进入工作模式，低电平使芯片进入关断模式
NR	仅存在于固定电压输出版本，连接外部电容，降低噪声
FB	仅存在于可调电压输出版本，连接外部电阻，调整电压输出
OUT	电压输出
NC	悬空

从表 6.4 可以看出 TPS73701DRBT 的工作状态有两种，一种是工作模式，一种是关断模式。关断模式就是芯片不工作，输出电压为 0；工作模式就是芯片正常工作，输出所设计的电压。这两种模式可以通过 EN 引脚接入高低电平进行切换。若要两个 TPS73701DRBT 的电压输出有先后，可通过先后输入两个芯片的 EN 引脚高电平来实现。实际设计中把先上电的电源芯片的电压输出接入后上电的电源芯片的 EN 引脚，由此来实现两个电源芯片先后输出合适的电压，进而满足智能芯片的上电次序要求。也可以通过时序控制器件分别控制两个电源芯片的 EN 引脚，实现两个电源芯片上电次序的要求。

6.2.4　C6655-DEMO 电源分析

在掌握了 DSPs 中每个芯片的电压、功率和上电次序要求后，需要对整个 DSPs 进行电压、功率和上电次序综合分析，直至设计出合适的系统电源。

以 C6655-DEMO 为例，根据 C6655-DEMO 所使用的每个芯片的资料，总结出电压分布和相关功率要求。C6655-DEMO 的电源功率计算如表 6.5 所示，通过对供电要求按电压分类，统计出每种电压下需要的电流，最后按合适的裕量算出每个电压对应的总电流。

表 6.5　C6655-DEMO 电源分析表

主要器件	不同电压源所需的/电流/mA						
	1.00V (CVDD)	1.00V (CVDD1)	1.20V —	1.50V (DVDD15)	1.80V (DVDD18)	2.50V	3.30V
C6655	2514.81	415.14	—	214.00	13.00	—	—
24LC02B	—	—	—	—	—	—	5.00
AT24C1024B	—	—	—	—	—	—	5.00
88E1112	—	—	320.00	—	—	338.00	—
CH340G	—	—	—	—	—	—	30.00
N25Q032A11ESE40F	—	—	—	—	—	—	20.00
CDCM61002RHBT	—	—	—	—	—	—	150.00
CDCM61002RHBT	—	—	—	—	—	—	150.00
XC2C32A/CPLD	—	—	—	—	—	—	10.00
MT41J128M16HA	—	—	—	—	20.00	—	—
MT29F1G08AGCHC	—	—	—	500	—	—	—
MT29F1G08AGCHC	—	—	—	500	—	—	—
汇总	2514.81	415.14	320.00	1214.00	33.00	338.00	370
增加 10%左右裕量	2700.00	500.00	500.00	1300.00	100.00	500.00	500.00

由表 6.5 及前面的分析可以得知：C6655-DEMO 用到电源要求为 1V/(2.7A、0.5A)、1.2V/0.5A、1.5V/1.3A、1.8V/0.1A、2.5V/0.5A、3.3V/0.5A；总功率不得小于 8830mW；上电次序为 1V/1.8V/1.5V，其余电压不需要关注上电次序。

经过前面的分析，若系统输入电源为 220V 交流，可直接购买 220V 交流转 12V 直流的 AC-DC 模块。采购的 AC-DC 模块功率不得低于 8830mW，如可以购买常见 12W 的 220V 交流转 12V 直流的 AC-DC 模块，实现 12V 直流输出。+12V 直流再通过相应的电源电路生成 C6655-DEMO 需要的其他电源。+12V 直流转 C6655-DEMO 电源的设计如图 6.5 所示，具体设计如下。

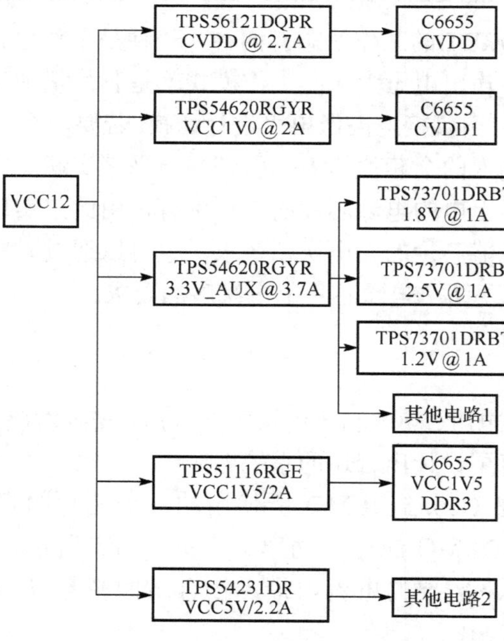

图 6.5　C6655-DEMO 电源系统图

(1)通过 TPS56121 产生 1V/2.7A 电源供 C6655 的 CVDD 使用。

(2)通过 TPS54620 产生 1V/2.0A 电源供 C6655 的 CVDD1 使用。

(3)通过 TPS54620 产生 3.3V/3.7A 作为中间电源，然后通过 TPS737 产生 1.8V/1A、2.5V/1A 和 1.2V/1A 给 C6655 及 88E1112 使用，同时给其他需要 3.3V 的电路使用。

(4)通过 TPS51116 产生 1.5V/2A 给 C6655 及 DDR3 使用。

6.2.5　C6655-DEMO 电源实现

通过上面的分析和芯片选型，电源电路已经有详细的设计方案，接下来就是电源电路的实现。一般电源电路实现的方法是通过阅读所选电源芯片的使用手册，消化使用手册提供的建议电路，然后根据实际情况设计出符合当前电路要求的电源电路。下面以+1.2V 电源设计为例进行说明，对象芯片为 TPS73701DRBT。

实际电源电路要求+1.2V 输出稳定并可以根据需要进行上电次序调节(延时输出+1.2V)。C6655-DEMO 开发板+1.2V 电源的设计电路如图 6.6 所示，内容包括以下几部分。

(1)R62 的作用是保证系统一上电，在默认状态下，Q3 能进入正常工作模式、直接输出+1.2V。

(2)外部信号 EN_VCC1V8 用来控制 Q3 按要求延时进入正常工作模式。

(3)在 EN_VCC1V8 无效的情况下，当系统上电时，C78 会形成充电过程，因此引脚 EN 将较慢达到高电平，这样导致 Q3 延时进入正常工作模式，由此达到延时产生+1.2V 的设计目的。

(4)电容 C75、C73 等用来提高电源的稳定性。

(5)测试点 TP12 用来电源系统调试。

(6)所有标识“NC”的元件，焊接时暂不焊接，以便电源调试。

表 6.6　TPS73701DRBT 电路元件表

编号	器件	封装	参数	说明
Q3	TPS73701DRBT	SOT-223	—	低压降线性电源
C73	陶瓷电容	0805	10μF±10%	耐压 25V，−25～85℃，X7R
C74	陶瓷电容	0603	100μF±10%	耐压 25V，−25～85℃，X7R
C75	陶瓷电容	0805	10μF±10%	耐压 25V，−25～85℃，X7R
C76	陶瓷电容	0603	100nF±10%	耐压 25V，−25～85℃，X7R
R61	贴片电阻	0603	0Ω±1%	功率 1/10W，耐压 50V，±250PPM/℃
R62	贴片电阻	0603	10kΩ±1%	功率 1/10W，耐压 50V，±250PPM/℃
R63	贴片电阻	0603	0Ω±1%	功率 1/10W，耐压 50V，±250PPM/℃
R65	贴片电阻	0603	10kΩ±1%	功率 1/10W，耐压 50V，±250PPM/℃

图 6.6 中使用的元件信息如表 6.6 所示。在具体设计实际电路时，电源设计需要考虑的问题不仅仅是电路中电源的电压、功率和上电次序，这些只是电源设计的基本要求。除了这些基本要求，电源设计时还要根据实际情况，考虑所选的芯片是否能买到、供货情况是否满足要求、封装尺寸是否合适、价格是否能承受等。若有任何不满足实际需要，都需要进行重新设计，甚至推翻原来的电源芯片选型，从头开始，直到设计出合理的电源。这些都需要实践才能获得更深的体会，才能设计出更好的电源系统。

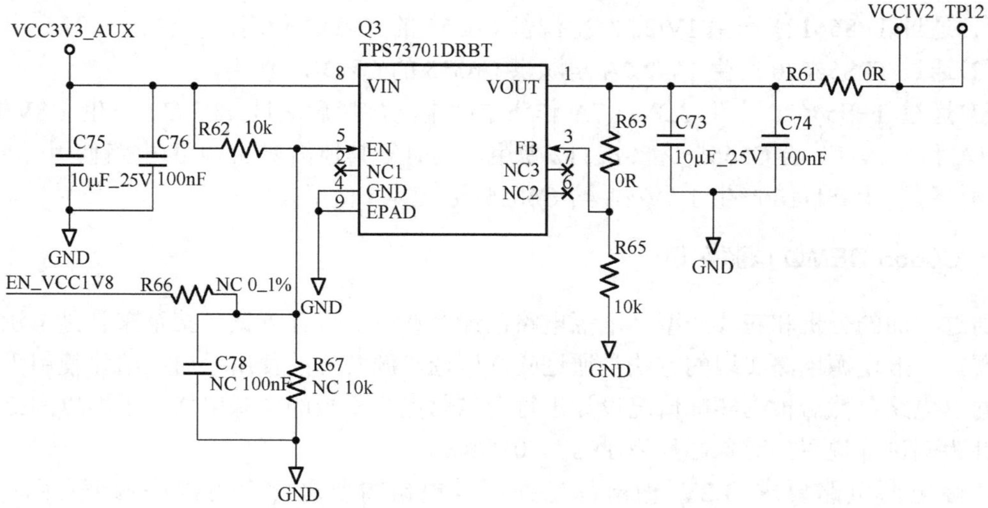

图 6.6　TPS73701DRBT 电源实现图

6.3　时 钟 设 计

任何一个 CPU 都需要有时钟的支持才能正常工作。所有提供给 C6655 的时钟必须满足 C6655 手册给定的频率、波形稳定性、电气特性等参数要求。

以 C6655 的系统时钟 CORECLKP/N 为例，时钟频率范围和功能如表 6.7 所示。表示 CORECLKP/N 的输入频率范围必须处于 40～312.5MHz 范围内；输入波形类型必须是 LVDS 或者 LVPECL；稳定性不得低于 100PPM。

表 6.7　CORECLKP/N 时钟输入表

时钟名称	频率范围 / MHz	驱动类型	稳定性	描述
CORECLKP CORECLKN	40～312.5	LVDS,LVPECL	±100PPM	驱动核 PLL

根据 TI 对 LVDS 信号的定义可知 CORECLKP/N 的 LVDS 输入信号特性如表 6.8 所示，这意味着时钟电路提供的 LVDS 时钟信号的电气特性必须满足表 6.8 的要求。

表 6.8　LVDS 输入信号电气特性参数表

符号	说明	最小值	典型值	最大值	单位	备注
V_{CCO}	支持电压	V_{CCO}×90%	3.3	V_{CCO}×100%	V	—
V_{IDIFF}	输入差分摆幅	200	—	450	mV	—
V_{ICM}	输入共模电压	0.300	1.200	1.425	V	—
TR/TF	上升/下降时长	—	—	350	ps	—
IDC	输入占空比	45	—	55	%	—
IN Jitter	输入时钟抖动	—	—	2	%	和输入信号周期相比

输入给 C6655 的高速串行接口收发数据的专用时钟频率范围和功能如表 6.9 所示。这些专用时钟只有在用到相应的串行接口时，才需要提供。

表 6.9　C6655 专用时钟输入表

时钟名称	频率范围/MHz	驱动类型	稳定性	描述
SRIOSGMIICKP SRIOSGMIICLKN	156.25，250，312.5	LVDS,LVPECL	±100PPM	驱动 SGMII PLL 和 SRIO PLL
PCIeCLKP PCIeLKN	100，156.25，250，312.5	LVDS,LVPECL	±100PPM	驱动 PCIe PLL
MCMCLKP MCMCLKN	156.25，250，312.5	LVDS,LVPECL	±100PPM	驱动 HyperLink PLL
DDRCLKP DDRCLKN	156.25，250，312.5	LVDS,LVPECL	±100PPM	驱动 HyperLink PLL

根据串行口实际的应用情况和系统时钟参数要求，选择合适的器件来完成 C6655 的时钟电路设计。和电源电路设计芯片选型一样，设计人员可以通过各微电子公司网站找到合适的时钟源控制器件(TI 公司针对这种复杂的时钟要求情况，设计了许多配套的时钟源控制器件)，如可以选择 TI 公司的 CDCM61002RHBT 作为时钟源。

CDCM61002RHBT 的特性参数如表 6.10 所示。CDCM61002RHBT 的输出频率覆盖 C6655 输入时钟范围；CDCM61002RHBT 的 V_{OD} 处于表 6.8 的 V_{IDIFF} 范围之内；CDCM61002RHBT 的 V_{OCM} 处于表 6.8 的 V_{ICM} 范围之内。显然 CDCM61002RHBT 的电气特性参数能满足 C6655 时钟输入要求。

选定 CDCM61002RHBT 作为时钟源后，即可按照 CDCM61002RHBT 使用手册提供的建议电路图，以实际使用情况为目标，设计 C6655 时钟电路，电路示意图如图 6.7 所示(为了说明原理，示意电路图中去除了电源及配置电路，详细可见电路原理图)。

表 6.10　CDCM61002RHBT LVDS 特性表

符号	名称	最小值	典型值	最大值	单位
F_{OUT}	输出频率	43.75	—	783.264	MHz
V_{OD}	差分输出	0.247	—	0.454	V
V_{OCM}	共模输出	1.125	—	1.375	V
TR/TF	上升/下降时长	—	—	255	ps
ODC	输出信号占空比	45	—	55	%
OUT Jitter	输出时钟抖动	—	—	1	ps

CDCM61002RHBT(U32、U33)的输入时钟为 25MHz、10PPM 无源晶振(Y6、Y7)，保证 CDCM61002RHBT 的输入时钟稳定。CDCM61002RHBT 具有两路 LVDS 时钟(OUTP0\OUTN0，OUTP1\OUTN1)输出，LVDS 输出模式可通过芯片引脚 OS0、OS1 外接电平来设置。采用两片该芯片，就能提供 4 路 LVDS 时钟输出，能满足 C6655 复杂的时钟输入要求。具体输出时钟分别为 250MHz、250MHz、62.5MHz、62.5MHz，以此满足 C6655 对 SRIOSGMIICLKP\SRIOSGMIICLKN、HyperLink_CLKP\ HyperLink_CLKN(MCMCLKP\MCMCLKN)、CORECLKP\ CORECLKN、DDRCLKP\ DDRCLKN 时钟的要求，PCIeCLKP/PCIeCLKN 暂不考虑接入。

CDCM61002RHBT 的输出频率参数可通过芯片引脚 PR0、PR1、OD0、OD1、OD2 外接电阻来进行调节，设计人员完全可以根据实际使用情况通过电阻的连接来调整输出频率值。CDCM61002RHBT 的具体使用方法见 CDCM61002RHBT 芯片使用手册。

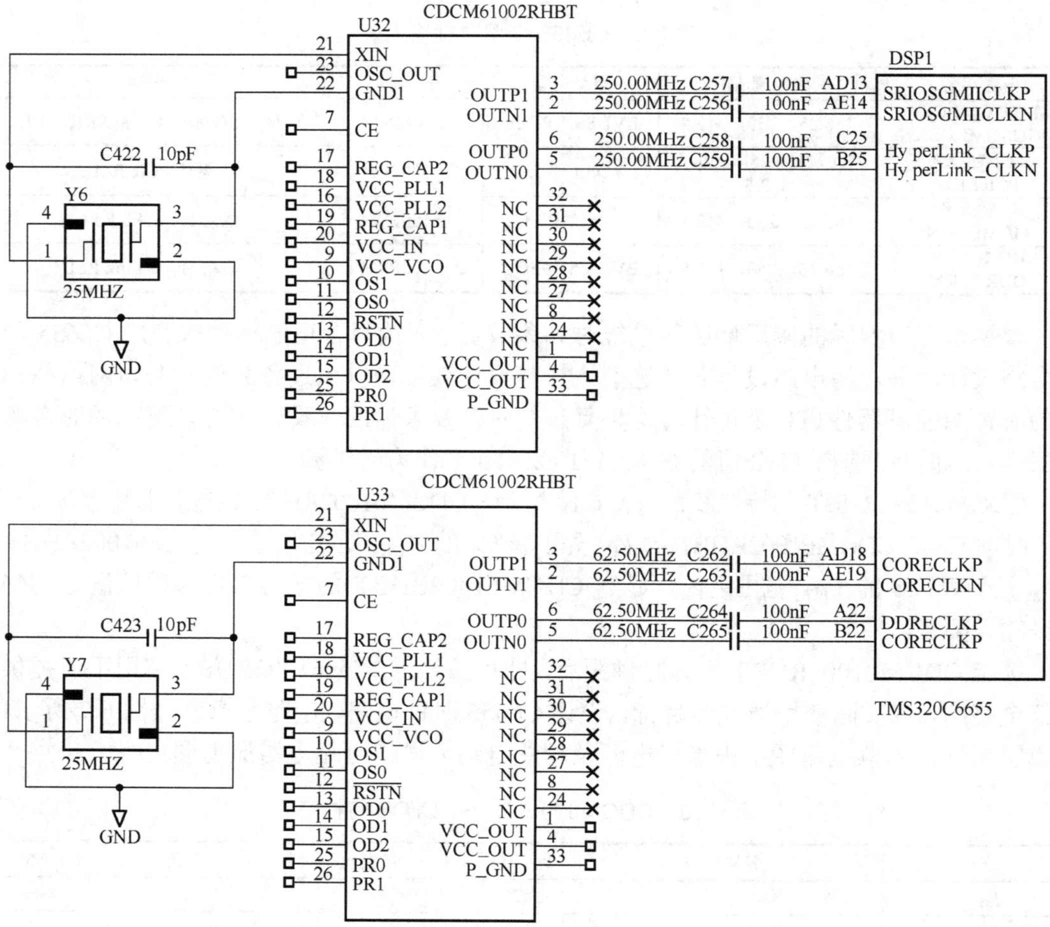

图 6.7　C6655 时钟电路示意图

6.4　设备配置和初始化

6.4.1　JTAG 接口电路

C6655 芯片和仿真器之间的通信是通过 JTAG 完成的，用户使用仿真器调试程序离不开 JTAG 接口。C6655 的 JTAG 接口有 3 种工作模式。

(1) 标准仿真模式：只要求提供 5 个 JTAG 信号：TCKTDI、TDO、TMS、TRST。

(2) HS-RTDX 仿真模式：除了要求提供 5 个 JTAG 信号，还要求提供 EMU0、EMU1 信号。

(3) 跟踪模式：跟踪模式允许实时获取内部数据。跟踪模式使用 EMU[18:00]引脚输出跟踪数据，EMU[18:00]引脚使用数量需要根据实际情况配置。

由于用户仿真器往往直接从市场上购买，购买的仿真器就决定了当前 JTAG 使用哪种工作模式。用户可以根据所购买的仿真器支持接口类型，在硬件设计上按照该接口模式进行 JTAG 接口设计。JTAG 的引脚功能如表 6.11 所示，设计时只需要把当前接口模式使用到的引脚引出，并按仿真器接口要求排列即可。

表 6.11 JTAG 引脚功能表

符号	信号方向	描述
EMU[N]	双向	数据双向端口
TCK	输入	JTAG 时钟输入
TDI	输入	JTAG 数据输入
TDO	输出	JTAG 数据输出
TMS	输入	JTAG 测试模式输入
TRST	输入	JTAG 复位

TI 公司为了便于设计人员开发，同时也为了降低 C6655 的使用成本，公开了 C6655 仿真器的源代码。因此设计人员可以通过设计仿真电路，配合 C6655 仿真器源代码，实现自制 C6655 仿真器。基于 TI XDS100V2 仿真器原理设计的在板 JTAG 接口基本电路如图 6.8 所示(为了说明原理，示意图中去除了电源、芯片配置等电路)。

图 6.8 中 J13 是 USB-B 接口，用户可以通过该 USB 接口把计算机上编写的程序下载到 C6655 芯片中。U24 是 USB 控制芯片，主要在电路中实现 USB 通信协议。U31 是 FPGA，TI 公开的仿真器源代码就烧录在该芯片中。FPGA 芯片一方面和 U24 连接、一方面和 C6655 的 JTAG 接口连接。用户可以通过 FPGA 把 USB 传递过来的源代码下载到 C6655 芯片中，也可以通过 FPGA 把 C6655 中的信息经 USB 传递到计算机中。

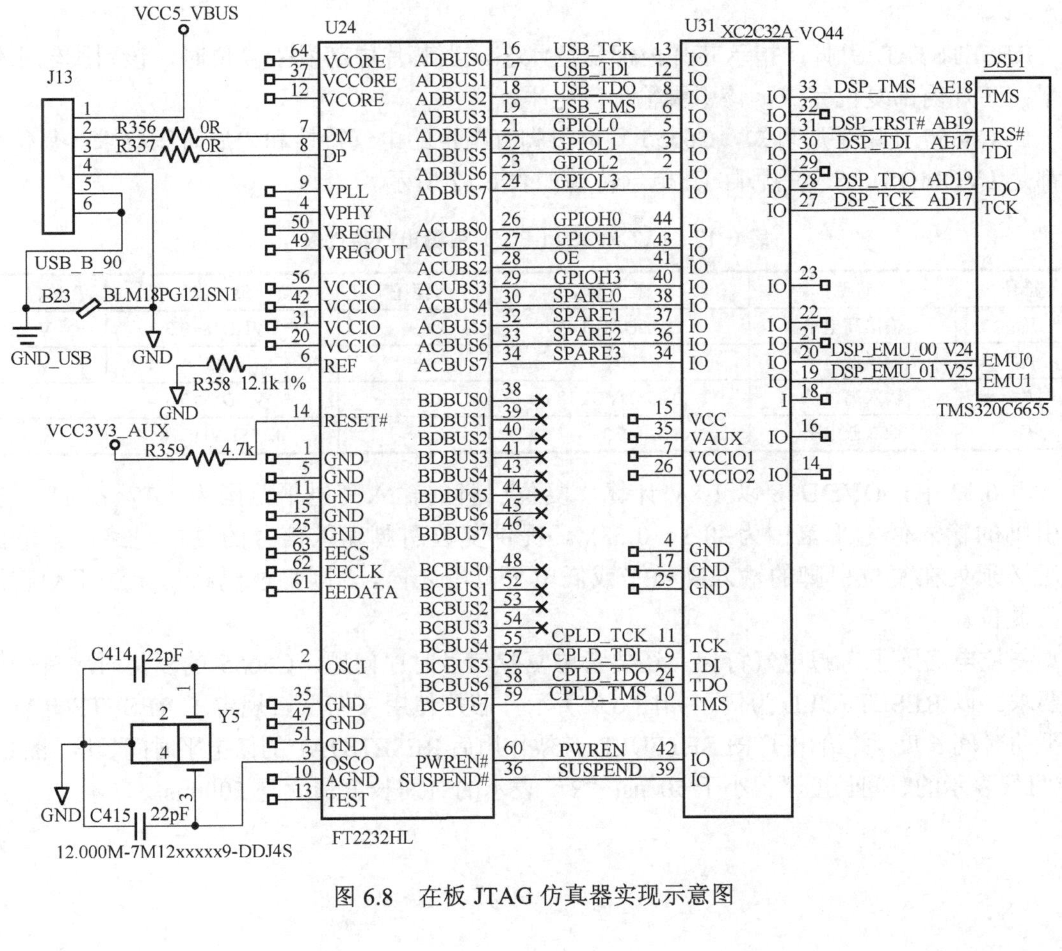

图 6.8 在板 JTAG 仿真器实现示意图

6.4.2 复位电路

C6655 有 4 个外部复位引脚(POR、RESET、LRESET、RESETFULL)和 1 个复位状态指示引脚(RESETSTAT)。外部复位引脚在芯片工作时，必须有确定的高低电平输入，不能悬空。用户可以通过外部复位引脚对芯片复位，同时可以通过复位状态指示引脚输出的高低电平对芯片复位状态进行监视。另外 C6655 还可以通过内部寄存器、仿真器接口、看门狗定时器等方式对芯片进行复位。

POR 引脚：上电复位，低电平有效。该引脚从 C6655 开始上电，到电平、时钟稳定前，必须保持低电平。

RESETFULL 引脚：全体复位，低电平有效。该引脚在 C6655 上电后保持低电平，直到 POR 电平变高后，再延时特定时间后，才可以释放低电平。该引脚将复位所有内部配置寄存器，锁定引导模式和芯片配置引脚。

RESET 引脚：低电平有效。该引脚复位功能可通过外部信号触发，也可通过内部寄存器触发。除了测试、仿真及被设置成复位隔离的逻辑功能块，C6655 的其他部分都能通过该引脚复位。

LRESET 引脚：热复位，低电平有效。该引脚不能复位片内外设、存储器内容、时钟设置，不能导致 RESETSTAT 输出信号变低。若该引脚不使用，建议以 4.7kΩ 电阻上拉到 1.8V。

RESETSTAT 引脚：指示芯片内部复位状态。当芯片内部发生复位时，该引脚输出低电平；芯片内部复位完成，该引脚输出高电平。

由 C6655 使用手册可知，C6655 复位引脚有指定的电气特性和先后时序要求。复位引脚都是 LVCMOS(1.8 V)引脚，其电气特性如表 6.12 所示。

表 6.12　LVCMOS(1.8 V) 引脚电气特性表

符号	说明	最小值	典型值	最大值	单位
V_{OH}	输出高电平	DVDD18−0.45	—	DVDD18+0.3	V
V_{OL}	输出低电平	−0.3	—	0.45	V
V_{IH}	输入高电平	0.65×DVDD18	—	DVDD18+0.3	V
V_{IL}	输入低电平	−0.3	—	0.35×DVDD18	V

表 6.12 中，DVDD18 以 1.8V 计算，复位引脚的输入高电平范围为 1.17～2.1V；复位引脚的输入低电平范围为−0.3～0.63V。提供复位引脚输入信号的复位电路，其输出电压必须处在复位引脚的输入高电平或低电平范围之内，否则复位电路将无法驱动芯片正常复位。

复位电路除了考虑电气特性，还要考虑复位信号时序问题。C6655 的复位时序有严格的要求。以 RESETFULL 为例，如图 6.9 所示，芯片使用文档严格规定了 RESETFULL 低电平的时间长度，并给出了 RESETFULL 有效作用后 RESETSTAT 的低电平时间长度。图 6.9 中“1”表示的时间长度不得小于 500ns；“3”表示的时间长度最大是 5000ns。

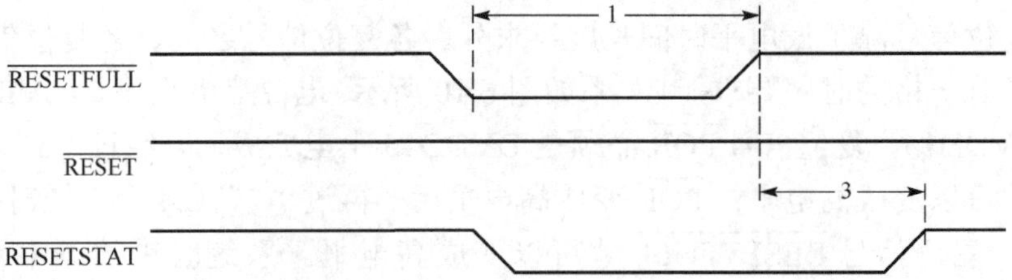

图 6.9　C6655 复位信号 $\overline{\text{RESETFULL}}$ 时序图

为了满足复位电路的电气特性和时序要求，选择 TI 的配套复位芯片 TPS3808 来实现复位电路。根据 TPS3808 的使用手册可知其引脚功能如表 6.13 所示。

表 6.13　TPS3808 引脚功能表

符号	方向	说明
C	输入	复位周期可编程引脚，通过上拉电阻控制复位时长，悬空则输出固定时长的复位信号
GND	—	接地
MR	输入	芯片驱动信号，低电平控制芯片输出复位信号
RESET	输出	复位信号输出引脚
SENSE	输入	连接到被监控电压，若电压下降到某一阈值，则输出复位信号
V_{DD}	输入	芯片支持电源引脚
TPad	—	芯片内部连接到地的散热部分(处于芯片封装的底部)

从 TPS3808 的使用手册可知：只要 SENSE 监控到电压低于某一阈值，或者 MR 有低电平输入，RESET 引脚就输出低电平信号。若 SENSE 和 MR 都输入高于某一阈值的高电平，RESET 引脚按 C 的设定延时一定时间后，输出高电平信号。TPS3808 的电气特性参数如表 6.14 所示。

表 6.14　TPS3808 电气参数表

符号	说明	最小值	典型值	最大值	单位
V_{OH}	输出高电平	1.3	—	1.8	V
V_{OL}	输出低电平	0	—	0.3	V
V_{IH}	输入高电平	1.26	—	1.8	V
V_{IL}	输入低电平	0	—	0.54	V

从表 6.14 中可以看出，TPS3808 的输出高低电平的电压范围都处于 C6655 的复位引脚对输入高低电平的要求之内，因此 TPS3808 在电气特性参数上满足 C6655 的要求。

TPS3808 输出的低电平延时时长如表 6.15 所示。从表中可以看出 TPS3808 的 RESET 在被触发输出低电平后，其低电平延时时间大大长于 C6655 复位低电平的需要时间。由此，TPS3803 的复位信号输出在时间长度上满足 C6655 对复位信号的低电平时间长度要求。

表 6.15　TPS3808 输出的低电平延时说明表

说明	条件	最小值	典型值	最大值	单位
RESET 输出低电平延时时长	C_T悬空	12	20	28	ms
	C_T上拉电源	180	300	420	ms
	C_T接 100pF 电容	0.75	1.25	1.75	ms
	C_T接 180nF 电容	0.75	1.2	1.7	ms
RESET 输出低电平有效正常延时	MR 有效到 RESET 输出低电平	—	150	—	ns
	SENSE 有效到 RESET 输出低电平	—	20	—	μs

C6655 复位信号除了低电平时间长度要求外，各复位信号之间、各复位信号和电源上电次序之间还有严格的时序要求，其关系如图 6.10 所示。电源上电次序是 CVDD、CVDD1、DVDD18、DVDD15，复位信号 $\overline{\text{POR}}$ 必须是 DVDD15 上电完成后，经过“5”(100μs) 所要求的时长后才可以变成高电平；$\overline{\text{POR}}$ 变成高电平后，再过“7”(24 个系统时钟周期) 所要求的时间后，复位信号 $\overline{\text{RESETFULL}}$ 才可以变成高电平。系统时钟的频率范围是 40～312.5MHz，系统时钟的周期为 25～3.2ns。24 个系统时钟周期的总时长为 600～76.8ns。按最大时长计算，$\overline{\text{POR}}$ 设置成高电平后 600ns，$\overline{\text{RESETFULL}}$ 才可以设为高电平。

从图 6.10 还可以看出：C6655 将在 $\overline{\text{RESETFULL}}$ 的上升沿锁定配置引脚 (GPIO Config Bits) 信息；CVDD、CVDD1、DVDD18、DVDD15 上电次序有严格要求；$\overline{\text{RESETSTAT}}$ 将在“8”(10000～50000 个时钟) 所要求的时间后变高；系统时钟需要在复位信号撤除之前就有效等。这些要求在设计电路时都需要考虑，同时这些信息也都可以在调试电路时成为调试佐证。

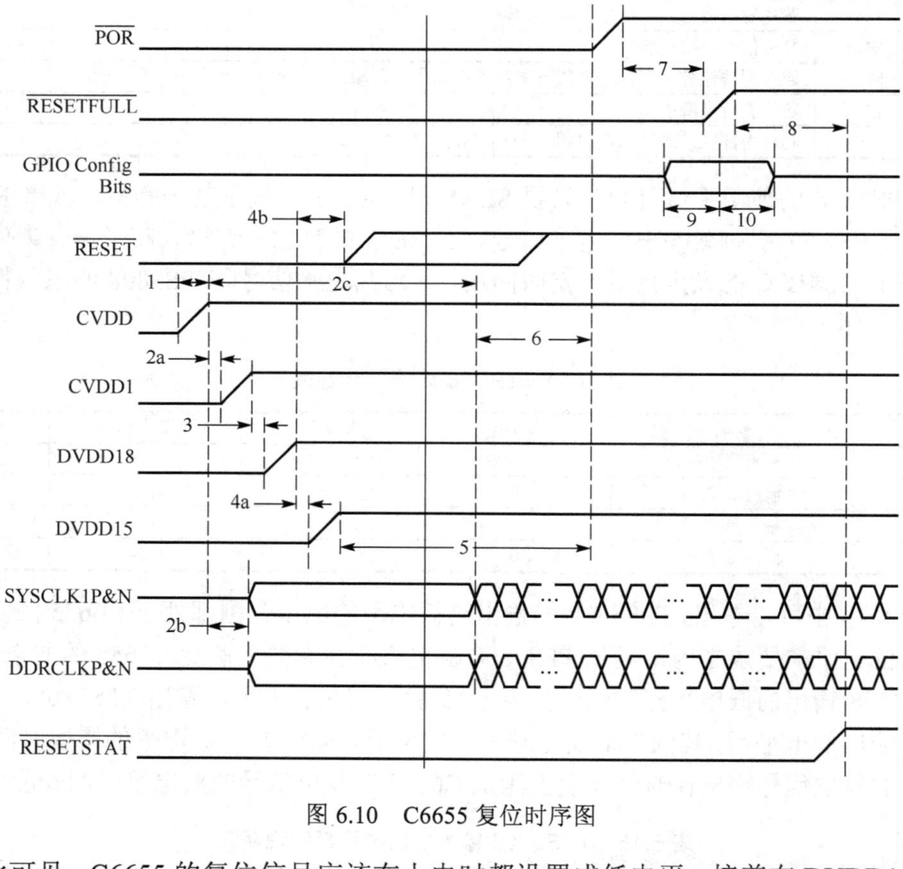

图 6.10　C6655 复位时序图

由此可见，C6655 的复位信号应该在上电时都设置成低电平；接着在 DVDD15 变成高电平后，再过 100μs，$\overline{\text{POR}}$ 设置成高电平；再过 600ns 后，$\overline{\text{RESETFULL}}$ 设置成高电平。为了达到这个目的，需要将 $\overline{\text{POR}}$ 和 $\overline{\text{RESETFULL}}$ 先后设置成高电平。TPS3808 在 C_T 接 180nF 电容时，最小的低电平延时为 0.75ms，远大于 100μs 或者 600ns，并且 TPS3808 的低电平输出可以通过 MR 引脚控制，这为人工控制复位信号提供了便利。

C6655-DEMO 采用两片 TPS3808 来完成复位电路的设计，如图 6.11 所示。按键 SW3

连接在 U11 的 $\overline{\text{MR}}$ 引脚上，因此用户可通过按键 SW3 控制 U11 输出复位信号。U11 的 $\overline{\text{MR}}$ 引脚连接 R_{385} 和 C_{426}，R_{385} 和 C_{426} 构成上电复位电路。这样即使按键 SW3 不闭合，C6655-DEMO 上电时，R_{385} 和 C_{426} 也会自动形成一个一定时长的低电平，通过 $\overline{\text{MR}}$ 引脚驱动 U11 输出复位信号。

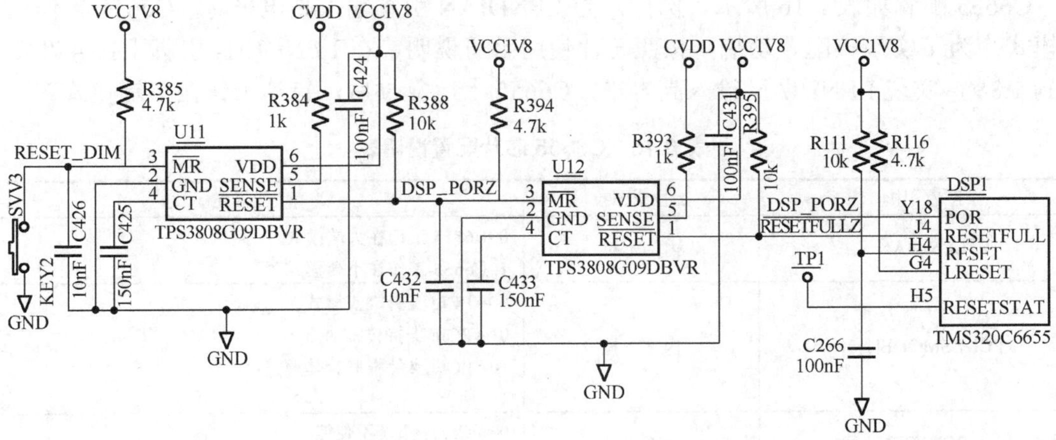

图 6.11　复位电路示意图

U11 的 $\overline{\text{RESET}}$ 引脚连接 U12 的 $\overline{\text{MR}}$ 引脚，同时连接 C6655 的 POR 引脚。U12 的 $\overline{\text{RESET}}$ 引脚连接 C6655 的 RESETFULL 引脚。U11 通过 $\overline{\text{RESET}}$ 输出低电平同时触发 C6655 的 POR 引脚和 U12 的 $\overline{\text{MR}}$ 引脚，使得 C6655 的 POR 接收低电平有效，C6655 进入复位状态，同时使得 U12 通过自身的 $\overline{\text{RESET}}$ 引脚输出低电平。当 U11 的 $\overline{\text{RESET}}$ 引脚恢复成高电平时(即 C6655 的 POR 引脚恢复成高电平)，U12 的 $\overline{\text{RESET}}$ 引脚继续输出低电平(即 C6655 的 RESETFULL 继续保持低电平)，在规定的时间之后才恢复成高电平。由此实现 C6655 的复位时序过程。

图 6.11 实现了 C6655 的复位要求。复位电路工作时序如下。

(1) 系统 CVDD 上电，DSP_PORZ/DSP_RESETFULLZ 设置成低电平，使 C6655 处于复位状态。

(2) 系统 CVDD1、DVDD18、DVDD15 依次上电。

(3) DVDD15 上电 0.75ms 后，DSP_PORZ 设置成高电平，完成 C6655 的 POR 复位。

(4) POR 设置成高电平 0.75ms 后，DSP_RESETFULLZ 输出高电平，完成 C6655 的 RESETFULL 复位。

(5) C6655 按配置进入正常工作状态。

(6) 若手动输入 RESET_DIM 信号，则 C6655 重新经历一次复位过程。

6.4.3　C6655 上电配置

C6655 要正常工作，还需配置芯片的工作状态，如配置芯片的大小端模式、引导方式等。这些配置由 DSP 上电时专用配置引脚上的输入电平决定，可通过上拉 1.8V 或者接地来实现高低电平的设置。配置引脚输入电平必须在芯片复位时保持稳定，以便芯片进入期望的配置模式。

C6655 的引脚一般内部有默认的上拉或下拉设置，如果该引脚不使用，则可以依靠芯片内部的默认上拉或下拉实现芯片引脚的固定电压输入，以提高芯片整体的抗干扰能力。若引脚需要使用，则不能依赖内部的上拉或下拉设置，需要在芯片外部连接上拉或下拉电阻。

C6655 配置如表 6.16 所示。例如，当 LENDIAN 引脚输入高电平时，C6655 工作在小端模式。为了实现该配置功能，按照芯片使用手册说明，在 LENDIAN 引脚上接 4.7kΩ 电阻到 1.8V，实现 LENDIAN 输入高电平，C6655 上电复位后，自动工作在小端模式。

表 6.16　C6655 芯片配置说明表

配置引脚	上拉或下拉	功能描述
LENDIAN	内部上拉	0=C6655 工作在大端模式 1=C6655 工作在小端模式
PCIeSSMODE[1:0]	内部下拉	00= PCIe 支持端点模式 01= PCIe 支持传统端点 10= PCIe 支持根联合体模式 11=保留
PCIeSSEN	内部下拉	0= PCIe 子系统不使能 1= PCIe 子系统使能
BOOTMODE[12:0]	内部下拉	—

BOOTMODE[9:0]和 C6655 的引导模式有关，将在 6.4.4 节详细讲述。BOOTMODE[12:0]中 BOOTMODE[12:10]的设置如表 6.17 所示。

表 6.17　C6655 BOOTMODE[12:10]配置说明表

BOOTMODE[12:10]	输入时钟/MHz	1000 MHz 设备		
		PLLD	PLLM	DSP *f*/MHz
000b	50.00	0	39	1000.00
001b	66.67	0	29	1000.05
010b	80.00	0	24	1000.00
011b	100.00	0	19	1000.00
100b	156.25	4	63	1000.00
101b	250.00	0	7	1000.00
110b	312.00	4	31	1000.00
111b	122.88	28	471	999.989

表 6.17 只列举了工作频率为 1000MHz 的 C6655 芯片设置。该表显示了不同输入频率下 BOOTMODE[12:10]的设置要求。其计算公式为

$$\text{CLK}=\text{CLKIN}\times((\text{PLLM}+1)\div((\text{OUTPUT\_DIVIDE}+1)\times(\text{PLLD}+1)))$$

OUTPUT_DIVIDE（来自 C6655 的 PLL 寄存器，可以通过用户设置）值为 1，如输入 CLKIN 为 50MHz，PLLD 为 0，PLLM 为 39，由此得到 C6655 的工作频率为 1000MHz。

6.4.4　C6655 引导模式设置

C6655 要正常工作，就必须把用户编写的程序引导到芯片内存中。用户编写的程序可

以通过 JTAG 接口直接下载到 C6655 的内存中，这种方式在系统断电后，C6655 内存中的程序无法保存，所以这种方式只在程序调试时使用。一般常见的 C6655 工作方式是用户把编写、调试完成的程序烧录在 Flash 芯片中，待系统上电后，C6655 从 Flash 中读取程序，然后执行程序。这种方式需要 C6655 进行程序引导(BOOT)。由于 DSPs 的实际使用情况比较复杂，有些用户需要把程序烧录在 Flash 中；有些用户希望把程序存放在计算机中，然后通过 UART 或者 PCIe 下载到 C6655 中等。为了满足用户的各种不同需求，C6655 提供了多种引导方式。用户可以根据自己的需要，通过 BOOTMODE[9:0]设置自己期望的引导方式，完成自己的设计。

BOOTMODE[2:0]决定 C6655 上电复位后的引导方式，相关的配置见 5.7.1 节。若用户希望通过 NAND 来启动芯片，那么需要在上电时把 BOOTMODE[2:0]设置成 011b。

当 BOOTMODE[2:0]=000b 时，C6655 的引导需要通过 BOOTMODE[9:3]进一步设置。BOOTMODE[9:3]的设置如表 6.18 和表 6.19 所示。

表 6.18　C6655 BOOTMODE[9:3]配置说明表

BOOTMODE 位	说明	备注
BOOTMODE[9:6]	引导子模式指定配置	BOOTMODE[5:3]确定子模式的具体配置
BOOTMODE[5:3]	0b000=NO boot 0b001=UART PORT 0 boot 0b010=Reserved 0b011=Reserved 0b100=EMIF 16 boot 0b101=UART PORT 1 boot 0b110=Reserved 0b111=Reserved	引导(BOOT)子模式

表 6.19　UART、EMIF 模式下 C6655 BOOTMODE[9:6]配置说明表

引导子模式	说明	BOOTMODE[9:6]
NO boot	Reserved	Reserved
UART PORT boot	速度	BOOTMODE[9:8]=00：115200 波特率 BOOTMODE[9:8]=01：38400 波特率 BOOTMODE[9:8]=10：19200 波特率 BOOTMODE[9:8]=11：9600 波特率
	奇偶校验	BOOTMODE[7:6]=00：无校验 BOOTMODE[7:6]=01：奇校验 BOOTMODE[7:6]=10：偶校验 BOOTMODE[7:6]=11：无校验
EMIF16 boot	等待使能	BOOTMODE[9]=0：等待使能无效 BOOTMODE[9]=1：等待使能有效
	位宽选择	BOOTMODE[8]=0：EMIF 使用 8 位数据宽度 BOOTMODE[8]=1：EMIF 使用 16 位数据宽度
	片选	BOOTMODE[7：6]=00：16 位数据宽度模式下，EMIF 片选使用 CS2 BOOTMODE[7：6]=01：16 位数据宽度模式下，EMIF 片选使用 CS3 BOOTMODE[7：6]=10：16 位数据宽度模式下，EMIF 片选使用 CS4 BOOTMODE[7：6]=11：16 位数据宽度模式下，EMIF 片选使用 CS5

例如，当用户设置 BOOTMODE[2:0] = 000b、BOOTMODE[5:3] = 001b、BOOTMODE[9:6]

= 0001b 时，表示当前的引导模式为：UART0 引导程序，UART0 的波特率为 115200，使用奇校验。

若用户需要使用 NAND 作为引导模式，可以按表 6.20 的说明，根据实际情况进行引导设置。

表 6.20　NAND 模式下 C6655 BOOTMODE[9:3]配置说明表

作用	说明
第一个块	由引导 ROOM 读取的第一个 NAND 块 BOOTMODE[9:5]=0：块 0 ⋮ BOOTMODE[9:5]=31：块 31
I^2C	从 I^2C EEPROM 读取的 NAND 参数 BOOTMODE[4]=0：参数不通过 I^2C 读取 BOOTMODE[4]=1：参数通过 I^2C 读取
保留	BOOTMODE[3]=X：保留

用户若需要自由设定引导模式，可以在 BOOTMODE[12:0]引脚上连接拨动开关，如图 6.12 所示。用户可以通过拨动 SW1 或 SW2 的开关、自由设定 BOOTMODE[12:0]的高低电平，实现期望的设置模式。

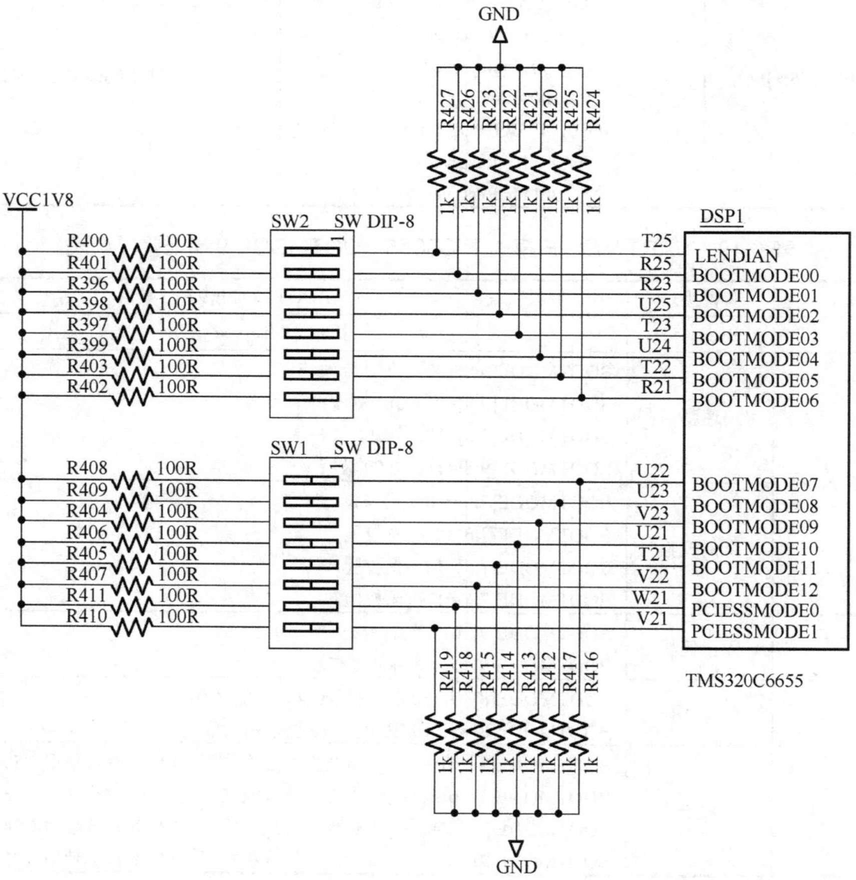

图 6.12　C6655 配置电路示意图

上述的引导模式配置只论述了一部分，读者若需要更详细的信息，可以参见 TI 的 C6655 使用手册。用户确定引导模式后，还要考虑用户编写的程序存放在何处。若用户的程序存放在 C6655 片外的 Flash 中，则需要在电路上设计 Flash 电路；若用户的程序存放在 PC 中，通过 UART 下载，则要设计 UART 电路。在 C6655 外设电路中，将进一步讨论这些外设的设计。

6.5　外设电路设计

C6655 工作时，需要用 Flash 芯片存储程序；需要用到 DDR 芯片存储数据；需要用到 UART 进行数据通信等。本节先从存储器设计开始讨论。

6.5.1　SPI Flash 电路设计

Flash 存储器用来存放用户程序。C6655 可以通过 EMIF16 接口从 Flash 中引导程序，C6655 也可以通过 SPI 从 Flash 中引导程序。C6655-DEMO 对这两种引导方式都支持，在硬件上设计了 SPI 的 Flash 电路和 EMIF 接口的 Flash 电路。

SPI Flash 选用 N25Q032A11ESE40F 芯片实现，N25Q032A11ESE40F 的引脚功能如表 6.21 所示。其芯片可以工作在 SPI 模式下，此时 SCK 为时钟输入引脚、S#为 SPI 片选信号输入引脚、DQ0 为 SPI 芯片数据输入引脚、DQ1 为芯片数据输出引脚、DQ2/HOLD#/DQ3/W#/V_{PP} 一律上拉。

表 6.21　N25Q032A11ESE40F 引脚说明表

引脚符号	说明
SCK	提供芯片串行接口的时钟
S#	芯片选择，若 S#是高电平，该芯片未被选中并且 DQ1 呈现高阻态； 若 S#是低电平，该芯片被使能
DQ0	接收串行输入数据
DQ1	发送串行输出数据
DQ2	提供输入、输出，和 W#/V_{PP} 复用
DQ3	提供输入、输出，和 HOLD#复用
HOLD#	暂停当前动作，低电平有效
W#	写保护，当输入信号为低时，启动写保护功能
V_{PP}	补充供电电源
V_{CC}	供电电源
V_{SS}	接地

N25Q032A11ESE40F 输入、输出引脚的电气特性参数如表 6.22 所示。对比表 6.12，C6655 的 SPI 引脚的 V_{OL} 处于 N25Q032A11ESE40F 的 V_{IL} 之内、C6655 的 SPI 引脚的 V_{OH} 处于 N25Q032A11ESE40F 的 V_{IH} 之内；N25Q032A11ESE40F 的 SPI 引脚的 V_{OL} 处于 C6655 的 V_{IL} 之内、V_{OH} 处于 C6655 的 V_{IH} 之内。因此 C6655 的 SPI 在电气特性上可以和 N25Q032A11ESE40F 的 SPI 引脚互连。

表 6.22　N25Q032A11ESE40F 的电气参数表

内容	最小值	典型值	最大值	单位
V_{CC}	1.7	—	2.0	V
V_{IL}	–0.5	—	$0.3\times V_{CC}$	V
V_{IH}	$0.7\times V_{CC}$	—	$0.4+V_{CC}$	V
V_{OL}	—	—	0.4	V
V_{OH}	$V_{CC}-0.2$	—	—	V

N25Q032A11ESE40F SPI 读时序如图 6.13 所示，图 6.13 中各参数如表 6.23 所示。从 C6655 有关 SPI 的使用手册中可以得知，C6655 的 SPI 时钟周期最小支持 3ns，能满足表 6.23 关于 N25Q032A11ESE40F 的 C 时钟频率(最小为 9.26ns)的要求；C6655 的 SPI 数据可以通过寄存器设置成时钟上升沿或者下降沿锁定，能满足 N25Q032A11ESE40F SPI 在时钟上升沿锁定数据的要求；C6655 的 SPI 输出有效数据距离当前时钟上升沿远大于 5ns，能满足 N25Q032A11ESE40F SPI 输入数据距离当前时钟上升沿不得小于 4ns 的要求。

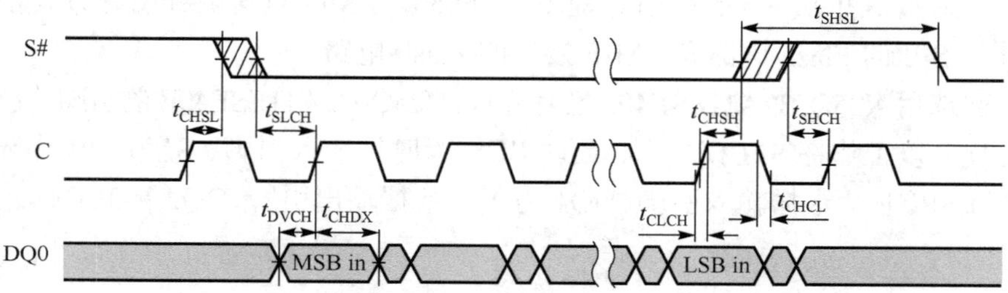

图 6.13　N25Q032A11ESE40F SPI 读时序图

表 6.23　N25Q032A11ESE40F 的 SPI 读时序参数表

内容	最小值	典型值	最大值	单位
C 频率	0	—	108	MHz
t_{CHSL}	4	—	—	ns
t_{SLCH}	4	—	—	ns
t_{DVCH}	2	—	—	ns
t_{CHDX}	3	—	—	ns
t_{CLCH}	0.1	—	—	V/ns
t_{CHCL}	0.1	—	—	V/ns
t_{CHSH}	4	—	—	ns
t_{SHCH}	4	—	—	ns

C6655 的 SPI 和 N25Q032A11ESE40F 的 SPI 无论在电气特性还是在时序上都是完全兼容的，因此可以把 N25Q032A11ESE40F 通过 SPI 的模式连接到 C6655 的 SPI 外设接口上，为 C6655 提供 SPI 的 Flash 外设，其实现的参考电路如图 6.14 所示。N25Q032A11ESE40F 的 SCK 连接 C6655 的 SPI 的 SPICLK(时钟)、N25Q032A11ESE40F 的 DQ0 连接 C6655 的 SPI 的 SPIDOUT、N25Q032A11ESE40F 的 DQ1 连接 C6655 的 SPI 的 SPIDIN、N25Q032A11ESE40F 的 S 连接 C6655 的 SPI 的 SPISCS0(片选 0)，实现 NOR Flash 和 C6655 的互连。

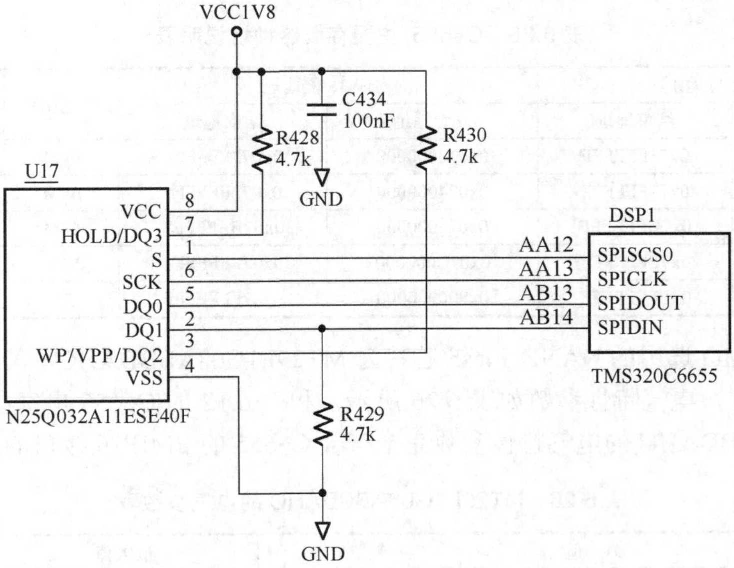

图 6.14　N25Q032A11ESE40F 电路示意图

6.5.2　EMIF16 接口 Flash 电路设计

C6655 的 EMIF16 接口如表 6.24 所示，EMIF16 共有 16 个数据引脚 EMIFD、24 个地址引脚 EMIFA、2 个字节使能引脚 EMIFBE、4 个片选引脚 EMIFCE、5 个控制信号引脚。当 C6655 的读写速度大于外部存储器的反应速度时，还可以通过 EMIFWAIT 引脚延长 C6655 的读写周期，以迎合外部存储器较慢的反应速度。

表 6.24　C6655 EMIF 接口说明表

引脚符号	说明
EMIFD[15:00]	进行读写的数据接口
EMIFA[23:00]	外部地址线
EMIFCE0	外部 CE0 空间芯片选择，低电平选中外部 CE0 空间
EMIFCE1	外部 CE1 空间芯片选择，低电平选中外部 CE1 空间
EMIFCE2	外部 CE2 空间芯片选择，低电平选中外部 CE2 空间
EMIFCE3	外部 CE3 空间芯片选择，低电平选中外部 CE3 空间
EMIFBE[1:0]	字节使能引脚，低电平有效，可以选择数据高八位、数据低八位或者 16 位数据
EMIFWAIT[1:0]	用来在内存访问周期内插入等待状态的引脚
EMIFWE	写使能，低电平表示在写动作中的触发有效信号
EMIFOE	输出使能，低电平表示当前在进行读访问
EMIFRnW	读写使能

EMIF16 的地址映射如表 6.25 所示，24 根地址线在 32 位数据访问的模式下，地址范围是 0x0000 0000～0x03FF FFFF。EMIF 的 CE0～CE3 决定上述逻辑地址的分布。例如，逻辑地址从起始地址 0x7000 0000 到 0x73FF FFFF 表示在 CE0 空间。CE0 空间的寻址范围大小是 0x4000000(2^{26})，等于 64M 个地址，每个地址对应一字节，因此 CE0 空间的存储容量为 64MB。

表 6.25　C6655 主要存储器地址说明表

逻辑 32 位地址		物理 36 位地址		容量/B	说明
开始地址	结束地址	开始地址	结束地址		
0x70000000	0x73FFFFFF	0x070000000	0x073FFFFFF	64M	EMIF16 CE0
0x74000000	0x77FFFFFF	0x074000000	0x077FFFFFF	64M	EMIF16 CE1
0x78000000	0x7BFFFFFF	0x078000000	0x07BFFFFFF	64M	EMIF16 CE2
0x7C000000	0x7FFFFFFF	0x07C000000	0x07FFFFFFF	64M	EMIF16 CE3
0x80000000	0xFFFFFFFF	0x800000000	0x87FFFFFFF	2G	DDR3 EMIF

C6655-DEMO 选用的 NAND Flash 芯片为 MT29F1G08ABBDAHC，其容量为 1Gbit、数据宽度为 8 位，电气特性参数如表 6.26 所示，和表 6.12 的 C6655 电气参数比较表明：MT29F1G08ABBDAHC 的电气特性参数完全符合 C6655 的 EMIF16 接口的要求。

表 6.26　MT29F1G08ABBDAHC 的电气参数表

内容	最小值	典型值	最大值	单位
V_{CC}	1.7	—	1.95	V
V_{IL}	−0.3	—	$0.3\times V_{CC}$	V
V_{IH}	$0.8\times V_{CC}$	—	$0.3+V_{CC}$	V
V_{OL}	—	—	0.4	V
V_{OH}	$0.67\times V_{CC}$	—	—	V

MT29F1G08ABBDAHC 的引脚说明如表 6.27 所示。MT29F1G08ABBDAHC 和 C6655 的 EIMI16 读写时序请读者自行参考 MT29F1G08ABBDAHC 的芯片使用手册和 C6655 的使用手册。作为程序引导待选方式之一的 MT29F1G08ABBDAHC 芯片应该连接在 EMIF CE0 空间，即 MT29F1G08ABBDAHC 的 C#必须连接到 EMIFCE0 引脚上，因此 MT29F1G08ABBDAHC 在 C6655 的存储器映射起始地址是 0x70000000。

表 6.27　MT29F1G08ABBDAHC 引脚说明表

引脚符号	类型	说明
ALE	输入	当 ALE 是高电平时，在 WE#的上升沿，地址信息从 EMIFD[7:0]送入 Flash 地址寄存器
CLE	输入	当 CLE 是高电平时，在 WE#的上升沿，指令信息从 EMIFD[7:0]送入 Flash 指令寄存器
CS#	输入	片选信号
WE#	输入	写信号
RE#	输入	读信号
I/O[7:0]	I/O	双向数据传输
R/B#	输出	读忙信号，用来表明 Flash 当前正忙，无法接收新的操作

MT29F1G08ABBDAHC 和 C6655 的连接如图 6.15 所示。MT29F1G08ABBDAHC 的 IO 和 C6655 的 EMIF16 数据线连接、$\overline{\text{CE}}$ 和 EMIF16 的 CE0 连接、ALE 和 EMIF16 的 A11 连接、CLE 和 EMIF16 的 A12 连接、$\overline{\text{RE}}$ 和 EMIF16 的 OE 连接、$\overline{\text{WE}}$ 和 EMIF16 的 WE 连接。

因此当 C6655 访问地址 0x7000 0000(ALE=0，CLE=0)时，C6655 访问的就是 MT29F1G08ABBDAHC 的数据；当 C6655 访问地址 0x7000 2000(ALE=1，CLE=0)时，C6655

访问的就是MT29F1G08ABBDAHC的地址寄存器；当C6655访问地址0x70004000(ALE=0，CLE=1)时，C6655访问的就是MT29F1G08ABBDAHC的命令寄存器。C6655通过对EMIF16地址线高低电平的切换，实现对 MT29F1G08ABBDAHC 的访问。

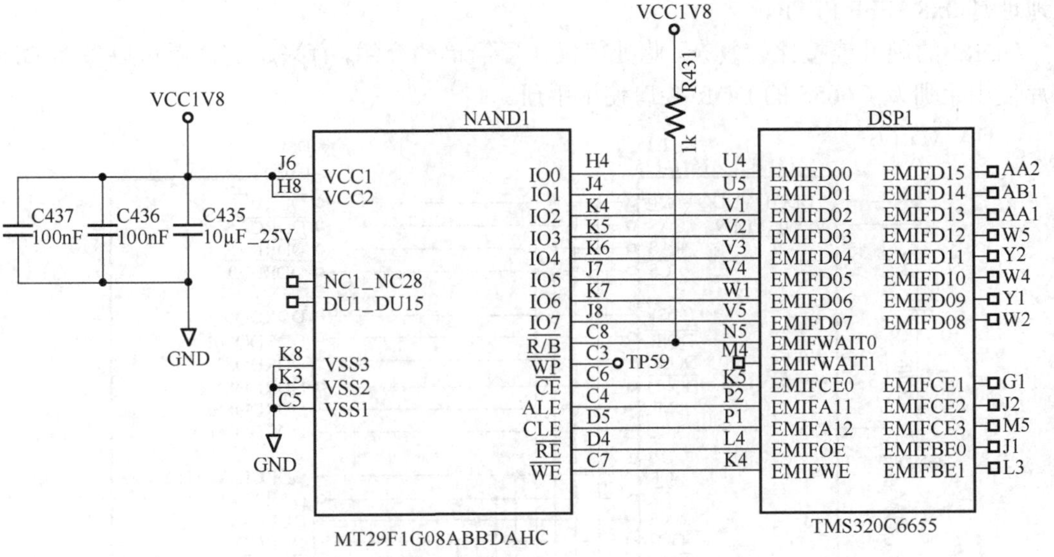

图 6.15　MT29F1G08ABBDAHC 电路示意图

6.5.3　DDR 存储器电路设计

C6655-DEMO 的设计目标之一是能够进行 2M 像素视频处理。2M 视频一帧数据量为 6MB(以 RGB 三基色考虑，每个基色 8 位量化)；数据吞吐率为 1440Mbit/s(30 帧/秒)；读写则为 2880Mbit/s。若选用的数据存储器是 32 位数据总线，那么存储器的读写频率必须大于 96MHz。

显然 DDR3 能满足这个要求，同时 C6655 自身具有 DDR3 控制器，能无缝兼容市场上大多数 DDR3 芯片。因此在结合芯片市场 DDR3 供货情况下，选择 DDR3 芯片 MT41J128M16JT-125 作为 DSPs 的数据存储器。

单片 MT41J128M16JT-125 数据容量为 128M×16bit，共有 2Gbit 容量、16 位数据线、1600MT/s(每秒兆传输次数)访问速度。两片 MT41J128M16JT-125 并行排列成 4Gbit 容量、32 位数据线、1600MT/s 访问速度的内存。该 DDR3 芯片能和 C6655 的 DDR3 控制器直连，完全能满足系统的设计需求。

MT41J128M16JT-125和C6655的连接见图6.16(该图仅为说明电路基本原理的示意图，详细电路请见电路原理图)。两片 MT41J128M16JT-125 的地址线 A0～A13 直接连接到 C6655 的 EA0～EA15(地址线复用)；两片 MT41J128M16JT-125 的 BANK 地址线 BA0～BA2 直接连接到 C6655 的 DDRBA0～DDRBA2(DDR BANK 地址)；两片 MT41J128M16JT-125 共有 32 位数据线(DQL0～DQL7、DQU0～DQU7)，分别连接到 C6655 的 DDRD00～DDRD31；MT41J128M16JT-125 的片选引脚$\overline{\text{CS}}$连接 C6655 的$\overline{\text{DDRCE0}}$；MT41J128M16JT-125 的$\overline{\text{CAS}}$连接 C6655 的$\overline{\text{DDRCAS}}$(列地址触发信号)；MT41J128M16JT-125 的$\overline{\text{RAS}}$连接 C6655 的

$\overline{\text{DDRCAS}}$（行地址触发信号）；MT41J128M16JT-125 的 $\overline{\text{WE}}$ 连接 C6655 的 $\overline{\text{DDRWE}}$（写使能信号）；MT41J128M16JT-125 的 DQSL 连接 C6655 的 DDRDQS（DDR EMIF 的数据触发信号）。结合表 6.25 的地址分配，可以得出 C6655 的有效内存起始地址是 0x8 0000 0000，结束地址是 0x8 1FFF FFFF。

DDR3 的硬件连接比较复杂，此处仅仅作了简单的介绍，有兴趣的读者可以参阅 DDR3 芯片使用手册及 C6655 的 DDR 接口使用手册。

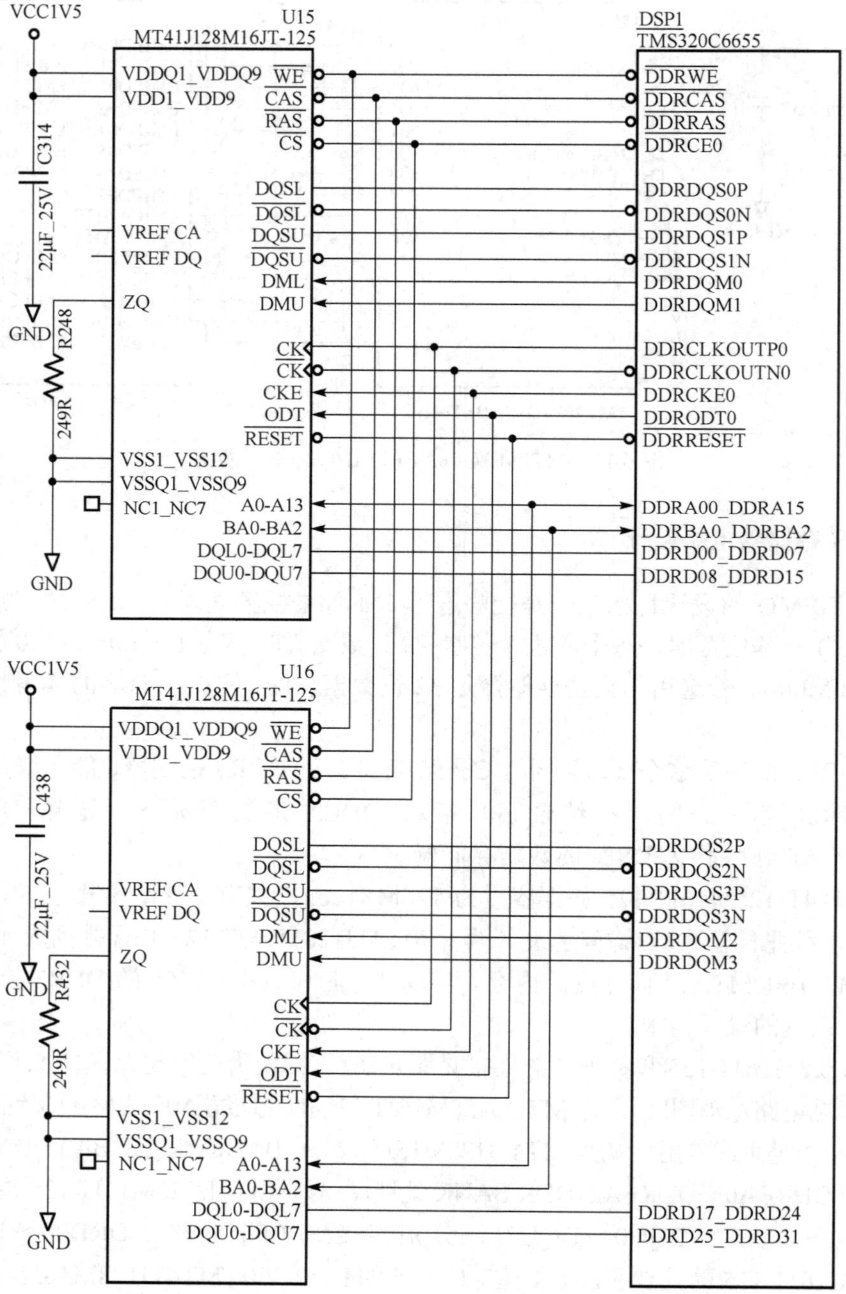

图 6.16　C6655 DDR3 电路示意图

6.5.4　EEPROM 电路设计

DSPs 有时会有一些少量关键数据需要在掉电的情况下保存。针对这种需要，一般在系统设计时会提供 EEPROM 存储器。

C6655-DEMO 选用 AT24C1024BN-SH-T 作为 EEPROM 电路实现芯片。AT24C1024BN-SH-T 具有 I^2C 接口，支持 1.8V 供电，1024Kbit 容量，其引脚说明如表 6.28 所示。

表 6.28　AT24C1024BN-SH-T 管脚说明表

符号	类型	说明
SCL	输入	同步时钟，上升沿锁定输入数据、下降沿驱动数据输出
SDA	输入/输出	数据引脚
A1/A2	输入	芯片地址
WP	输入	写保护，低电平允许写
V_{CC}	电源	连接 1.8V 电源
GND	接地	接地

通过各自的芯片使用手册，确定 AT24C1024BN-SH-T 芯片的电气特性和接口时序能满足 C6655 的 I^2C 接口的要求。根据 C6655 关于 I^2C 接口的使用手册，SCL 和 SDA 正好可以连接 C6655 的 I^2C 接口。AT24C1024BN-SH-T 在 C6655-DEMO 中的实现电路如图 6.17 所示。

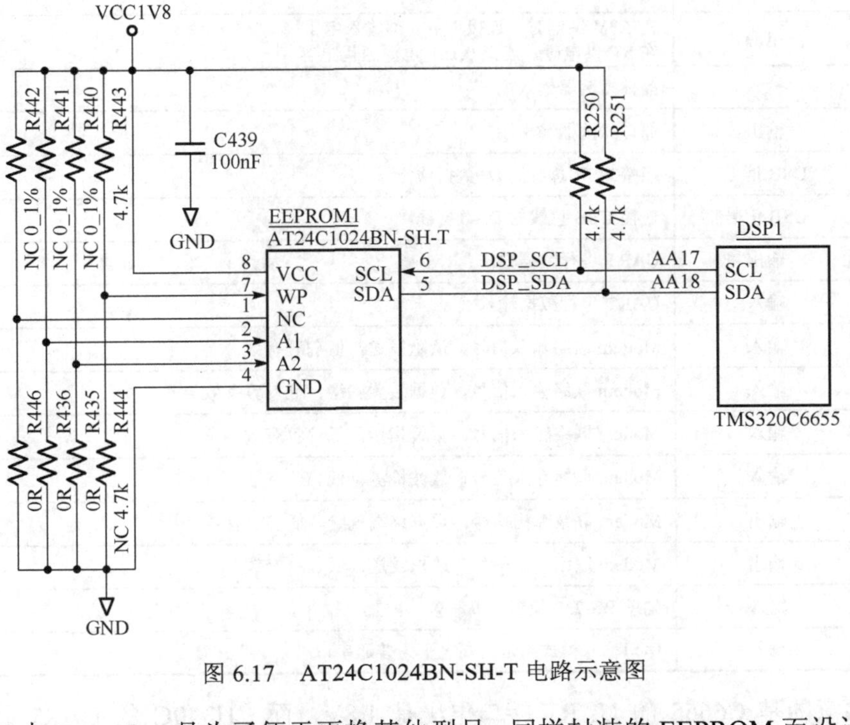

图 6.17　AT24C1024BN-SH-T 电路示意图

图 6.17 中 R_{442}、R_{446} 是为了便于更换其他型号、同样封装的 EEPROM 而设计的硬件冗余。R_{440}、R_{441}、R_{436}、R_{435} 是为了方便设定 EEPROM 的地址，用户可以通过这些电阻任意定义 EEPROM 的访问地址。R_{443}、R_{444} 是为了方便用户设置 EEPROM 写保护而设计的，在

用户需要写入 EEPROM 数据时，焊接 R_{443} 电阻、不焊接 R_{444}；当用户需要保护 EEPROM 里的数据时，不焊接 R_{443}、焊接 R_{444}，进行写保护。

6.5.5 UART 电路设计

C6655 片内的处理信息需要和外部设备进行交换，最简单的信息交换手段就是 UART。C6655 具有多个 UART 接口，但 PC 上已经很少见传统的 RS-232 接口了，代之以 USB 接口。因此要让 C6655 和 PC 进行数据通信，需要把 C6655 的 UART 转换成 USB 接口。

选用市场上常见的 CH340G 实现 UART 转 USB。CH340G 是一个专用集成芯片，用户不需要考虑具体的 UART 转 USB 协议。只需要在 PC 上安装 CH340G 的驱动软件后，就能在 PC 上形成一个 RS-232 串口设备。对于 PC 端的软件用户而言，就是一个能和外设通信的串口。所有的 PC 端的程序都可以基于这个串口和 C6655 进行串口通信。

CH340G 的引脚说明如表 6.29 所示。CH340G 的 TXD/RXD 可以连接 C6655 的 UART 接口，CH340G 的 UD+/UD−连接 PC 的 USB 接口。

表 6.29　CH340G 引脚说明表

符号	类型	说明
V_{CC}	电源	正电源接入，需外接 0.1μF 电源退耦电容
GND	接地	接地
V_3	电源	在 3.3V 供电时，连接 V_{CC} 外部输入电压； 在 5V 供电时，连接 0.1μF 电源退耦电容
XI	输入	晶体振荡器输入端
XO	输出	晶体振荡器输出端
UD+	USB 信号	连接 USB 总线的 D+数据线
UD−	USB 信号	连接 USB 总线的 D−数据线
TXD	输出	UART 串行数据输出
RXD	输入	UART 串行数据输入
CTS#	输入	Modem 联络输入信号，清除发送，低(高)有效
DSR#	输入	Modem 联络输入信号，数据装置就绪，低(高)有效
RI#	输入	Modem 联络输入信号，振铃指示，低(高)有效
DCD#	输入	Modem 联络输入信号，载波检测，低(高)有效
DTR#	输出	Modem 联络输出信号，数据终端就绪，低(高)有效
RTS#	输出	Modem 联络输出信号，请求发送，低(高)有效
R232	输入	辅助 RS-232 使能，高有效，内置下拉
IR#	输入	串口输入模式设定，高电平为普通串口

需要注意的是 C6655 的 UART 接口电压是 1.8V，而 CH340G 的 UART 接口电压是 3.3V/5V，因此需要考虑 CH340G 和 C6655 电气特性兼容问题。CH340G 的电气特性参数如表 6.30 所示，显然 CH340G 的电气特性参数和表 6.12 所表示的 C6655 的电气特性参数不兼容，因此需要在 CH340G 和 C6655 之间加入电压转换芯片。

表 6.30　CH340G 的电气特性参数表

内容	最小值	典型值	最大值	单位
V_{CC}	2.8	3.3	3.6	V
V_{IL}	−0.5	—	0.7	V
V_{IH}	2.0	—	$0.5+V_{CC}$	V
V_{OL}	—	—	0.5	V
V_{OH}	$V_{CC}-0.5$	—	—	V

电压转换芯片选择 SN74AVC4T245PWR，该芯片分 A/B 两个端口，可以在 A/B 两个端口分别接入不同电压的信号，实现不同电压信号互通，A/B 之间传输速率可达 380Mbit/s。SN74AVC4T245PWR 的引脚说明如表 6.31 所示。

表 6.31　SN74AVC4T245PWR 引脚说明表

符号	类型	说明
1A1	输入/输出	输入输出接口，供电来自 VCCA
1A2	输入/输出	输入输出接口，供电来自 VCCA
1B1	输入/输出	输入输出接口，供电来自 VCCB
1B2	输入/输出	输入输出接口，供电来自 VCCB
1DIR	输入	输入输出方向控制端
1OE	输入	三态输出使能，高电平使引脚能输出高电平，供电来自 VCCA
2A1	输入/输出	输入输出接口，供电来自 VCCA
2A2	输入/输出	输入输出接口，供电来自 VCCA
2B1	输入/输出	输入输出接口，供电来自 VCCB
2B2	输入/输出	输入输出接口，供电来自 VCCB
2DIR	输入	输入输出方向控制端
2OE	输入	三态输出使能，高电平使引脚能输出高电平，供电来自 VCCA
GND	接地	接地
VCCA	电源	A 端口电源，支持电压范围：1.2～3.6V
VCCB	电源	B 端口电源，支持电压范围：1.2～3.6V

CH340G 的 UART 信号可以连接 SN74AVC4T245PWR 的 A 端口，3.3V 供电；C6655 的 UART 信号可以连接 SN74AVC4T245PWR 的 B 端口，1.8V 供电。SN74AVC4T245PWR 的电气特性如表 6.32 所示。

表 6.32　SN74AVC4T245PWR 电气特性表

符号	说明	条件	最小值	典型值	最大值	单位
V_{OH}	输出高电平	1.8V	1.6	—	—	V
		3.3V	2.3	—	—	V
V_{OL}	输出低电平	1.8V	—	—	0.2	V
		3.3V	—	—	0.7	V
V_{IH}	输入高电平	1.8V	1.17	—	—	V
		3.3V	2	—	—	V
V_{IL}	输入低电平	1.8V	—	—	0.63	V
		3.3V	—	—	0.8	V

从表 6.32 可以看出，SN74AVC4T245PWR 端口电压为 1.8V 时，其引脚的电气特性是兼容表 6.12 的 C6655 电气特性要求的；SN74AVC4T245PWR 端口电压为 3.3V 时，其引脚的电气特性是兼容表 6.30 的 CH340G 电气特性要求的。显然 SN74AVC4T245PWR 可以承担电压转换的任务。

图 6.18 是 C6655 和 CH340G 的连接实现图。SN74AVC4T245PWR 作为电压转换桥接芯片，B 端输入电压为 1.8V，通过 1B1/1B2/2B1/2B2 引脚和 C6655 的 UART 接口连接；A 端输入电压是 3.3V，通过 1A1/1A2/2A1/2A2 引脚和 CH340G 的 UART 引脚连接。由于 UART 引脚中有些引脚是输入、有些引脚是输出，因此 SN74AVC4T245PWR 通过 1DIR/2DIR 设定引脚的输入输出特性，如 2A2(连接 CH340G 的输入引脚 RXD)引脚是输出，2B2(连接 C6655 的输出引脚 UARTRXD)是输入，信号从 2B2 流向 2A2，那么 2DIR 设置成低电平，保证信号流向正确。1DIR 设置成高电平，保证信号从 1A2 流向 1B2。

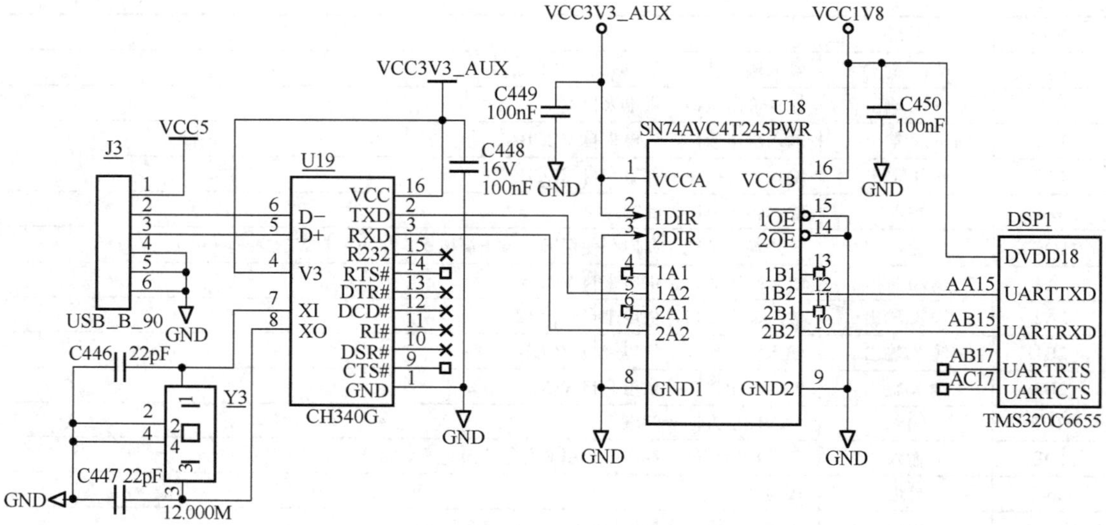

图 6.18　C6655 和 CH340G 连接示意图

CH340G 的 USB+_B2/USB−_B2 通过 USB 接口接入 PC，形成 PC 端的串口设备。实现 C6655 通过 UART 和 PC 通信的要求。

6.5.6　千兆网电路设计

千兆网由 MAC 层、PHY 层及 R-J45 构成。根据 C6655 芯片使用手册可知，C6655 内嵌千兆网控制器，千兆网控制器包含 MAC 层，并以 SGMII 支持 10Mbit/s、100Mbit/s、1000Mbit/s、以太网端口。因此可以使用 SGMII 连接千兆网物理层芯片，形成千兆网电路。

SGMII 使用两对差分线来完成对物理层芯片的数据输入(SGMII0RXN/SGMII0RXP)和输出(SGMII0TXN/SGMII0TXP)。这两对差分线的支持电压为 1.8V、差分模式为 LVDS。根据两对差分线的电气特性、引脚数量、传输模式，选用千兆网收发芯片 88E1112 作为物理层芯片。千兆网电路实现示意如图 6.19 所示。

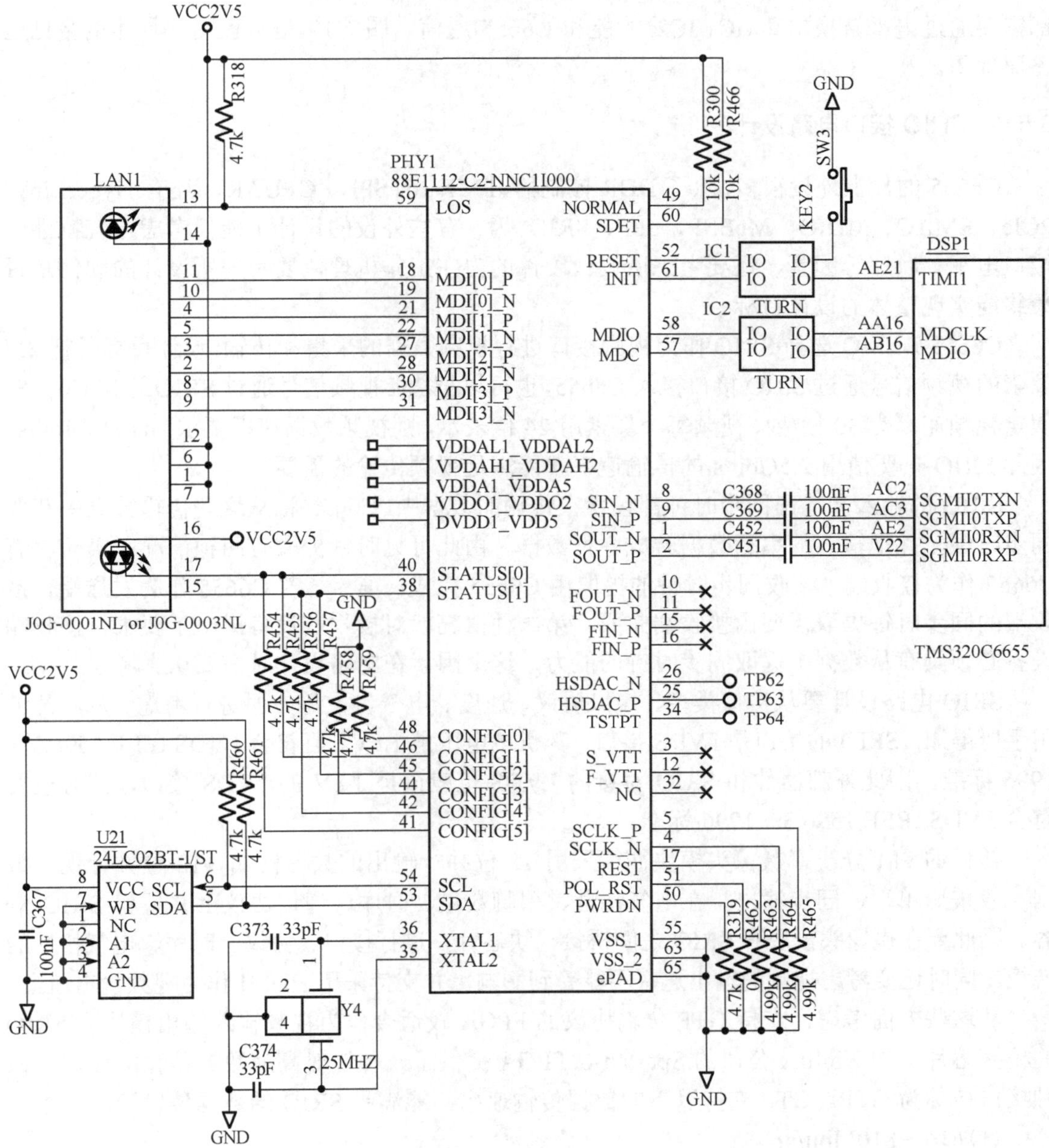

图 6.19　千兆网电路示意图

图 6.19 中 U21 为千兆网的参数存储器，引脚 CONFIG[0]～CONFIG[5]通过高低电平对 88E1112 进行配置，无源晶振 Y4 对 88E1112 提供工作时钟。88E1112 具有 1 路 MAC 接口，该接口和 C6655 的 SGMII 差分接口连接，构成千兆网 MAC 层和物理层的连接。88E1112 具有 1 路 MDI 差分接口(MDI0_MDI3)，该接口和 LAN1(RJ-45)连接，构成千兆网物理层和接线端子的连接。由此构成了 C6655-DEMO 的千兆网接口。

88E1112 的支持电压为 2.5V，而 C6655 的 IO 电压为 1.8V，因此 88E1112 和 C6655 的逻辑电平的互连需要采用电平转换电路，而差分信号只需单独满足各自的差分电气特性即可。88E1112 的复位引脚(RESET)、中断请求引脚(INIT)、寄存器配置引脚(MDIO/MDC)

都需要通过电平转换电路(IC1/IC2)才能和 C6655 通信。图 6.19 是示意图，具体电路见电路原理图。

6.5.7　SRIO 接口电路设计

C6655 的片上外设很多，除了 DDR 控制器、EMIF16、SPI、I^2C、UART，还有 HyperLink、PCIe、EMAC、MDIO、McBSP、uPP、SRIO 等。有些外设的设计不能仅考虑电气特性、接口电平、时序等因素，还要考虑所设计硬件的内在工作机理，要考虑所设计的硬件是否最终能实现整体的设计目标。

C6655-DEMO 选择 SRIO 作为视频接口进行视频数据的采集和传输，设计目标是把 2M 像素的视频信号通过 SRIO 接口接入 C6655，也可以把 2M 视频信号通过 SRIO 送出 C6655。假定视频速率为 30 帧/秒、视频每个像素用 24 位表示，则视频数据速率要求为 1440Mbit/s。因此 SRIO 只要使用 2.5Gbit/s 的传输速率就能满足视频传输的需要。

SRIO 的输入和输出同步时钟都包含在传输的数据中，C6655 将从这些传输数据中获取同步时钟，并把输入的串行数据转成并行数据。由此可见时钟提取有两种情况：第一，若 C6655 作为接收端，接收同步时钟的提取由 C6655 完成；第二，若 C6655 作为发送端，接收端的同步时钟提取需要由接收端完成。第二种情况就对接收端设备提出了要求，接收端设备必须具有从数据中提取同步时钟的能力，这个因素在电路设计时需要认真考虑。

SRIO 电路设计要从接口类型、接口协议、速度、电气参数等方面进行考虑。从芯片使用手册得知，SRIO 的接口是 LVDS 接口，其供电电压是 1.8V。且符合 LVDS IEEE 1596.3—1996 标准。因此外部器件和 SRIO 对接的 LVDS 也应该是 1.8V 的 LVDS 接口，同时也要符合 LVDS IEEE 1596.3—1996 标准。

常见的 2M 分辨率摄像头模块往往采用 12 位并行输出的数据格式。12 位并行视频数据一般采用单端、同步输出，在电气特性、引脚数量、时序、通信协议上并不和 SRIO 兼容。因此要在摄像头模块和 SRIO 之间桥接一块芯片，进行接口、协议、时序、电气特性的转换。同时还要考虑视频的输出速率不能受到影响，并支持采用 HDMI 作为视频输出通道。

从这些方面考虑，支持 GTP 传输协议的 FPGA 较适合作为视频输入输出模块和 SRIO 的桥接芯片，如 Xinlinx 公司的 Spartan-6 FPGA 提供了一种针对高速数据传输的接口，该种接口被称为 GTP。GTP 支持以下的数据传输速率，能满足 SRIO 的数据传输速率要求。

(1) 614～810Mbit/s；

(2) 1.22～1.62Gbit/s；

(3) 2.45～3.125Gbit/s。

根据 Spartan-6 FPGA 的使用手册得知 GTP 的电气特性如表 6.33 所示，符合 C6655 SRIO 的电气特性要求。

表 6.33　GTP 电气特性表

符号	直流参数	最小值	典型值	最大值	单位
V_{CCO}	支持电压	1.14	1.20	1.26	V
V_{OH}	输出高电压	—	—	—	V
V_{OL}	输出低电压	—	—	—	V

续表

符号	直流参数	最小值	典型值	最大值	单位
V_{ODIFF}	输出差分摆幅	—	—	1000	mV
V_{OCM}	输出共模电压	1.125	—	1.375	V
V_{IDIFF}	输入差分摆幅	140	—	2000	mV
V_{icm}	输入共模电压	0.300	—	2.35	V

同时通过学习 FPGA 的使用，可以发现 FPGA 具有支持 SRIO 的 IP，能进行同步时钟的自动提取，能满足 SRIO 的通信协议要求。因此采用 FPGA 作为 SRIO 的桥接芯片完全是可行的。

SRIO 的接口示意图如图 6.20 所示，视频数据经 CMOS 模块采集后、通过 I/O 和 FPGA 进行通信；FPGA 通过 GTP 引脚经 C6655 的 SRIO 传递给 C6655。FPGA 也可通过 GTP 引脚经 C6655 的 SRIO 获取 C6655 中的视频数据，并由 FPGA 控制 HDMI 模块显示。由此完成 C6655 通过 SRIO 接口实现视频信号传输的设计要求。

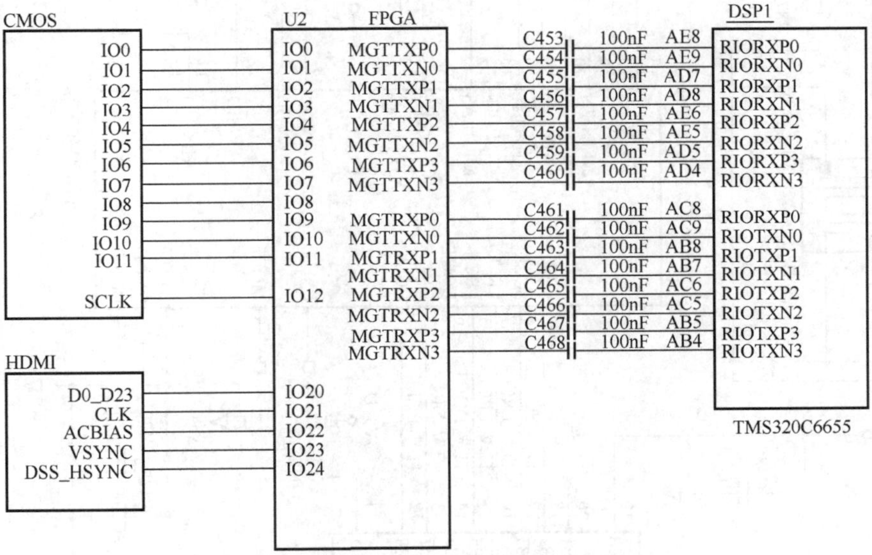

图 6.20　SRIO 接口示意图

6.5.8　音频电路设计

为了能让 C6655 处理音频信号，C6655-DEMO 采用 TI 公司的音频编解码器 TLV320AIC23B 配合 C6655 的 McBSP 和 I^2C 外设构成音频处理电路。C6655 可以先通过 I^2C 接口对 TLV320AIC23B 进行配置，然后利用 McBSP 通过 TLV320AIC23B 进行音频数据的采集或输出。

音频电路示意如图 6.21 所示。TLV320AIC23B 的工作时钟由无源晶振 Y6 提供，频率为 12.288MHz（该频率值由 TLV320AIC23B 芯片手册建议）。TLV320AIC23B 由引脚 LOUT/ROUT 通过 3 段音频插座 J19 提供左右声道信号输出；由引脚 LHPOUT/RHPOUT 通过 4 段式耳机麦克混合插座 J15 提供左右声道耳机信号输出；由 LINEIN/RLINEIN 通过音频插座 J18 提供左右声道 LINE 信号输入；由 MICIN/MICBIAS 通过 4 段式耳机麦克混合插座 J15 提供麦克风信号输入。

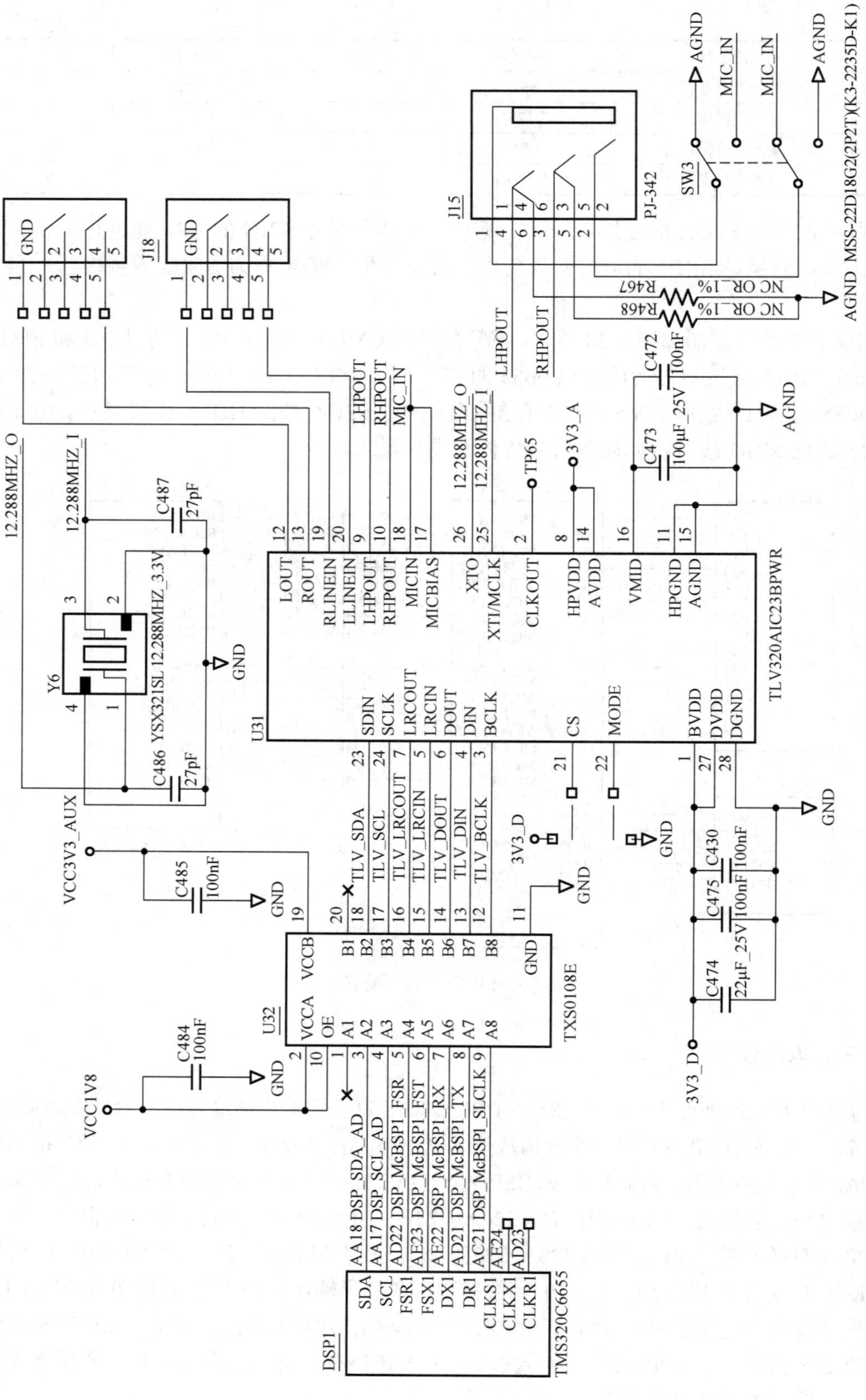

图 6.21　音频电路示意图

由于 4 段式耳机麦克混合插头有两种标准，分别是国家标准(N 版耳机插头)和国际标准(I 版耳机插头)。这两种耳机如图 6.22 所示。图 6.22(a)为 N 版耳机插头，图 6.22(b)为 I 版耳机插头。由此可见 4 段式耳机麦克混合插座 J15 并不能完全满足这两种耳机插入的接入需求。因此在电路中使用双刀双掷开关 SW3 来解决两种耳机插头的兼容问题。当双刀双掷开关 SW3 处于如图 6.21 所示默认状态时，J15 被设置成适应 N 版耳机的模式；当双刀双掷开关 SW3 处于开关下拨状态时，J15 被设置成适应 I 版耳机的模式。

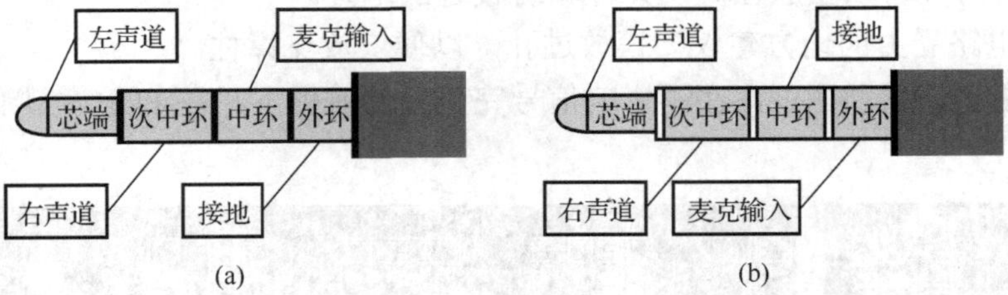

图 6.22　音频接头示意图

TLV320AIC23B 芯片通过 SDIN、SCLK 接口实现芯片的参数配置。SDIN、SCLK 支持 I^2C 协议，因此 C6655 通过 I^2C 接口和 TLV320AIC23B 的 SDIN、SCLK 进行连接。TLV320AIC23B 的数字音频接口为 LRCOUT(数字音频接口读取 ADC 数据的帧信号)、LRCIN(数字音频接口输出 DAC 数据的帧信号)、DOUT(数字音频接口输出 DAC 数据)、DIN(数字音频接口输入 ADC 数据)、BCLK(数字音频接口时钟信号)。这些接口正好可以和 C6655 的 McBSP 无缝连接，实现音频数据的输入与输出。

TLV320AIC23B 的 CS、MODE 可以通过实际情况进行高低电平配置，具体见电路原理图。同时在电路设计时，TLV320AIC23B 的模拟地(AGND)和数字地(GND)分开。

在实际的设计中 TLV320AIC23B 的 IO 是 3.3V 电平，而 C6655 的 IO 是 1.8V 电平，两者存在电气特性不兼容的问题，需要使用电平转换芯片来解决该问题。如图 6.21 所示，可使用 TX0108E 来协调双方电平，由此实现 TLV320AIC23B 和 C6655 的电气特性兼容设计。

6.6　电路布局布线实现

电路原理图设计好后，需要进行 PCB 布局布线。一个好的 PCB 布局布线要考虑其信号完整性、抗干扰性能是否达到了设计要求、电路调试时是否便于观察、相关软件是否易于升级、外形是否美观等。本电路的布局布线主要从以下两个方面进行考虑。

1. 从元件摆放位置上考虑

(1) 使用的各种对外接口都要摆放在 PCB 的四周，便于接线。

(2) 同一芯片的周边元件和芯片摆放在一起。例如，电源设计中，图 6.6 所有的元件应该紧紧围绕 Q3 摆放，具体 PCB 摆放如图 6.23(a)所示。R_{62}、R_{66} 等元件摆放在 Q3 周围。这样的摆放有利于电路遵循“短”“直”的走线要求。

(3) 同一类性质的元件摆放在一起。例如，类似图 6.6 的所有电源电路都应该摆放在电路板的同一区域，C6655-DEMO 电源部分元件的具体摆放如图 6.23(b) 所示。整个系统中的电源电路都被摆放在同一区域。这样的摆放一方面有利于“短”“直”走线，同时也利于板子的 EMC 处理。

(4) 晶振等时钟电路必须紧靠主元件摆放，如 CDCM61002RHBT 时钟电路就必须紧靠 C6655 芯片摆放。

(5) DDR 等内存芯片必须紧靠 C6655 芯片摆放。

(6) 低速的芯片可以摆放在离主元件相对较远的地方。

(7) PCB 电路受力的地方建议要摆放过孔，以便安放支撑柱。

(8) 为了便于调试和测试，在不影响信号完整性的前提下，在 PCB 空旷的地方摆放测试点。

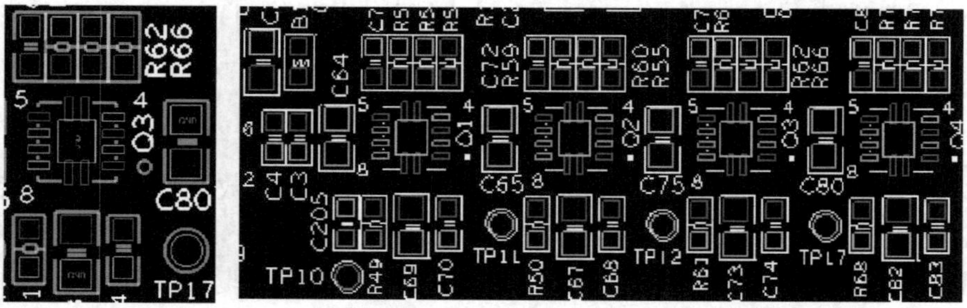

(a)　　(b)

图 6.23　PCB 电源布局图

2. 从电路走线原则上考虑

(1) 一般走线越短越好、越粗越好、越直越好、拐角要 135°。

(2) C6655-DEMO 为十层电路板，按信号层-地层-信号层-地层-信号层-电源层-地层-信号层-地层-信号层的叠层设计。地层和电源层必须合理分割，所有元器件和电源层按使用类别合理分布，所有低速信号和高速信号在空间上不重叠。这样的处理可最大限度地降低电源对信号的干扰、高频信号对低频信号的干扰。

(3) 并行数据走线全部采用等长处理(如 NAND Flash 的数据线)。如图 6.24(a) 所示，图中蛇形走线是为了保证 NAND Flash 连接 EMIF16 的数据线等长。等长处理可以保证信号源送到端口的信号不会因为走线长度的不同而出现不同步现象。

(4) 对差分信号必须采用差分方式走线。如图 6.24(b) 所示，图中两对差分时钟必须走成差分线，线路阻抗为 50Ω，保证差分信号的完整性。同时保证差分对两路信号的走线严格等长。

(5) C6655-DEMO 是数字电路，谐波成分较多，因此对整个电路板进行敷铜处理，如图 6.24(c) 所示，在电路空白的地方都进行了敷铜。

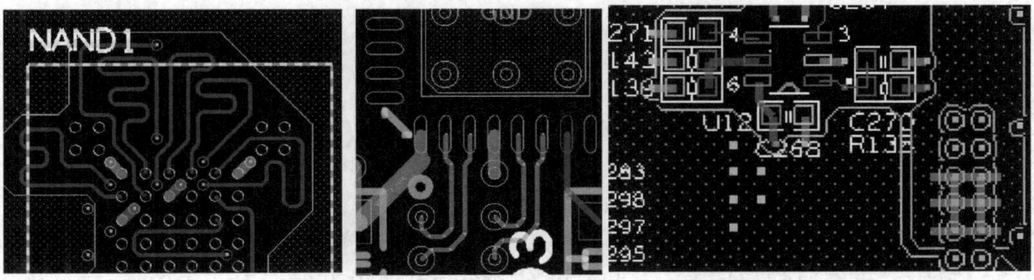

(a)　　(b)　　(c)

图 6.24　PCB 等长走线图

6.7　本 章 小 结

本章以 C6655-DEMO 为例，给出了硬件设计的基本理念，从系统需求出发，给出了系统模块图和电路设计框图，进一步讲述了电源电路、时钟电路、设备配置和初始化以及芯片外设的硬件电路设计。重点讲述了硬件设计中要考虑的芯片选型、电气特性参数兼容、时序匹配等问题。最后讨论了电路的布局布线方法。

本章以 C6655 为基础，只是从技术角度阐述了硬件设计的一些基本要求和基本方法。实际上电路硬件设计涉及的内容非常多，包含的知识构成也很复杂，受到非技术因素的影响也非常大，非常考验硬件设计人员的技术水平、经验积累程度和创新能力。例如，硬件设计时按功能和电气特性要求选择的芯片，在市场上无法购买到，此时该采用什么方式继续进行硬件设计；按要求设计的电路成本和市场定位发生矛盾，此时该如何取舍；设计完成的电路在实验室工作良好，而到现场不能正常工作，此时又该如何处理。因此硬件设计是一个不断实践、追求创新的工作。

思　考　题

1．在重新选择 CVDD1 的电源芯片时，出现了一个问题。按照输入电压+12V，输出电压+1V(±0.05V)，输出最大电流大于 415.14mA 的标准去选择芯片时，发现 TI 公司没有符合这种条件的电源芯片。这要如何处理呢？

2．若 LRESET 引脚不使用，建议以 4.7kΩ 电阻上拉到 1.8V，为什么？

3．什么是大端模式，什么是小端模式？

4．C6655 为什么要设计复位电路？

5．用户为什么会有 Flash、PCIe、UART 等多种引导方式的需求？

6．若自行设计，应该如何实现+220V 交流至+12V 直流的电压转换？

7．为什么 CE0 首地址空间从 0x70000000 开始？

8．除了 C6655，有哪些器件具有和 SRIO 一样能从传输数据中提取同步时钟的能力？

9．PCB 布局布线中对于元器件布局和走线应注意哪些问题？

第 7 章　基于 SYS/BIOS 的 DSP 软件开发

在嵌入式开发过程中，是否使用操作系统、使用什么样的操作系统，是根据实际需求而定的。例如，我们通常使用 Linux 操作系统进行 ARM 的开发。对于 DSP 而言，由于早期处理器的性能相对较弱，考虑到实时性要求，往往使用简单的裸机程序解决问题。随着 DSP 处理器性能越来越强，实际可调用的资源变得越来越丰富，相应的底层驱动开发工作变得十分复杂。因此，需要一个操作系统来合理调配 DSP 资源。为了应对这样的需求，TI 推出了 SYS/BIOS 实时操作系统。

本章主要介绍基于 SYS/BIOS 软件开发的基本步骤和设计思路，包括 SYS/BIOS 下载和安装步骤、SYS/BIOS 的软件工具、SYS/BIOS 工程创建和配置、多线程系统设计、线程间同步技术等，本章最后以实际应用系统为例介绍基于 SYS/BIOS 软件系统的框架。

7.1　SYS/BIOS 基础

7.1.1　SYS/BIOS 简介

SYS/BIOS 是一个可扩展的实时内核。它主要应用于实时调度与同步，以及实时仪表领域。SYS/BIOS 提供了抢占式多线程、硬件抽象层、实时分析和配置工具，有助于最大限度地减少内存占用，提高 CPU 资源利用率。由于 SYS/BIOS 是 TI-RTOS 产品的内核组件，因此也称为 TI-RTOS Kernel。v6.30 之前版本的 SYS/BIOS 则称为 DSP/BIOS。

SYS/BIOS 具有以下十点优势。

(1) 可以对所有 SYS/BIOS 对象进行静态或动态的配置。

(2) API(应用程序接口)采用模块化设计，只有程序使用到的 API 才会绑定到可执行程序，以尽量减少内存占用。另外，静态配置的对象不需要进行对象创建，这样可以减少代码规模。

(3) 可以配置错误检查和仪器调试函数，并且这些函数可以从产品代码中完全删除，以提高性能并减少内存的占用。

(4) 为几乎所有的系统调用提供了确定的性能参数，以满足实时性要求。

(5) 可以在主机上格式化仪器数据(如日志和跟踪记录)，以提高系统性能。

(6) 提供了多种线程模型，包括硬件中断(Hwi)、软件中断(Swi)、任务线程(Task)、空闲循环函数(Idle Function)和周期执行函数(Periodic Function)。可通过选择线程类来控制线程的优先级和阻塞等特性。

(7) 提供了支持线程间通信和同步机制，包括信号量(Semaphore)、邮箱(Mailbox)、事件(Event)、门(Gate)和可变长度消息(Variable-length Messaging)。

(8) 具有动态内存管理服务，提供可变大小或者固定大小的块分配函数。

(9) 可以通过终端调度处理低级的保存/恢复操作，可以使用 C 语言完成中断服务程序(ISR)的编写。

(10) 支持使能/关闭中断，以及插入中断向量的功能，并支持多个中断源复用一个中断向量。

7.1.2　SYS/BIOS 的下载与安装

CCS v7 支持用户在云中搜索与下载嵌入式开发的相关产品。用户可以通过 CCS 资源浏览器下载与安装 SYS/BIOS，执行 View→Resource Explorer 命令，在 Working Offline 中找到 SYS-BIOS 的下载图标，如图 7.1 所示。

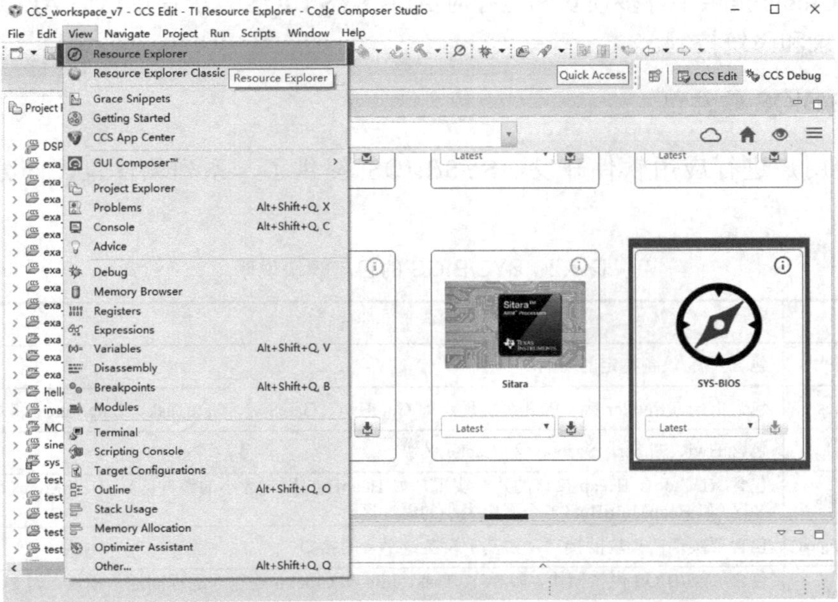

图 7.1　SYS/BIOS 的下载

用户也可以通过 Help→CCS App Center 命令在 CCS 的应用中心中找到独立的 SYS/BIOS 产品，该产品同样是免费的。

7.1.3　TI-RTOS 与 XDCtools 简介

TI-RTOS 是一个可扩展的、一站式的嵌入式工具系统。它以 SYS/BIOS 为内核(实时多任务内核)，可扩展为一个完整的 RTOS 解决方案，其中包括了许多附加中间组件和设备驱动程序(表 7.1)。它提供了一些预测试与预集成的基本系统软件，这些通用组件可以极大地简化用户应用程序的开发工作。

表 7.1　TI-RTOS 的组成

组成部分	名称
TI-RTOS Kernel	SYS/BIOS
TI-RTOS Instrumentation	UIA
TI-RTOS Networking	NDK
TI-RTOS File System	FatFS
TI-RTOS USB	USB stack
TI-RTOS Drivers and Board Initialization	Driver *Ware, TI-RTOS examples

XDCtools 提供了 TI-RTOS 及其组件(含 SYS/BIOS)所需的核心工具，是使用 SYS/BIOS 必不可少的工具。新版 CCS 在安装过程中会自动安装 XDCtools。但若用户将 TI-RTOS 或 SYS/BIOS 作为独立产品使用，则需要额外安装 XDCtools。

XDCtools 作为 SYS/BIOS 软件开发的重要工具，具有以下功能。

(1) XDCtools 提供了 SYS/BIOS 的模块支持，用于配置 SYS/BIOS 应用程序。

(2) XDCtools 提供了用于构建配置文件(*.cfg)的工具，该工具可以生成源代码文件，然后编译并链接到用户的应用程序。

(3) XDCtools 提供了许多模块和运行时 API，SYS/BIOS 可以使用这些 API 进行内存分配、日志记录和系统控制。

7.1.4　SYS/BIOS 软件包

为方便用户进行应用软件开发，SYS/BIOS 提供了一系列软件包，部分软件包见表 7.2。

表 7.2　SYS/BIOS 的包与模块说明

包	说明
ti.sysbios.family.*	包含目标/设备特定的功能
ti.sysbios.gates	包含 IGateProvider 接口的几个实现，如 GateHwi、GateSwi、GateTask、GateMutex 和 GateMutexPri
ti.sysbios.hal	包含 Hwi、Timer、Seconds 和 Cache 模块
ti.sysbios.heaps	包含 XDCtools IHeap 接口的几个实现，如 HeapBuf(固定大小的缓冲区)、HeapMem(可变大小的缓冲区)和 HeapMultiBuf(多个固定大小的缓冲区)
ti.sysbios.interfaces	包含要实现的模块的接口，如基于设备或平台的接口
ti.sysbios.knl	包含 SYS/BIOS 内核模块，如 Swi、Task、Idle 和 Clock；还包含进程间通信模块，如 Event、Mailbox 和 Semaphore
ti.sysbios.utils	包含负载模块，提供全局 CPU 负载以及线程特定的负载

每个 SYS/BIOS 软件包都提供了一个或多个模块，每个模块又提供了与该模块一起工作的应用程序接口。如果要使用某个模块，用户必须在代码中包含标准的 SYS/BIOS 头文件和该模块的头文件，如：

```
#include <xdc/std.h>                /* 初始化 XDCtools  */
#include <ti/sysbios/BIOS.h>        /* 初始化 SYS/BIOS  */
#include <ti/sysbios/knl/Task.h>    /* 初始化 Task 模块 */
```

一些模块支持创建实例对象，包括硬件中断(Hwi)、任务(Task)、软件中断(Swi)、信号量(Semaphore)、邮箱(Mailbox)、队列(Queue)、事件(Event)、时钟(Clock)、定时器(Timer)，以及各类的门(Gate)和堆(Heap)模块。例如，任务模块允许用户创建多个任务对象，每个任务对象对应着一个线程。

7.2　SYS/BIOS 工程的配置与构建

一个典型的 SYS/BIOS 应用程序的构建流程如图 7.2 所示。用户构建好工程并完成源代码编写后，首先由编译器(Compiler)将 C/C++源程序编译成对应 DSP 处理器的汇编语言程序，再由汇编器(Assembler)将汇编语言文件转化为机器语言的目标文件(*.obj)，最后链接器(Linker)根据链接命令文件(*.cmd)，将一个或多个 OBJ 文件链接起来，生成存储器映像文件(*.map)和可执行的输出文件(.out)。MAP 文件记录了 DSP 所用到的所有程序、数据和 IO 空间映射，OUT 文件可以由仿真器下载到 DSP 硬件平台运行。编译链接过程中还可能用到组件的库文件(*.lib)。

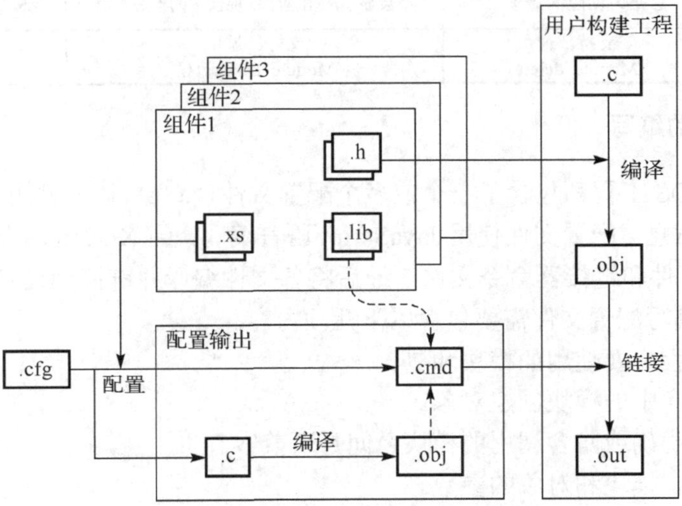

图 7.2　典型的 SYS/BIOS 应用程序构建流程

CMD 文件为链接器提供存储器配置等信息，在 SYS/BIOS 工程中 CMD 文件可以由配置文件(*.cfg)经 XDCtools 解析后生成，同时还可以生成相应的 C 源代码(*.c)和 C 头文件(*.h)。在 CMD 文件的生成过程中，需要调用 XS 文件(默认名为 package.xs)，它是一个自动生成的、不可修改的 C++语言文件，包含一个 function 类型的函数。

7.2.1　SYS/BIOS 实例对象创建方式

SYS/BIOS 支持三种创建实例对象的方式，三种创建方式的比较见表 7.3。

1) 动态 Module_create()

该方法在创建应用程序接口时需要一个堆来进行对象的动态内存分配。所有模块创建函数都需要将 Error_Block 结构传递给创建函数。

2) 动态 Module_construct()

该方法在创建应用程序接口时必须传递一个对象结构，而不是从堆中动态分配对象。这样可以避免动态的内存分配，从而减少代码占用的空间。大多数 Module_construct() 的应用程序接口不需要 Error_Block，这同样有助于减少代码占用空间。

3) 静态配置

该方法在应用程序的*.cfg 文件中创建对象。静态配置不需要堆，对象的结构会被添加到配置文件生成的源文件中。静态创建的对象不能在运行时被销毁。

表 7.3　三种 SYS/BIOS 创建实例对象方式的比较

配置方式	动态 Module_create()	动态 Module_construct()	静态配置
灵活性	高	高	低，不能动态创建或销毁对象
编程复杂度	低	较高，应用程序必须管理对象结构	低，通过*.cfg 文件来创建对象
内存分配	动态内存分配	旨在避免动态内存分配	旨在避免动态内存分配
代码占用空间	大	较小	最小
运行时对象视图(ROV)	总是为创建的对象工作	不会显示应用程序或堆栈中的构造对象	总是为配置的对象工作
对象销毁	支持，调用 Module_delete()	支持，调用 Module_destruct()	不支持

7.2.2　配置文件的编写

每个 SYS/BIOS 工程都包含了一个或多个配置文件(*.cfg)，该文件用于存放 SYS/BIOS 应用程序的配置信息。配置文件使用 JavaScript 语言编写，经 XDCtools 解析后生成相应的 C 源代码、C 头文件和链接器命令文件，最后将各文件编译并链接到最终应用程序中。

通常，我们编写配置文件需要包含以下几项内容。

(1)指定应用程序要使用的模块和包。

(2)为应用程序中的模块创建对象。

(3)验证所有明确或隐含调用的模块之间是否兼容。

(4)配置系统、模块和对象的参数。

CCS 提供了两种编写与修改配置文件的方式。

(1)使用 CCS 中的可视化配置工具(XGCONF)。

(2)直接使用文本编辑器，或在 XGCONF 编辑器的 cfg Script 选项卡中，编辑配置文本。

采用这两种方式所配置的内容是联动的，也就是说，如果用户通过 XGCONF 修改了应用程序的配置，在脚本程序中会立即体现出来，反之亦然。因此，两种方式掌握其一即可。由于 XGCONF 操作简单、易于理解，可以让开发者不受 JavaScript 语法规则及代码编写工作的约束，因此，本节重点介绍此工具的使用。但为了便于代码分享，其他工程示例所涉及的配置文件依然以脚本语言形式呈现。

XGCONF 是 CCS 自带的图形化配置编辑器，使用它可以查看当前配置情况以及浏览各种配置选项。由于模块和实例是在处理配置文件的过程中被激活的，因此，XGCONF 还具有查看内部操作效果以及检测冲突的功能。打开 XGCONF 编辑器的步骤如下。

(1)在 CCS Edit 界面下，找到 Project Explorer 中对应工程目录下的*.cfg 文件。

(2)*.cfg 文件的默认打开方式为文本编辑器，右击该文件名，选择 Open With→XGCONF 命令，即可在 XGCONF 编辑器中打开该配置文件。

XGCONF 编辑器包含三个窗格，即可用产品视图、属性视图和大纲视图。默认情况下，打开 XGCONF 后，界面中左下的 Available Products 即为可用产品视图，中间的为属性视图，右边的 Outline 为大纲视图，各视图所包含的内容如下。

(1)可用产品视图列出了可用于配置的软件包，以及已使用的和可添加的模块。

(2)大纲视图列出了可在*.cfg 文件中进行配置的模块和实例。该窗格提供了两种显示模式——用户配置树和配置结果树。

① 用户配置树：显示用户可执行的配置，对应于图标。该模式只显示*.cfg 文件中可直接引用的模块，以及*.cfg 文件中已创建实例的平面列表。使用此视图可以直接添加模块实例，也可直接关闭某个模块。各模块前均有一个蓝球或红球，蓝球表示该模块为目标模块，提供了在嵌入式目标上运行时可引用的代码或数据，红球则指示该模块只是元模块，它存在于配置中，但不存在于目标上。

② 配置结果树：显示用户配置的结果，对应于图标。该模式显示所有模块和实例的树型视图，对于没有被添加的模块，其对应的图标在列表中会被标记为锁定状态，如 Event。

(3) 属性视图显示所选模块或实例的属性设置，以供开发者进行修改。也可以在属性视图中单击 cfg Script 选项卡进入文本编辑模式修改脚本。

属性视图的起始界面为欢迎界面，在欢迎界面中单击 System Overview 链接，可以查看 SYS/BIOS 应用程序的模块框图，如图 7.3 所示，对于已经添加到配置文件中的模块，框图左下角将出现打钩标记。通过右击各个模块的框图，用户可以进行三项操作。

(1) 启动/关闭该模块。

(2) 通过“帮助”选项，查看模块的 C 函数大纲、详细描述及配置程序等内容。

(3) 部分模块可以执行新建命令，将一个对象实例添加到配置中。

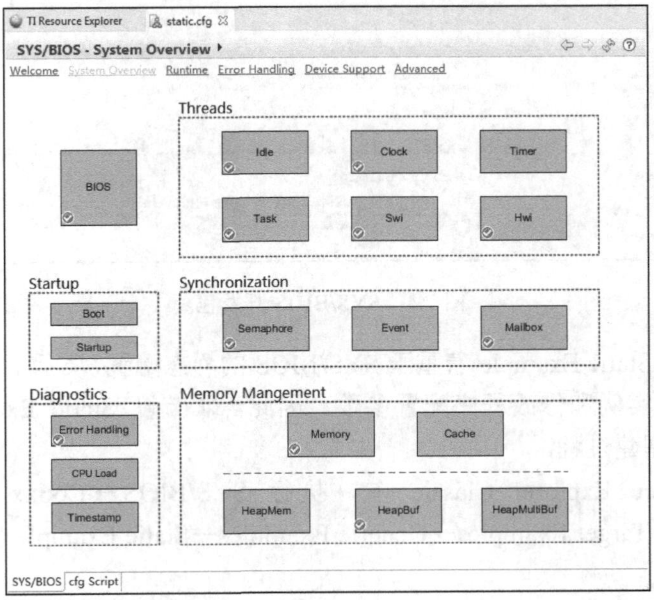

图 7.3　SYS/BIOS 模块总览

选择图 7.3 中的某一模块，如 Task，单击进入模块属性视图界面。在 Module 属性页下可以查看和修改模块的全局属性。单击 Instance 按钮可以查看实例的属性，还可以添加或删除实例，已创建的实例将显示在页面左侧的列表当中。当开发者进行属性更改操作时，CCS 将实时进行配置和验证工作，但更改的内容需要开发者手动进行保存。某些高级属性未显示在 Module 和 Instance 中，但可以在 Advanced 属性页中找到。Advanced 属性页提供了各个属性的列表，表格中的参数值可进行修改。对于许多模块，Advanced 属性页中还提供 Basic 和 xdc.runtime 两个选项卡，前者以表格形式显示与基本视图相同的属性，后者显示由模块继承的属性。

7.2.3　基于 CCS 资源浏览器的 SYS/BIOS 工程构建

在 3.2.1 节中，我们已经介绍了 SYS/BIOS 工程的一般创建方法，本节将介绍如何通过 CCS 资源浏览器创建 SYS/BIOS 工程。

完成 CCS SYS/BIOS 的安装后，可以在 CCS→View→Resource Explorer Classic 中找到 SYS/BIOS 的开发包，如图 7.4 所示。开发包包含了用户手册、通用的以及指定设备的示例工程使用向导。其中，TI 为 TMS320C6655 提供了 12 个典型的示例工程，这些工程不但有完整的使用步骤，而且将自动生成配置文件(*.cfg)，为开发入门提供了极大便利。

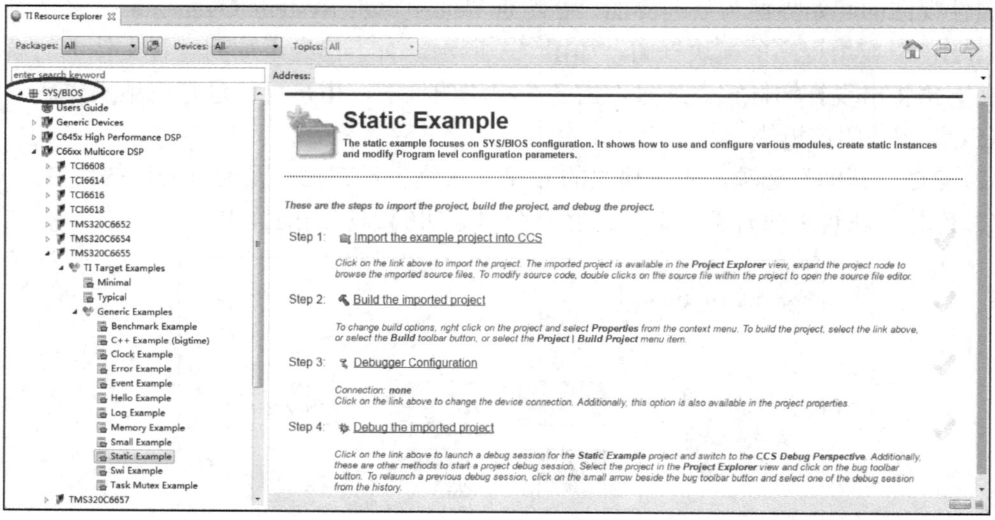

图 7.4　SYS/BIOS 开发包

示例工程中的 Static Example 着重于 SYS/BIOS 的静态配置，演示了如何使用和配置各种模块、创建静态实例和修改程序配置参数。因此，本节以 Static Example 为例，介绍 SYS/BIOS 工程的创建过程。

(1) 在 Resource Explorer Classic 中，执行 SYS/BIOS→C66xx Multicore DSP→TMS320C6655→TI Target Examples→Generic Examples→Static Example 命令，出现如图 7.4 所示的向导界面。

(2) 单击 Step 1 将工程导入 CCS。在向导界面里单击 Next 按钮，在弹出的对话框的 Platform 下拉菜单中选择 ti.platforms.evm6657，并单击 Finish 按钮完成配置。导入的工程将出现在“项目管理器”列表中，展开项目节点可浏览源文件，双击可打开源文件进行编辑。

(3) 若要更改构建选项，如编译器、链接器和 RTSC(XDCtools)，可以右击该项目，然后选择“属性”选项。完成修改后，单击 Step 2 构建项目。

(4) 单击 Step 3，选择与主板通信的仿真器类型，如 Texas Instruments XDC2xx USB Debug Probe。若要使用 Simulator，而非硬件连接，则需要创建*.ccxml 文件，在目标配置文件编辑器中更改仿真方式。

(5) 单击 Step 4 进入工程调试模式，切换到 CCS Debug 界面。

由 TI 资源浏览器导入的工程都添加了 SYS/BIOS 支持，并进行了合适的 SYS/BIOS 配置(存放在配置文件中)。由 XDCtools 组件实现的实时软件组件也称为 RTSC，若一个应用程序可以使用 SYS/BIOS，则也称该程序支持 RTSC。

7.3　SYS/BIOS 的线程模块

7.3.1　SYS/BIOS 的启动流程

SYS/BIOS 的启动在逻辑上分为两个阶段，一是 main() 函数调用之前发生的操作；二是 main() 函数调用之后执行的操作。用户可根据需要在两个启动过程的控制点插入用户自定义的启动功能。

main() 函数调用之前的启动操作完全由 XDCtools 运行库负责。XDCtools 执行的启动顺序如下。

(1) CPU 复位后，首先跳转到 c_int00 执行目标 CPU 的初始化操作。

(2) 运行用户提供的复位函数。通过调用 xdc.runtime.Reset 模块可获得复位模块的句柄 Reset，在 Reset.fxns[]数组可添加用户的复位函数。这些复位函数只会在程序运行之前被执行复位命令的平台所调用。

(3) 运行额外的针对目标 CPU 的初始化操作，完成 C 运行环境的初始化。

(4) 运行用户提供的"首个启动函数"。通过调用 xdc.runtime.Startup 模块可获得启动模块的句柄 Startup，在 Startup.firstFnxs[]中添加"首个启动函数"。

(5) 运行所有模块的初始化函数。

(6) 运行用户提供的"最后启动函数"，该函数由用户在 Start.lastFnxs[]中添加。

(7) 运行 pinit() 函数。

(8) 跳转到 main() 函数。

main() 函数调用之后的启动操作由 SYS/BIOS 控制，通过在 main 函数末尾显式地调用 BIOS_start() 函数启动。BIOS_start() 调用时，SYS/BIOS 执行的启动顺序如下。

(1) 启动函数。运行用户提供的启动函数(由 BISO.startupFxns 给出)。如果系统支持定时器，则所有静态创建的定时器都将使用静态配置进行初始化；如果定时器配置为"自动启动"，则在此时启动。

(2) 使能硬件中断。

(3) 使能软件中断。如果系统支持软件中断，SYS/BIOS 启动流程将在此处使能软件中断。

(4) 启动任务。如果系统支持任务，则在此时开始任务调度，如果系统中没有静态或动态创建的任务，则直接进入空闲循环。

7.3.2　线程与优先级

实时应用程序往往需要同时执行许多看似不相关的函数，例如，响应多种外部事件、接收各种可用数据或控制信号等。应用程序需要执行哪些函数？函数何时执行？这些都需要开发者进行合理的调配。

这些“同时执行”的函数称为线程。针对不同的系统，线程具有狭义和广义两种定义。在 SYS/BIOS 中，线程广义地定义为由处理器执行的任何独立的指令流，即线程是可以激活函数调用或中断服务程序的单一控制点。

SYS/BIOS 能够将应用程序组织为一个线程的集合，每个线程都执行模块化的功能。当多线程程序运行在单个处理器上时，高优先级线程可以抢占低优先级线程，并允许线程之间进行多种类型的交互，包括阻塞、通信和同步。以这种模块化方式组织的实时应用程序，比单一的集中式轮询循环更易于设计、实施和维护。

SYS/BIOS 支持多种不同优先级的线程，每种线程的执行和抢占具有不同的特性。按优先级从高到低排列，SYS/BIOS 包括以下几类线程。

(1) 硬件中断线程(Hwi)。

(2) 软件中断线程(Swi)。

(3) 任务线程(Task)。

(4) 后台线程(Idle)。

1) 硬件中断线程

硬件中断线程也称为 ISR，是 SYS/BIOS 应用程序中具有最高优先级的线程。硬件中断线程用于执行时间紧迫的任务，这些任务具有严格的时间限制。这类线程用于响应在实时环境中产生的外部事件(中断)。硬件中断线程总能运行到完成，但在运行过程中，有可能被其他中断触发的线程暂时抢占。

2) 软件中断线程

软件中断线程在硬件中断线程和任务线程之间提供了额外的优先级。与硬件中断触发不同，软件中断通过调用 Swi 模块的应用程序接口，并根据软件编程方式触发。软件中断也用于执行处理时间受限的线程，使它们不作为任务运行，但是，其时间限制并不像 ISR 那样严格。与硬件中断相同，软件中断也总能运行到完成。用户可以将硬件中断中较不重要的操作放置到较低优先级的软件中断中执行，从而最大限度地减少了 CPU 在 ISR 中花费的时间。它与任务线程的主要区别在于，软件中断只需要足够的空间来保存每个软件中断优先级的上下文信息，而每个任务线程使用单独的堆栈。

3) 任务线程

任务线程的优先级高于后台线程，但低于软件中断。它可以在执行期间进入阻塞状态，等待可用资源的到来。它需要为每个线程分别设立堆栈。SYS/BIOS 提供了许多可用于任务间通信和同步的机制，包括信号量、事件、消息队列和邮箱。

4) 后台线程

后台线程也称为空闲循环线程，在 SYS/BIOS 应用程序中具有最低的优先级。当没有任何正在运行的硬件中断、软件中断或任务线程时，应用程序才会进入空闲循环状态。开发者可以通过空闲管理器在空闲循环中添加代码，然后，空闲循环就会运行用户配置的空闲函数。它会调用与每个 Idle 对象相关的函数，然后以不断循环的方式运作。空闲线程都按照相同的优先级顺序运行，调用顺序与创建顺序相同。在下一个空闲函数开始运行之前，上一个函数必须运行完成。当最后一个空闲函数运行完成时，空闲循环会再次启动第一个空闲函数。空闲循环除了被更高优先级的线程抢占之外，其他时间都在不断运行。只有那些没有时间限制的函数，才会被放置在空闲循环中执行。

7.3.3　线程类型的选择

合理地选择线程类型，可以达到提高 DSP 资源利用率、优化应用程序的目的。当开发者编写应用程序时，为各类函数选择合适的线程类型是一项非常重要的工作，下面这些规则可以帮助开发者确定每个函数适合使用哪种类型的线程。

1) Swi 或 Task 对 Hwi

在硬件中断服务程序中仅执行最关键的处理。Hwi 一般用来处理截止时间在 5μs 之内的硬件中断，尤其是那些当截止时间不满足时会产生数据覆盖的硬件中断。Swi 和 Task 可用于处理具有更长截止时间的事件，如 100μs 或者更长时间。因此，Hwi 函数应将较低优先级的处理交给 Swi 或 Task 来执行。使用较低优先级的线程，可以最大限度地减少中断延迟，从而允许其他硬件中断的产生。

2) Swi 对 Task

如果函数具有相对简单的依赖关系和数据共享要求，则可以使用 Swi。如果要求比较复杂，则应使用 Task。虽然高优先级线程可以抢占低优先级线程，但只有 Task 可以等待另一个事件的发生，如等待数据就绪等。在使用共享数据时，Task 比 Swi 拥有更多的选择。当 Swi 被触发时要求 Swi 函数的所有输入都已经准备就绪，Swi 对象的触发结构提供了确定 Swi 运行所需资源何时就绪的方式。但 Swi 比 Task 的内存效率要高，因为它是在一个堆栈中运行的。

3) Idle

空闲线程用来执行非关键的事务性任务。空闲线程通常没有严格的截止时间要求，只会在系统没有使用处理器时(空闲时)运行。空闲线程均以相同的优先级顺序运行，当没有其他处理任务时，可以使用空闲线程来减少功耗。

4) Clock

如果某个外设驱动时钟节拍，而一个函数基于该外设的中断执行，则可使用 Clock 函数来实现。Clock 函数可以配置为周期性执行或只执行一次，并以 Swi 线程方式运行。所有 Clock 函数都以相同的 Swi 优先级运行，所以一个 Clock 函数不能抢占另一个 Clock 函数。但是，Clock 函数可以触发较低优先级的 Swi 线程以执行冗长的处理，这样可以保证在下一个系统节拍出现时 Clock 函数能抢占和再次触发低优先级的 Swi 线程。

5) Timer

Timer 在 Hwi 线程的上下文中运行，因此，它继承了相应定时器中断的优先级，并按程序设定的定时器周期触发。Timer 仅完成必不可少的最小操作，如果需要更多的处理时间，可以考虑触发一个 Swi 来完成这个工作，或释放一个信号量，以便稍后由 Task 处理这个任务，从而实现 CPU 时间的有效管理。

7.3.4　线程的抢占

通常情况下，SYS/BIOS 线程调度程序会首先运行已准备就绪的最高优先级线程(最大优先级编号的线程)，但也有以下几种特殊的情况。

(1) 正在运行的线程使用 Hwi_disable() 或 Hwi_disableInterrupt() 暂时禁用了部分或全部的硬件中断，从而阻止硬件中断服务程序的运行。

(2) 正在运行的线程使用 Swi_disable() 暂时禁用了软件中断，这可以阻止更高优先级的软件中断抢占当前的线程，但这并不妨碍硬件中断抢占当前线程。

(3) 正在运行的线程使用 Task_disable() 暂时禁用了任务调度，这可以防止更高优先级的任务抢占当前的任务，但这并不妨碍硬件中断和软件中断抢占当前的任务。

(4) 如果较低优先级任务与较高优先级任务共享一个选通资源(A Gating Resource)，并将资源状态更改为挂起，则较高优先级任务实际上将自身优先级设为与较低优先级任务相同，这称为优先级反转。

不论硬件中断还是软件中断，都可以与 SYS/BIOS 任务调度程序进行交互。若一个任务处于阻塞状态，往往是因为该任务所依赖的一个信号量不可得。该信号量可以通过硬件中断或软件中断来释放，也可以通过其他任务来释放。如果处于阻塞状态的任务的优先级高于当前正在运行的任务的优先级，那么当软、硬件中断线程释放信号量以取消该任务的阻塞状态时，处理器会在中断线程完成后立即切换到该任务。

对于软、硬件中断，SYS/BIOS 具有专用的系统中断堆栈，称为系统堆栈(有时也称 ISR 堆栈)，而每个任务则具有自己的私有堆栈。因此，如果系统中没有任务，所有线程共享相同的系统堆栈。出于性能考虑，可以将系统堆栈放置在宝贵的快速存储器中。默认的系统堆栈大小是 4096 字节，用户可以通过 XGCONF 中的 BIOS→Runtime→Runtime Memory Options→System (Hwi and Swi) stack size 来查看和修改，也可以通过配置脚本中的以下代码来设置系统堆栈大小：

```
Program.stack = yourStackSize;
```

表 7.4 显示了当一种类型的线程正在运行时(表中“正在运行的线程”)，如果另一个线程准备运行(表中“新发布的线程”)，系统会如何裁决。

表 7.4　线程的抢占

新发布的线程	正在运行的线程			
	硬件中断	软件中断	任务	空闲线程
使能的硬件中断	抢占	抢占	抢占	抢占
未使能的硬件中断	等待使能	等待使能	等待使能	等待使能
高优先级软件中断	等待	抢占	抢占	抢占
低优先级软件中断	等待	等待	抢占	抢占
高优先级任务	等待	等待	抢占	抢占
低优先级任务	等待	等待	等待	抢占

该表格默认相关的线程类型已启动，否则在重新启用该线程类型之前，它是不可能运行的。

7.3.5　钩子及钩子函数

在硬件中断、软件中断和任务线程的生命周期中，用户可在一些点插入用户程序，以实现测试、监视或统计收集的目的。这些代码点称为钩子(Hook)，为钩子提供的用户函数称为钩子函数(Hook function)。

表 7.5 列出了三种线程类型所支持的钩子函数。

表 7.5　三种线程类型的钩子函数

线程类型	钩子函数
硬件中断	Register、Create、Begin、End、Delete
软件中断	Register、Create、Ready、Begin、End、Delete
任务线程	Register、Create、Ready、Switch、Exit、Delete

钩子在声明时通常包含一组钩子函数，称为“钩组”。开发者只需定义应用所需的钩子函数而无须定义钩组的所有钩子函数。钩子函数只能被静态声明(在配置脚本中声明)，从而使得调用过程更为高效，并且未声明的钩子函数也不会造成运行时的额外开销。

除 Register 钩子函数外，其他钩子函数都会将其所属的线程对象作为函数的一个输入参数(如 Hwi 对象、Swi 对象或 Task 对象)。

开发者可以根据需要为应用程序定义多个钩组。当应用程序中定义了多个钩组时，每个钩组中的钩子函数根据钩子 ID 的顺序来调用。这个钩子 ID 相当于一个索引，它是 Register 钩子函数的一个参数，表示钩子函数的调用顺序。

每组钩子函数都有一个唯一的钩子上下文指针(Hook Context Pointer)，该通用目的指针可用来保存相应钩组的特定信息，如果应用程序需要更多的空间，也可以用它来指向 Create 钩子函数所分配的内存块。钩子函数可以通过相应线程类型的应用程序接口(Hwi_getHookContext()、Swi_getHookContext()或 Task_getHookContext())来获取其上下文指针的值。SYS/BIOS 还提供了用于初始化上下文指针的应用程序接口，即 Hwi_setHookContext()、Swi_setHookContext()和 Task_setHookContext()，它们都以钩子 ID 作为参数。

与 Task 线程、Hwi 线程的定义一样，钩组也在配置文件中定义。一旦用户定义了钩组，则编译系统会自动在相应的位置插入钩子，并在程序运行时进行调用。图 7.5 以硬件中断为例，给出了钩子函数的调用流程。系统在完成最初的初始化后，首先调用已声明钩子的注册函数 Register，然后调用 Create 创建对应的钩组，如果在配置文件中定义了多个钩组，则根据钩组在配置文件中的定义顺序依次调用各钩组的 Register 和 Create。然后系统进入 main 函数开始运行，在完成 BIOS_Start()函数后，系统进入 Task 线程运行。在 Task 运行过程中，一旦系统检测到使能的硬件中断，则首先调用钩组的 Begin 函数，然后执行对应中断的 ISR，并在中断返回时调用钩组的 End 函数。当 Task 线程结束时，系统进入 Idle 线程运行。

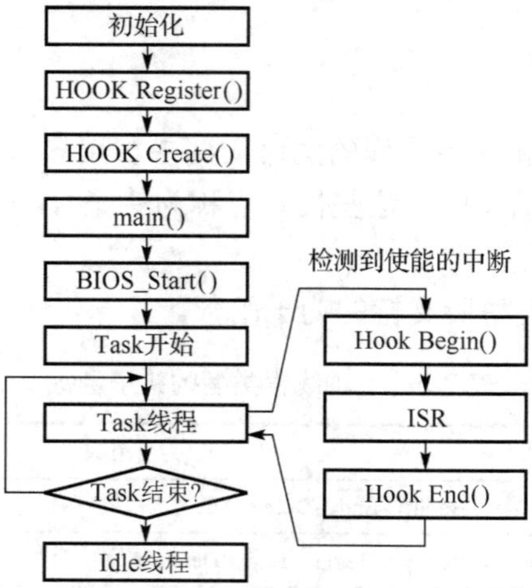

图 7.5　钩子函数调用流程

三种线程模块支持的钩子函数包括以下几种。

(1) Register：该函数在所有静态创建的线程对象(Hwi、Swi 和 Task)之前调用，在运行时初始化。该函数在引导过程中、在 main()函数和中断使能之前调用。

(2) Create：在对应的线程对象创建时调用，这个对象可以是静态创建的，也可以使用 Hwi_create()、Swi_create()和 Task_create()或 Task_construct()动态创建。

(3) Ready：仅针对 Swi 和 Task 线程，在线程准备运行时调用。

(4) Begin：仅针对 Hwi 和 Swi，在运行 ISR 之前调用。

(5) End：仅针对 Hwi 和 Swi，在 ISR 执行完成之后调用。

(6) Switch：仅针对 Task 线程，在任务线程准备切换前调用。

(7) Exit：仅针对 Task 线程，当任务线程调用 Task_exit()准备退出线程时，或执行到任务线程底部时调用。

(8) Delete：在应用程序使用 Hwi_delete()、Swi_delete()或 Task_delete()删除线程对象时调用。

SYS/BIOS 使用 HookSet 结构类型定义来封装各类线程的钩子函数：

```
/* Hwi 钩子函数  */
typedef struct Hwi_HookSet {
    void (*registerFxn)(Int);                    /* Register Hook */
    void (*createFxn)(Handle, Error_Block *);    /* Create Hook */
    void (*beginFxn)(Handle);                    /* Begin Hook */
    void (*endFxn)(Handle);                      /* End Hook */
    void (*deleteFxn)(Handle);                   /* Delete Hook */
};
/* Swi 钩子函数 */
typedef struct Swi_HookSet {
    void (*registerFxn)(Int);                    /* Register Hook */
    void (*createFxn)(Handle, Error_Block *);    /* Create Hook */
    void (*readyFxn)(Handle);                    /* Ready Hook */
```

```
    void (*beginFxn)(Handle);                    /* Begin Hook */
    void (*endFxn)(Handle);                      /* End Hook */
    void (*deleteFxn)(Handle);                   /* Delete Hook */
};
/* Task 钩子函数 */
typedef struct Task_HookSet {
    void (*registerFxn)(Int);                    /* Register Hook */
    void (*createFxn)(Handle, Error_Block *);    /* Create Hook */
    void (*readyFxn)(Handle);                    /* Ready Hook */
    void (*switchFxn)(Handle, Handle);           /* Switch Hook */
    void (*exitFxn)(Handle);                     /* Exit Hook */
    void (*deleteFxn)(Handle);                   /* Delete Hook */
};
```

各类钩子函数的语法如下。

(1) void (*registerFxn) (Int)：Register 函数。该函数的输入参数即为钩子 ID，用户可保存该钩子 ID，其后的 XXX_setHookContext() 和 XXX_getHookContext() (这里的 XXX 表示 Hwi、Swi 或 Task) 可以使用该钩子 ID 来设置或获取钩子的上下文指针。

(2) void (*createFxn) (Handle, Error_Block *)：Create 函数。在应用程序创建线程对象时调用 Create 函数。Create 函数的第一个参数为所属线程对象的句柄。Create 函数将 Error_Block 模块传递给 Memory_alloc()，为需要额外上下文存储空间的应用程序提供内存分配功能。

(3) void (*readyFxn) (Handle)：Ready 函数。在对应线程准备好运行时调用 Ready 函数，Ready 函数的参数为所属线程对象的句柄。

(4) void (*beginFxn) (Handle)：Begin 函数。在跳转至 ISR 之前调用 Begin 函数，Begin 函数的参数为所属线程对象的句柄。

(5) void (*endFxn) (Handle)：End 函数。在 ISR 返回后立即调用 End 函数，End 函数的参数为所属线程对象的句柄。

(6) void (*switchFxn) (Handle, Handle)：Switch 函数。在切换至新任务线程前调用 Switch 函数，Switch 函数的第一个参数为之前线程对象的句柄，第二个参数为下一个线程对象的句柄。

(7) void (*exitFxn) (Handle)：Exit 函数。在任务线程退出时调用 Exit 函数，Exit 函数的参数为所属线程对象的句柄。

(8) void (*deleteFxn) (Handle)：Delete 函数。在应用程序删除线程对象时调用 Delete 函数。

7.3.6　线程创建与钩子函数应用示例

本节以一个定时器中断及相应的硬件中断钩子为例介绍线程的创建及钩子函数的使用。示例中包含一个定时器硬件中断及对应的中断服务程序(硬件中断线程)、一个任务线程和一个后台线程，例子的配置文件给出了各类线程的创建方式。同时示例还包括两个 Hwi 钩组，与静态创建的定时器相关联的 Hwi 来执行 Hwi 钩子函数，例子中演示了如何读写与每个钩组相关的钩子上下文指针。

```
#include <xdc/std.h>
#include <xdc/runtime/Error.h>
#include <xdc/runtime/System.h>
#include <xdc/runtime/Timestamp.h>
#include <ti/sysbios/BIOS.h>
#include <ti/sysbios/knl/Task.h>
#include <ti/sysbios/hal/Timer.h>
#include <ti/sysbios/hal/Hwi.h>

extern Timer_Handle myTimer;
volatile Bool myEnd2Flag = FALSE;

Int myHookSetId1, myHookSetId2;
Error_Block eb;

/*              钩组 1 的函数            */
/* ======== myRegister1 ========
 * 在硬件中断模块启动期间调用，要早于 main()
 * 用于标记各钩组 */
Void myRegister1(Int hookSetId){
    System_printf("myRegister1: assigned hookSet Id = %d\n", hookSetId);
    myHookSetId1 = hookSetId;
}

/* ======== myCreate1 ========
 * 在硬件中断模块启动期间调用，要早于 main()
 * 用于静态创建的硬件中断 */
Void myCreate1(Hwi_Handle hwi, Error_Block *eb){
    Ptr pEnv;
    pEnv = Hwi_getHookContext(hwi, myHookSetId1);
/* 此时 pEnv 的值应当为 0，否则表示应用程序执行出错 */
    System_printf("myCreate1: pEnv = 0x%x, time = %d\n", pEnv, Timestamp_
    get32());
    Hwi_setHookContext(hwi, myHookSetId1, (Ptr)0xdead1);
}

/* ======== myBegin1 ========
 * 在定时器中断函数之前调用 */
Void myBegin1(Hwi_Handle hwi){
    Ptr pEnv;
    pEnv = Hwi_getHookContext(hwi, myHookSetId1);
    System_printf("myBegin1: pEnv = 0x%x, time = %d\n", pEnv, Timestamp_
```

```
    get32());
    Hwi_setHookContext(hwi, myHookSetId1, (Ptr)0xbeef1);
}

/* ======== myEnd1 ========
 * 在定时器中断函数之后调用 */
Void myEnd1(Hwi_Handle hwi){
Ptr pEnv;
pEnv = Hwi_getHookContext(hwi, myHookSetId1);
    System_printf("myEnd1: pEnv = 0x%x, time = %d\n", pEnv, Timestamp_
    get32());
    Hwi_setHookContext(hwi, myHookSetId1, (Ptr)0xc0de1);
}

/*            钩组 2 的函数            */
/* ======== myRegister2 ========    */
Void myRegister2(Int hookSetId){
    System_printf("myRegister2: assigned hookSet Id = %d\n", hookSetId);
    myHookSetId2 = hookSetId;
}

/* ======== myCreate2 ======== */
Void myCreate2(Hwi_Handle hwi, Error_Block *eb){
    Ptr pEnv;
    pEnv = Hwi_getHookContext(hwi, myHookSetId2);
    System_printf("myCreate2: pEnv = 0x%x, time = %d\n", pEnv, Timestamp_
    get32());
    Hwi_setHookContext(hwi, myHookSetId2, (Ptr)0xdead2);
}

/* ======== myBegin2 ========   */
Void myBegin2(Hwi_Handle hwi){
    Ptr pEnv;
    pEnv = Hwi_getHookContext(hwi, myHookSetId2);
    System_printf("myBegin2: pEnv = 0x%x, time = %d\n", pEnv, Timestamp_
    get32());
    Hwi_setHookContext(hwi, myHookSetId2, (Ptr)0xbeef2);
}

/* ======== myEnd2 ========*/
Void myEnd2(Hwi_Handle hwi){
    Ptr pEnv;
    pEnv = Hwi_getHookContext(hwi, myHookSetId2);
```

```
    System_printf("myEnd2: pEnv = 0x%x, time = %d\n", pEnv, Timestamp_
    get32());
    Hwi_setHookContext(hwi, myHookSetId2, (Ptr)0xc0de2);
    myEnd2Flag = TRUE;
}

/* ======== myTimerFunc， 定时器中断服务程序======== */
Void myTimerFunc(UArg arg){
    System_printf("Entering myTimerHwi\n");
}

/* ======== myTaskFunc， 任务线程======== */
Void myTaskFunc(UArg arg0, UArg arg1){
    System_printf("Entering myTask.\n");
    Timer_start(myTimer);
    /* 等待定时器中断以及 myEnd2 函数的完成 */
    while (!myEnd2Flag) {}
    System_printf("myTask exiting ...\n");
}

/* ======== myIdleFunc， 后台线程======== */
Void myIdleFunc(){
    System_printf("Entering myIdleFunc().\n");
    System_exit(0);
}

/* ======== main ======== */
Int main(Int argc, Char* argv[]){
    System_printf("Starting HwiHookExample...\n");
    BIOS_start();
    return (0);
}
```

配置文件(*.cfg)的内容如下：

```
/* 添加时间戳，以在钩函数中打印时间 */
xdc.useModule('xdc.runtime.Timestamp');
/* 禁用时钟，使得 Timer 成为唯一分配了的计时器 */
var BIOS = xdc.useModule('ti.sysbios.BIOS');
BIOS.clockEnabled = false;
/* 创建后台线程 myIdleFunc */
var Idle = xdc.useModule('ti.sysbios.knl.Idle');
Idle.addFunc('&myIdleFunc');
```

```
/* 使用默认的任务参数创建任务线程 myTask */
var Task = xdc.useModule('ti.sysbios.knl.Task');
var taskParams = new Task.Params();
Program.global.myTask = Task.create('&myTaskFunc', taskParams);
/* 创建定时器中断 myTimer 并关联 Hwi 的中断服务程序 myTimerFunc */
var Timer = xdc.useModule('ti.sysbios.hal.Timer');
var timerParams = new Timer.Params();
timerParams.startMode = Timer.StartMode_USER;
timerParams.runMode = Timer.RunMode_ONESHOT;
timerParams.period = 1000; // 1ms
Program.global.myTimer = Timer.create(Timer.ANY, "&myTimerFunc", timerParams);
/* 添加 2 个钩组，本例没有使用 deleteFxn */
var Hwi = xdc.useModule('ti.sysbios.hal.Hwi');
/* 钩组 1 */
Hwi.addHookSet({
    registerFxn: '&myRegister1',
    createFxn: '&myCreate1',
    beginFxn: '&myBegin1',
    endFxn: '&myEnd1',
});
/* 钩组 2 */
Hwi.addHookSet({
    registerFxn: '&myRegister2',
    createFxn: '&myCreate2',
    beginFxn: '&myBegin2',
    endFxn: '&myEnd2',
});
```

该例子程序的输出结果如下：

```
myRegister1: assigned hookset Id = 0
myRegister2: assigned hookset Id = 1
myCreate1: pEnv = 0x0, time = 0
myCreate2: pEnf = 0x0, time = 0
Starting HwiHookExample …
Entering myTask.
myBegin1: pEnv = 0xdead1, time = 75415
myBegin2: pEnv = 0xdead2, time = 75834
Entering myTimerHwi
myEnd1: pEnv = 0xbeef1, time = 76427
myEnd2: pEnv = 0xbeef2, time = 76830
myTask exiting …
Entering myIdleFunc().
```

7.4 SYS/BIOS 的线程间同步

SYS/BIOS 的同步模块提供了 5 种机制实现共享资源在不同线程间的同步访问，分别为信号量、事件、门、邮箱和队列。门主要用来防止不同线程对一些关键代码段的并发访问，其工作原理类似于 C++语言中的互斥量。邮箱可用来实现缓冲区在线程间的传递。本节主要介绍信号量、事件和队列的使用，门和邮箱的使用可参考 SYS/BIOS 的相关文档。

7.4.1 信号量

信号量通常用于协调一组竞争任务对共享资源的访问。针对基于信号量的任务间同步和通信机制，SYS/BIOS 的 Semaphore 模块提供了一组基本函数，通过访问 Semaphore_Handle 类型的句柄可以对信号量对象进行操作。

信号量对象可以被声明为计数型或二进制型，也可以被声明为简单型(遵循先入先出准则，即 FIFO)或优先级感知型。其中，计数和二进制信号量使用相同的应用程序接口。这些信号量都可以用于任务间的同步和互斥。

默认情况下，信号量被定义为简单的计数型。计数信号量会对相应资源的可用数量进行内部计数。当计数值大于 0 时，任务在获取信号量时不会被阻塞。信号量的最大计数值由该信号量需要协调的任务数量决定。要将信号量配置成计数型，则可以这样设置模式参数：

```
semParams.mode = Semaphore_Mode_COUNTING;
```

二进制信号量只有可获取和不可获取两种状态，即 0 和 1，因此，往往用它来协调两个任务对共享资源的访问。二进制信号量比计数信号量的性能更好。要将信号量配置成二进制型，则可以这样设置模式参数：

```
semParams.mode = Semaphore_Mode_BINARY;
```

默认情况下，任务按先入先出顺序等待计数型或二进制信号量，而不考虑任务的优先级。如有需要，用户可以创建具有优先级的信号量，将高优先级的任务插入等待队列的前端。此时，优先级相同的任务依然按照先入先出的顺序执行，而高优先级任务则被放在低优先级任务之前。要设置带有优先级的计数型或二进制信号量，则可以这样设置模式参数：

```
semParams.mode = Semaphore_Mode_COUNTING_PRIORITY;
semParams.mode = Semaphore_Mode_BINARY_PRIORITY;
```

需要注意的是，使用带优先级的信号量会增加系统的中断延迟。因为任务队列需要等待信号量扫描合适的插入位置，每个任务一般需要十几条指令，在这个过程中中断是禁用的。

用户可以静态创建信号量对象，也可以用函数 Semaphore_create() 和 Semaphore_delete()创建和删除信号量对象，它们的函数原型如下：

```
Semaphore_Handle Semaphore_create(
    Int                 count,
    Semaphore_Params    *attrs
    Error_Block         *eb);
```

```
Void Semaphore_delete(Semaphore_Handle *sem);
```

计数信号量会在创建时设置计数值(count)，通常计数值设置为信号量正在同步的资源数量。

任务使用 Semaphore_pend()来获取信号量，如果信号量计数值大于 0，Semaphore_pend()就递减信号计数值并返回，否则 Semaphore_pend()将等待 Semaphore_post()释放信号量。Semaphore_pend()可以使用超时参数(timeout)来指定任务的等待时间，该超时参数也可以设置为无限等待(BIOS_WAIT_FOREVER)或不等待(BIOS_NO_WAIT)。Semaphore_pend()的返回值表示信号量是否被成功获取。Semaphore_pend()的函数原型如下：

```
Bool Semaphore_pend(
    Semaphore_Handle    sem,
    UInt                timeout);
```

Semaphore_post()用于释放信号量。如果有任务正在等待信号量，则 Semaphore_post()将信号量队列中的第一个任务删除，并将其置于就绪队列中；如果没有任务在等待信号量，Semaphore_post()就递增信号量计数值并返回。Semaphore_post()的函数原型如下：

```
Void Semaphore_post(Semaphore_Handle sem);
```

下面的示例程序创建了 3 个写任务线程，这些任务各自创建消息，并将消息放置在 1 个列表中。同时，示例程序创建了 1 个读任务线程，从消息列表中读取消息并显示。当写任务将新的消息写入队列时，会调用 Semaphore_post()来通知读任务。读任务调用 Semaphore_pend()来等待消息，Semaphore_pend()仅在列表中有消息时才返回。最后，读任务使用 System_printf()函数来打印消息。

```
#include <xdc/std.h>
#include <xdc/runtime/Memory.h>
#include <xdc/runtime/System.h>
#include <xdc/runtime/Error.h>
#include <ti/sysbios/BIOS.h>
#include <ti/sysbios/knl/Semaphore.h>
#include <ti/sysbios/knl/Task.h>
#include <ti/sysbios/knl/Queue.h>
#define NUMMSGS 3                /* 定义消息的数量 */
#define NUMWRITERS 3             /* 定义创建的写任务数量 */

typedef struct MsgObj {
    Queue_Elem elem;             /* 队列的第一个字段 */
    Int id;                      /* 写任务的 id */
    Char val;                    /* 消息的值 */
} MsgObj, *Msg;
Void reader();
Void writer();
```

```
/* 声明静态创建的对象 */
extern Semaphore_Handle sem;
extern Queue_Handle msgQueue;
extern Queue_Handle freeQueue;

/* ======== main ======== */
Int main(Int argc, Char* argv[]){
    Int i;
    MsgObj *msg;
    Error_Block eb;
    Error_init(&eb);
    msg= (MsgObj *) Memory_alloc(NULL, NUMMSGS * sizeof(MsgObj), 0, &eb);
    if (msg == NULL){
        System_abort("Memory allocation failed");
    }
    /* 将所有消息放到空闲队列中 */
    for (i = 0; i < NUMMSGS; msg++, i++) {
        Queue_put(freeQueue, (Queue_Elem *) msg);
    }
    BIOS_start();
    return(0);
}

/* ======== reader ======== */
Void reader(){
    Msg msg;
    Int i;
    for (i = 0; i < NUMMSGS * NUMWRITERS; i++) {
        /* 等待 writer()发布信号量 */
        Semaphore_pend(sem, BIOS_WAIT_FOREVER);
        /* 获取消息 */
        msg = Queue_get(msgQueue);
        /* 打印消息值 */
        System_printf("read '%c' from (%d).\n", msg->val, msg->id);
        /* 将消息放到队列中 */
        Queue_put(freeQueue, (Queue_Elem *) msg);
    }
    System_printf("reader done.\n");
}

/* ======== writer ======== */
Void writer(Int id){
```

```
    Msg msg;
    Int i;
    for (i = 0; i < NUMMSGS; i++){
        /* 从空闲列表中获取消息，由于读函数优先级更高，而且仅此一个，因此空闲
        列表永远不会空 */
        msg = Queue_get(freeQueue);
        /* 填入消息值 */
        msg->id = id;
        msg->val = (i & 0xf) + 'a';
        System_printf("(%d) writing '%c' ...\n", id, msg->val);
        /* 将消息放到队列中 */
        Queue_put(msgQueue, (Queue_Elem *) msg);
        /* 发布信号量 */
        Semaphore_post(sem);
        }
        System_printf("writer (%d) done.\n", id);
}
```

配置文件(*.cfg)静态创建了 3 个写任务、1 个读任务、1 个信号量和 1 个队列。

```
var Defaults = xdc.useModule('xdc.runtime.Defaults');
var Diags = xdc.useModule('xdc.runtime.Diags');
var Error = xdc.useModule('xdc.runtime.Error');
var Log = xdc.useModule('xdc.runtime.Log');
var LoggerBuf = xdc.useModule('xdc.runtime.LoggerBuf');
var Main = xdc.useModule('xdc.runtime.Main');
var Memory = xdc.useModule('xdc.runtime.Memory')
var SysMin = xdc.useModule('xdc.runtime.SysMin');
var System = xdc.useModule('xdc.runtime.System');
var Text = xdc.useModule('xdc.runtime.Text');
var BIOS = xdc.useModule('ti.sysbios.BIOS');
var Clock = xdc.useModule('ti.sysbios.knl.Clock');
var Task = xdc.useModule('ti.sysbios.knl.Task');
var Semaphore = xdc.useModule('ti.sysbios.knl.Semaphore');
var Hwi = xdc.useModule('ti.sysbios.hal.Hwi');
var HeapMem = xdc.useModule('ti.sysbios.heaps.HeapMem');

/* 设置堆的大小和栈的大小 */
BIOS.heapSize = 0x2000;
Program.stack = 0x1000;
SysMin.bufSize = 0x400;
/* 设置库的类型 */
```

```
BIOS.libType = BIOS.LibType_Custom;
/* 设置系统日志 */
var loggerBufParams = new LoggerBuf.Params();
loggerBufParams.numEntries = 32;
var logger0 = LoggerBuf.create(loggerBufParams);
Defaults.common$.logger = logger0;
Main.common$.diags_INFO = Diags.ALWAYS_ON;

/* 使用信号量和任务模块并设置全局属性 */
var Semaphore = xdc.useModule('ti.sysbios.knl.Semaphore');
Program.global.sem = Semaphore.create(0);
var Task = xdc.useModule('ti.sysbios.knl.Task');
Task.idleTaskVitalTaskFlag = false;

/* 静态配置读、写任务 */
var reader = Task.create('&reader');
reader.priority = 5;
var writer0 = Task.create('&writer');
writer0.priority = 3;
writer0.arg0 = 0;
var writer1 = Task.create('&writer');
writer1.priority = 3;
writer1.arg0 = 1;
var writer2 = Task.create('&writer');
writer2.priority = 3;
writer2.arg0 = 2;

/* 使用队列模块并静态创建两个实例 */
var Queue = xdc.useModule('ti.sysbios.knl.Queue');
Program.global.msgQueue = Queue.create();
Program.global.freeQueue = Queue.create();
```

7.4.2 事件

事件是一种在线程间进行同步和通信的手段。它与信号量类似，都使用 pend 和 post 来获取和释放事件对象，不同点在于，用户可以对等待线程进行设置，使其只在获取多个事件对象后才可以继续执行。具体地说，在调用 Event_pend()时，指定要等待哪些事件；在调用 Event_post()时，指定要发布哪些事件。

一个 Event 实例最多可以管理 32 个事件，每个事件使用事件 ID 进行标记。事件 ID 是与 Event 对象所管理的某个事件所对应的位掩码。事件的工作方式与二进制信号量相似。

Event_pend()的调用需要 andMask 和 orMask 参数。andMask 由必须发生的所有事件的

ID 所组成，而 orMask 由只需一个事件发生的事件集的 ID 组成。与信号量相同的是，Event_pend()的调用可以设置超时值，如果调用超时则返回 0。如果 Event_pend()调用成功，它将返回已发生事件的 ID，然后由任务来处理这些事件。Hwi、Swi 和 Task 线程都可以调用 Event_post()，但只有 Task 线程可以调用 Event_pend()。Event_pend()和 Event_post()的函数原型如下：

```
UInt Event_pend(
    Event_Handle    event,
    UInt            andMask,
    UInt            orMask,
    UInt            timeout);

Void Event_post(
    Event_Handle    event,
    UInt            eventIds);
```

下面给出了几个具体的应用示例。

(1) 该示例给出了如何在配置文件中静态地创建一个事件，该事件对象有一个名为 myEvent 的 Event_Handle。

```
var Event = xdc.useModule("ti.sysbios.knl.Event");
Program.global.myEvent = Event.create();
```

(2) 该示例使用 Event_create()动态创建一个名为“myEvent”的 Event_Handle。

```
Event_Handle myEvent;
Error_Block eb;
Error_init(&eb);
/* 使用默认的实例配置参数 */
myEvent = Event_create(NULL, &eb);
if (myEvent == NULL) {
    System_abort("Event create failed");
}
```

(3) 该示例只在事件 0 和事件 6 发生时才唤醒任务，它将 andMask 设置为同时启用 Event_Id_00 和 Event_Id_06，将 orMask 设置为 Event_Id_NONE。

```
Event_pend(myEvent, (Event_Id_00 + Event_Id_06), Event_Id_NONE, BIOS_
WAIT_FOREVER);
```

(4) 该示例调用 Event_post()来指示发生了哪些事件，eventMask 包含了正在发布的事件 ID。

```
Event_post(myEvent, Event_Id_00);
```

(5) 该示例给出了如何使用单个任务来对 3 个中断服务程序进行后台处理。

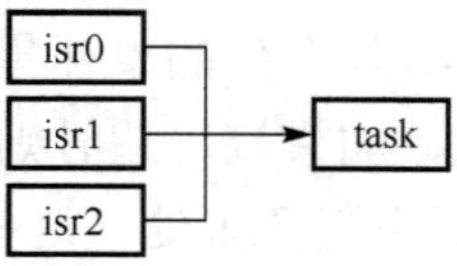


```
Event_Handle myEvent;
main(){
    ...
    /* 创建一个事件对象 */
    myEvent = Event_create(NULL, &eb);
    if (myEvent == NULL) {
    System_abort("Event create failed");
    }
}
isr0(){
    ...
    /* 发布所发生的事件(isr0 所对应的中断发生) */
    Event_post(myEvent, Event_Id_00);
    ...
}
isr1(){
    ...
    Event_post(myEvent, Event_Id_01);
    ...
}
isr2(){
    ...
    Event_post(myEvent, Event_Id_02);
    ...
}
task(){
    UInt events;
    while (TRUE) {
        /* 等待任何一个事件的发生，即 isr0、isr1 和 isr2 任意一个发生则 Event_
            pend 函数返回 */
        events = Event_pend(myEvent, Event_Id_NONE,
                            Event_Id_00 + Event_Id_01 + Event_Id_02,
                            BIOS_WAIT_FOREVER);
        /* 处理所有产生的事件 */
        if (events & Event_Id_00) {
            processISR0();
        }
        if (events & Event_Id_01) {
            processISR1();
        }
```

```
            if (events & Event_Id_02) {
                processISR2();
            }
        }
    }
```

7.4.3 队列

队列的操作类似于一个双向链接的列表(双向链表)，可以从列表中的任何位置插入或删除元素，因此队列无最大长度的限制。ti.sysbios.knl.Queue 模块提供了队列需要使用的函数。

队列遵循 FIFO 操作，即先入先出准则。添加到队列中的结构体，其第一个字段必须是 Queue_Elem 类型。队列具有一个“队列头”，它在列表的最前面。使用 Queue_enqueue()可以将元素添加到列表后方，使用 Queue_dequeue()可以删除并返回列表头部的元素。

下面的示例演示了如何使用 Queue_enqueue()和 Queue_dequeue()进行基本的队列操作。该示例还使用了 Queue_empty()函数，当队列中没有元素时，该函数返回 true。

```
/* 定义队列元素的结构。注意：第一个字段必须是 Queue_Elem 型，才能添加到队列中 */
typedef struct Rec {
    Queue_Elem  elem;
    Int         data;
} Rec;
/* 定义队列句柄 */
Queue_Handle myQ;
Rec r1, r2;
Rec* rp;
r1.data = 100;
r2.data = 200;
/* 创建一个队列，参数和错误模块均设置为空 */
myQ = Queue_create(NULL, NULL);
/* 将 r1 和 r2 添加到 myQ 的尾部 */
Queue_enqueue(myQ, &(r1.elem));
Queue_enqueue(myQ, &(r2.elem));
/* 执行 Queue_dequeue 并打印数据 */
while (!Queue_empty(myQ)) {
    /* 从(Queue_Elem *)到(Rec *)类型的隐式转换 */
    rp = Queue_dequeue(myQ);
    System_printf("rec: %d\n", rp->data);
}
```

SYS/BIOS 的 Queue 模块还提供了用于循环队列的应用程序接口。使用 Queue_head()可以获取队列头部的元素，使用 Queue_next()和 Queue_prev()分别可以获取队列中的下一个元素和前一个元素。

下面的示例演示了一种遍历队列的方法。该示例中，myQ 是 Queue_Handle 类型的。

```
Queue_Elem *elem;
for (elem = Queue_head(myQ); elem != (Queue_Elem *)myQ; elem = Queue_next(elem)){
    ...
}
```

若想从队列中间的某个位置插入或删除元素，则要用到 Queue_insert()和 Queue_remove()。Queue_insert()可以在指定元素的前面插入一个元素，而 Queue_remove()可以从队列中删除指定的元素。注意，Queue 模块不提供以索引方式插入或删除队列中元素的函数。

下面的示例演示了 Queue_insert()和 Queue_remove()的用法。

```
Queue_enqueue(myQ, &(r1.elem));
/* 将 r2 放到队列中的 r1 前 */
Queue_insert(&(r1.elem), &(r2.elem));
/* 从队列中删除 r1 */
Queue_remove(&(r1.elem));
```

7.5　基于 SYS/BIOS 的应用系统设计

一个 DSP 系统经常需要并发处理各种任务，为提高效率，在系统实现时往往会运行多个线程，每个线程负责执行一个或多个任务。由于任务往往基于不同的触发机制，如外部硬件中断、定时中断等，另外不同任务之间往往存在一定的依赖关系，因此需要合理设计不同线程间的同步机制。本节以不同的应用为例，介绍基于 SYS/BIOS 的应用系统设计，给出多线程和同步机制的设计原理，为实际系统的设计提供参考。

7.5.1　基于定时中断的多任务系统设计

一些 DSP 系统往往基于单个硬件中断执行多种不同的任务，由于硬件中断服务程序具有较高的线程优先级，为降低硬件中断响应的延时、提高系统可靠性，这些任务不适合由硬件中断服务程序执行，而往往设计不同的任务线程来完成相应的任务。

例如，在智能环境监控系统中，往往需要采集环境温度、湿度、PM2.5 等环境信息。为降低功耗，这些环境参数采集设备一般处于低功耗状态，只有在接收到采集命令或者达到预定时间时才启动采集过程，并发送采集的结果。由于不同环境参数的变化速度不同，因此不同环境参数可以采取不同的采集间隔，系统设计时可以为每个参数的采集设置不同的定时中断，但更合理的方式是设置一个基准的定时中断，然后由该定时中断触发不同的参数采集过程，并且为了保证系统的可靠性，参数采集过程往往以任务线程的方式实现。

又如，在一些采用键盘输入的人机交互中，处理器使用单一硬件中断响应键盘输入，但是对于不同的键盘输入一般需要作出不同的响应，因此一般会设计一个键值检测线程。当按键发生时会触发键盘中断，进而可以由键盘中断服务程序触发键值检测线程进行键值的确认，系统进而根据检测到的键值进一步触发不同按键的响应线程。

因此在多任务的 DSP 系统设计中，不同线程间有些相互独立，有些又存在前后依赖关系，系统设计中需要充分考虑不同线程之间的逻辑关系，并基于此设计合理的同步方式。

本节以定时中断结合 UART 通信为例来介绍多线程间的同步设计方法。本示例中安排了两个定时任务，一个为秒计时器(即每隔一秒计数器加 1)，另一个为定时通过 UART 发送时间信息(示例中定时间隔设为 10s)，通过不同的定时间隔模拟两个不同的任务。同时，本示例中设计了 1 个 UART 命令监听线程，该线程随时监测 UART 接收命令，并根据接收到的命令执行不同的操作。

在实际系统实现中，可用具体的任务来替换本示例中的定时任务，并可以根据需要增加定时任务。另外，UART 通信也可以替换成其他的通信方式，如网络通信等。UART 命令监听线程也可以根据实际系统需要改成异常监测线程等，具体可根据实际需要进行优化。

本示例设计了定时器中断、定时器中断服务程序、软件中断线程和两个任务线程，同时设计了信号量、队列来实现不同线程间的同步和信息共享。不同于前面采用静态配置创建线程、同步对象的方式，本示例采用在主流程中动态创建的方式，不同线程间的相互关系及同步逻辑如图 7.6 所示。

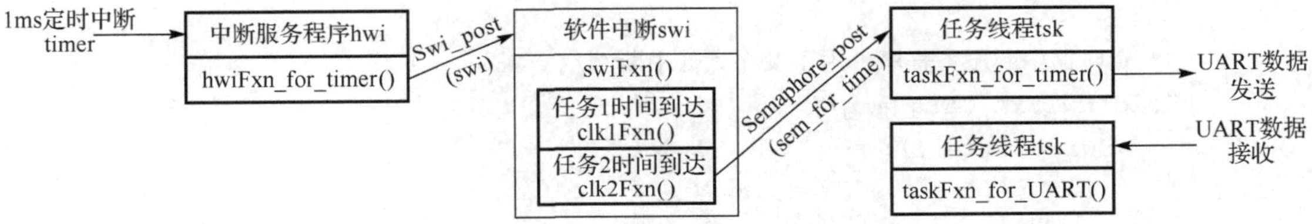

图 7.6　定时中断多任务同步逻辑

本示例中开启了一个硬件定时器 timer，定时周期为 1ms。定时中断 timer 触发中断服务程序 hwiFnx_for_timer()，hwiFnx_for_timer()使用 Swi_post 触发软件中断 swi。在软件中断 swi 中检查时间间隔，如果时间达到 1s 则调用 clk1Fxn 函数对 second 计数器加 1，如果时间达到 10s 则调用 clk2Fxn 函数，clk2Fxn 函数使用 Semaphore_post 发布 sem_for_time 信号量唤醒任务线程 taskFxn_for_timer。taskFxn_for_timer 通过 UART 发送时间信息。任务线程 taskFxn_for_UART 监听 UART 命令，并根据接收到的 UART 命令执行时间发送(命令“t”)、时间清零(命令“r”)或退出操作(命令“o”)。主流程 main()完成系统初始化及软件中断线程 swi、任务线程 task、信号量 sem_for_time、队列 clockQueue 和定时器 timer 的创建。本示例的部分代码如下所示：

```
#include <xdc/std.h>
#include <xdc/runtime/System.h>
#include <xdc/runtime/Error.h>
#include <ti/sysbios/BIOS.h>
#include <ti/sysbios/hal/Timer.h>
#include <ti/sysbios/knl/Semaphore.h>
#include <ti/sysbios/knl/Swi.h>
#include <ti/sysbios/knl/Task.h>
#include <ti/sysbios/knl/Queue.h>
```

```
#include <xdc/cfg/global.h>
/* 定义一个首元素为 Queue_Elem 型的时钟对象结构体 */
typedef struct{
    Queue_Elem elem;
    UInt32 timeout;
    UInt32 period;
    Void (*fxn)(UArg);
    UArg arg;
} Clock_Object;
/* 定义 2 个时钟对象，分别对应 2 个定时周期 */
Clock_Object clk1, clk2;
Timer_Handle timer;      /* 定义定时器 */
Semaphore_Handle sem;   /* 定义信号量      */
Swi_Handle swi;     /* 定义软件中断    */
Task_Handle task;        /* 定义任务线程    */
Queue_Handle clockQueue;     /* 定义时钟队列    */

/* 定时器中断服务程序，用于发布软件中断 */
Void hwiFxn(UArg arg){
    Swi_post(swi);
}

/* 使用软件中断线程来处理定时器中断 */
Void swiFxn(UArg arg1, UArg arg2){
    Queue_Elem *elem;
    Clock_Object *obj;
    /* 获取时钟队列中的第一个时钟对象 */
    elem = Queue_head(clockQueue);
    /* 为时钟队列中的所有时钟对象提供服务 */
    for (; elem != (Queue_Elem *)clcokQuere; elem = Queue_next(elem)) {
        obj = (Clock_Object *)elem;
        /* 对计数器进行递减 */
        obj->timeout -= 1;
        /* 如果记满一个周期，则刷新超时值并调用时钟函数 */
        if (obj->timeout == 0){
            obj->timeout = obj->period;
            (obj->fxn)(obj->arg);
        }
    }
}

/* 该任务在收到指定信号量时，通过串口发送时钟 */
Void taskFxn_for_time(UArg arg1, UArg arg2){
```

```
    char dataBuffer[20];
    while(1){
        Semaphore_pend(sem_for_time, BIOS_WAIT_FOREVER);
        sprintf(dataBuffer,"TIME: %2d:%2d   ", second/60, second%60);
        UARTConfigPuts(uartBaseAddr, &dataBuffer[0], -1);
    }
}

/* 该任务接收串口指令并执行相应处理 */
Void taskFxn_for_UART(UArg arg1, UArg arg2){
    char dataBuffer[20];
    /* 指令介绍 */
    UARTConfigPuts(uartBaseAddr, "Help:\n", -1);
    UARTConfigPuts(uartBaseAddr, "t ---- time now\n", -1);
    UARTConfigPuts(uartBaseAddr, "r ---- timer reseting\n", -1);
    UARTConfigPuts(uartBaseAddr, "o ---- over\n", -1);
    while(1){
        switch(UARTCharGet(uartBaseAddr)){
        case 't':
            sprintf(dataBuffer,"NOW: %ds   ", second);
            UARTConfigPuts(uartBaseAddr, &dataBuffer[0], -1); break;
        case 'r':
            UARTConfigPuts(uartBaseAddr, "Reset\n", -1);
            second = 0; break;
        case 'o':
            System_exit(0); break;
        default: break;
        }
    }
}
/* 时钟函数 1, 每秒调用一次, 计时计数器加 1 */
Void clk1Fxn(UArg arg){
    second++;
}

/* 时钟函数 2, 用于发布 taskFxn_for_time 挂起的信号量 */
Void clk2Fxn(UArg sem_for_time){
    Semaphore_post((Semaphore_Object *)sem_for_time);
}

/* main() */
Int main(Int argc, char* argv[]){
    Timer_Params timerParams;
```

```
    Task_Params taskParams;
    Error_Block eb;
    System_printf("Starting timer example.\n");
    System_flush(); /* force SysMin output to console */
    UARTConfigInit(uartBaseAddr, BAUD_RATE_115200, UART_WORD_LENGTH_8,
                 UART_STOP_BIT_1, UART_NO_PARITY, UART_16x_MODE);
    Error_init(&eb);
    Timer_Params_init(&timerParams);
    Task_Params_init(&taskParams);
    /* 创建一个默认优先级的软件中断 */
    swi = Swi_create(swiFxn, NULL, &eb);
    if (swi == NULL){
        System_abort("Swi create failed");
}

    /* 创建一个优先级为 3 的任务，用于通过串口定时发送时钟 */
    taskParams.priority = 3;
    task = Task_create(taskFxn_for_time, &taskParams, &eb);
    if (task == NULL){
        System_abort("Task create failed");
    }
/* 创建一个优先级为 2 的任务，用于接收并处理串口指令，
因为通常处于阻塞状态，因此优先级不能过高，否则无法被 taskFxn_for_time 抢占 */
    taskParams.priority = 2;
    task = Task_create(taskFxn_for_UART, &taskParams, &eb);
    if (task == NULL){
        System_abort("Task create failed");
    }

    /* 创建一个二进制信号量，用于挂起 taskFxn_for_time */
    sem_for_time = Semaphore_create(0, NULL, &eb);
    if (sem_for_time == NULL){
        System_abort("Semaphore create failed");
    }
    /* 创建一个存放时钟对象的队列 */
    clockQueue = Queue_create(NULL, &eb);
    if (clockQueue == NULL){
        System_abort("Queue create failed");
    }
    /* clk1 每秒执行一次 */
    clk1.fxn = clk1Fxn;
    clk1.period = 1000;
    clk1.timeout = 1000;
```

```
    clk1.arg = 1;
    /* 将其加入时钟队列 */
    Queue_put(clockQueue, &clk1.elem);
    /* clk2 每 10 秒执行一次 */
    clk2.fxn = clk2Fxn;
    clk2.period = 10000;
    clk2.timeout = 10000;
    clk2.arg = (UArg)sem_for_time;
    /* 将其加入时钟队列 */
    Queue_put(clockQueue, &clk2.elem);
    /* 创建一个中断周期为 1000(1ms)的定时器 */
    timerParams.period = 1000;
    timer = Timer_create(Timer_ANY, hwiFxn_for_timer, &timerParams, &eb);
    if (timer == NULL){
        System_abort("Timer create failed");
    }
    BIOS_start();
    return(0);
}
```

本示例的配置文件(*.cfg)如下：

```
var Defaults = xdc.useModule('xdc.runtime.Defaults');
var Diags = xdc.useModule('xdc.runtime.Diags');
var Error = xdc.useModule('xdc.runtime.Error');
var Log = xdc.useModule('xdc.runtime.Log');
var LoggerBuf = xdc.useModule('xdc.runtime.LoggerBuf');
var Main = xdc.useModule('xdc.runtime.Main');
var Memory = xdc.useModule('xdc.runtime.Memory')
var SysMin = xdc.useModule('xdc.runtime.SysMin');
var System = xdc.useModule('xdc.runtime.System');
var Text = xdc.useModule('xdc.runtime.Text');
var BIOS = xdc.useModule('ti.sysbios.BIOS');
var Clock = xdc.useModule('ti.sysbios.knl.Clock');
var Task = xdc.useModule('ti.sysbios.knl.Task');
var Semaphore = xdc.useModule('ti.sysbios.knl.Semaphore');
var Queue = xdc.useModule('ti.sysbios.knl.Queue');
var Hwi = xdc.useModule('ti.sysbios.hal.Hwi');
var HeapMem = xdc.useModule('ti.sysbios.heaps.HeapMem');
var ti_sysbios_hal_Timer = xdc.useModule('ti.sysbios.hal.Timer');
Program.argSize = 0x0;
System.maxAtexitHandlers = 4;
BIOS.heapSize = 0x2000;
/* 系统堆栈大小(用于 ISR 及 Swi) */
```

```
Program.stack = 0x40000;
/* System_printf()的循环缓冲区大小 */
SysMin.bufSize = 0x1000;
/* 创建、配置系统的记录器 */
var loggerBufParams = new LoggerBuf.Params();
loggerBufParams.numEntries = 32;
var logger0 = LoggerBuf.create(loggerBufParams);
Defaults.common$.logger = logger0;
Main.common$.diags_INFO = Diags.ALWAYS_ON;
System.SupportProxy = SysMin;
BIOS.libType = BIOS.LibType_Custom;
```

7.5.2 网络通信系统设计

现在的数字信号处理系统往往涉及信息的传输。例如，一个语音通信系统，往往需要对采集的数字语音进行压缩编码，并传输编码后的码流，同时接收码流信息，并经解码后进行回放。又如，在智能视频监控系统中，往往需传输压缩编码后的视频流，或者接收命令以执行相应的操作。而在各类信息传输中，基于 Internet 的网络通信又是最常见的，包括有线网络和无线网络等，因此 DSP 系统开发人员需建立基于网络传输通信系统设计的基本理念。

C66x DSP 配置有千兆以太网片上外设并提供 SGMII 与外部 PHY 连接，C6655-DEMO 开发板设计了基于 C6655 千兆以太网外设的有线网络通信接口，同时可以通过开发板上的 USB 接口扩展无线网络通信接口。关于 C66x 千兆以太网外设的原理和使用可参阅 5.4 节，关于 C6655-DEMO 开发板的以太网接口电路设计可参阅 6.5.6 节。

一个网络通信系统在主流程 main 之外往往会包含多个线程，如任务处理线程、网络发送线程、网络接收线程等。

任务处理线程往往针对不同的系统应用可以有 1 个或者多个，如对于语音通信系统，可以设计 3 个线程：语音编码线程、语音解码线程和命令处理线程。各个任务线程根据自身处理任务的不同往往采取不同的线程间同步机制。

网络发送线程一般接收任务线程待发送的数据，待打包处理后调用外设的库函数实现数据的网络发送，为此可以在任务线程和网络发送线程间设计一个发送数据队列实现两个线程间的同步。任务线程将待发送的数据包信息写入发送数据队列，网络发送线程检测发送数据队列是否为空，如果不为空，则从发送队列中取出发送数据信息，完成数据的发送。

网络接收线程接收 EMAC 外设中断服务程序的推送信息(可以是同步事件或者队列)，对 EMAC 外设接收的数据包进行解包处理，并根据解包后的数据通知任务线程执行相应的处理。对于数据包，往往采用队列同步机制，即网络接收线程将数据包信息写入数据接收队列，任务处理线程检测数据接收队列是否为空，如果不为空，则从接收队列中获取相应的数据包进行处理。对于命令包，可以采用事件的方式通知任务线程执行相应的命令操作。

图 7.7 给出了一个网络通信系统软件框架的示意。图中主流程 main 先完成 DSP 的各项初始化工作，包括时钟、外设等，然后创建系统应用所需的各类资源，包括各类线程、

同步资源，随后主流程启动必要的硬件设备和 BIOS，之后 DSP 将转入各类线程执行相应的操作。

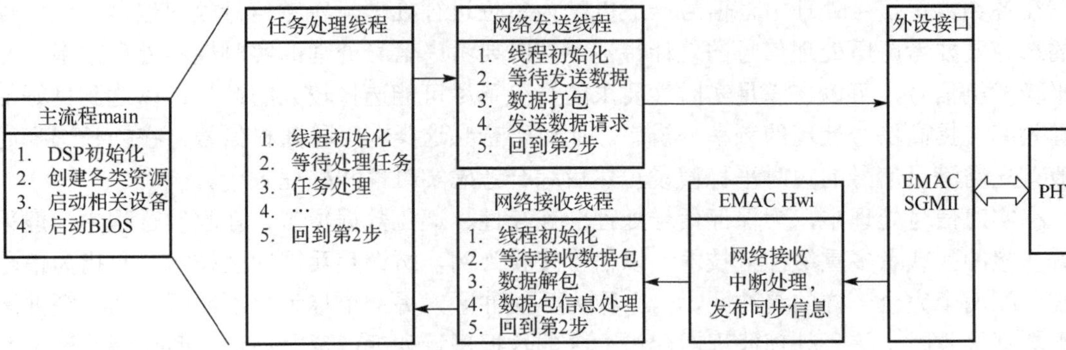

图 7.7　网络通信系统软件框架

任务处理线程可以有多个。对于每个任务线程，一般先执行线程初始化操作，申请本线程需使用的存储资源、初始化本线程使用的各类资源。然后线程一般进入挂起状态，等待所设计的相关同步信息的到达，如可以等待同步事件或检测队列信息来获取待处理的数据或者命令等，并且在数据到达或者命令接收后执行相应的处理。任务处理线程同时会发布网络发送线程所需的同步信息。

网络发送线程在完成初始化后等待任务处理线程发布的同步信息，在同步信息到达后进行数据的打包处理并调用 EMAC 的库函数完成数据发送，之后网络发送线程再次进入挂起状态等待下一次同步信息的到达。

网络接收线程在完成初始化后等待 EMAC 中断服务程序的同步信息，在同步信息到达后进行数据的解包处理，并根据数据的内容执行相应的操作，发布任务处理线程所需的同步信息。

EMAC Hwi 的中断服务程序响应 EMAC 模块的接收中断，在接收到来自于 EMAC 接口的数据包后发布同步信息给网络接收线程。

片上外设 EMAC 结合 SGMII 完成数据的物理层收发。

7.5.3　音频处理系统设计

音频信号处理是 DSP 系统的基本功能之一，包括音频与语音信号的编解码处理、音效处理、语音降噪、语音识别等各种应用。

几乎所有的 DSP 都提供支持 I^2S 协议的串行接口以实现与业界绝大多数 AD/DA 的无缝连接。C66x DSP 提供了功能强大而灵活的 McBSP 接口，用于实现与 AD/DA 的数据交互，同时提供了 I^2C 接口实现对常见 AD/DA 转换器的配置。关于 C66x 的 I^2C 和 McBSP 接口的介绍可参阅 5.3.3 节和 5.3.6 节。

C6655-DEMO 开发板设计有音频采集和回放电路，开发板选择 TLV320AIC23B 作为音频 AD/DA 转换器件。TLV320AIC23B 为一个双声道 AD/DA 转换电路，支持最高采样频率为 96kHz，量化比特数超过 16 位，支持 I^2S 等多种数据传输协议，支持 I^2C 或 SPI 协议的配置接口，关于 TLV320AIC23B 的具体操作可参阅相关手册。C6655 通过 McBSP 接口实现与 TLV320AIC23B 的数字音频数据收发，通过 I^2C 接口实现对 TLV320AIC23B 的配置，具体的电路设计可参阅 6.5.8 节。

在各类数字信号处理中，信号一般以帧为单位进行处理，音频信号处理也是如此。帧长的选择既要考虑所处理信号的统计特性，同时要考虑信号处理的实时性和处理效率。对于平稳随机信号，可以在满足实时性要求的情况下尽可能选择较大的帧长，以达到良好的处理效率、提高信号处理的频率分辨率。而对于音频这类非平稳随机信号，在帧长选择时一般首先需满足信号的短时平稳假设，然后综合考虑实时性和处理效率。

在实时信号处理中，为保证信号处理的连续性、避免数据覆盖，在收发过程中一般采用乒乓缓冲区或者多重缓冲区技术。以信号接收为例，所谓乒乓缓冲区技术，是指为信号接收分配两个完全一样的缓冲区，一个称为乒缓冲区，另一个称为乓缓冲区。当乒缓冲区用于数据接收时，信号处理线程对乓缓冲区的数据进行处理，反之亦然。两块缓冲区不断相互切换。为满足实时信号处理的要求，信号处理线程对一帧信号的处理时间必须小于一帧信号的接收时间，否则会引起缓冲区切换机制失效，造成数据丢失。

本节以一个支持网络传输的语音通信系统为例介绍 C66x 平台上音频处理系统设计的基本理念，整个软件系统的基本框架类似图 7.7，本节主要对图中任务处理线程的相关内容进行细化，一个可参考的软件架构如图 7.8 所示。

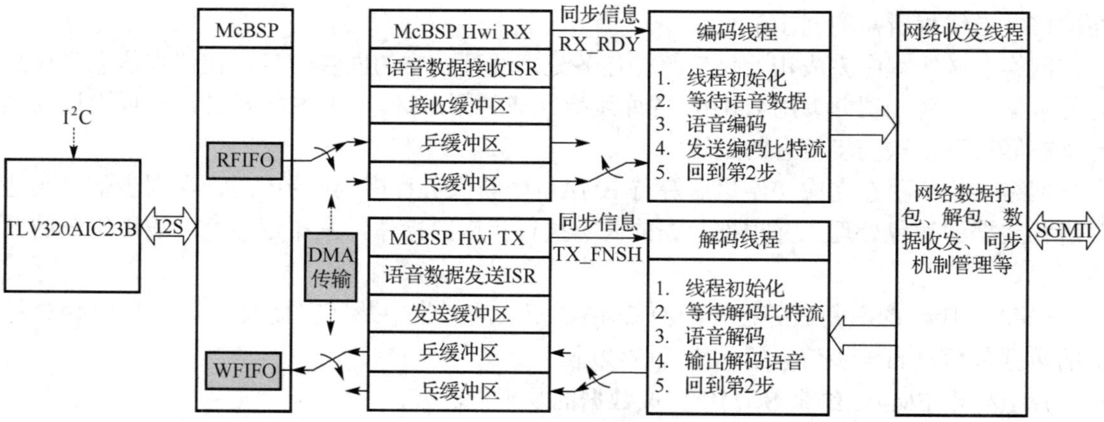

图 7.8　语音通信系统软件框架

本系统由 TLV320AIC23B 实现对输入模拟语音信号的 AD 转换，同时实现对接收数字语音信号的 DA 转换输出。C6655 DSP 通过 I^2C 接口实现对 TLV320AIC23B 的配置，包括采样速率、数据格式等，同时 C6655 通过 McBSP 接口实现与 TLV320AIC23B 的数据传输。C6655 的 McBSP 接口利用内部的读缓冲区 RFIFO 和写缓冲区 WFIFO 实现收发数据的缓存。

系统分别为数字语音接收 RX 和发送 TX 申请两个乒乓缓冲区，每个乒乓缓冲区包括乒缓冲区和乓缓冲区，缓冲区的大小等于一帧信号的长度。接收乒乓缓冲区与 McBSP 的 RFIFO 相连，并设置一个 EDMA 通道实现 RFIFO 到接收乒乓缓冲区的数据搬移。发送乒乓缓冲区与 McBSP 的 WFIFO 相连，同样设置一个 EDMA 通道实现发送乒乓缓冲区到 WFIFO 的数据搬移。每个乒乓缓冲区设置一个乒乓缓冲区读写标志，该读写标志决定每个乒乓缓冲区中乒缓冲区和乓缓冲区的访问选择。以接收缓冲区为例，当乒乓缓冲区读写标志 RX_PP_FLAG 为 0 时，EDMA 将来自 RFIFO 的数据写入乒缓冲区，同时编码线程从乓缓冲区中读取数据进行编码处理，当 RX_PP_FLAG 为 1 时，则 EDMA 将来自 RFIFO 的数据写入乓缓冲区，编码线程从乒缓冲区读取数据进行处理。

针对数字语音的接收和发送各设计一个中断服务程序 RX_ISR 和 TX_ISR，两个中断服务程序分别由接收 EDMA 和发送 EDMA 触发，即当 EDMA 完成一帧数据搬移后，产生 DMA 中断请求。中断服务程序主要完成三个功能，包括 EDMA 重置、乒乓缓冲区读写标志切换和发布同步信息。对于 RX_ISR，如果当前 RX_PP_FLAG 为 0，则表示当中断到达时乒缓冲区已完成数据接收，此时应将 EDMA 目的地址切换到乓缓冲区，同时将 RX_PP_FLAG 设置成 1，表示之后 EDMA 将把来自 RFIFO 的数据写入乓缓冲区，同时 RX_ISR 将发送同步信息 RX_RDY 给编码线程。同步信息 RX_RDY 一般可以采用事件变量。TX_ISR 的操作与 RX_ISR 类似，首先根据发送乒乓缓冲区读写标志 TX_PP_FLAG 实现 EDMA 源地址的切换，然后进行 TX_PP_FLAG 的切换，最后发送同步信息 TX_FNSH 给解码线程。

编码线程主要完成数字音频信号的编码。在完成线程的初始化后，编码线程等待 RX_ISR 发布 RX_RDY 同步事件，在 RX_RDY 到达后，编码线程根据 RX_PP_FLAG 的值从相应的乒缓冲区或乓缓冲区中读取数字语音，如果当前 RX_PP_FLAG=1，则从乒缓冲区读取语音数据，反之从乓缓冲区读取。编码线程随后对读取的一帧语音信号进行编码，在编码完成后将编码比特流写入预先指定的缓冲区，同时发布同步信息给网络发送线程。编码线程与网络发送线程之间的同步信息可采用队列的方式以抵抗网络的抖动。

解码线程与网络接收线程之间一般采用队列作为同步方式，考虑到网络的抖动等因素，一般在开始解码前会预先缓存多帧比特流。解码线程完成一帧语音解码后，会等待 TX_ISR 发布同步信息 TX_FNSH，只有在 TX_FNSH 到达后，解码线程才会根据 TX_PP_FLAG 的值将新的一帧解码语音写入发送乒乓缓冲区。

7.5.4　视频处理系统设计

视频信息处理是当前多媒体信息处理、智能信息处理中的重要组成部分，包括视频编码、视频分析、目标检测、目标识别和目标跟踪等。视频信息处理具有数据量大、计算量大的特点。以高清视频为例，其数据量接近 1Gbit/s，从而对处理器的吞吐能力和处理能力提出了极高的要求，而高性能的 C66x DSP 正是此类应用解决方案的合理选择。

虽然 C66x DSP 没有专用的视频接口，但是 C66x 提供的 SRIO、PCIe 等高速接口完全可以实现视频数据的实时收发，关于这些高速接口的特性和使用方法可参阅 5.5 节。C6655-DEMO 开发板提供了基于 HDMI 物理接口的 SRIO 数据收发逻辑，通过外扩的支持 SRIO 协议的视频模块可实现视频数据的双向传输，关于这部分的电路设计可参阅 6.5.7 节。

本节以智能视频监控系统为例说明基于 C66x 平台的视频处理系统软件设计思路。一个智能视频监控系统最基本的任务是实现视频的压缩编码和传输，并且至少应具备运动报警等智能功能，同时可以接收远程的控制命令实现系统的配置、云台的控制等功能。一个基于 C6655-DEMO 开发板的智能视频监控系统的软件框架如图 7.9 所示。

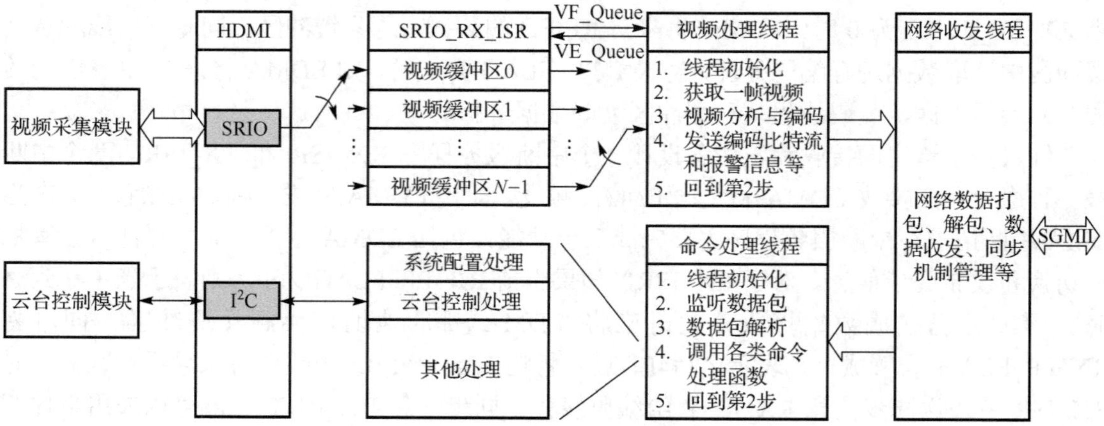

图 7.9　智能视频监控系统软件框架

C6655-DEMO 开发板提供了两个 HDMI 物理接口，一个 HDMI 物理接口包含 4 个 SRIO 接收通道和 1 个 I^2C 接口，另一个 HDMI 物理接口包含 4 个 SRIO 发送通道和 1 个 I^2C 接口。两个 HDMI 物理接口中的 SRIO 和 I^2C 直接与 C6655 DSP 的相关外设连接，因此 C6655-DEMO 的两个 HDMI 物理接口可分别用来实现视频数据的采集和视频数据的回放。作为视频监控应用，本示例只使用其中用于视频采集的 HDMI 物理接口。该接收 HDMI 物理接口中的 SRIO 部分与外部的视频采集模块连接，用于视频数据的传输。HDMI 物理接口中的 I^2C 部分与外部的云台控制模块连接，可实现对摄像头云台的控制。该控制过程可以根据视频分析的结果自动实现，也可以根据远程控制命令执行。

在音频信号处理中，音频数据的接收和发送往往采用乒乓缓冲区技术，即采用双缓冲区技术。但是视频图像数据量大，总体计算复杂度高，同时不同图像帧之间差异大，造成不同图像帧的计算时间存在明显差异。为了均衡各帧的处理复杂度，适当降低对处理器性能的要求，在视频处理中往往采用多帧缓冲技术。本示例中，为视频接收申请 N 块视频缓冲区，每个缓冲区的大小等于一帧视频的数据量，N 一般大于等于 4，在存储空间允许的情况下，N 可以取较大的值。系统为 N 块缓冲区构造两个队列，分别为“满队列”(VF_Queue) 和“空队列”（VE_Queue)，队列的每个节点保存缓冲区的起始地址。系统利用 EDMA 通道实现视频数据从 SRIO 接口到视频缓冲区的搬移，当完成一帧视频数据搬移后，产生 EDMA 中断触发 SRIO 接收中断服务程序 SRIO_RX_ISR。SRIO_RX_ISR 将当前视频缓冲区信息写入 VF_QUEUE 队列的尾部，同时从 VE_QUEUE 队列中获取一个空闲的视频缓冲区信息，将该信息所提供的缓冲区起始地址作为 EDMA 传输的目的地址，并再次启动 EDMA 数据搬移。

视频处理线程在完成初始化后，等待 VF_QUEUE 队列的信息，只要 VF_QUEUE 队列不空，则从 VF_QUEUE 队列中取出已完成数据接收的视频缓冲区信息，然后进行视频分析和视频编码等操作。在编码完成后，通知网络发送线程进行编码比特流的发送，并在需要的时候发送运动报警信息。视频处理线程和网络发送线程间可采用基于队列的同步机制，即为编码比特流和报警信息分别建立队列，视频处理线程在编码完成后将比特流信息写入视频码流队列，在检测到运动信息时，将运动信息写入报警队列。之后视频处理线程将释放当前帧的视频缓冲区，并将该视频缓冲区信息写入 VE_QUEUE 队列，以供 SRIO_RX_ISR 读取。

智能视频监控系统一般应支持远程控制命令，包括对视频分辨率、帧率、码率等的设置。智能视频监控系统同时支持摄像头云台的远程控制，以实现监控区域的调整或感兴趣目标的跟踪。因此本软件系统设计了一个命令处理线程，实现与网络接收线程的交互，并在接收到数据包后根据数据包内容执行相应的功能。

本系统设计中提供了基于 I^2C 协议的云台控制接口，并提供云台控制的相关函数。云台控制可以基于远程命令，也可以基于本地视频分析的结果。例如，当要求智能视频监控系统自动追踪运动目标时，可以根据运动检测结果来控制云台，从而使摄像头能跟踪检测到的运动目标。

7.6 本章小结

本章首先介绍了 SYS/BIOS 的基本概念，给出了 SYS/BIOS 下载和安装的步骤，对 SYS/BIOS 的重要工具 XDCtools 及相关软件包作了介绍。随后介绍了 SYS/BIOS 工程的构建过程，重点以可视化配置工具 XGCONF 为例介绍了 SYS/BIOS 工程的配置方法；介绍了基于 SYS/BIOS 软件系统的启动流程，重点介绍了 SYS/BIOS 的线程概念，给出了 Hwi、Swi 和 Task 等线程的特点，并举例说明了钩子函数的使用。作为多线程协同工作的重要保障，介绍了信号量、事件和队列等同步机制的特点和使用方法。本章最后以基于定时中断的多任务系统设计、网络通信系统设计、音频处理系统设计、视频系统设计为例，结合 C6655-DEMO 开发板给出了 SYS/BIOS 软件系统的框架，重点对 Hwi、Swi 和 Task 的合理使用、多线程间的同步机制、缓冲区设计等进行了分析和介绍。

思考题

1．试分别使用动态和静态方式创建一个名为 mytimer 的定时中断，定时周期为 1ms，定时中断服务程序为 myTimer_isr。

2．试阐述硬件中断线程、软件中断线程、任务线程的特点及各类线程的使用规则。

3．试根据 7.3.6 节示例程序的输出结果分析软件的运行过程。

4．试写出 7.4.1 节示例程序的运行结果，并与实际运行结果进行比较。

5．试完善 7.5.1 节示例程序，完成整个工程的创建、编译、链接和调试，并分析代码的运行过程；进一步修改示例程序，采用中断方式实现 UART 命令接收。

6．试创建一个 SYS/BIOS 工程，该工程包含题 1 的定时中断，同时要求定时中断服务程序发送一个定时同步事件 timer_event 给一个任务线程 myTimer_routine，myTimer_routine 在收到 timer_event 后通过 UART 接口发送计数器值，计数器值的范围限定为 0～9999。

7．试结合 7.5 节的内容，设计一个支持音频采集、编码和传输的智能视频监控系统的软件框架，说明各线程之间的同步机制。

第 8 章　C66x 多核 DSP

数据量的爆炸式增长对数字系统的处理能力提出了极高的要求，为了应对这种挑战，同时提高系统的集成度，多核处理器成为一种有效的解决方案。基于 KeyStone 架构的 C66x DSP 提供有多种型号的多核处理器，如 C665x 系列的 TMS320C6657、C667x 系列的 TMS320C6678 等。多核处理器并不是单核处理器的简单拼凑，而是在总线控制、资源共享、同步机制等方面进行了优化设计。多核处理器应用系统开发的关键在于如何充分发挥各处理器核的处理能力，而其核心在于多核处理器的软件设计。本书第 4 章、第 7 章关于 DSP 软件设计的介绍主要以单核处理器为主，对多核处理器软件开发涉及较少。本章主要介绍基于 OpenMP 共享内存式并行架构的多核 DSP 编程技术，包括将单核应用程序映射到多核处理器的方法、核间通信、数据传输引擎、共享资源管理、存储管理、DSP 程序镜像以及应用案例和调试等方面内容。

8.1　应用程序从单核到多核的移植

近年来，芯片设计者通过提高时钟频率、内存性能、指令并行性等提升了处理器性能，使芯片的执行速度大大提高。高速芯片的应用，使开发者在很多应用中不需要耗费大量时间优化程序以满足性能要求。但随着 CPU 速度的增加，能耗也相应增加，发热严重，受其影响 CPU 的执行速度不可能无限制增长。如何进一步提高处理器的性能呢？答案是在一个处理器中集成多个 CPU，即采用类似 C66x DSP 中的多核处理器，实现应用程序的并行处理。但是目前在单核处理器上的应用程序是无法直接在多核处理器上并行执行的，如何将单核应用程序移植到多核处理器上，并充分发挥多核处理器的潜力，成为开发者的新挑战。

8.1.1　并行处理模型

在多核处理器上实现应用程序并行处理主要有两种模型，即主/从模型和数据流模型。主/从模型是一个主核负责所有核的工作分配，数据流模型是按工作流程将工作分成不同的阶段采用流水方式使任务并行。

1. 主/从模型

主/从模型采用集中控制和分布式执行模式，即主核负责调度各个任务线程并分配到各个核上执行，负责将所需的数据提供给各个从核。适合此模型的应用程序一般由多个规模较小的独立线程组成，每个线程都适合于单核内完成。该应用程序通常包含大量的控制代码，并经常随机访问各级存储资源，而且每次存储资源访问所对应的计算量相对较少。适合主/从模式的应用程序通常运行在高级操作系统上，如 Linux 操作系统。在高级操作系统上通常已经定义了多线程机制，高级操作系统作为主任务调度所有任务的执行。

由于线程激活过程存在随机性，采用主/从并行处理模型的关键是保证并行化处理中各内核实时负载的平衡。由于每个独立线程的吞吐量不同，主线程必须维护好各个内核的可用资源列表，并根据各个线程的吞吐量等信息平衡各个内核的任务量，从而实现最佳的并行性。主/从处理模型的一个示例见图 8.1。

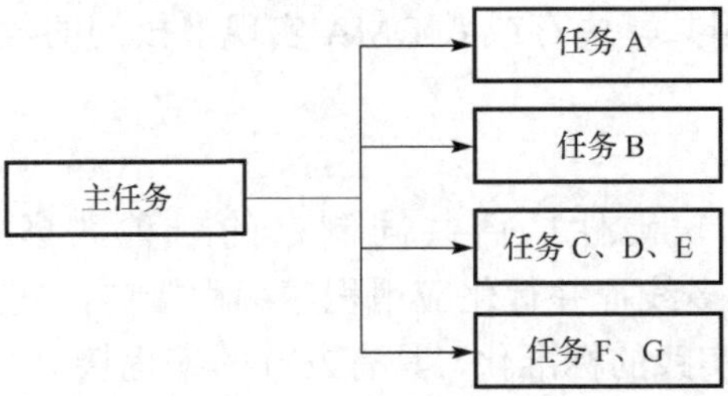

图 8.1　主/从模型示例

如图 8.1 所示，主线程采用内核间传递消息的机制进行任务调度，将一个或多个任务分配给各个内核，如将任务 A、B、C、D、E、F、G 分配给 4 个内核执行。分配时，需要考虑各个内核负载的平衡。其中，传递的消息包括任务执行的控制触发器和所需数据的指针。因此，每个内核至少执行一个用来接收任务分配消息的线程，在消息收到之前，该线程处于挂起状态。

2. 数据流模型

数据流模型采用分布式控制和执行方式。每个内核采用各种算法来处理数据块，然后将处理后的数据传递给另一个内核，由另一个内核进行进一步的处理。其中，初始的内核通常连接数据输入接口，接收并处理来自传感器或者 FPGA 的数据。当接收到数据时触发调度工作。适用于数据流模型的应用程序通常包含多个计算复杂度较大的任务，不适合在单核上执行，而且包含的这些任务之间具有一定的依赖性。基于数据流模型的应用程序一般运行在实时操作系统上，数据访问模式是有规律的，最小化处理的时延至关重要。

采用数据流模型的应用程序面临的主要挑战是高复杂度计算过程的核间分割以及贯穿整个系统的高速数据率。若要跨核执行计算过程，首先需要分割整个计算过程并映射到多个内核上执行，同时需要保持流水线的正常执行。高数据率要求各内核间具有高数据吞吐率，数据在内核间的流动是有规律的，低切换延迟是关键性能。数据流模型的一个例子如图 8.2 所示。

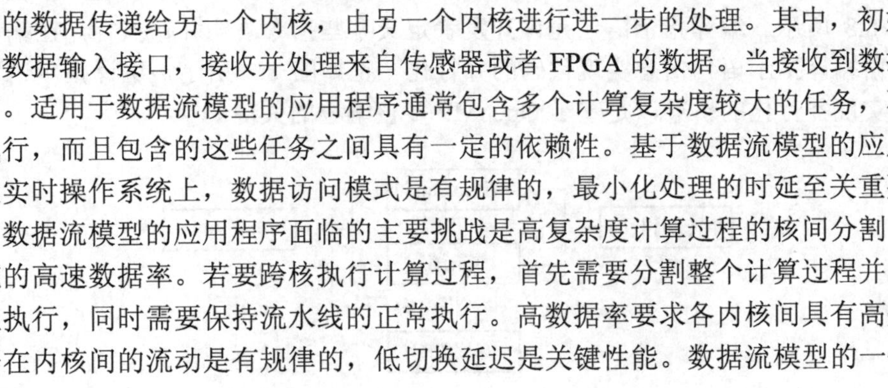

图 8.2　数据流模型示例

如图 8.2 所示，数据流模型根据数据传递进行任务并行化处理。任务 A 接收到输入的一帧数据后，通过核间通信传递数据给任务 B 和 C。由于任务 B 和 C 计算复杂度较高，被分割成两部分并行在两个内核上执行。当两个内核并行执行完任务 B 和 C 后，将处理后的数据通过核间通信发送给另一个内核执行任务 D、E 和 F，其处理结果被传递给执行任务 G 的内核，完成任务 G 执行后，得到该帧数据的最终处理结果。可见，图 8.2 所示的数据流模型支持采用流水线技术，可以提高应用程序的执行效率。数据流模型采用消息机制实现核间各任务的同步，并利用共享内存或者 DMA 实现多核间的数据传输。

8.1.2 OpenMP 多核编程

OpenMP 是由计算机软硬件厂商共同制定的一种共享内存并行(Shared-Memory Parallel，SMP)架构的多核多线程并行化应用程序编程接口，支持 C/C++语言或 Fortran 语言。OpenMP 实现了 SMP 实践的标准化，具有友好的编程接口，其 API 易调用。一旦应用程序被开发者标识了并行代码区域并插入了相关的 OpenMP 结构，编译器和运行时系统将完成并行化的具体工作，从而采用共享内存方式将应用程序移植到多核系统上。可见，OpenMP 对顺序执行的代码是友好的，当开发者希望将一个顺序执行的代码并行化时，不需要完全重写代码，只需要增加基于 OpenMP 的多核编程 API 即可。而且，OpenMP 可以在对源代码进行最小改动的基础上，将一个运行在 m 个核上的应用程序映射到一个具有 n 个核的系统上。此外，如果一个应用程序具有顺序执行和并行执行两种版本的代码，那么 OpenMP 多核编程可以为用户将这两种版本统一到一个代码库中。

1. OpenMP 特征

OpenMP API 主要包括编译指示语句、库函数和环境变量，用于实现一个程序的并行化，如图 8.3 所示。编译指示语句允许开发者定义哪些指令语句并行执行，在编译代码时编译器根据编译指示语句信息实现代码的并行化。正如图 8.3 所示，编译指示语句是串行程序代码实现并行化的桥梁，是基于 OpenMP 多核编程的关键。

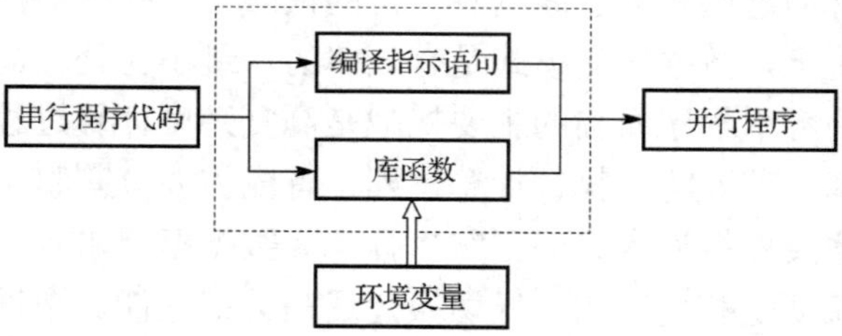

图 8.3　OpenMP 并行化执行模式

编译指示语句允许开发者定义哪些指令需要并行执行以及如何在不同内核间分配任务，支持 OpenMP 标准的编译器将根据编译指示语句对代码进行并行化处理。典型的 OpenMP 指示语句语法如下：

```
#pragma omp construct [clause [clause]…]
```

#pragma omp 是 OpenMP 指示语句的标识符。construct 表示 OpenMP 指令，不同的指令作用不同，OpenMP 主要指令如下。

(1) parallel：由其构成的编译指示语句需要放置在一段由“{　}”标识的代码之前，表示该段代码将进行并行化处理，可由多个内核并行执行。

(2) for：由其构成的编译指示语句需要放置在 for 循环之前，表示将循环体进行并行化处理，可由多个内核并行执行。

(3) section：由其构成的编译指示语句需要放置在一段由“{　}”标识的代码或函数调用语句之前，表示该段代码或函数将进行并行化处理，可由多个内核并行执行。注意该编译指示语句必须置于#pragma omp parellel 指定的区域内，否则不能正常工作。

(4) sections：由其构成的编译指示语句需要放置在一段由“{　}”标识的代码之前，一般该代码内利用#pragma omp section 再进一步定义哪些代码进行并行化处理。注意该编译指示语句必须置于#pragma omp parellel 指定的区域之内，否则不能正常工作。

(5) single：由其构成的编译指示语句必须置于#pragma omp parellel 指定的区域之内，表示其后由“{　}”标识的代码在并行化处理时只能由一个线程执行。

(6) barrier：由其构成的编译指示语句用于指明一处栅障，用于保障在该并行区域内所有线程的同步。即先到的线程在栅障处挂起，直到所有线程都执行到该栅障时才能继续向下执行。

clause 是指示语句的子句，一般用于给出指令相应的参数，常用子句如下。

(1) private：表示列表中的变量对于每个线程而言都是私有变量，在每个线程中这些变量值的变化不会互相影响。

(2) share：表示列表中的变量对于每个线程而言是共享变量，在每个线程中都可以读写这些变量，在一个线程中修改这些变量的值，在其他线程中变量值也会改变。

(3) firstprivate：表示列表中的变量对于每个线程而言都是私有变量，当进入对应的并行区域时，这些变量的初值由主线程中同名原始变量值进行初始化。

(4) lastprivate：表示列表中的变量对于每个线程而言都是私有变量，当结束对应的并行区域时，这些变量的最终值将赋给主线程中的同名原始变量。

(5) num_threads：用于指定线程的个数。

(6) nowait：表示并发线程忽略指令中隐含的栅障。

例如，“#pragma omp parallel num_threads (10)”，“#pragma omp”是 OpenMP 指示语句的标识符，告知编译器这是一个编译指示语句；“parallel”是指令，告知编译器对下面一对“{　}”标识的代码进行并行化处理；“num_threads (10)”是子句，告知编译器进行并行化处理时最大允许的线程数是 10。

库函数，也称运行时函数，为开发者提供了大量可以直接调用的函数。例如，执行环境函数，可用于配置、监测如线程、处理器或并行环境的其他方面。例如，锁函数是用于实现线程间同步的函数，定时函数可提供一个定时器功能等。库函数 omp_set_num_threads (int numthreads) 则告知编译器接下来需要并行执行的这部分代码需要创建几个线程。

环境变量用于开发者查询或者变更一个应用程序的执行特征，如默认的线程数、循环迭代次数等。环境变量 OMP_NUM_THREADS 用于保存 OpenMP 线程的总数。

2. OpenMP 实现方法

OpenMP 实现方法基于 Fork-Join 模型，其工作流程见图 8.4。基于 OpenMP 的应用程序开始于顺序执行区域，并首先创建一个初始线程(被称为主线程)；当遇到并行执行区域(采用编译指示语句“#pragma omp parallel”标识)时，将由调度器自动创建额外的工作线程进行并行化处理，即这组线程同时执行这段标识为并行执行的代码；当并行区域代码执行结束时，应用程序等待所有线程结束，然后再次回到主线程执行顺序执行区域。

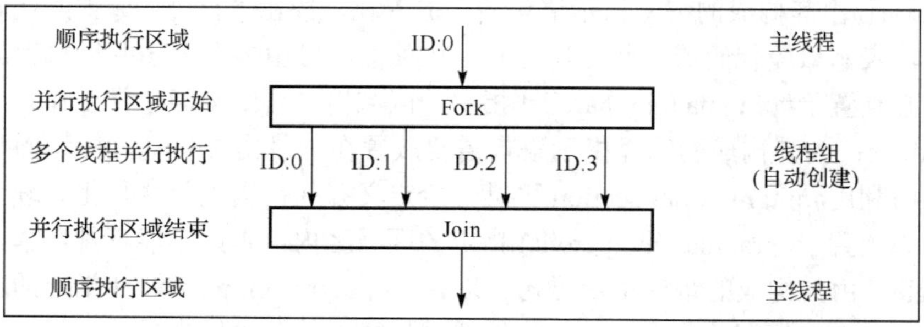

图 8.4　OpenMP 的 Fork-Join 模型

下面以“Hello World”例程为例来帮助理解 OpenMP 的 Fork-Join 模型。源程序文件的第一行“#include <ti/runtime/openmp/omp.h>”表示包含头文件 omp.h。omp.h 提供了 OpenMP API 的函数原型声明，因此在应用 OpenMP API 的源程序中必须包含这个头文件。“omp_set_num_threads(4);”语句调用 OpenMP 的库函数来设置并行执行区域使用的线程数，典型值为当前 CPU 的内核数。当遇到 OpenMP 并行编译指示语句时，调度器创建额外的 3 个线程，总共 4 个线程并行执行该指定并行区域的代码，打印“Hello World”和线程编号(thread id)信息。当线程遇到栅障时，结束并行执行过程，然后主线程继续顺序执行。

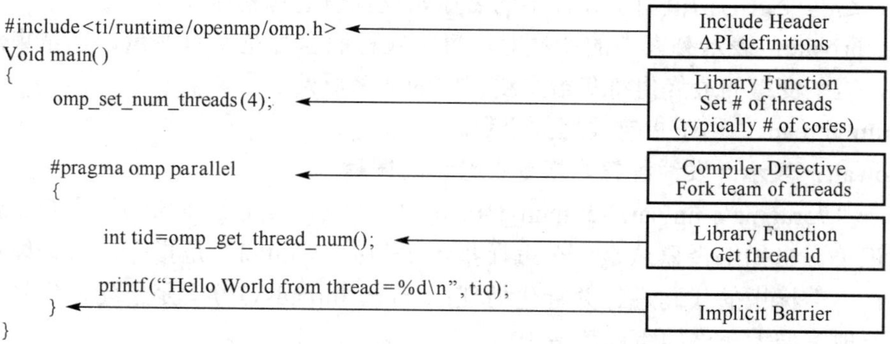

当开发者已经指定哪部分代码需要由多线程并行执行后，下一步的工作就是进行工作分配，即规定在并行执行区域中多线程如何完成并行工作。这部分工作由 OpenMP 的工作分配结构完成。OpenMP 模式中主要有两种工作分配结构：#pragma omp for 和#pragma omp sections。

下面的代码给出了#pragma omp for 的使用示例。

```
Sequential Code                    for(i=0;i<N;i++)
                                   {a[i]=a[i]+b{i];}

                                   #pragma omp parallel
                                   {
                                       int id,I,Nthrds,iend;
```

Only With Parallel Construct

```
    id=omp_get_thread_num();
    Nthrds=omp_get_num_threads();
    istart = id*N/Nthrds;
    iend = (id+1)*N/Nthrds;
    for(i=istart;i<iend;i++)
    {a[i]=a[i]+b{i];}
}
```

Parallel and Work-sharing Construct

```
#pragma omp parallel
#pragma omp for
for(i=0;i<N;i++)
{a[i]=a[i]+b{i];}
```

#pragma omp for 工作分配结构可以让开发者指定一个 for 循环结构由多个线程并行完成。#pragma omp for 要求该 for 循环结构中的各次迭代对应的工作是互相独立的，换言之，当改变循环迭代次序时不影响最终运行结果。上述例子中同一功能的 for 循环采用了三种实现形式，即顺序实现形式、仅用编译并行指示语句的实现形式和采用#pragma omp for 编译指示语句的实现形式。上述代码中的 for 循环结构完成 N 次数组元素运算。由于该 for 循环的 N 次迭代没有执行顺序的要求，因此可以采用#pragma omp for 进行并行化处理，其一大优势是不需要开发者编写额外的代码(仅用编写并行指示语句的实现形式中需要添加额外的并行工作分配指令)，而仅用两条编译指示语句即可完成该 for 循环的并行化处理。并行工作的分配由编译器自动完成，极大地提高了程序设计和并行化的效率。

下面的代码给出了#pragma omp sections 的使用示例。例中，开发者可以采用#pragma omp sections 将工作分配给多个内核进行处理，每个内核执行一段独立的工作代码。开发者可利用#pragma omp sections 和#pragma omp section 编译指示语句通知编译器 x_calculation、y_calculation 和 z_calculation 这三个函数将由三个内核同时并行执行。注意，默认情况下结束位置的“}”是一个隐含的栅障，用于保持该并行区域内三个内核工作的同步。这样，先执行完并行区域工作的内核线程会在栅障处挂起，直到所有内核都执行到该栅障时，才能继续向下执行。可以使用 OpemMP 提供的 nowait 子句来屏蔽隐含的栅障，其语法为：#pragma omp sections nowait。

```
#pragma omp parallel
#pragma omp sections
{
    #pragma omp section
     x_calculation();

    #pragma omp section
     y_calculation();

    #pragma omp section
     z_calculation();
}
```

8.2　任务并行机制的确定

在一个应用程序中，确定任务并行机制是一个不小的挑战，目前只能采用手动方法处理。TI公司正在研发一种代码生成工具，目标是允许用户设计源代码并利用代码生成工具自动完成多个任务到多个内核的映射工作。即使并行任务确定后，在多核系统上进行多任务映射和调度仍然需要仔细规划。实现任务并行处理，一般可以分为四个阶段。

(1)分割：分割一个应用程序的设计，其目标是找到可以并行执行应用程序的机会，其重点是将问题分解成大量的颗粒化任务。

(2)通信：分割阶段产生的任务一般不能独立运行，因为通常一个任务的执行往往需要另一个任务的数据。因此，任务间的数据通信是并行处理的关键，该信息流应在通信阶段进行设计。

(3)分组：对分割和通信阶段给出的结果进行进一步分析，以确定能够在多核架构上高效执行的模块分组策略。

(4)映射：确定执行每个任务的内核。

1. 分割

将一个应用程序分割成基础组件时，既要分析分割后各个组件的计算复杂度，又要分析各个组件之间的耦合度和聚合度。

对于一个应用程序，要获取计算复杂度的最简单方法就是利用工具软件收集每个感兴趣模块执行时进入和退出的时间戳，进而可以计算出计算复杂度(单位：MIPS)。注意：计算时应考虑指令和数据Cache未命中的影响。

估计应用程序的各个组件间的耦合度可以从各个组件彼此之间的独立性方面入手。分析在当前组件定义的函数和全局数据(变量)的数量可以准确描述出其他组件对其的依赖性。分析在当前组件中调用的函数和全局数据(变量)的数量可以准确描述出其对其他组件的依赖性。

一个组件的聚合度是指组件内部的相互依赖程度，表明组件内所有函数如何协同工作。如果一个算法需用到组件内的每个函数，表明该组件具有很高的聚合度。如果一些算法仅用到组件内的部分函数，那么聚合度就较低。具有高聚合度的组件模块化特性明显，更易于分割。

若要将一个应用程序分割成若干个组件或者模块，关键是找到低耦合度和高聚合度的位置。若一个模块的外部依赖性太高(耦合度高)，则应将其与其他模块进行整合以降低耦合度和增加聚合度。同时必须考虑总计算量的需求，以确保该组件能在单核中运行。

2. 通信

在分割阶段完成模块划分之后，必须测定各个模块之间的控制流和数据流需求。控制流图可用于确定各个独立的控制路径，有助于确定系统中的并发任务。数据流图有助于确定对象和数据的同步需求。

控制流图表示了模块间的执行流程。一个处理流程中，若模块分布在不同的内核上，则必须依靠消息传递来实现执行过程的同步，同时也可能需要数据通信。无论核间的消息传递还是数据通信都会产生时延。必须应用控制流图创建度量指标，帮助模块分组决策从而最大化总体吞吐量。图8.5给出了一个控制流图的示例。

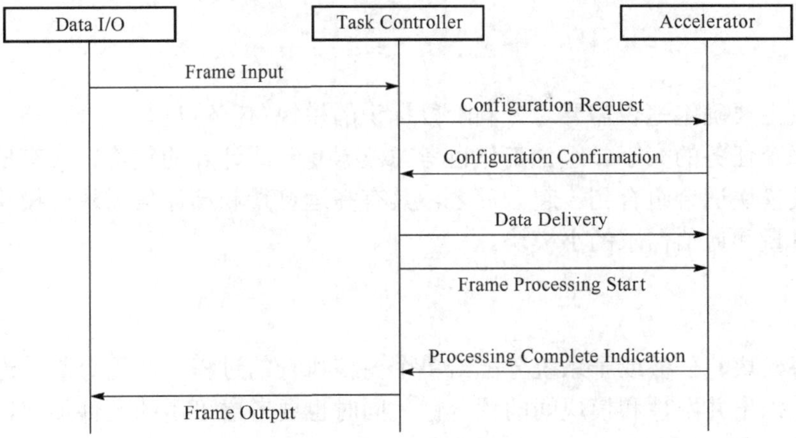

图 8.5　控制流图示例

如图 8.5 所示的控制流图，数据输入/输出模块(Data I/O)获取一帧数据后，通知任务控制模块(Task Controller)。Task Controller 收到 Data I/O 模块的通知后，通知并配置处理模块(Accelerator)。Accelerator 应答 Task Controller 后，Task Controller 发送一帧数据给 Accelerator，然后 Accelerator 开始处理数据。Accelerator 完成数据处理后，通知 Task Controller。Task Controller 向 Data I/O 输出处理后的一帧数据。

数据流图标识了在模块之间必须传递的数据，这样有助于测定模块间传递的数据量和速率。数据流图也标识了模块和外部实体之间的交互情况。数据流图有助于开发者在模块分组时尽可能最小化核间通信的数据量和传输速率。图 8.6 给出了一个数据流图的示例。

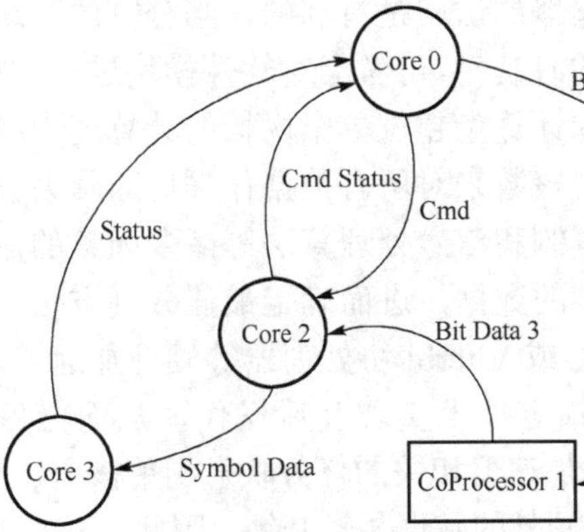

图 8.6　数据流图示例

如图 8.6 所示的数据流图，显示了多核之间以及多核与协处理器之间的交互情况。内核 Core 0 可以发送位流数据给 Core 1，而 Core 1 接收来自 Core 0 的数据流并进行处理，并在处理后将位流数据发送给 CoProcessor 1。CoProcessor 1 的主要作用是接收并处理来自 Core 1 的位流数据，并将处理后的数据流发送给 Core 2。Core 0 发送控制命令给内核 Core 2，控制 Core 2 的工作状态，而 Core 2 返回控制命令的执行状态给 Core 0。Core 2 可以接收来自协处理器 CoProcessor 1 的数据流，处理后发送符号数据流给内核 Core 3。Core 3 接收来自 Core 2 的符号数据并进行处理，然后将发送状态信息给 Core 0。

3. 分组

分组阶段主要确定是否需要对分割阶段标识的模块(任务)进行组合，通过组合减少任务数，增加每个任务的大小。组合工作也考虑数据复制或计算的代价。具有低运算量和高耦合度的相关模块适合组合到一起。反之，具有高运算量和高通信需求的模块需要分解成具有较低运算量和通信需求的小模块。

4. 映射

映射是将模块、任务或子系统分配给单个内核执行的过程。利用分割、通信和组合阶段的结果，标识出并发性和模块间的耦合性。同时也要考虑可用的硬件加速器以及运行这些软件模块时的依赖关系。

根据采用的并行处理模型：主/从模型或数据流模型，子系统被分配到不同的内核上。在第一次进行映射工作时为满足核间通信的时延和参数变化，为每个内核预留一些处理能力(单位MIPS)、L2存储器和通信带宽的余量是十分必要的。所有模块映射完成之后，开发人员需要对每个内核的负载进行评估，从而确定是否需要通过重构来平衡各个内核的负载。

此外，每个模块的计算量、传递消息的时延和处理同步问题也必须分解到时间轴上。开发者可以通过线程模块的分解与合并来调整通信步骤，使应用程序满足严格的时延要求。当多个内核需要共享同一资源(如DMA或者关键存储区)时，必须采用同步机制进行互斥操作。因此，为了保证处理工作的执行效率，开发者需要合理调整各模块访问共享资源的阻塞时间。

嵌入式处理器通常采用多级Cache加片外存储器的存储结构，在数据访问过程中提高Cache命中率从而减少对外部存储器的访问是有利的。当分割的模块需要额外的缓冲区或者数据复制工作来补偿核间通信的时延时，可考虑对软件模块进行重构以优化Cache性能。

当特定算法或关键循环结构的计算量超过单个内核的计算能力时，采用数据并行分割处理需求是一种可行的方法。以内核数来对所有数据作平均的暴力分割方法并不一定是好方法，因为它受到数据本地化、复制和信号处理算法等诸多因素的影响。开发者需要仔细分析核间共享的数据量和需要复制的数据，进而确定最佳分割方法。

嵌入式处理系统经常采用FFT或Viterbi协处理器等硬件加速器。在多核系统中共享这些硬件加速器时，必须采用类似锁等技术实现互斥操作，从而确保处理结果的正确性。任务分割时可以将所有与某一硬件加速器相关的任务映射到单核上，该方法可以有效消除硬件信号量和相关时延，但可能需要额外的数据传输开销。因此，开发者应根据实际应用对阻塞式多核共享硬件加速器和非阻塞式单核独占硬件加速器两种方法的效率进行分析。

在映射阶段，将任务映射到多核的过程需要在分析任务分配和并行执行效率的基础上找到一个最佳方案。实际上，由于各个应用的特点不同，具体问题要具体分析，在映射阶段不存在一种适用于所有应用程序的万全方法。

5. 基于OpenMP并行处理的代码确定和修改

OpenMP提供一些用于并行化处理的非常有用的API，但是需要由开发者确定并行机制，然后调用相应的OpenMP API。应用程序中哪些代码段需要并行化处理主要根据用户情况和应用程序代码确定。将omp parallel结构置于需要并行化处理的代码段之前，可以标识该代码段(通知编译器)必须在多核上实现并行化处理。如果在代码顺序执行区域有一个迭代次数较大的 for 循环代码，开发者可以利用 omp for 结构标识将这段循环代码映射到多核上并行执行。注意：为保证运算结果无误，要求 for 循环体代码的执行结果与迭代次序无关。

另一个问题是开发者必须考虑在任务分割阶段采用基于数据流分割方法还是基于任务的分割方法。例如，将一幅图像分成 8 块，每个内核接收一块图像数据，然后运行相同的程序处理这些图像块，这就是基于数据的分割方法。基于数据的分割方法通常可以采用 OpenMP 编译指示语句中的 omp parallel 或者 omp for 结构实现。反之，假如每个内核运行不同的算法，即为基于任务的分割方法，开发者可以采用 OpenMP 编译指示语句中的 omp sections 结构按各个独立的任务进行任务分割并映射到多核。

8.3 核间通信

KeyStone 系列多核芯片如 TCI66xx 和 C66xx DSP，与之前的 TCI64xx 和 C64xx 多核芯片类似，提供多种支持核间通信(IPC)的架构。KeyStone 系列芯片的各个内核可以完全访问设备内部存储空间，即任意一个内核都可以读写访问任意内部存储空间。而且，内核之间不仅支持第三方通知事件(DMA 控制事件)，也支持直接事件信号通知。此外，配有硬件单元以支持原子访问仲裁，可用于传递共享资源的所有权。大多数 KeyStone 系列多核 DSP 都具有多核导航器(Multicore Navigator)模块，可以有效地实现内核之间的同步、通信和传输数据，可以在几乎不需要内核干预的情况下访问高比特率的外设和协处理器。

核间通信包含两个基本动作：数据搬移和通知(包括同步)。

8.3.1 数据搬移

典型的数据搬移主要通过以下几种技术实现。

(1) 使用共享消息缓冲区：核间通信时发送方和接收方可以访问同一物理存储器。

(2) 使用专用存储器：在专用的发送存储器和专用的接收存储器之间存在一个传输器，实现数据从发送方到接收方的数据搬移。

(3) 使用过渡存储缓冲区：在核间通信时，将存储缓冲区的所有权从发送方转移到接收方，存储内容不发生搬移。

以上三种技术中，都有两种方法读写存储器内容，即利用 CPU 进行加载(Load)/存储(Store)和利用 DMA 实现数据搬移，用户可以为每次数据搬移配置不同的方法。

1. 共享内存

一般情况下，共享内存由使用各方平等共享，当然也存在非平等共享的情况。共享内存通过在内存中创建一个发送方和接收方都能访问的消息缓冲区来实现核间通信，发送方和接收方各自负责数据搬移的部分工作。当核间通信时，发送方发送消息给共享缓冲区并通知接收方，接收方通过将相应数据从源缓冲区复制到目的缓冲区来恢复消息，并通知发送方共享缓冲区处于空闲状态。当多个内核从共享内存访问数据时，保持一致性将是非常重要的。

针对 TCI64x 和 C64xx 多核设备开发的 SYS/BIOS 消息队列传输，以及为 KeyStone 系列开发的 IPC 软件层，都可以使用此方案实现核间消息的发送和同步。

2. 专用存储器

各内核可以使用共享内存的专用区域或局部存储器来存储数据，从而实现数据的本地化，并减少额外开销。开发者可通过管理发送和接收存储器间的传输机制来实现核间通信。数据搬移可以采用核间直接通信方式，或者采用 KeyStone 系列 DSP 专用的多核导航器实现。

所谓核间直接通信，类似于共享内存，包括通知和传输两个阶段，根据使用情况可采用“推”和“拉”两种机制实现。表 8.1 给出了推和拉机制的说明，在推模式下发送方负责填充接收缓冲区，在拉模式下接收方负责从发送缓冲区恢复数据。这两种模式各有优缺点，主要差别在于同步位置不同，即两种模式采用了不同的通知模式。一般情况下，推模式更常用，因为拉模式的远程数据请求需要额外的开销。然而，当接收方资源紧张时，拉模式更具优势，因为它使用接收器控制数据传输，可以实现内部资源的有效管理。

表 8.1　直接通信模型

推模式(Push Model)	拉模式(Pull Model)
发送器准备发送缓冲区	发送器准备发送缓冲区
发送器传输数据到接收缓冲区	通知接收器数据准备好
通知接收器数据准备好	接收器传输数据到接收缓冲区
接收器使用数据	接收器释放缓冲区
接收器释放缓冲区	接收器使用数据

使用多核导航器可以减少内核在实时处理中需做的工作。内核导航器在内核间传输数据的模式如下。

(1) 发送方使用一种称为描述符的预定义数据结构。描述符有两种类型，一种直接存储要传递的数据，另一种存储指向发送数据缓冲区的指针。

(2) 发送方将该描述符推送给与接收方关联的硬件队列。

(3) 描述符对应的数据可供接收方接收并应用。

多核导航器提供多种通知方法来通知接收方数据已经有效，这些通知方法见 8.3.3 节。

3. 过渡存储器

使用过渡存储器时，发送方和接收方可以使用同一物理存储器。与上述共享缓冲区传输模式不同，该存储器不是临时存储器。而且，该缓冲区的所有权可以转移，但数据不用通过消息通道进行传输。发送方发送一个指针给接收方，接收方可以使用来自该指针指向的原始缓冲区内的数据信息。其过程如下。

(1) 发送方将数据存储到过渡缓冲区。

(2) 发送方通知接收方数据已经准备好/交出所有权。

(3) 接收方直接利用过渡缓冲区中的数据。

(4) 接收方通知发送方法数据已经准备好/交出所有权。

如果采用一种双向对称的数据流模式，接收方在交还所有权之前可以切换到发送方角色，并使用同一个缓冲区发送数据。

4. OpenMP 中的数据搬移

基于 OpenMP 进行多核 DSP 程序开发时，可以采用 OpenMP 编译指示语句中 private、shared 和 default 等子句来管理数据作用域。如前所述，OpenMP 编译指示语句采用"#pragma omp construct [clause [clause]...]"格式，数据作用域子句后用"( )"给出变量列表，如"#pragma omp parallel private(*i,j*)"。

当变量由 private 子句限定时，每个线程都独立拥有这些变量的私有副本，并且在并行结构中保持各私有副本的唯一性。这些变量副本存储在线程的堆栈中，堆栈的默认大小由编译器设置，用户可对其进行修改。

当变量由 share 子句限定时，所有线程共享该变量，典型方法是将该变量存储在 DDR 或 MSMC 的共享存储区。

默认的情况下，OpenMP 管理一些变量的数据作用域。在并行区域外声明的变量自动地被限定为 share 型，在并行区域内声明的变量自动地被限定为 private 型。此外还有一些默认情况，例如，循环的迭代变量被编译器强制性地限定为 private 型。

default 子句使开发者可以重载分配给任意变量的默认作用域。例如，default none 子句可用于声明在并行区域内或并行区域外声明的变量默认作用域无效，开发者必须显式地定义并行区域内变量的作用域。

下面的代码给出了数据作用域子句的使用例子。

```
#pragma omp parallel for default(none) private(i,j,sum) share(A,B,C)
{
    for(i=0;i<10;i++){
      sum = 0;
      for(j=0;j<20;j++)
        sum+=B[i][j]*C[j];
      A[i] = sum;
    }
}
```

8.3.2　多核导航器中的数据搬移

多核导航器对消息(描述符，包含数据的容器)进行封装，并可以在多核的硬件队列之间传递消息。队列管理子系统(Queue Manager Subsystem，QMSS)是多核导航器的核心部分，其作用是控制硬件队列的行为，并使能描述符的路由功能。PKTDMA(Packet DMA)的多个实例负责在队列间搬移描述符以及在内核与外设之间搬移数据。其中，在 PKTDMA 中有一个基础 PKTDMA 驻留在 QMSS 中，负责在从属于多核的各个线程之间搬移数据。当一个内核要向另一个内核传递数据时，首先将数据置于与描述符关联的缓冲区中，然后推送这个描述符到硬件队列中。所有的路由和监控都由 QMSS 完成，描述符将被送入属于接收内核的队列中。关于通知接收内核进行描述符接收的方法见 8.3.4 节。

利用多核导航器在多核间搬移数据采用发后即忘(Fire and Forget)模式，即发送方内核向接收方内核队列推送描述符后，不需要确认接收方是否收到该数据即可结束发送工作。

在这种数据搬移模式中，一定程度上将内核从复制数据的工作中解放出来。另一方面内核间采用“发后即忘”这种松链接模式也解放了发送方内核，使其不受接收方处理工作的影响，“发”后即可继续自己的工作。

8.3.3 通知与同步

多核芯片必须具有在内核之间发送通知并同步内核工作的能力。一种典型的同步应用案例如下：当一个内核为整个系统进行初始化时，其他所有内核必须等待这个内核初始化工作完成后才可以继续执行各自的程序。如图 8.4 所示的 OpenMP Fork and Join 模型中并行区域的 Fork 和 Join 点，参与并行的内核(可以是所有内核，也可以是其一个子集)必须同步，即在 Fork 点同步后，开始并行执行，然后在 Join 点同步后，结束并行执行。在 KeyStone 系列 C66x DSP 中，同步和通知工作可以由多核导航器或者 CPU 来完成。在内核之间传输数据需选择合适的通知方法，关于通知方法的介绍见 1.2.4 节。

对于不采用多核导航器的数据搬移，发送方准备好通信消息(数据)后，使用共享存储器、专用存储器或者过渡存储器将消息发送给接收方。此时，发送方必须通知接收方有消息要接收，可采用的通知方法包括直接信号、间接信号或原子仲裁(Atomic Arbitration)。

1. 直接信号机制

C66x 多核 DSP 使用一种简单的 IPC 外设，将一个内核产生的物理事件传递给其他内核，这个事件与系统的其他事件一样由内核的本地中断控制器管理。开发者可以采用中断方式或者轮询方式处理这些事件。该 IPC 外设配有一个标志寄存器来指示事件源，使得被通知的 CPU 可以采取恰当的方式来处理事件(包括清除事件标志)，具体处理过程和步骤见图 8.7。

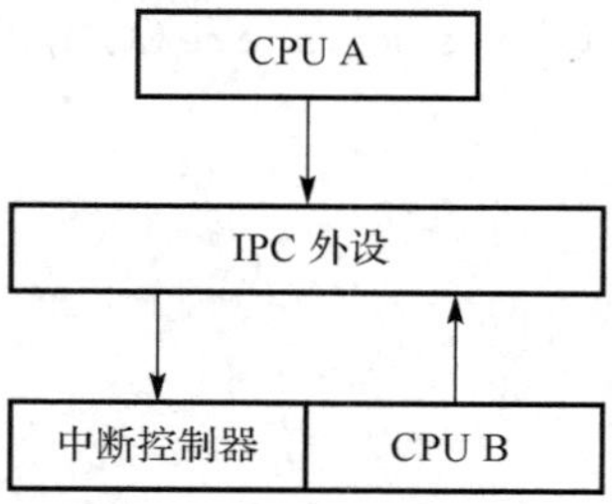

图 8.7　直接信号机制示意图

图 8.7 采用直接信号机制的核间通信，其执行步骤如下。

(1) CPU A 向 CPU B 的 IPC 控制寄存器写入信号。

(2) 发送 IPC 事件给中断控制器。

(3) 中断控制器通知 CPU B(或者 CPU B 采用查询方式获得通知)。

(4) CPU B 查询 IPC 外设。

(5) CPU B 清除 IPC 事件标志。

(6) CPU B 执行相应的操作。

2. 间接信号机制

若采用第三方(如 EDMA 控制器)进行数据搬移，可以采用间接信号机制进行核间通信。换言之，在完成数据搬移后，由硬件而不是软件来产生通知。利用 EDMA 搬移 CPU A 的数据给 CPU B，采用间接信号机制实现的示意图见图 8.8。

如图 8.8 所示，采用间接信号机制进行核间通信的执行步骤如下。

(1) CPU A 配置 EDMA，并触发 EDMA 搬移数据。

(2) EDMA 完成一次数据搬移工作后向中断控制器发送完成事件。

(3) 中断控制器通知 CPU B(或者 CPU B 采用查询机制)。

3. 原子仲裁机制

TI 公司的多核处理器均在硬件上支持原子仲裁机制，尽管不同的处理器支持原子仲裁的架构可能有所不同，但功能是完全一样的。TCI6486 和 C6472 多核处理器采用原子仲裁指令方式，依托于共享 L2 控制器中的硬件监视器；而 TCI6487/88 和 C6474 多核处理器由于没有共享 L2 存储器，因此采用一个信号量来实现原子仲裁。KeyStone 系列处理器同时支持以上两种仲裁机制。对于这些支持原子仲裁机制的处理器，每个内核都可以通过原子操作方式来获得锁，然后修改共享资源，最后释放锁。

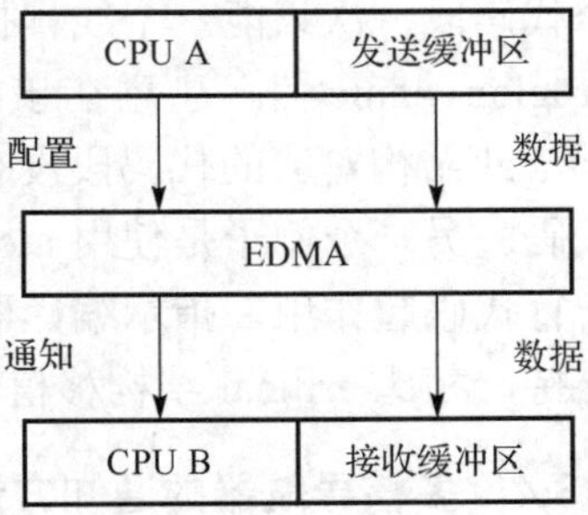

图 8.8　间接信号机制示意图

在原子仲裁机制中由硬件保证内核对锁的获取本身具有原子性，即在任意时间仅有一个内核可以获得锁。但是，与锁相关的共享资源的保护并没有硬件保证。锁是一个硬件工具，允许软件以一种明确定义的协议保证原子操作。原子仲裁机制的说明见表 8.2 和图 8.9。

表 8.2　原子仲裁机制

(1) CPU A	CPU B
(1) Acquire Lock	(1) Acquire Lock
→Pass (lock available)	→Fail (Fails because lock is unavailable)
(2) Modify resource	(2) Repeat step 1 until Pass
(3) Release lock	→Pass (lock available)
—	(3) Modify resource
—	(4) Release lock

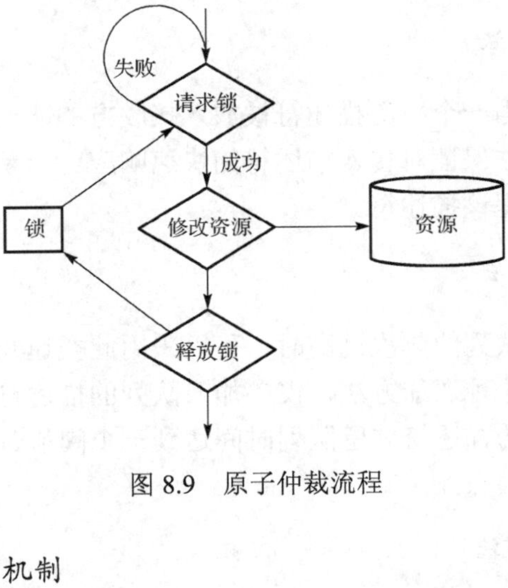

图 8.9　原子仲裁流程

4. OpenMP 中的同步机制

在 OpenMP 多核程序设计中，同步机制可能是隐性存在的，也可能需要利用编译器指示语句进行显式声明。

在并行或者共享工作结构的结束位置，线程同步是隐性的。换句话说，只有当所有线程都执行到并行结构的结束位置(实现同步)时，程序才能继续向下执行。

线程同步也可以采用编译指示语句进行显式声明。例如，采用 critical 结构可以确保一个代码段一次只能一个线程执行该段代码，对应的编译指示语句为“#pragma omp critical <region name>”。注意在该指示语句中必须为该代码段命名(Region Name)，假如一个 critical 结构对应的代码段没有命名，则所有线程都不能进入该 critical 结构对应的区域执行代码。另一个例子是使用 atomic 结构，与 critical 结构不同之处在于 atomic 指示语句只对一行代码起作用，指示编译器编译时将该语句转换为基于硬件的原子操作，因此需要硬件支持，相比 critical 结构移植性较差。

8.3.4　多核导航器的通知方法

多核导航器封装消息，并可以在多核的硬件队列间传递消息。每个接收内核都有一个单核或多核专用的接收队列。多核导航器可以采用下列方法通知接收方访问接收队列中的描述符。

1. 无阻塞查询方法

采用此方法时，接收方查询接收队列中是否有描述符要接收。如果有，则接收描述符；如果没有，接收方继续其执行过程。

2. 阻塞查询方法

采用此方法时，接收方查询接收队列时进入阻塞模式。如果接收队列中没有有效的描述符，则接收方线程阻塞直到发现有效的描述符。发现有效描述符后，接收方处理该描述符，然后继续其执行过程。

3. 基于中断的通知方法

若采用此通知方法，当一个新的描述符被放入接收方的队列时，接收方将立刻收到一个硬件中断。这种通知方法保证对传入描述符的快速响应。当新的描述符到达时，接收核执行上下文切换并开始处理该描述符。

4. 延迟的中断通知方法

当将描述符传入接收队列的频次过高时，可以采用此类通知方法，有助于降低接收方上下文切换的开销。采用这种通知方法，仅在加入队列的描述符数量达到编程设定的阈值时，或者第一个加入队列的描述符驻留队列时间达到一个阈值时，导航器才会产生中断，通知接收方接收数据。

5. 基于 QoS 的通知方法

多核导航器支持服务质量(Quality of Service，QoS)机制按优先级管理外设模块的数据流。该机制根据预先设置的 QoS 参数对每个数据流进行评估，并决定是延迟还是加速各个数据流。该机制也用于内核间按消息不同的重要性进行消息传递。

QoS 固件的工作是监视系统中所有的数据包流，并检查外设或主 CPU 数据包流的负担是否过重。为支持 QoS 机制，专设一个称为 QoS PDSP 的处理器用于在队列中监控和搬移描述符。

QoS 系统的主要功能是安排包队列。多核导航器支持两种队列，一种是 QoS 进口队列，另一种是最终目的队列。最终目的队列又进一步分成主机队列和外设出口队列。主机队列由主机接收，而外设出口队列由物理存在的外设接收。由 QoS PDSP 将数据包从 QoS 入口队列搬移到其最终目的队列。QoS PDSP 有一组指定的队列，称为 QoS 队列，该队列由运行在 PDSP 上的固件控制，不局限于某一特定目的应用。

8.4　数据传输引擎

在当前 KeyStone 系列多核处理器中主要的数据传输引擎是 EDMA 模块和 PKTDMA 模块。为了实现处理器之间的高比特率通信，依托为通信而设的物理接口，在 KeyStone 系列处理器中有多种传输引擎。这些传输引擎中一些是采用 PKTDMA 实例实现外设数据的搬移。高比特率的外设主要包括天线接口(Antenna Interface)、SRIO、以太网口(Ethernet)、PCIe 接口、超链接接口(HyperLink)。

1. PKTDMA

PKTDMA 实例是多核导航器的一部分。每个 PKTDMA 实例有独立的接收和发送硬件通路，并且每个方向具有多个 DMA 通道。发送数据时，PKTDMA 将封装在描述符内的数据转换为比特流。PKTDMA 接收到一个比特流时将数据封装成描述符然后发送到预定义的目的地址。

多核导航器的另一组成部分是 QMSS。现在，多核导航器支持 8192 个硬件队列，最多可以支持 512K 个描述符。PKTDMA 包括一个队列管理器、多个称为 PDSP 的处理器和一个中断管理单元。当 PKTDMA 在硬件队列间搬移描述符时队列管理器进行队列控制。正如 8.3.4 节所述，由特定的 PDSP 监控多核导航器的通知方法。队列管理器负责将描述符路由到正确的目的地。

当一些外设或协处理器需要将数据路由到不同内核或不同目的地时，则需要有一个 PKTDMA 实例作为外设或者协处理器的一部分。另外，QMSS 有一个支持核间通信的特殊 PKTDMA 实例(称为基础 PKTDMA)。

2. EDMA

通道和参数 RAM 可以由软件进行分区，每个分区可以分配给一个内核。事件到通道的路由(Event-to-channel Routing)和 EDMA 中断是完全可编程的。所有的事件、中断和通道参数都是独立控制的，即当其被分配给一个内核时该内核访问对应资源时不需要仲裁。此外，有一套复杂的机制确保由某个内核初始化的 EDMA 传输不会改变所访问存储器的访问属性。

3. Ethernet

网络协处理器(Network Coprocessor，NetCP)外设支持 Ethernet 通信。它包括两个 SGMII 端口(10/100/1000Mbit/s)和一个内部端口。一个专用的包加速器支持以下路由。

(1)基于 L2 地址值的路由，最多支持 64 个不同地址。
(2)基于 L3 地址值的路由，最多支持 64 个不同地址。
(3)基于 L4 地址值的路由，最多支持 8192 个地址。
(4)基于 L2、L3 和 L4 地址值组合的路由。

此外，包加速器可以支持 CRC 校验以及其他差错检测方法，以帮助数据包的发送和接收。一个专用的安全引擎可以对数据包进行加密和解密，以支持 VPN 或者其他有安全需要的应用。

NetCP 内有一个 PKTDMA 实例，用来对进入 NetCP、从 NetCP 输出和 NetCP 内部的数据进行管理，也可以将数据包路由到目的地址。

4. RapidIO

每个内核可使用直接 IO(DirectIO)和消息协议管理数据传输。由 DSP 发起的 DirectIO 传输使用加载存储单元(LSU)。一般多核处理器具有多个彼此独立的 LSU，每个 LSU 都可以向任一物理链路发起传输申请。LSU 可以分配给个别内核使用，这样内核访问该 LSU 不再需要仲裁。或者，LSU 也可以根据需要分配给任一内核，此时需要使用信号量给该内核分配一个临时所有者权限。与 Ethernet 外设相似，消息协议允许对多个传输通道进行独立控制。当使用消息协议时，一个特定的 PKTDMA 实例将根据目的 ID、邮箱等信息将输入数据包路由到目的内核，或将输出的消息从内核路由到外部。在每个内核为自己的消息业务配置好多核导航器参数后，数据搬移将由多核导航器完成，并且搬移工作对用户是透明的。

5. AIF(Antenna Interface)

AIF2 天线接口支持如 WCDMA、LTE、WiMAX、TD-SCDMA 和 GSM/EDGE 等无线通信标准。可以利用 AIF2 自有的 DMA 模块直接访问 AIF2，也可以利用 AIF2 自有的 PKTDMA 实例以包的方式访问 AIF2。

当采用直接访问模式时，由内核负责输入/输出数据的管理。很多情况下，输出天线的数据来自 FFT 引擎(FFTC)，输入天线的数据传给 FFTC。使用 PKTDMA 和多核导航器可以解放内核，在内核不参与的情况下完成 AIF 和 FFTC 之间的数据搬移。

每个 FFTC 都有自己的 PKTDMA 实例。通过配置多核导航器可以将接收的天线数据直接发送给合适的 FFTC，进而发送给合适的模块进行后续处理。

QMSS 中的 128 个队列专用于 AIF2。当一个描述符进入这 128 个队列中的某一队列时，将发送一个挂起信号给与该队列关联的 AIF 实例的 PKTDMA，并通过 AIF2 接口完成数据的读取和发送。同样，到达 AIF 的数据被 PKTDMA 封装成描述符，并根据配置信息将该描述符路由到目的地，通常由 FFTC 来进行 FFT 处理。

6. PCIe

KeyStone 系列 TCI66xx 和 C66xx 处理器中的 PCIe 引擎支持三种操作模式：根联合体、端点和遗留端点(Legacy Endpoint)。PCIe 使用内嵌的 DMA 实现外界和内部存储器或外部扩展存储器之间的数据搬移。

7. HyperLink

KeyStone 系列 TCI66xx 和 C66xx 处理器可以通过 HyperLink 外设实现两个设备间内存的相互访问。而且，HyperLink 可以向 HyperLink 连接的另一端发送事件和中断信号。HyperLink 外设使用内嵌的 DMA 实现存储器和接口之间的数据搬移。

8.5　共享资源管理

对于多核处理器，系统中所有内核使用共享资源时必须遵循统一的协议。该协议可能取决于共享资源的集合，但所有内核必须遵守同样的规则。

8.3.3 节介绍了内核间通知与同步机制，相同的信号机制可用于一般的资源管理。直接信号机制和原子仲裁机制可用于核间资源管理。在一个核内，主要采用全局标志和 OS 信号量进行资源管理。不建议在核间通信中采用简单的全局标志进行仲裁，因为确保对全局标志的原子操作需要额外的开销。

1. 全局标志

全局标志适用于单个内核采用单线程模型的应用。假如某一资源依赖于某一动作的完成(典型情况是一个硬件事件)，可以通过设置和清除全局标志操作来实现简单的控制。在多核环境下，也可以使用基于软件结构的全局标志，但不推荐使用。因为要在多核间确保全局标志的正确操作(例如，防止竞争、确保全局标志对所有内核可见、在多核中管理全局标志的状态变化等)需要额外开销，而采用 IPC 寄存器或者信号量等方法更具效率。

2. OS 信号量

所有多任务操作系统均支持采用信号量进行共享资源的仲裁和任务同步。在单核系统中，信号量本质上是一个由操作系统控制的全局标志，用于跟踪任务线程占用某一共享资源的时间，或者根据接收到的信号量确定何时阻塞或者执行某一线程。

3. 硬件信号量

当需要在内核间进行仲裁时才需要使用硬件信号量。对单核系统而言，使用硬件信号量没有任何优势，因为操作系统可以采用 OS 信号量机制来减少开销。若内核间通信需要仲裁，使用硬件信号量可以确保原子操作而无须额外的系统开销。也可以采用基于共享内存的软件算法实现核间通信的仲裁，但这种方法需要消耗额外的指令周期。

4. 直接信号机制

恰如消息传递机制，直接信号机制可用于简单的仲裁。如果多个内核间仅共享一部分资源，则可以使用 8.3.3 节中所述的 IPC 信号机制。一种采用“通知”和“确认”的握手协议可进行共享资源所有权的传递。KeyStone 系列 TCI66xx 和 C66xx 处理器具有一组硬件寄存器，可便捷有效地实现核间中断、事件/信令、主机到内核的中断和事件的发生与确认。

8.6 存储器管理

对于 TI 公司的 TCI66xx 和 C66xx 多核处理器，每个内核有各自的本地 L1/L2 存储器，所有内核可以同等地访问任何共享的内部和外部存储器。一般我们希望每个内核从共享存储器执行部分或全部程序，而数据主要使用本地存储器。

如果每个内核有自己的代码和数据空间，则不能使用本地 L1/L2 别名地址，只能使用全局地址，从而对整个系统的存储空间有一个全局认识。这也意味着软件开发时每个内核有自己的工程，并且与其他的分开创建。共享存储区一般在每个内核的存储空间中定义，任一内核可以使用相同的地址直接访问。

如果采用了共享代码段，一般希望通用函数可以采用别名地址来访问数据结构或暂存区，这样任一内核可以使用相同的存储器地址而无须检查哪个内核调用了该函数。数据结构/暂存缓冲区需要有一个用别名地址区域定义的运行地址，这样当函数访问该数据结构/暂存缓冲区时无须知道是哪个内核。加载地址必须是全局地址，与别名地址具有相同的偏移量。运行时，别名地址可用于直接 CPU 加载/存储操作和内部 DMA(IDMA)访问，但 EDMA、PKTDMA 及其他主控操作必须使用全局地址。

软件总是可以获知其在哪个内核上运行，所以对于通用代码不需要使用别名地址。在多核处理器中有一个 CPU 寄存器(DNUM)，该寄存器保存有 DSP 内核编号。程序运行时，可以根据读取的当前内核编号进行条件执行以及更新指针。

任何共享的数据资源都必须采用仲裁机制进行访问，这样才能避免共享资源的访问冲突。多核处理器提供有硬件信号量，可以实现不同内核线程对共享资源访问的仲裁，从而保证对共享资源进行正确的读/修改/写等原子操作。

要加快从外部 DDR3 存储器和共享 L2 存储器中读取程序和数据的速度，每个内核有一套专用的预取寄存器。预取寄存器可以从外部存储器(或共享 L2 存储器)预读取一段程序或数据以备内核之后使用，从而提高了访问带宽。每个内核可以为每个存储段(16MB)分别控制预取过程和 Cache。

8.6.1 设备的 CPU 视图

多核处理器的每个 CPU 都具有相同的视图，即对于每个 CPU 来说，具有相同的组成结构。如图 8.10 所示，除了每个内核的 L2 存储器，存在一个交换中央资源(Switched Central Resource，SCR)通过交换结构实现内核、外部存储器接口和片上外设的互连。

每个内核都是配置(访问外设控制寄存器)和 DMA(访问内部或外部数据存储器)的主设备。此外，每个内核均有一个连接 DMA 交换结构的从接口，允许其访问自己的 L1 和 L2 SRAM。所有内核可同等地访问所有从端点，用户软件可为每个主设备设定访问各个从端点的优先级，并据此实现对每个从端点访问的仲裁。

系统中的每个从设备(例如，定时器控制，DDR3 SDRAM，每个内核的 L1/L2 SRAM)在设备的存储空间器映射中具有唯一的地址，任一主设备可以根据这个地址访问对应的从设备。大多数情况下，每个内核都可以访问存储空间映射中的所有控制寄存器和所有 RAM 地址。

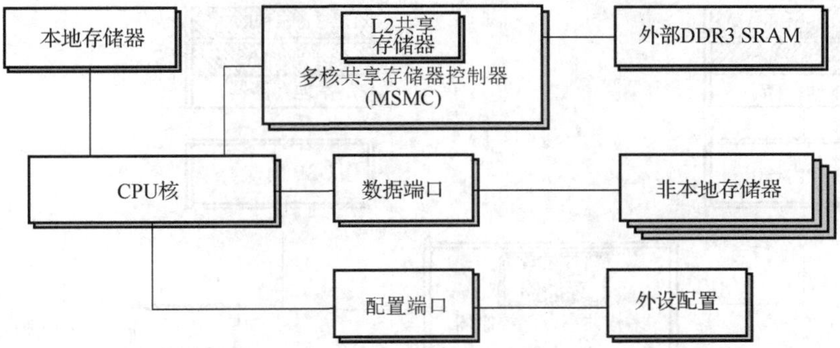

图 8.10　设备的 CPU 视图

多核处理器中各个内核的本地 L1/L2 存储器在存储空间映射中有两个入口。每个内核可以通过全局地址访问所有内核的本地存储器，同时可以使用别名地址来直接访问自己的本地存储器(所谓别名地址，即为全局地址的低 24 位地址，高 8 位补 0)。使用别名地址的通用代码不需要任何修改即可在多个内核上运行。例如，地址 0x10800000 是内核 0 的 L2 存储器的全局基地址，内核 0 可以使用 0x10800000 或 0x00800000 访问该 L2 存储器，而多核处理器中其他任一内核只能使用 0x10800000 地址来访问内核 0 的 L2 存储器。同样地，任何内核都可以使用别名地址 0x00800000 来访问它们各自的 L2 存储器。如上所述，Core 0 的 L2 存储器的全局地址是 0x10800000，Core 1 的 L2 存储器的全局地址是 0x11800000，Core 2 的是 0x12800000，依次类推。共享的代码或数据应使用别名地址，这样，仅存储一份镜像即可实现多核共享。仅面向某一特定内核的代码/数据或者特定内核在运行时分配的存储区必须使用全局地址。

每个内核通过多核共享存储器控制器(MSMC)模块访问共享存储器，如 L2 共享存储器(Multicore Shared Memory，MSM)或外部 DDR3 存储器。每个内核都作为 MSMC 的主设备使用。MSMC 负责对所有主设备发起的访问进行仲裁和优化，包括内核、EDMA 或者其他主设备，并执行检错和纠错。扩展存储控制器(XMC)寄存器和外部存储控制器(EMC)寄存器为每个内核单独管理 MSMC 接口，并提供内存保护以及从 32 位到 36 位的地址映射。

8.6.2　Cache 和预取注意事项

在同一核内 L1D Cache 与 L2 SRAM 的一致性由硬件直接保证，不需要软件管理。在硬件上可以保证 L2 中任何更新都会反映在 L1D Cache 上，反之亦然。但是，在同一内核中 L1P Cache 和 L2 之间的一致性没有相关硬件的保证，在一个内核的 L1/L2 和另一个内核的 L1/L2 之间的一致性同样也没有保障。而且，片内任何 L1/L2 与共享 L2 存储器和外扩存储器之间的一致性也没有硬件保障。

KeyStone 系列的 TCI66xx 和 C66xx 处理器出于功耗和时延的考虑不支持自动实现 Cache 一致性，而交由应用软件来协调 Cache 数据的一致性。因此，开发者可以控制是否更新以及何时更新 Cache，从而使软件运行更快、功耗更低。多核处理器 Cache 的一致性和非一致性情况见图 8.11。

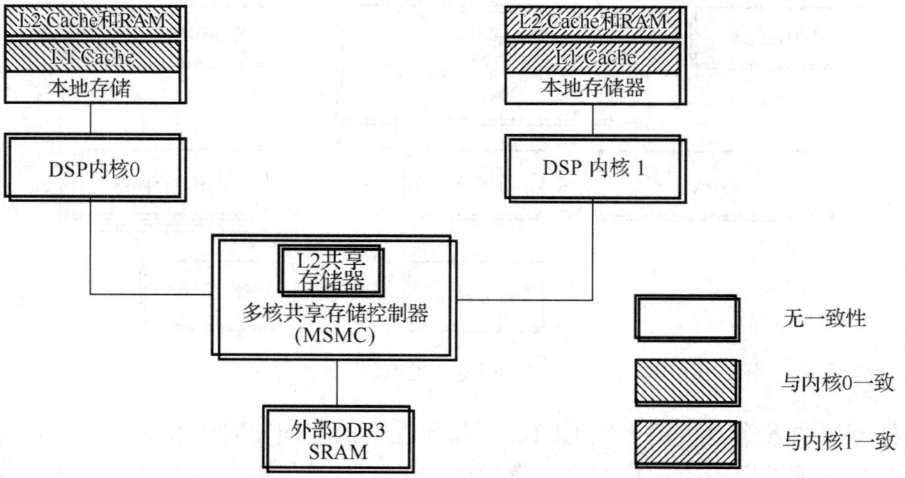

图 8.11　Cache 一致性映射

与 L2 Cache 一样，跨核的预取一致性没有硬件来维护。应用程序必须负责管理其一致性，可以禁用一块存储区的预取，或者在必要情况下使预取数据失效。TI 公司提供了一系列 API 函数来执行 Cache 一致性和预取一致性操作，包括 Cache 行失效、Cache 行回写存储器和回写失效操作。

此外，若 L1 的任何部分被配置为存储器映射 SRAM，在 CPU 后台其内核 IDMA 可以在 L1 和 L2 之间搬移数据。用户可对 IDMA 传输的优先级进行配置，以用于访问冲突时的仲裁工作。IDMA 也可以用于执行外设配置寄存器的批量访问。

在对 TCI66xx 或 C66xx 处理器编程时，需要着重考虑处理模型。图 8.11 显示了每个内核的本地 L1/L2 存储器以及与之直接相连的 MSMC，通过 MSMC 可以访问共享的 L2 存储器和外部的 DDR3 SDRAM。

8.6.3　共享代码存储

CPU 执行共享代码镜像时，管理好本地数据缓冲区是非常重要的。用于堆栈和本地数据表的存储器可以采用别名地址访问，因此对于所有内核都是一样的。而且，用于暂存数据的任意 L1D SRAM 和 IDMA 使用的 L2 SRAM 也可以使用别名地址进行访问。

正如前面所述，DMA 必须使用全局地址进行存储空间访问事务。因此，当对任意外设的 DMA 上下文编程时必须在地址中包含内核编号(DNUM)，即采用全局地址。

KeyStone 系列处理器使用 MPAX 模块划分外部存储空间。使用 MPAX 后，原本 32 位寻址的 KeyStone SoC 可以访问 36 位地址、64GB 的存储空间。KeyStone SoC 有多个可用 MPAX 单元，可以为 SoC 的所有主设备翻译地址来访问如 MSM SRAM 和 DDR 等共享存储器。C66x CorePac 使用自有的 MPAX 模块将 32 位地址扩展到 36 位地址，并将 36 位地址信息发送给 MSMC 模块。MPAX 模块使用 MPAXH 和 MPAXL 寄存器对每个主设备进行地址转换。

1. *在共享内存中不同代码使用相同地址*

对于 KeyStone 系列处理器，每个内核的 XMC 具有 16 个 MPAX 寄存器，可将 32 位逻辑地址转换为 36 位物理地址，这使得应用程序能够在所有内核中使用相同的逻辑内存地址，并通过配置每个内核的 MPAX 寄存器使其实际指向不同的物理地址，如图 8.12 所示。

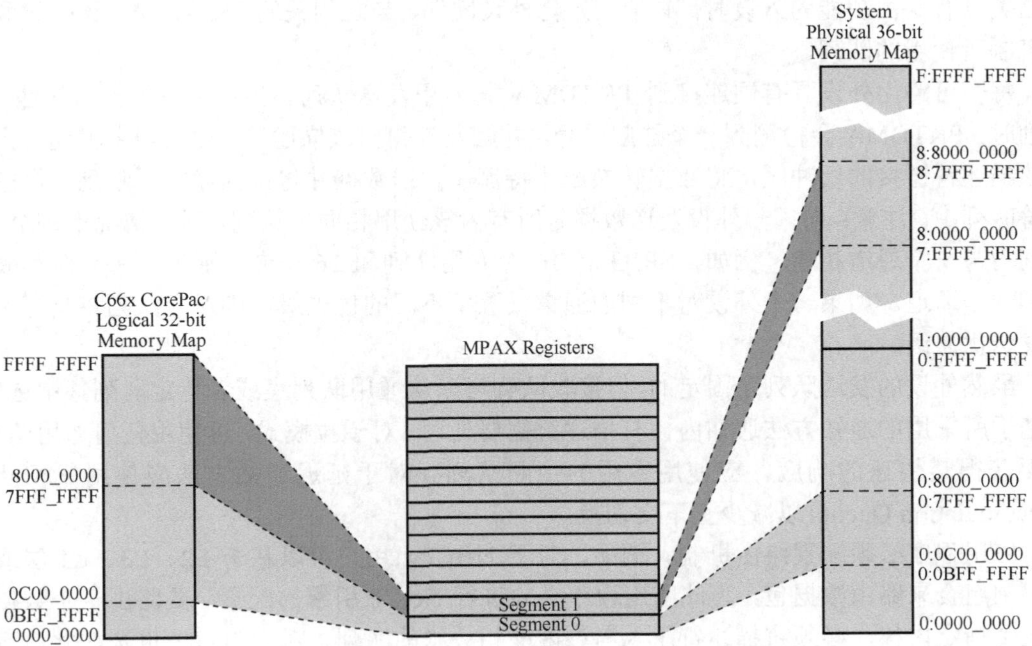

图 8.12　使用 MPAX 寄存器进行地址映射示意图

2. *在共享内存中相同代码使用不同地址*

若一个应用程序为每个内核使用不同的地址，在初始化的时候必须确定每个内核的地址并保存在指针中，或者在每次使用的时候进行计算。开发者可以采用以下公式计算：

<基地址>+<每个内核区域大小>×DNUM

在应用程序启动或线程创建时可以采用以上公式计算指针指向的地址并存储在 L2 中。这样在以后的处理过程中总是从本地 L2 中获取到正确而唯一的指针，从而做到与内核无关。因此，可以使用 L2 内存创建共享应用程序，每个内核运行相同的应用程序而无须对多核系统有太多的了解，除了在初始化代码部分。

对于 KeyStone 系列处理器，每个 CorePac 中的 MPAX 模块可将共享存储器中的同一程序代码配置成不同的地址。

8.6.4　外设驱动

在多核处理器中，所有外设都是共享的，任一内核在任何时候可以访问任意外设。在启动时外设必须初始化，可以由外部主机进行初始化，也可以利用 I^2C EEPROM 中的参数表进行初始化，或者由一个指定内核执行应用程序中一段初始化代码进行初始化。对于所有运行时的控制，由软件决定哪个内核对外设进行初始化。

一般来说，外设可以使用 DMA 直接对某一存储区域进行读写，该 DMA 可能内置于外设中、由 EDMA 提供或者由其他控制器提供。外设一般具有 PKTDMA 实例，并且基于路由机制使用多核导航器完成数据发送或接收。因此，使用如 SRIO、NetCP 以太网协处理器这类具有路由功能的外设时，必须初始化外设硬件、与之相关的 PKTDMA、该外设和路由机制所使用的队列。

每个可路由外设具有硬连接到 PKTDMA 的专用发送队列。当描述符被推入这些 TX 队列时，PKTDMA 会检测到一个挂起信号，并触发其弹出该描述符，如果为主描述符则读取该描述符链接的缓冲区，将数据转换成比特流，发送数据并将该描述符回收到一个空描述符队列中。注意：向同一外设发送数据时所有内核使用相同的队列。通常情况下每个 TX 队列均与一个通道相连。例如，SRIO 有 16 个专用队列和 16 个专用通道，每个队列硬连接到一个通道。如果一个外设对不同的通道设置了不同的优先级，则对应队列将具有不同的发送优先级。

虽然外设的发送队列是固定的，但接收队列可以从通用队列集或者特定队列集中选取，并基于所采用的通知方法通知内核有描述符需要处理。对于拉模式，可使用任何通用队列。若要获得最快速的响应，应使用专用的中断队列。对于延迟通知方法应使用累积队列(Accumulation Queue)以减少上下文切换。

应用程序必须配置路由机制。例如，对于 NetCP，用户可以基于 L2、L3、L4 层或以上三项组合来路由数据包，为此应用程序必须进行 NetCP 引擎的配置。要路由一个数据包到某个指定内核，必须将描述符压入与该内核相关联的队列。对于 SRIO 也是如此，应用程序必须配置路由信息、ID、邮箱等信息。

直接使用存储器的外设，如 SRIO directIO、HyperLink 和 PCIe 等，均有内置的 DMA 引擎实现和存储器之间的数据读写。对于存储器中的数据，由应用程序负责安排一个或多个内核访问该数据。

对于设备中的每个 DMA 资源，包括 PKTDMA 或者内置的 DMA 引擎，由软件架构决定采用主控制模式还是对等控制模式。所谓主控制模式，是指给定外设的所有资源由单个内核进行控制，而对等控制模式是指每个内核分别控制自己的资源。如前面所述，对于 TCI66xx 或 C66xx 处理器，所有外设有多个 DMA 通道上下文，作为 PKTDMA 引擎或者内置 DMA 引擎的一部分，允许使用对等控制且不需要仲裁。每个 DMA 上下文是自主的，无须考虑原子访问问题。

因为在运行时可以复位多核中的一部分内核，所以应用程序应能自己初始化复位的内核，以避免中断其他未复位的内核，这个可以由各个内核检查其自身所配置外设的状态来实现。若某个外设未上电，不能进行数据收发，则由内核对其执行上电和全局配置过程。

如果采用主机控制方式，则可以由片外主机决定设备的初始化过程。采用这种方式时，若一个内核要访问某一外设，可由片外主机决定是进行全局初始化还是本地初始化。

8.6.5 数据存储和访问

选择数据存储器主要有两点：一是数据怎样发送和接收；二是 CPU 访问数据的模式和时序。理想情况下，所有数据都保存在 L2 SRAM 中。然而，由于 DSP 内部存储空间有限，需要将一些代码和数据保存在片外的 DDR3 SDRAM 中。

典型的实时性要求高的函数要访问的数据应该置于本地 L2 RAM 中，而类似统计数据等对访问实时性要求不高的数据可置于外部存储器中，并通过 Cache 访问。当运行时数据必须置于片外时，通常采用 EDMA 和 Ping-Pong 缓冲区实现外部存储器和 L2 SRAM 之间的数据搬移，不建议采用 Cache 访问模式。权衡控制开销与性能，尽管可以通过 Cache 访问数据，但必须由软件来保障 DMA 读取/写入外部存储器数据的一致性。

8.7 DSP 代码和数据镜像

要更好地支持 C66x 多核 DSP 的配置，理解怎样定义软件工程和 SYS/BIOS 分区是至关重要的。SYS/BIOS 为所有 C64xx 和 C66xx 处理器提供配置平台。任一 TI 多核处理器的 SYS/BIOS 配置中，对于本地 L2 存储器(LL2RAM)和共享 L2 存储器(SL2RAM)有单独的存储段。根据不同内核间应用程序的相同程度采用不同的配置，可以减少 SYS/BIOS 应用程序占用的存储空间。

8.7.1 单镜像

单镜像的应用程序在所有内核间共享一些代码和数据存储器。这种技术允许在所有内核上加载和运行同一应用程序。假如所有内核运行完全共享的应用程序，即运行同一代码程序，则该多核处理器只需一个工程，同样也只需一个 SYS/BIOS 配置文件。正如前面所述，代码和链接器命令文件需要注意以下事项。

(1) 代码必须为驻留在共享 L2 或 DDR SDRAM 中的特定数据段建立指针表。

(2) 对 DMA 通道编程时代码必须在任何数据缓冲区地址中加入内核编号(DNUM)。

(3) 链接器命令文件只能使用别名地址来定义存储空间映射。

8.7.2 多镜像

在多镜像情况下，每个内核运行不同的、独立的应用程序，这就需要为存储在共享存储区(L2 或者 DDR)的任何代码和数据分配一段独有的地址空间，从而防止其他内核访问该段区域。因此，SYS/BIOS 配置文件需要为每个应用程序安排存储段的地址范围，确保这些存储段不互相重叠从而避免多核访问同一地址范围。

所以，每个内核都需要建一个专用的工程或至少有专用的链接命令文件。链接器的输出需要将所有段映射到唯一地址，为此所有段应使用全局地址。在这种情况下，不需要使用别名地址，DMA 使用的所有地址与每个内核使用的地址相同。

8.7.3 共享代码和数据的多镜像

此类情况下，一个通用代码镜像被多个运行在不同内核上的不同应用程序共享。在多个应用中共享通用代码可以减少所需的存储空间，同时允许不同内核运行各自独有的应用程序。这需要单镜像和多镜像技术的结合，可以通过使用部分链接的方法完成。

由部分链接方法产生的输出可以与其他模块或者应用程序一起再次链接。部分链接允许开发者将一个大的应用程序进行分块，然后将各个分块进行部分链接，最后再把所有部分链接输出的镜像链接在一起生成最后的执行程序。TI 公司代码生成工具中的链接器提供了“-r”选项，用于创建部分链接镜像。采用“-r”选项生成的镜像可以再次链接以生成最终的应用程序。

采用“-r”链接器选项创建部分镜像时，有如下限制。

(1)禁用条件链接。内存需求可能会增加。

(2)禁用蹦床函数(Trampolines)。所有代码都要在 21 位寻址范围之内。

(3).cinit 和.pinit 段不能放入部分镜像。

部分镜像必须存储在共享存储器中，从而所有内核均可以访问该镜像。部分镜像应该包括除.hwi_vec 段以外的所有代码段(.bios、.tex 和任何用户代码段)，还应该包括相同位置 SYS/BIOS 代码需要用到的常数段(.sysinit 和.const 段)。该镜像要存储在固定位置，因为最终应用程序需要链接它。

由于 SYS/BIOS 代码包括数据引用(.far 和.bss 段)，对于 C64xx 和 C66xx 等多核处理器，这些段(还包括.neardata、.rodata、.bss 段)必须存储在每个内核的本地 L2 存储器中。

8.7.4 设备引导

正如 8.6 节共享段和独立段混合使用的多核处理器，软件开发时可以使用一个工程或多个工程生成可执行程序(一个或多个.out 文件)。不管创建多少个.out 文件，最终总是需要创建单个引导表用于系统加载最终的程序镜像。

TI 公司提供了几个用于创建引导表的工具。图 8.13 显示了如何使用相应工具将三个独立的可执行文件创建成一个引导表的过程。生成一个引导表后，可以用它来引导整个 DSP 的镜像。该镜像使用单个全局存储空间映射，允许直接进行引导加载，所有段将按其全局地址进行加载。

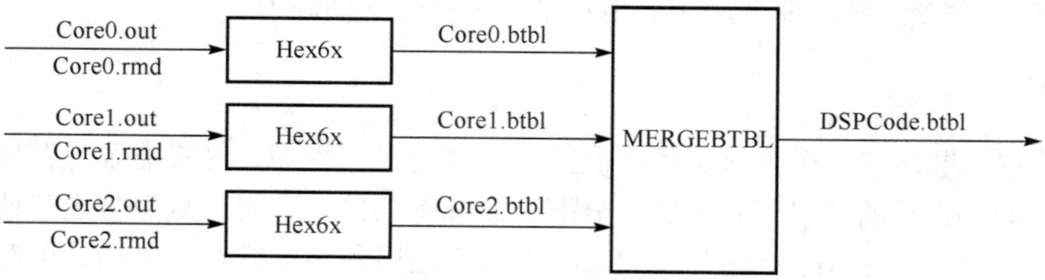

图 8.13　创建引导表示意图

启动顺序由一个内核控制。在多核处理器复位后，当引导镜像文件被加载到多核处理器后，Core 0 负责使所有内核脱离复位状态。使用单个引导表时，Core 0 可以加载多核处理器的任何存储器，用户无须为多核作特殊的考虑。关于引导过程的详细内容可查阅相关手册。

8.7.5 多核应用程序部署（MAD）工具包

多核软件开发包(Multicore Software Development Kit，MCSDK) 2.x 版本提供了部署多核处理器应用软件的工具包 MAD，如何利用 MAD 部署应用程序请参阅 TI 文档 *MAD Utilities User's Guide*。MAD 工具包保存在以下文件夹中：<MCSDK_INSTALL_DIR>\mcsdk_2_xx_xx_xx tools\boot_loader\mad-utils。

1. MAD 工具包

MAD 工具包提供了一系列可以在创建或运行阶段部署应用程序的工具。

1）创建阶段工具

(1)静态链接器(Static Linker)：用于链接应用程序和依赖的动态共享对象(Dynamic Shared Objects，DSO)。

(2)预链接工具(PreLink Tool)：用于将 ELF 文件中的段绑定到虚拟地址。

(3)MAP 工具(Multicore Application Prelinker Tool)：可以为多核应用程序的段分配虚拟地址。

2）运行阶段工具

(1)中间引导程序(Intermediate Bootloader)：提供下载 ROM 文件系统镜像到处理器共享外部存储器(DDR)的功能。

(2)MAD 加载器(MAD Loader)：提供在一个给定内核启动一个应用程序的功能。

2. 多核应用程序部署实例

MCSDK 提供了一个利用 MAD 工具包在多核处理器上部署图像处理程序的实例。该实例存储于：<MCSDK_INSTALL_DIR>\mcsdk_2_xx_xx_xx\demos\image_processing。

关于这个图像处理实例的附加信息，请参考 TI 文档 *MCSDK Image Processing Demonstration Guide*。

8.8　基于 OpenMP 的多核应用程序设计

OpenMP 是基于共享内存的多核编程 API，具有轻便、可缩放等特征，为开发者面向多核处理器开发并行应用程序提供了一个便捷的接口，可以开发如图像处理、科学计算和雷达信号处理等高性能应用。TI 公司的 C66x DSP 是第一个支持 OpenMP API 的多核处理器，并将 OpenMP 集成到了 TMS320C66x DSP 编译器中，从而在几乎不增加软件复杂性的基础上获得高性能的多核 DSP 应用程序。OpenMP 作为 TI KeyStone 架构多核处理器的一种强有力多核编程模式，具有以下特点。

(1)允许复用已有的 C++软件资源。

(2)利用多核 DSP 共享内存架构。

(3)利用复杂的 DSP 硬件实现快速同步。

(4)在 TI 的 SYS/BIOS 实时操作系统上高效运行。

目前，TI 的编译器支持 OpenMP API v4.0，主要利用 OpenMP 编译指示语句和库函数在几乎不改变原有单核源程序的基础上实现应用程序向多核系统的移植(多核 DSP 编程)。

8.8.1 利用 CCS 创建基于 OpenMP 的多核应用程序

1. 注意事项

采用 CCS 7.2 进行基于 OpenMP 的多核应用程序编程时，需要硬件板卡支持，即基于 OpenMP 的多核应用程序不支持在 Simulator 上运行。而且，需要为 CCS 安装 OpenMP 开发包。面向 TI 多核处理器编程的 OpenMP 开发包已经集成在 TI MCSDK 中，因此必须安装 MCSDK。安装 MCSDK 时，需要选中 OpenMP 开发包进行安装。同时，进行多核 DSP 应用程序开发时还需要以下组件。

(1) PDK (Platform Development Kit)。

(2) SYS/BIOS。

(3) IPC (Inter-Processor Communication)。

(4) XDC。

以上组件均集成在 MCSDK 中，安装时注意勾选并安装这些组件。这些组件(PDK、SYS/BIOS、IPC 和 XDC)以及 OpenMP(OMP)必须在 CCS 的 RTSC 的产品(Products)项中找到并勾选，且编译器版本需在 v7.0 以上。

注意：OpenMP 运行库仅支持小端模式(Little-endian Mode)。

2. 创建 RTSC 工程

利用 CCS 创建基于 OpenMP 的多核应用程序时，先要创建一个工程，工程类型必须选择 RTSC 工程。新建一个 RTSC 工程时，主要遵循以下步骤。

(1) 执行 CCS 的 File→New→CCS Project 命令，将弹出 CCS 工程对话框。要创建一个基于 OpenMP 的多核应用程序，应该在对话框中进行如下设置。

① 选择开发目标平台(Target)，如选择 TMS320C6657。

② 在连接(Connection)项选择合适的仿真器，如选择 TI XDS2xx USB Onboard Debug Probe，可以单击 Verify 按钮测试连接是否成功，将自动产生目标平台配置文件，如 TMS320C6657.ccsxml。

③ 在 Project name 处输入工程文件名。

④ 选择编译器版本(Compiler Version)，要求版本号在 v7.0 以上，如 TI v8.2.2。

⑤ 展开高级选项(Advanced Settings)，输出类型(Output Type)选择可执行程序(Executable)；输出格式(Output Format)选择 eabi(ELF)；设备字节序(Device endianness)必须选择 Little。

⑥ 工程模板(Project templates and examples)选择空的 RTSC 工程。

(2) 单击 Next 按钮，进入下一设置页面，主要完成以下设置。

① 选择 XDCtools 版本，建议选择最新版本。

② 在 Products and Repositiories 列表框中勾选要使用的开发组件，根据上面所述注意事项必须勾选 PDK、SYS/BIOS、IPC 和 OpenMP。

③ 勾选 OpenMP 以后，在平台选择 Platform 处直接输入支持 OpenMP 的平台选项；或在下拉列表选择合适的多核 DSP。安装 OpenMP 后，CCS 将增加 ti.runtime.openmp.

platforms.evm6657 或 ti.runtime.openmp.platforms.evm6678 等可供选择使用的平台选项。

(3) 单击确定，生成 RTSC 工程。

(4) 由于基于 OpenMP 的多核应用程序运行在 SYS/BIOS 操作系统之上，因此必须创建 SYS/BIOS 配置文件。TI 公司提供了用于 OpenMP 编程的 SYS/BIOS 基本配置文件。以 TMS320C6657 DSP 为例，用户可以通过 Project→Add Files 菜单项浏览“OpenMP 安装路径\packages\examples\hello_with_make\omp_config.cfg”文件并加入当前工程中，作为 SYS/BIOS 配置文件。用户可以根据需要进行必要的修改。

3. 配置启用 OpenMP

以上工作完成后，即可编写源程序进行基于 OpenMP 的多核应用程序开发。要启用 OpenMP，主要需完成以下工作。

(1) 在源程序代码开始处应加入“#include <ti\runtime\openmp\omp.h>”语句，从而在源程序中可以使用 OpenMP 编译指示语句和库函数。

(2) 执行 Project→Properties 命令，弹出当前工程属性页面，可以对编译器和链接器进行对应选项设置。

① 编译器的 Advanced Options→Advanced Optimizations 勾选--OpenMP 项。

② 在链接器的 File Search Path 页勾选--priority 项。

(3) 在源程序中加入 OpenMP 的库函数调用以及 OpenMP 编译指示语句，进行基于 OpenMP 的多核 DSP 程序设计。

4. 生成和运行基于 OpenMP 的多核应用程序

(1) 在 CCS 编辑环境，单击工具按钮，编译链接基于 OpenMP 的 RTSC 工程。若无错误，将生成相应的 DSP 程序。

(2) 在 CCS 编辑环境，单击工具按钮，下载生成的 DSP 程序到 DSP 的多核中，并进入 Debug 环境。

(3) 在 Debug 环境，程序指针一般指向主核的入口点位置或 main() 函数。单击工具按钮，将执行下载的基于 OpenMP 的多核应用程序。

5. 利用 MCSA 工具分析多核应用程序

MCSA 集成在 MCSDK 中，安装后可以对多核应用程序进行相关的实时可视化分析。MCSA 主要包括以下两个关键组件。

(1) DVT：TI 的数据分析和可视化技术，CCS 内集成的分析工具利用 DVT 来可视化地分析多核应用程序的 CPU 负载、执行时序等信息。

(2) UIA：统一仪器架构，提供 API 来收集多核应用程序实时数据，使嵌入式系统可以通过以太网或 JTAG 接口传送采集的数据到主机上 CCS 的分析工具。

综合 DVT 和 UIA，MCSA 主要提供执行图 (Execution Graph)、CPU 负载 (CPU Load)、任务负载 (Task Load)、持续事件分析 (Duration Analysis)、函数剖析工具 (Context Aware Function Profiler) 和统计分析 (Statistics Analysis) 等工具用于调试多核应用程序。采用 UIA API 嵌入式应用程序可以记录程序运行的实时数据，并通过以太网或 JTAG 接口将数据传送到主机上 CCS 中的 MCSA 工具。然后，MCSA 工具进行解码、关联、分析和可视化处理，为开发者分析多核应用程序提供了便利。

关于 MCSA 的详细信息，请参阅 TI 文档资料 *System Analyzer User's Guide*。

8.8.2 基于 OpenMP 的多路信号滤波应用程序实例

基于 OpenMP 开发多核应用程序，利用 OpenMP 的库函数和编译指示语句可以实现单核应用程序到多核应用程序的快速移植。以一个多路信号采集处理系统为例，系统同时采集多路信号，然后进行 FIR 滤波后，再进行后续处理。若采用单核处理器，需要对多路信号进行串行的 FIR 滤波处理。若采用多核处理器，基于 OpenMP 仅需要在原单核应用程序的源程序中加上相应的 OpenMP 指示语句，在几乎不变动原有应用程序的基础上实现多路信号的并行 FIR 滤波处理，方案见图 8.14。

图 8.14 基于 OpenMP 的多路信号滤波并行执行示意图

如图 8.14 所示，多核应用系统中主核执行主线程。主线程进行 N 路信号采集，得到一帧信号后，在 Fork 点派生出 N 个线程由 N 个内核执行 FIR 滤波处理。N 个内核执行完 FIR 滤波，在 Join 点同步后由主线程输出 N 路的滤波结果。假如 N=2，可采用 KeyStone 系列的 TMS320C6657 双核 DSP。基于 OpemMP 的两路信号 FIR 滤波程序如下所示，其中 FIR 函数的实现见 4.5.1 节。

```
#pragma omp parallel
#pragma omp sections
{
    #pragma omp section
      FIR(x[0],h,y[0],DataBuf[0],NH,NX);
    #pragma omp section
      FIR(x[1],h,y[1],DataBuf[1],NH,NX);
}
```

若采用 KeyStone 系列的 TMS320C6678 八核 DSP，可以同时对 8 路信号进行并行 FIR 滤波处理，可对上述代码中的并行区域代码进行相应的修改。

8.8.3 基于 OpenMP 的图像处理应用程序实例

TI 发布 MCSDK 时，同时面向 KeyStone 系列的 TMS320C6678 DSP 提供了一个基于 OpenMP 的图像处理应用程序实例，介绍了如何利用 OpenMP 进行图像处理方面的多核程序设计，目的是提出一种应用于多核 DSP 的多核应用程序开发框架。该多核应用程序的主要功能是利用 TI 图像处理库(IMGLIB)对输入 BMP 图像进行数字图像处理(如边缘检测等)，其并行执行原理如图 8.15 所示。

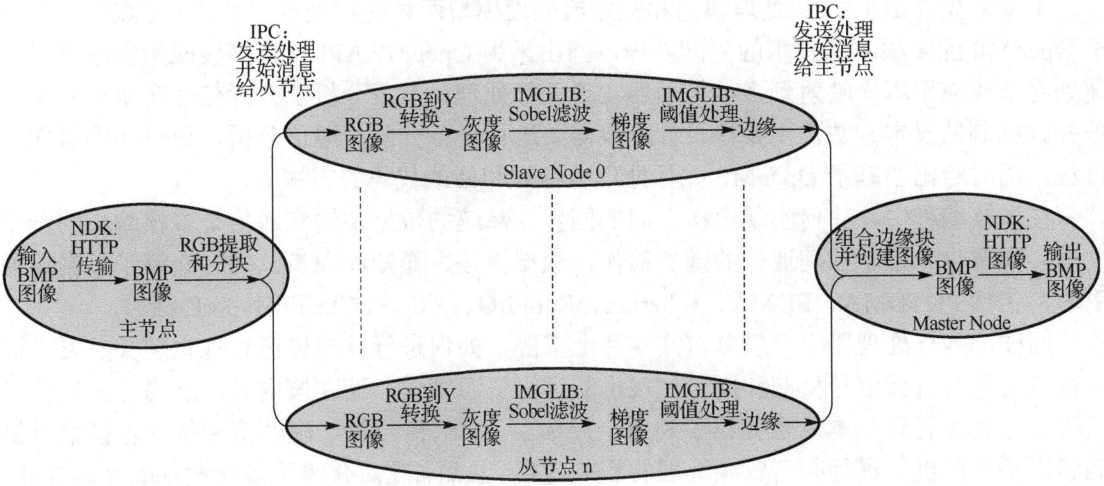

图 8.15　图像处理应用程序并行执行流程

图 8.15 中，多核图像处理应用程序提供一个 HTTP 服务，用户通过访问该 HTTP 服务将 BMP 图像传送给多核图像处理应用程序；主线程接收到 BMP 程序后，提取 BMP 图像的 RGB 值。然后主线程在 Fork 点派生多线程，利用多核运行图像分块、颜色空间转换、Sobel 滤波、阈值处理等图像处理方法。当所有内核并行执行图像处理算法结束后，在 Join 点同步后主线程将合成处理后的 BMP 图像，并通过 HTTP 服务输出合成的 BMP 图像。

下面的代码给出了基于 OpenMP 的图像处理例程，利用编译器指示语句“#pragma omp parallel for”实现了循环的并行处理。详细的代码见 MCDSK 中图像处理实例程序，而相关说明见 TI 文档 *MCSDK Image Processing Demonstration Guide*。

```
#pragma omp parallel for shared(p_slice, number_of_slices, ret_val) private(i)
for (i = 0; i < number_of_slices; i++ )
{
  process_rgb (&p_slice[i]);  // Process a slice
  if (p_slice[i].flag != 0)
  {
    #pragma omp atomic
    ret_val = -1;  // mc_process_bmp: Error in processing slice
  }
}
if (ret_val == -1)
   goto close_n_exit;
```

8.9　本 章 小 结

KeyStone 系列的 C66x 多核 DSP 在同时支持定点和浮点运算的基础上采用多核的方式

进一步提高了处理器的性能。同时，多核结构的引入也使如何进行多核 DSP 应用程序设计与应用成为迫切需求。

本章首先介绍了主/从处理模型和数据流处理模型两种并行处理模型，并重点介绍了基于 OpenMP 的多核编程技术的基础知识，指出采用 OpenMP API 设计多核应用程序可以快速地将单核应用程序映射到多核处理器实现并行处理。然后分析了并行任务实现过程中任务并行机制的确定方法，主要在设计阶段需要进行任务分割、通信分析、分组和映射四个过程。同时给出了基于 OpenMP 并行处理中标识和修改代码的方法。

在多核编程中，如何实现内核之间的同步、高速的数据传输和通信是多核编程的一个关键。本章也介绍了核间通信的基本动作：数据搬移、通知和同步。同时介绍了数据传输引擎，包括 PKTDMA、EDMA、Ethernet、RapidIO、AIF、PCIe 和 HyperLink。

同样，多核处理器中一般多核共享片上资源，如何进行共享资源管理也至关重要。通常在核间采用直接信号机制和原子仲裁机制进行资源管理，而在核内采用全局标志和信号量等进行资源管理。本章也介绍了利用全局标志、OS 信号量、硬件信号量、直接信号机制和原子仲裁机制进行共享资源管理的相关内容。然后，重点介绍了多核设备的存储管理，包括共享代码存储、数据存储、缓存与预取等方面的内容，并且介绍了 DSP 代码和数据镜像方面的相关知识。

最后以多路信号滤波应用和数字图形处理应用为例，讲解了利用 OpenMP 进行多核 DSP 程序开发的方法。

思 考 题

1. 与单核应用程序中的多线程编程相比，思考多核应用程序中的并行处理有哪些不同之处？

2. 思考主/从处理模型和数据流处理模型两种并行处理模型的应用特征，试举例说明哪种应用适合采用主/从处理模型，哪种应用适合采用数据流处理模型。

3. 学习基于 OpenMP 模式对 C 语言程序中 for 循环并行处理的方法，思考该方法是否适用于所有 for 循环的并行处理，并举例说明。

4. 共享代码程序根据不同的应用情况需要使用不同的存储位置，试举例说明在共享存储中不同代码使用相同地址和相同代码使用不同地址两种情况。

5. 举例说明单镜像和多镜像的应用实例，并思考生成单个引导表的方法。

6. 基于 OpenMP 的多路信号滤波应用程序实例中给出了在 TMS320C6657 DSP 上基于 OpenMP 实现两路信号并行 FIR 滤波的示例程序。若同时采集的是 8 路信号，试修改该示例程序，在 TMS320C6678 这一 8 核 DSP 上并行实现 8 路 FIR 滤波处理，进而总结基于 OpenMP 的多核应用程序的优点。

7. 基于 OpenMP 的多路信号滤波应用程序实例中采用 “#pragma omp sections” 指示语句实现了两路 FIR 滤波并行处理。该示例程序是否可以利用“#pragma omp for”指示语句实现并行处理？若可行，如何修改程序？

8. 参考基于 OpenMP 的图像处理应用程序实例，利用 IMGLIB 实现图像的平滑和锐化。

参 考 文 献

[1] 刘鹏. 大数据、云计算与移动应用，中国大数据产业观察. http://www.cbdio.com/BigData/2016-01/13/content_4479727.htm, 2017.

[2] Mayer-Schonberger V, Cukier K. Big data: A revolution that will transform how we live, work and think, Hodder Export, 2013.

[3] 俞一彪，孙兵. 数字信号处理-理论与应用. 2 版. 南京：东南大学出版社，2011.

[4] 胡剑凌，徐盛. 数字信号处理系统的应用与设计. 上海：上海交通大学出版社，2003.

[5] TMS320C66x DSP CPU and Instruction Set Reference Guide (Literature Number: SPRUGH7). Texas Instruments Inc., 2010.

[6] TMS320C674x DSP CPU and Instruction Set Reference Guide (Literature Number: SPRUFE8B). Texas Instruments Inc., 2010.

[7] TMS320C66x DSP Cache User's Guide (Literature Number: SPRUGY8). Texas Instruments Inc., 2010.

[8] TMS320C66x DSP CorePac User's Guide (Literature Number: SPRUGW0C). Texas Instruments Inc., 2013.

[9] KeyStone Architecture Chip Interrupt Controller (CIC) User's Guide (Literature Number: SPRUGW4A). Texas Instruments Inc., 2012.

[10] Hand-Tuning Loops and Control Code on the TMS320C6000 (Literature Number: SPRA666). Texas Instruments Inc., 2006.

[11] Introduction to TMS320C6000 DSP Optimization (Literature Number: SPRABF2). Texas Instruments Inc., 2011.

[12] Optimizing Loops on the C66x DSP (Literature Number: SPRABG7). Texas Instruments Inc., 2010.

[13] TMS320C6000 Optimizing Compiler v7.4 User's Guide (Literature Number: SPRU187U). Texas Instruments Inc., 2012.

[14] TMS320C6000 Programmer's Guide (Literature Number: SPRU198K). Texas Instruments Inc., 2011.

[15] Multicore Programming Guide (Literature Number: SPRAB27B). Texas Instruments Inc., 2012.

[16] KeyStone Architecture Phase-Locked Loop (PLL) User's Guide (Literature Number: SPRUGV2I). Texas Instruments Inc., 2017.

[17] TMDXEVM6657L/LE/TMDSEVM6657LS Technical Reference Manual Version 2.0 (Literature Number: SPRUHG7). Texas Instruments Inc., 2012.

[18] TMS320C6655/57 Data Manual (Literature Number: ZHCS967A). Texas Instruments Inc., 2012.

[19] KeyStone Architecture Universal Asynchronous Receiver/Transmitter (UART) User's Guide (Literature Number: SPRUGP1). Texas Instruments Inc., 2010.

[20] SYS/BIOS (TI-RTOS Kernel) v6.50 User's Guide (Literature Number: SPRUEX3S). Texas Instruments Inc., 2017.

[21] KeyStone Architecture DDR3 Memory Controller User's Guide (Literature Number: SPRUGV8E). Texas

Instruments Inc., 2015.

[22] KeyStone/DDR3 Initialization Application Report (Literature Number: SPRABL2E). Texas Instruments Inc., 2016.

[23] KeyStone Architecture Enhanced Direct Memory Access (EDMA3) Controller User's Guide (Literature Number: SPRUGS5B). Texas Instruments Inc., 2015.

[24] KeyStone Architecture Ethernet Media Access Controller (EMAC)/Management Data Input/Output (MDIO) User's Guide (Literature Number: SPRUHH1). Texas Instruments Inc., 2012.

[25] KeyStone Architecture External Memory Interface (EMIF16) User's Guide (Literature Number: SPRUGZ3A). Texas Instruments Inc., 2011.

[26] KeyStone Architecture General Purpose Input/Output (GPIO) User's Guide (Literature Number: SPRUGV1). Texas Instruments Inc., 2010.

[27] KeyStone Architecture HyperLink User's Guide (Literature Number: SPRUGW8C). Texas Instruments Inc., 2013.

[28] KeyStone Architecture Inter-IC Control Bus (I2C) User"s Guide (Literature Number: SPRUGV3). Texas Instruments Inc., 2011.

[29] KeyStone Architecture Multichannel Buffered Serial Port (McBSP) User's Guide (Literature Number: SPRUHH0). Texas Instruments Inc., 2012.

[30] KeyStone Architecture Peripheral Component Interconnect Express (PCIe) User's Guide (Literature Number: SPRUGS6D). Texas Instruments Inc., 2013.

[31] KeyStone Architecture Semaphore2 Hardware Module User's Guide (Literature Number: SPRUGS3A). Texas Instruments Inc., 2012.

[32] KeyStone Architecture Serial Peripheral Interface (SPI) User's Guide (Literature Number: SPRUGP2A). Texas Instruments Inc., 2012.

[33] KeyStone Architecture Serial Rapid IO (SRIO) User's Guide (Literature Number: SPRUGW1B). Texas Instruments Inc., 2012.

[34] KeyStone Architecture TIMER64P User's Guide (Literature Number: SPRUGV5A). Texas Instruments Inc., 2012.

[35] TMS320C6655 and TMS320C57 Fixed and Floating, Point Digital Signal Processors(Literature Number: SPRS814C). Texas Instruments Inc., 2016.

[36] KeyStone Architecture Power Sleep Controller (PSC)User's Guide (Literature Number: SPRUGV4C). Texas Instruments Inc., 2014.

[37] KeyStone Architecture Gigabit Ethernet (GbE) Switch Subsystem User Guide (Literature Number: SPRUGV9D). Texas Instruments Inc., 2013.

[38] SerDes Implementation Guide for KeyStone I Devices (Literature Number: SPRABC1). Texas Instruments Inc., 2012.

[39] TMS320C6000 McBSP Initialization (Rev. C) (Literature Number: SPRA488C). Texas Instruments Inc., 2004.

[40] DDR3 Design Requirements for KeyStone Devices (Literature Number: SPRABI1C). Texas Instruments Inc., 2018.

[41] KeyStone I DDR3 Initialization (Literature Number: SPRABL2E). Texas Instruments Inc., 2016.

[42] AT24C1024BN-SH-T. ATMEL, www.atmel.com.

[43] Micron Serial NOR Flash Memory N25Q032A. MICRON, www. micron.com.

[44] NAND Flash Memory MT29F1G08_nand. MICRON, www. micron.com.

[45] MT41J128M16H_2Gb_DDR3_SDRAM. MICRON, www. micron.com.

[46] TLV320AIC23B Stereo Audio CODEC, 8- to 96-kHz, With Integrated Headphone Amplifier Data Manual (Literature Number: SLWS106H). Texas Instruments Inc., 2004.

[47] CDCM61002, Two Output, Integrated VCO, Low-Jitter Clock Generator (Literature Number: SCAS870F). Texas Instruments Inc., 2011.

[48] TXS0108E 8-Bit Bi-directional, Level-Shifting, Voltage Translator for Open-Drain and Push-Pull Applications (Literature Number: SCES642E). Texas Instruments Inc., 2018.

[49] 牛金海. TI C66X多核软件开发(MCSDK)技术：基于CCSV5 SYS/BIOS的高级应用与实例精解. 上海：上海交通大学出版社, 2015.

[50] 牛金海. TMS320C66x KeyStone 架构多核 DSP 入门与实例精解. 2 版. 上海：上海交通大学出版社, 2017.

[51] OpenMP Application Program Interface. OpenMP Architecture Review Board, 2008.

[52] 雷洪，胡许冰. 多核并行高性能计算 OpenMP. 北京：冶金工业出版社, 2016.

[53] BIOS MCSDK 2.0 User Guide. Texas Instruments Inc., 2016.

[54] OpenMP on C6000. Texas Instruments Inc., 2016.

[55] System Analyzer 1.1 User's Guide (Literature Number: SPRUH43D). Texas Instruments Inc., 2013.

[56] MCSDK Image Processing Demonstration Guide. Texas Instruments Inc., 2015.

附录　缩略词中英文对照

ABI	Application Binary Interface，应用程序二进制接口
AD	Analog Device，美国模拟器件公司
ADC	Analog-to-Digital Converter，模数转换
API	Application Programming Interface，应用程序编程接口
ASIC	Application Specific Integrated Circuit，专用芯片或应用特定集成电路
ASPM	Active State Power Management，活动状态电源管理
BSP	Buffered Serial Port，缓冲串行口
BWM	Bandwidth Management，带宽管理器
CAN	Controller Area Network，控制器局域网络
CBA	Common Bus Architecture，普通总线架构
CCS	Code Composer Studio，代码设计套件
CISC	Complex Instruction Set Computer，复杂指令集计算机
CML	Current Mode Logic；电流模式逻辑
CMOS	Complementary Metal Oxide Semiconductor，互补金属氧化物半导体
COFF	Common Object File Format，通用对象文件格式
CPU	Central Processing Unit，中央处理单元
CSMA/CD	Carrier Sense Multiple Access/Collision Detection，载波监听多路访问/冲突检测
DAC	Digital-to-Analog Converter，数模转换
DDR	Double Data Rate，双倍速率同步动态随机存储器
DFT	Discrete Fourier Transform，离散傅里叶变换
DLL	Delay Locked Loop，延迟锁相环
DLLP	Data Link Layer Packet，数据链路层数据包
DMA	Direct Memory Access，直接存储器访问
DSP	Digital Signal Processing，数字信号处理 Digital Signal Processor，数字信号处理器
DSPs	Digital Signal Processing system，数字信号处理系统
EABI	Embedded Application Binary Interface，嵌入式应用程序二进制接口
EB	Exabyte，艾字节，2^{60}字节
ECC	Error Correction Code，纠错码
EDMA	Enhanced Direct Memory Access，增强的直接存储器访问
ELF	Executable and Linkable Format，可执行和可链接格式
EMAC	Ethernet Media Access Controller，以太网媒体访问控制器
EMC	External Memory Controller，外部存储器控制器
EMIF	External Memory Interface，外部存储器接口
EP	Execute Packet，执行包
FFT	Fast Fourier Transform，快速傅里叶变换
FIFO	First In First Out，先入先出
FP	Fetch Packet，取指包
FPGA	Field Programmable Gate Array，现场可编程门阵列
GB	Gigabyte，十亿字节，2^{30}字节
GFLOPS	Giga Floating-point Operations per Second，每秒十亿次浮点操作
GFP	Generic Framing Procedure，通用成帧协议

GMAC	Giga Multiply-Accumulate，十亿次乘加运算
GMII	Gigabit Media Independent Interface，千兆媒体独立接口
GPIO	General Purpose Input/Output，通用输入输出
GUI	Graphical User Interface，图形用户界面
HDMI	High-Definition Multimedia Interface，高清晰度多媒体接口
HPC	High performance computing，高性能计算
HPI	Host Port Interface，主机接口
I^2C	Inter-Integrated Circuit，集成电路互连总线
I^2S	Inter-IC Sound，集成电路内置音频总线
IBM	International Business Machines Corporation，国际商业机器公司
IDC	International Data Corporation，国际数据公司
IDMA	Internal DMA，内部 DMA
ILP	Instruction Level Parallelism，指令级并行
INTC	Interrupt Controller，中断控制器
IPC	Inter-Processor Communication，核间通信
ISA	Instruction Set Architecture，指令集结构
ISFP	Interrupt Service Fetch Packet，中断服务取指包
ISR	Interrupt Service Routine，中断服务程序
IST	Interrupt Service Table，中断服务表
ISTP	Interrupt Service Table Pointer，中断服务表地址
JTAG	Joint Test Action Group，联合测试工作组
KB	Kilobyte，千字节，2^{10} 字节
LMS	Least Mean Square，最小均方算法
LTSSM	Link Training and Status State Machine，链路训练和状况状态机
LVDS	Low-Voltage Differential Signaling，低电压差分信号
MAC	Media Access Control，介质访问控制层
MB	Megabyte，百万字节，2^{20} 字节
McBSP	Multichannel Buffered Serial Port，多通道缓冲串行口
MCSA	Multicore System Analyzer，多核系统分析器
MDIO	Management Data Input/Output，管理数据输入输出
MDMA	Master DMA，主 DMA
MFLOPS	Million Floating-point Operations per Second，每秒百万次浮点操作
MII	Media Independent Interface，媒体独立接口
MIPS	Million Instructions Per Second，每秒百万次指令
MMAC	Million Multiply-Accumulate，百万次乘加运算
MMR	Memory Mapped Register，存储器映射寄存器
MPAX	Memory Protection and Address Extension，存储保护和地址扩展
MSI	Message Signaled Interrupt，由消息通知的中断
MSMC	Multicore Shared Memory Controller，多核共享存储器控制器
MTS	Mega Transfers per Second，每秒兆次传输
NMI	Non Maskable Interrupt，不可屏蔽中断
NMOS	Negative channel Metal Oxide Semiconductor，N 型金属氧化物半导体
OS	Operating System，操作系统
PB	Petabyte，拍字节，2^{50} 字节
PCB	Printed Circuit Board，印刷电路板
PCI	Peripheral Component Interconnect，外部设备互连总线
PCISIG	PCI Special Interest Group，PCI 特殊兴趣组
PCIESS	PCI Express SubSystem，PCIe 子系统

PCIe	Peripheral Component Interconnect express，高速外部设备互连总线
PDC	Powerdown Controller，低功耗控制器
PIPE	Physical Interface for PCI Express，PCIe 物理层接口
PLL	Phase Locked Loop，锁相环
PSC	Power Sleep Controller，低功耗控制器
PWM	Pulse Width Modulation，脉宽调制
QOS	Quality of Service，服务质量
RISC	Reduced Instruction Set Computer，精简指令集计算机
RMON	Remote Network Monitoring，远程网络监控
RTOS	Real Time Operating System，实时操作系统
SDMA	Slave DMA，从 DMA
SGMII	Serial Gigabit Media Independent Interface，串行千兆媒体独立接口
SIMD	Single Instruction Multiple Data，单指令多数据
SoC	System on Chip，片上系统
SPI	Serial Peripheral Interface，串行外设接口
SPLOOP	Software Pipelined Loop，软件流水循环
SRIO	Serial Rapid Input/Output，串行快速输入输出
SerDes	SERializer/DESerializer，串行解串器
TB	Terabyte，太字节，20^{40} 字节
TI	Texas Instruments，美国德州仪器公司
TLP	Transaction Layer Packet，事务层数据包
UART	Universal Asynchronous Receiver / Transmitter，通用异步收发器
UDIMM	Unbuffered Dual In-Line Memory Modules，无缓冲双通道内存模块
UPP	Universal Parallel Port，通用并行端口
VLAN	Virtual Local Area Network，虚拟局域网
VLIW	Very Long Instruction Word，超长指令字
XMC	eXtended Memory Controller，扩展存储器控制器
ZB	Zettabyte，泽字节，2^{70} 字节